畜禽
维生素与矿物质
使用指南

温贺飞　罗毅　主编

中国农业出版社

北　京

图书在版编目（CIP）数据

畜禽维生素与矿物质使用指南／温贺飞，罗毅主编
．—北京：中国农业出版社，2020.10
ISBN 978-7-109-27204-0

Ⅰ.①畜…　Ⅱ.①温…②罗…　Ⅲ.①维生素－使用
方法－指南②矿物质－使用方法－指南　Ⅳ.
①S852.23-62

中国版本图书馆 CIP 数据核字（2020）第 166105 号

中国农业出版社出版
地址：北京市朝阳区麦子店街 18 号楼
邮编：100125
责任编辑：弓建芳　刘　玮
版式设计：杨　婧　责任校对：刘丽香
印刷：中农印务有限公司
版次：2020 年 10 月第 1 版
印次：2020 年 10 月北京第 1 次印刷
发行：新华书店北京发行所
开本：787mm×1092mm　1/16
印张：19
字数：490 千字
定价：98.00 元

编 者 名 单

主　编　温贺飞　罗　毅

副主编　关冬梅　徐晓勇　刘志强

编　者（以姓氏笔画为序）

王　薇　　王建新　　户瑞刚　　尹国栋　　刘　洋

刘成瑞　　刘志强　　刘晓静　　刘海民　　关冬梅

孙建军　　杜润东　　李　岩　　李帅君　　李继坤

杨蕴力　　吴　靖　　辛晓林　　张　杰　　张永利

张永胜　　张秋喜　　张海生　　陈　光　　罗　毅

贾国强　　夏洪月　　徐晓勇　　董丽艳　　温建国

温贺飞

前　言

　　随着我国经济社会的快速发展和人民生活水平的不断提高，人们追求物质生活丰富的同时，对动物性食品的需求已经不再是数量上的满足，而是对质量的要求越来越高，更加注重畜禽产品的安全问题，希望吃到安全、优质、无残留和无疫病的畜禽产品。目前，我国已成为畜禽产品的生产和消费大国。据不完全统计，2019 年全国生猪存栏 31 041 万头，出栏 54 419 万头；肉牛存栏 9 138 万头，出栏 4 534 万头；牛奶产量 3 201 万 t；羊存栏 30 072 万只，出栏 31 699 万只；家禽存栏 65.22 亿只，出栏 146.41 亿只；禽蛋产量 3 309 万 t；全年猪肉、牛羊肉、禽肉产量共计 7 649 万 t。

　　近年来，我国畜牧养殖业发展迅速，正向着规模化、集约化、工厂化的方向发展，非常重视畜禽传染病防治工作，狠抓抗生素残留和生物安全成为各级动物卫生防疫监督机构和畜牧兽医工作者的工作重点，这是非常必要的。与此同时，对维持畜禽健康和生产性能所必需的维生素和矿物质的作用却被人们所忽视，不合理使用维生素和矿物质所造成的危害日益凸显，如添加不足，满足不了畜禽正常生长发育的营养需要，导致营养性和代谢性疾病，发生维生素和矿物质缺乏症；如添加过量，不但起不到营养作用，而且造成营养浪费，甚至发生中毒，有可能造成大量畜禽死亡，给畜牧生产和养殖者造成巨大的经济损失，也给食品安全、生态环境等带来重大隐患。实践证明，正确使用维生素和矿物质，与畜禽传染病防治工作同等重要。

　　为此，我们根据多年的科研和实践经验，参考相关文献，编写了《畜禽维生素与矿物质使用指南》一书。本书共 6 章，包括药物的基本知识，维生素使用方法，矿物质使用方法，维生素缺乏症与中毒，矿物质缺乏症与中毒，维生素与矿物质含量测定等主要内容。重点介绍了各种维生素与矿物质的性状、药代动力学、作用、用途、制剂、用法用量及注意事项，详尽阐述了维生素和矿物质缺乏症与中毒的病因、发病机理、临床症状、诊断、防治，并介绍了常用维生素和矿物质含量的国标测定方法。附有维生素和矿物质使用的有关法规及畜禽维生素和矿物质需要量，有利于规范饲料生产、疾病治疗和养殖环节营养管控，为养殖场科学饲养、正确使用维生素和矿物质提供技术依据。本书在内容上力求做到准确、简洁和实用，重点就维生素与矿物质的科学使用进行介绍，增加了不少新内容和新药物，目的是更好地满足兽医临床、公共卫生和畜牧业发展的需要。

本书是一本指导养殖和诊疗环节正确使用维生素和矿物质的工具书，适合于广大畜牧兽医工作者、农业院校师生和规模养殖场户阅读参考。需要指出的是，随着国家对公共安全和食品安全的重视，有关部门制订或修订了有关畜禽维生素与矿物质使用方面的法律法规，从业者必须严格遵守。另外，随着兽医科学的不断发展，知识也在不断更新，因此，治疗方法及用药也必须或有必要做相应的调整。建议读者在使用每一种药物之前，参阅厂家提供的产品说明书，以确认推荐的药物用量、用药方法及配伍禁忌等。

本书在编写过程中，参考和引用了一些文献资料及相关书籍，在此向原作者和出版单位致谢。由于编者水平所限，虽做了力所能及的努力，但书中仍不免存在不足，恳请读者批评指正。

编　者

2020 年 4 月

目　录

第一章 药物的基础知识

第一节 药物、制剂与剂型

药物是用于治疗、预防及诊断疾病，或有目的地调节动物生理功能，并规定作用、用途、用法、用量的物质。畜禽等动物所用药物称为兽医药物，简称兽药，在我国，渔药、蜂药、蚕药等也属于兽药范畴。

可以直接用于动物的药物制品称为制剂。供配制各种制剂使用的药物原料，称为原料药。原料药按其来源基本上可分为以下几类：①天然药物：指直接取自自然界的植物药、动物药、矿物质药和它们的简单加工品，也称为中草药。其化学成分复杂。②化学药物：指采用化学合成方法制成的药物，也有一部分是由天然药物提炼而成。其化学成分单纯。③抗生素：系由真菌、放线菌及细菌等微生物培养液中提取的其代谢产物，具有抗微生物、抗寄生虫或抗癌等作用，主要采用微生物发酵方法生产，有些品种可以采用合成或半合成方法生产。④生化药物：指用生物化学方法从生物材料中分离、精制得到的药物，包括酶类、激素类、维生素类、蛋白质、多肽及氨基酸类等。⑤生物制品：指根据免疫学原理，用微生物或其毒素，以及人和动物的血液、组织制成的药物，包括疫（菌）苗、类毒素、抗血清、诊断用抗原、诊断用血清等。⑥生物技术药物：指通过基因工程、细胞工程、酶工程等技术生产的药物。

制剂是根据国家兽药药典、制剂规范或处方手册等收载的、比较稳定的处方制成的药物制品，具有较高的质量要求和一定的规格。

药物制剂的形态类别称为剂型，如注射剂、片剂等。兽医药物的剂型可分为液体、半固体、固体等三大类剂型。

一、液体剂型

（一）溶液剂

溶液剂是指药物以分子或离子形式分散（溶解）在溶媒中所形成的均匀分散的澄清液体制剂，可供口服或外用。溶媒多为水，但也有醇溶液或油溶液等。溶液剂的溶质一般为非挥发性的低分子化学药物。根据需要，溶液剂中可加入助溶剂、抗氧剂、矫味剂、着色剂等附加剂。

（二）混悬剂

混悬剂是指难溶性固体药物以微粒状态分散于水或植物油等介质中形成的非均匀的液体制剂。难溶性药物需制成液体制剂时，常制成混悬剂，临用前应轻摇使药物迅速分散。混悬剂属于粗分散体系，药物颗粒一般在 $0.5\sim10\mu m$，但凝聚体的颗粒可小到 $0.1\mu m$，大到 $50\mu m$。所用分散介质大多数为水，也可用植物油。《中华人民共和国药典》中收藏有干混悬剂，它是按混悬剂的要求将药物用适宜方法制成粉末状或颗粒状制剂，使用时加水即迅速分散成混悬剂。这有利于解决混悬剂在保存过程中的稳定性问题。药剂中的合剂、擦剂、注射剂、滴眼剂、气雾剂、软膏剂和栓剂等都有混悬型制剂的存在。

（三）乳剂

乳剂是指 2 种以上不能混合的液体（如油和水），加入乳化剂后制成的乳状浑浊液，可供口服或外用。乳剂可分为水包油型（O/W）或油包水型（W/O）。此外，也可制备复乳剂，如 W/O/W 型或 O/W/O 型，以及亚微乳剂或纳米乳剂等类型。乳剂属热力学不稳定的非均匀相分散体系，乳剂常见的物理不稳定现象有分层、絮凝、转相、合并、破裂及酸败。乳剂在存放过程中出现前 3 种现象时，通过震荡或摇晃恢复正常乳剂的，可继续使用；出现后三种现象时，应废弃不用。

（四）煎剂与浸剂

煎剂和浸剂都是药材（生药）的水性浸出制剂。煎剂俗称为汤剂，是将药材加水煎煮一定时间后的滤液；浸剂是用沸水、温水或冷水等将药材浸泡一定时间后过滤而制得的液体剂型，浸剂即浸泡药材所得的溶液。煎剂制作时，根据药材不同、方剂不同，则对煎煮的火候与煎煮时间有不同的要求。

（五）酊剂

酊剂是指原料药物用不同浓度的乙醇浸泡或溶解而制成的澄清液体制剂，也可用流浸膏稀释制成，可供口服或外用。酊剂的浓度除另有规定外，一般含有毒性药品（药材）的酊剂，每 100mL 相当于原药物 10g；其他酊剂每 100mL 相当于原药物 20g。

将生药浸泡在乙醇中或化学药物溶解于乙醇中而成的药剂，如颠茄酊、橙皮酊、碘酊等，简称为酊。酊剂制备简单，易于贮存。但溶剂中含有较多乙醇，因此，临床应用有一定的局限性。热法酊剂是用一定浓度的乙醇，在加热（一般在 60℃ 以上）或加热回流条件下，浸提天然香料或香脂所得的乙醇浸出液，经冷却、澄清过滤取得。

酊剂可分为中草药酊剂、化学药物酊剂、中草药与化学药物合制酊剂三类。中草药酊剂又分为毒性药材酊剂和其他药材酊剂。

（六）醑剂

醑剂是指挥发性有机药物的乙醇溶液，可供口服或外用。挥发性药物在乙醇中的溶解度一般都比在水中的溶解度大。醑剂中药物浓度一般为 5%～10%，乙醇浓度一般为 60%～90%。

（七）流浸膏剂与浸膏剂

流浸膏剂是指用适宜的溶媒浸出药材的有效成分后，蒸发除去浸出液中的部分溶媒，而制成浓度较高的液体剂型。除另有规定外，一般流浸膏剂每 1mL 相当于原药材 1g。如以水为溶媒的流浸膏，应酌加 20%～50% 的乙醇作为防腐剂，以利于贮存。如果将浸出液的溶媒全部蒸发除去，制成膏状或粉状的固体剂型则称为浸膏剂。除另有规定外，浸膏剂每 1g 相当于原药材的 2～5g。流浸膏剂和浸膏剂，大多数作为配制酊剂、合剂、散剂、丸剂及片剂的原料。

（八）注射剂

注射剂也称为针剂。是指灌封于特别容器中的灭菌的澄明液、混悬液、乳浊液、注射液、水针剂或粉末（粉针剂，临用时加注射用水等溶媒配制），必须用注射法给药的一种剂型。如果密封于安瓿中，称为安瓿剂。

（九）合剂（口服液）

合剂是以水为溶剂，含有一种或多种药物成分的口服液体制剂，又称为口服液。合剂可以是溶液型、混悬型、乳剂型液体制剂，允许含有少量的即摇即散的沉淀物。

（十）外用液体制剂

外用液体制剂是指药物与适宜的溶剂或分散介质制成的，通过动物体表给药以产生局部或全身性作用的溶液、混悬液或乳状液及供临用前稀释的高浓度液体制剂，一般有涂剂、浇泼剂、滴剂、乳头浸剂等。①涂擦剂：是指药物与适宜溶剂、透皮促进剂制成的涂于动物特定部位，通过皮肤吸收而达到治疗目的的液体制剂。②浇泼剂：是指药物与适宜溶剂制成的浇泼于动物体表的澄清液体制剂。浇泼剂易于在皮肤上分散和吸收，使用量通常在 5mL 以上，使用时沿动物的背中线进行浇泼。③滴剂：是指药物与适宜的溶剂或分散介质制成的滴至动物的头、背等部位局部给药的液体制剂。滴剂的使用量通常在 10mL 以下。④乳头浸剂：是指药物与适宜的溶剂或分散介质制成的用于乳头浸洗的液体制剂。乳头浸剂供奶牛挤奶前或挤奶后浸洗乳头用，降低乳头表面的病原微生物污染，通常含有保湿剂以滋润和软化皮肤。⑤浸洗剂：是指药物与适宜的溶剂或分散介质制成的对动物进行全身浸浴的液体制剂。

（十一）灌注剂

灌注剂是由药物与适宜的溶剂制成的供乳房、子宫等灌注用的无菌液体制剂。有溶液型、混悬型和乳剂型。也有供临用前配制或稀释成液体的粉末状无菌制剂。

（十二）滴眼剂

滴眼剂为直接用于眼部的外用剂型，以水溶液为主，包括少数混悬液。其质量要求类似注射剂，对 pH、渗透压、无菌、澄明度都有相应的要求。

（十三）气雾剂

气雾剂是指包装在耐压容器中的液体药剂，使用时借助抛射剂（主要是一些液化气体）的压力，将药物以气雾状形式喷出。可供皮肤和腔道等局部应用，或由呼吸道吸入后在全身发挥作用。也可用作空间消毒、除臭和杀虫等。

二、半固体剂型

（一）软膏剂、乳膏剂与眼膏剂

软膏剂是药物与适当的赋形药（或称为基质）均匀混合而制成的易于外用涂布的一种半固体剂型。其中用乳剂型基质制成的易于涂布的软膏称为乳膏剂。供眼科用的无菌软膏称为眼膏剂。

（二）舔剂

舔剂是一种黏稠糊样或面团状半固体口服剂型。它是由各种植物性粉末、中性盐类或浸膏与黏浆药等混合制成的。用时抹到动物舌上使其咽下。

（三）硬膏剂

硬膏剂是涂在布片或纸片上的硬质膏药。加热或通过体温软化而易于黏附皮肤上不易脱落，可在局部持久发挥作用。

（四）糊剂

糊剂是含有 25%～70% 粉末状药物（主药）的糊状半固体外用剂型。一般由收敛药、消炎药和腐蚀药加少量赋形药组成。

三、固体剂型

（一）粉剂与散剂

粉剂是由一种或多种药物均匀混合制成的粉末状制剂。中草药的此种剂型通常称为散剂。可供口服或外用。

（二）可溶性粉剂

可溶性粉剂是由一种或几种药物与助溶剂、助悬剂等辅药组成的可溶性粉末。多作为添加剂型，投入饮水中使药物均匀分散，供动物饮用。

（三）丸剂与锭剂

丸剂是一种类似球形或椭圆形的剂型，由主药、赋形药、黏合剂等组成，俗称为丸药或药丸。将药物研成细粉末后，加冷开水、蜜、米糊或者面糊等赋形剂制成的圆形体。根据治疗上的要求，丸剂的大小和质量是不一致的，有的小如芥子，有的大如元宵，也有的如绿豆大小。由中草药材细粉与黏合剂制成的不同形状的固体剂型，通常称为锭剂，可以口服或涂敷于患处。

（四）片剂

片剂是由药物与赋形剂制成颗粒后，经压片机加压制成的圆片形或其他形状的片状剂型。

（五）颗粒剂（冲剂）

颗粒剂是指将药物与适宜的辅料制成的具有一定粒度的颗粒状制剂。供口服用，一般用开水冲溶后放至常温时灌服（故俗称冲剂），也可直接吞服。

（六）胶囊剂

胶囊剂是指将药粉或药液密封入胶囊中制成的一种剂型。其优点是可避免药物的刺激性或不良气味，肠用胶囊到达肠道后才被分解而发挥药物的作用。

（七）微型胶囊

微型胶囊简称微囊，是利用天然的或合成的高分子材料（通称为囊材），将固体或液体药物（通称为囊芯物）包裹成直径 $1 \sim 5\,000\,\mu m$ 的微小胶囊。药物的微囊可根据临床需要制成散剂、胶囊剂、片剂、注射剂以及软膏剂等各种剂型的制剂。药物制成微囊后，具有提高药物稳定性、延长药物疗效、掩盖不良气味、降低在消化道中的副作用、减少复方的配伍禁忌等优点。用微囊作原料制成的各种剂型的制剂，应符合该剂型的制剂规定与要求。

（八）栓剂

栓剂是指药物与基质混合制成专供塞入动物腔道的一种固体剂型。其形状与质量，因塞入的腔道不同而异。栓剂应有适宜的硬度与韧性，无刺激性，塞入腔道后应能迅速软化或溶解，并易与分泌液混合，逐渐释放药物，产生局部或全身作用。目前，常用的栓剂主要有肛门栓剂与阴道栓剂 2 种。

（九）海绵剂

海绵剂是亲水性胶体溶液经冰冻或其他方法处理而制成的一种具有很强吸水性的海绵状固体灭菌制剂。包括 3 类：用淀粉作原料的淀粉海绵；用蛋白质作原料的明胶海绵、血浆海绵；加入止血、消炎或止痛药，与明胶或淀粉制成的含药海绵。供外用止血或发挥局部治疗作用。

（十）含药颈圈

含药颈圈是一种将杀虫药与增塑的固体热塑性树脂通过一定工艺制成的缓释制剂。将其套戴于犬、猫等动物的颈部以驱避体表寄生虫。

第二节 药物的治疗作用与不良反应

治疗药物对动物机体的作用，从疗效上看，可归纳为两类。一类是符合用药目的，能达到防治效果的作用，称为治疗作用；另一类是不符合用药目的，对动物机体产生有害的作用，称为不良反应。

一、治疗作用

治疗作用可分为2种：能消除发病原因的称为对因治疗，也称为治本。例如，抗生素杀灭体内的病原微生物，解毒药促进体内毒物的消除等。仅能改善疾病症状的称为对症治疗，也称为治标。例如，解热药退热、止咳药减轻咳嗽症状等。

二、不良反应

（一）副作用

副作用是指药物在治疗剂量时所产生的与治疗无关的作用，给机体带来不良影响，但一般较轻微。有的药物可有几种作用，当治疗中利用某一种作用时，其他作用就成了副作用。例如，利用阿托品松弛平滑肌的作用治疗肠痉挛时，同时抑制了腺体分泌而引起口干，后者就成了副作用。利用阿托品抑制腺体分泌的作用，作为麻醉前给药时，又松弛了平滑肌而引起肠臌气、尿潴留等，这也是副作用。

（二）毒性反应

毒性反应是由于药物用量过大或应用时间过长，而使机体发生的严重机能紊乱或病理变化。因剂量过大而立即发生的毒性反应称为急性毒性；因长期用药逐渐发生的毒性反应称为慢性毒性；少数药物的致癌、致畸、致突变（简称"三致"）反应称为特殊毒性。绝大多数药物都有一定的毒性。毒性反应主要表现在对中枢神经、血液、呼吸、循环系统以及肝、肾功能等造成的损害。不同药物的毒性作用性质不同，但毒性作用往往是药理作用的延伸。如水合氯醛能抑制大脑与脊髓的功能而产生麻醉，若用量过大，则可抑制延髓功能而引起呼吸麻痹，甚至死亡。

由上可知，药物的副作用通常是难以避免的，但可用某些作用相反的药物来抵消。毒性反应比较严重的，通常是可以预料的，只要按规定的剂量用药，一般就可以避免。

（三）变态反应

变态反应是指某些个体对某种药物的敏感性比一般个体高，表现有质的差异。有些变态反应是遗传因素引起的，称为特异质；另一些则是由于首次与药物接触致敏后，再次给药时呈现的特殊反应，其中有免疫机制参加，称为变态反应，如青霉素引起的过敏性休克。变态反应只发生在少数个体，而且这种反应即使用药剂量很小，也可以发生。

（四）继发反应

是由治疗作用引起的、继发于治疗作用所出现的不良反应。例如，长期应用广谱抗生素时，由于肠道正常菌群的变化，敏感的细菌被消灭，引起不敏感的细菌或真菌大量繁殖，导致细菌性或真菌性感染，如葡萄球菌性肠炎等，也称为二重感染（菌群交替症）。另外，由于抑制肠道正常合成 B 族维生素和维生素 K 的菌群，所以，长期应用广谱抗生素也可以引起 B 族维生素和维生素 K 的缺乏症，这都是继发反应。

（五）后遗效应

后遗效应是指停药后血药浓度已降至最低有效浓度以下时的残存药理效应。可能由于药物与受体的牢固结合，靶器官药物尚未消除，或者由于药物造成不可逆的组织损害所致。例如，给动物服用长效作用的巴比妥类药物催眠，动物醒后仍有嗜睡、乏力等后遗作用。

后遗效应不仅能产生不良反应，有些药物也能产生对机体有利的后遗效应，如抗生素后效应，可延长抗菌时间，有利于维持和提高抗菌效果。

（六）耐受性和耐药性

多次连续用药后，动物机体对药物反应性降低的状态称为耐受性。巴比妥类药物、麻黄碱等均易产生耐受性。通常停药后耐受性可以消失。

耐药性一般是指病原体对药物反应性降低的状态。长期应用抗菌药或应用剂量不足往往易代谢产生耐药性。

第三节　药物代谢动力学与药物作用

药物代谢动力学是定量研究药物在生物体内吸收、分布、代谢和排泄规律，并运用应用动力学原理与数学模式阐述血药浓度随时间变化规律的一门学科。定量地描述与概括药物通过各种途径（如静脉注射、静脉滴注、口服等）进入体内的吸收、分布、代谢和排泄，即吸收、分布、代谢、排泄过程的"量-时间"变化或"血药浓度-时间"变化的动态规律。目前，国内对 Pharmacokinetics 一词的译名比较多，如药物动力学、药动学、药物代谢动力学、药代动力学等。

一、吸收

药物的吸收是指药物由给药部位通过生物膜进入血液循环的过程。药物通过消化道（口服给药，口腔、胃、小肠、大肠）、呼吸道（鼻腔给药，肺）、肌肉（肌内注射）、黏膜（栓剂）吸收。吸收部位不同，药物吸收的程度和快慢有差异。

皮下或肌内注射给药，主要以滤过及扩散方式进入血液循环，其吸收率与药物水溶性有关；不溶性制剂，如普鲁卡因青霉素（混悬液）吸收速率较粉针剂低，从而使其作用时间延长。

在外周循环衰竭（休克）时，皮下注射给药，吸收显著减慢，不能适应病情的需要，必须静脉注射才能达到抢救的目的。静脉注射时，药物直接进入血流中，故起效迅速。而其他给药途径，药物首先要从用药部位通过生物膜进入血液循环（这个过程称为吸收），然后随血流分布到全身各器官、组织，起效较慢。

药物口服之后，多数以扩散的方式透过胃、肠黏膜而被吸收，大多数药物是在小肠中被吸收；脂溶性非离子型的药物易于吸收。胃肠道 pH 的改变，可影响药物的解离度从而影响吸收率。例如，在小肠碱性环境中，弱碱性药物，如生物碱以游离碱形式（非离子型）存在，故多从小肠吸收；而在胃液中生物碱大部分解离成离子，难以吸收。因此，可以通过调节体液环境的 pH，促进或者抑制吸收速率。

药物吸收的快与慢、多与少、易与难受药物本身理化性质、给药途径、药物浓度、吸收面积和局部血流等因素的影响。一般来说，脂溶性、小分子、水溶性、非解离型有机酸等药物口服吸收较快而多；碱性药物（如生物碱）则因在胃酸中解离而难以吸收；静脉给药、肺泡（气雾剂）、肌内注射或皮下注射、黏膜、皮肤给药的吸收速度依次递减。而药物浓度高、吸收面积广、局部血流快可使药物吸收加快。胃肠道淤血时则吸收减慢。

在疾病治疗过程中，用药改变了胃肠道 pH，可影响药物的解离度和吸收率。如应用抗酸药后提高了胃肠道 pH。故同服弱酸性药物，因解离增加而影响吸收；改变胃排空或肠蠕动速度的药物能影响药物的吸收。

二、分布

药物对组织器官的作用强度与药物的分布并非完全一致。例如，强心苷选择地作用于心脏，却广泛分布于横纹肌和肝脏；吗啡作用于脑中枢，却大量集中于肝脏。

影响药物分布的因素大致有药物与血浆蛋白结合的能力，药物与组织的亲和力，药物的理化特性和局部器官的血流量等。药物与血浆白蛋白的结合，使分子加大，影响其向血管外转移及分布，因而降低药物的效力。同时，排泄也减少，生物半存留期延长。但这种结合通常是松散的、可逆的，是药物的一种暂时贮存形式，可对血浆药物浓度进行调节，以对抗较大的波动。脂溶性药物容易进入细胞内，使细胞内液浓度与细胞外间隙液浓度保持平衡。组织中药物浓度增加的速度取决于组织的血流量。脑、心脏、肾脏和肝脏的灌注速度很高，就可迅速获得与动脉血浆中相同的药物浓度；反之，灌注缓慢的器官，则药物浓度增加较慢。

三、转化

药物转化是指药物作为外源性的活性物质在体内发生化学结构改变的过程，又称为药物代谢。药物的生物转化与排泄称为消除。药物在体内生物转化后的结果有 2 种：一是失活，成为无药理活性药物；二是活化，由无药理活性成为有药理活性的代谢物或产生有毒的代谢物，或代谢后仍保持原有药理作用。

肝脏是药物代谢（氧化、还原、水解、结合）的主要场所。当肝脏功能不全时，药物代谢速率下降，因而给药时应减量或减少给药次数，以免血药浓度过高或维持时间过长而中毒。另外，某些药物可以提高肝脏微粒体酶的活性，使另一些药物代谢速率加快（称为诱导作用或酶促作用）而药效降低。这种诱导作用不仅可以解释连续用药产生耐药性、交叉耐药性及停药敏感化现象，还可用于治疗某种疾病。另一些药物，可抑制肝脏微粒体酶的活性（酶抑作用），从而加强许多药物的作用（或毒性）。这是药物间相互作用而影响疗效的原因之一。

四、排泄

排泄是指吸收进入体内的药物以及代谢产物从体内排出体外的过程。肾脏是药物排泄的主要途径。多数药物在肝脏经生物转化变为极性较大的和水溶性代谢产物，在肾小管中不易被吸收，因而易于排泄。

肾小球几乎不能过滤蛋白质，只有游离而未结合的药物才能被过滤。尿液的酸碱度对于许多弱酸和弱碱性药物的排泄速率是一个重要因素。当尿液酸度高时，弱碱性药物易离子化，肾小管重吸收率低，排泄速度较快；而弱酸性药物排泄速度较慢。尿液酸度低时，其结果相反。

肾脏有疾患时，药物的排泄受到影响。如严重慢性肾脏病，肾小球滤过率降低，在这种情况下，链霉素、庆大霉素在体内很快地蓄积起来，易造成中毒。为了避免中毒，一般认为，首次给药量无须改变，但其维持量与给药间隔必须根据肾功能损害程度及药物的半存留期予以调整。

五、半存留期的概念及其应用

半存留期（半衰期）通常是指血浆半存留期，即药物在血浆中存留的浓度下降到 1/2 时的时间。它反映药物在体内消除的速度。为了维持比较稳定的有效血浓度，给药间隔时间不宜超过药物半存留期。但为了避免药物的蓄积中毒，而给药间隔又不宜短于该药的半存留期。

当血浆浓度允许在 2 倍量的范围内变动，且无毒性反应时，可以先服 1 个初剂量（为维持剂量的 2 倍），然后每经 1 个半存留期再服 1 个维持剂量。例如，某药的半存留期为 12h，其在体内产生疗效所需最小量是 50mg，其初剂量应服 100mg，而后每 12h 服 50mg，即可持续不断地保持血浆中的治疗浓度。这种用药方法，对一些药物是适宜的，但对半存留期特别短或特别长的药物，则必须按另外的方式用药。如青霉素 G 的半存留期很短，而且治疗安全性较大，所以，可以在长于半存留期的时间内给予大剂量，虽然血浆浓度产生较大的波动，但由于开始的浓度很高，即使经数倍于半存留期的时间以后，血浆中仍维持着治疗浓度。

六、生物利用度

药物的生物利用度是指药物吸收的速度和程度。在重复用药过程中，疗效受吸收速度影响减小，故生物利用度往往只用吸收程度百分率来表示。

$$生物利用度 = \frac{实际吸收药量}{给药剂量} \times 100\%$$

在实际工作中有 2 种表示方法，即绝对生物利用度与相对生物利用度。由于静脉注射给药，药物全部进入体循环，即生物利用度为 100%；因此，以静脉注射剂作为标准，用相同剂量给药，计算受试制剂（如口服制剂）的生物利用度时，称为绝对生物利用度。

$$绝对生物利用度 = \frac{口服吸收药量}{静脉注射血液循环中药量} \times 100\%$$

对于比较成熟的药物，有公认的标准制剂的，则可采用相同的给药途径，给予相同剂量，比较受试制剂和标准制剂的药物吸收量，即得到相对生物利用度。

$$相对生物利用度 = \frac{受试制剂的吸收量}{标准制剂的吸收量} \times 100\%$$

在临床用药中，生物利用度是一个重要的概念。同一种药，当剂型不同时，甚至不同药厂生产的同一剂型，在生物利用度上都可能有相当大的差异，当然疗效也就会不一样。因而，提高药剂的生物利用度是提高药物疗效的重要方法。

第四节　药物的用法与用量

一、药物的用法

（一）口服

口服药物，经胃肠吸收后作用于全身，或停留在胃肠道发挥局部作用。其优点是操作比较简便，适合于大多数的药物。为了发挥胃肠道的作用，药物常采用口服法。缺点是受胃肠内容物的影响较大，吸收不规则，显效慢。在病情危急、昏迷、呕吐时不能服用；刺激性大、可损伤胃肠黏膜的药物不能口服；能被消化液破坏的药物，也不宜口服。

药物在动物饲喂前还是饲喂后服用，要根据不同情况而定。应在饲喂前服用的药物有苦味健胃药、收敛止泻药、胃肠解痉药、肠道抗感染药、利胆药。应空腹或半空腹服用的药物有驱虫药、盐类泻药。刺激性强的药物应在饲喂后服用。

（二）注射

注射包括皮下注射、肌内注射、静脉注射、静脉滴注等数种。其优点是吸收快而完全，剂量准确，可避免经口服受消化液的破坏。不宜口服的药物，大多可以注射给药。

1. 皮下注射　将药物注入颈部或股内侧皮下疏松结缔组织中，经毛细血管吸收，一般10～15min 后出现药效。刺激性药物及油类药物不宜皮下注射，否则，易造成发炎或硬结。

2. 肌内注射　将药物注入富含血管的肌肉（如颈部、臀部或腿部肌肉）内，吸收速度比皮下注射快，一般经 5～10min 即可出现药效。油剂、混悬剂也可以肌内注射，刺激性较大的药物可注射于肌肉深部，药量大的应分点注射。

3. 静脉注射　将药物注入体表明显的静脉中，作用最快，适用于急救、注射量大或刺激性强的药物。但危险性也大，可能迅速出现剧烈的不良反应。药液漏出血管外，可能引起刺激反应或炎症。混悬液、油溶液、易引起溶血或凝血的物质不可以静脉注射。

4. 静脉滴注　将药物缓慢输入静脉内，并用滴数计速时，称为静脉滴注或静脉点滴。一般大量补充体液时或使用作用强烈的药物时常采用此方法。

5. 腹腔注射　可用于需要大量补充体液而静脉注射有困难时，因腹腔面积大，故药物吸收也较快。但有刺激性的药物不能采用此方法。

6. 气管内注射　将药物直接注入气管内。多用于治疗动物气管疾病或气管内寄生虫。

7. 皮内注射　将小剂量药液注入表皮与真皮之间。用于各种药物过敏试验或预防接种，或是局部麻醉的先驱步骤。

（三）直肠、子宫、阴道及乳房内灌注

主要是利用药物在用药局部发挥作用，如排除积粪，防治子宫炎、乳腺炎等。此外，灌肠还可用于不能口服或静脉注射的患畜，补充营养或给予药物以发挥吸收作用。

（四）局部用药

目的在于起到局部治疗作用，如涂擦、撒布、浇泼、洗涤、滴入（眼、鼻）等，都属于皮肤、黏膜的局部用药，刺激性强的药物不宜用于黏膜。

（五）其他给药方法

为了预防或治疗传染病和寄生虫病等，也常常采用以下方法。

1. 混饲给药　将药物均匀混入饲料中，让动物吃饲料时能同时吃进药物。此法简便易

行，适用于长期投药。不溶于水的药物用此法更为恰当。但应注意药物与饲料的混合必须均匀，并应准确掌握饲料中药物的浓度。

2. 混饮给药　将药物溶解于水中，让动物自由饮用。此法尤其适用于因病不能采食，但还能饮水的动物。采用此法须注意根据动物可能饮水的量，来计算用药量与药液浓度。对不溶于水或在水中易破坏变质的药物，须采取相应措施，以保证疗效，如使用助溶剂使药物能够溶于水中，限制时间饮用完药液，以防止药物失效或增加毒性等。

3. 气雾给药　将药物以气雾剂的形式喷出，使之分散成微粒，让动物经呼吸道吸入而在呼吸道发挥局部治疗作用，或使药物经肺泡吸收进入血液而发挥全身治疗作用。若喷雾于皮肤或黏膜表面，则可发挥保护创面、消毒、局部麻醉、止血等局部作用。气雾吸入要求药物对动物呼吸道无刺激性，且药物应能溶解于呼吸道的分泌液中，否则，可能引起呼吸道炎症。

4. 药浴　羊、犬及猫等动物患有皮肤病、体表寄生虫病时，可将患畜放入溶有药物的水中浸洗，此方法称为药浴。药浴应注意掌握好药液浓度、温度和浸洗的时间。

（六）环境消毒

为了杀灭环境中的病原微生物，除采用上述气雾给药法外，最简单的方法就是往圈舍及饲养场喷洒药液，或用药液浸泡、洗刷饲喂器具及与动物接触的用具。消毒环境及用具时，要注意掌握药液浓度，对刺激性及毒性强的药物应在消毒后及时除去残留药物，以防畜禽中毒。

二、药物的用量

药物产生治疗作用所需的用量称为剂量。药物剂量可以决定药物与动物机体组织器官相互作用的浓度，因而在一定范围内，剂量越大，药物浓度越高，作用也越强；剂量小，作用就小。

在评价药物治疗作用与毒性反应的试验研究中，常测定 ED_{50} 和 LD_{50} 2 个剂量值。ED_{50} 即半数有效量，是指在一群动物中引起半数（50%）动物阳性反应（有效）的剂量。LD_{50} 即半数致死量，是指在一群动物中引起半数动物死亡的剂量。LD_{50}/ED_{50} 的比值称为治疗指数（TI），可用来表示药物的安全性。TI 值越大，药物越是安全有效。临床上所说的剂量即所谓常用量，是指对成年动物能产生明显治疗作用而又不致引起严重不良反应的剂量。极量是治疗剂量的最大限度，可以看作是"最大治疗量"。为了保证用药安全，对某些剧毒药规定了极量。在特殊情况下需要应用超过极量的剂量时，应该在处方上画上警惕的标记"!"。

药物剂量可以按成年动物个体的用量来表示。有些药物也常按动物每千克体重来表示，临用时需要根据动物体重来计算。除了动物体重、病情外，动物的种类、年龄、给药途径对药物用量也有很大影响。一般可以参考表 1-1、表 1-2 换算酌定剂量。

表 1-1　不同给药途径用药剂量比例

给药途径	药物剂量比例	给药途径	药物剂量比例
口服	1	静脉注射	1/4～1/3
皮下或肌内注射	1/3～1/2	直肠给药	1.5～2

表 1－2　不同年龄阶段用药剂量比例

年龄	药物剂量比例
6 个月以上	1
3～6 个月	1/2
1～3 个月	1/4
1 个月以下	1/16～1/8

三、用药的次数与间隔

少数药物 1 次用药即可达到治疗目的，如泻药、麻醉药。但对多数药物来说，必须重复给药才能奏效。为了维持药物在体内的有效浓度，获得疗效，而同时又不至于出现毒性反应，就需要注意给药次数与重复给药的间隔时间。大多数普通药，每日可给药 2～3 次，直至达到治疗目的。抗菌药物必须在一定期限内连续给药，这个期限称为疗程。例如，磺胺类药物一般以 3～4d 为 1 个疗程。各种药物重复给药的间隔时间不同，需要参考药物的半存留期而定。当 1 个疗程不能奏效时，应分析原因，决定是否再用 1 个疗程，或是改变方案，更换药物。毒性大的药物，如某些抗寄生虫药，往往短时期内只用药 1～2 次，重复给药需经数日、数周甚至更长时间。

四、药物用量的计量单位

一般固体药物用质量表示，液体药物用容量表示。应使用国家法定计量单位，一律采用如 g、mg、mL、L 等。

一部分抗生素、激素、维生素及抗毒素（抗毒血清）其用量单位用特定的"单位（U）""国际单位（IU）"来表示。

药物混饲、混饮给药时，用量的规范表示法是：每 1 000kg 饲料或 1L 水某种药物××g（或 mg）。同时指明，是按预混剂或可溶性粉"本品计"，还是按其中"有效成分计"。

第二章　维生素使用方法

维生素是维持畜禽正常代谢所必需的一类小分子有机化合物，动物体内一般不能合成，反刍动物瘤胃内微生物能合成机体所需的 B 族维生素和维生素 K。多数维生素是某些酶的辅酶（或辅基）的重要组成成分，对畜禽体内蛋白质、脂肪、糖和无机盐的代谢起着重要的作用。维生素按其溶解性质可分为脂溶性和水溶性两大类。

第一节　脂溶性维生素

脂溶性维生素可以溶于油脂等脂溶性溶剂，不溶于水，包括维生素 A、维生素 D、维生素 E 和维生素 K。脂溶性维生素在肠道的吸收与脂肪的吸收密切相关，腹泻、胆汁缺乏或其他能够影响脂肪吸收的因素，同样也影响脂溶性维生素的吸收。脂溶性维生素吸收后主要贮存在肝脏和脂肪组织，以缓释方式供机体利用。脂溶性维生素吸收多，在体内贮存也多，如果机体摄取的脂溶性维生素过多，超过体内贮存的限量，则会引起动物中毒。

一、维生素 A

维生素 A 又称为抗干眼病维生素，化学名为视黄醇，它只存在于动物体中，植物中不含维生素 A，而含有维生素 A 原——胡萝卜素。胡萝卜素在动物体内可转变为维生素 A。

【性状】维生素 A 纯品为黄色片状结晶。一般是无色或淡黄色油状物，不溶于水而溶于油脂或乙醇等脂溶性溶剂。在光和空气中易被氧化而失去生理效能，故维生素 A 制剂应在棕色瓶内保存。

【药代动力学】口服的维生素 A 和胡萝卜素，在胃蛋白酶和肠蛋白酶作用下，形成游离的维生素 A，经主动转运被小肠黏膜上皮细胞吸收。吸收的维生素 A 主要被脂化为乳糜微粒，被淋巴系统吸收转运到肝脏贮存。当周围组织需要时，维生素 A 可从肝内释放出来，被水解成游离的维生素 A 进入血液中，再与其他蛋白质（如 α-球蛋白）结合，通过血液转运到靶器官。体内的维生素 A 通常以原形从尿中排泄，未被吸收的维生素 A 和胡萝卜素主要从粪便中排泄。

胆碱对 β-胡萝卜素的吸收具有重要作用。它有表面活性剂的作用，可促进 β-胡萝卜素的溶解和进入小肠细胞。维生素 A 和 β-胡萝卜素的吸收，受饲料中的蛋白质、脂肪、维生素 E、铁等影响。脂肪和蛋白质有利于维生素 A 和 β-胡萝卜素的吸收。一般来说，饲料中 50%～90% 的维生素 A 可被吸收，50%～60% 的 β-胡萝卜素可被吸收。胃肠疾病可降低 β-胡萝卜素的转化和维生素 A 的吸收。

【作用】

1. 维持视网膜的微光视觉　维生素 A 参与视网膜内视紫红质的合成，视紫红质是感光物质，可使畜禽在弱光下看清周围的物体。当视紫红质缺乏时，可出现视物障碍，在弱光中视物不清，即夜盲症，其至完全丧失视力。

2. 维持上皮组织的完整性 维生素 A 参与组织间质中黏多糖的合成，黏多糖对细胞起着黏合、保护作用，是维持上皮组织正常结构和功能所必需的物质。维生素 A 缺乏时，皮肤、黏膜、腺体、气管和支气管的上皮组织干燥和过度角化，可出现干眼病、角膜软化、皮肤粗糙等症状。

3. 参与维持正常的生殖功能 维生素 A 缺乏时，公畜睾丸不能合成和释放雄激素，性功能下降。妊娠动物发情周期紊乱或因胎盘损害，胎儿被吸收、流产、死胎，蛋鸡产蛋率下降。

4. 促进生长发育 维生素 A 能促进幼龄动物的生长发育，调节体内脂肪、糖和蛋白质代谢，促进骨骼生长。缺乏时则出现生长停顿，发育不良，肌肉萎缩，齿、骨等硬组织生长不良。长期维生素 A 不足，还可使动物发生骨软症，出现步态不稳、共济失调和痉挛。

5. 免疫作用 维生素 A 缺乏可导致淋巴细胞分化为 T 细胞和 B 细胞的胸腺（鸡为法氏囊）萎缩，免疫力下降。

【用途】本品主要用于防治维生素 A 缺乏症，如皮肤硬化症、干眼病、夜盲症、角膜软化症，上皮组织干燥和过度角化。母畜流产、死胎，公畜生殖力下降，幼畜生长发育不良等。局部用于烧伤和皮肤炎症，有促进愈合作用。

【制剂】维生素 A 主要有以下几种制剂：

1. 维生素 AD 油 1g 含维生素 A 5 000IU 与维生素 D 500IU。

2. 鱼肝油 鱼肝油是从鱼的肝脏提取的，为带有鱼腥味的黄色油状液体，主要成分是维生素 A 和维生素 D，此外，鱼肝油还含有胆甾醇、十九醇、廿一醇、异十八烷等。

3. 维生素 AD 注射液 每支 1mL，含维生素 A 50 000IU 与维生素 D 5 000IU，有 0.5mL、1mL、5mL 3 种针剂。

【用法与用量】

1. 口服 一次量，马、牛 20～60mL，猪、羊 10～15mL，犬 5～10mL，禽 1～2mL。

2. 肌内注射 一次量，马、牛 5～10mL，马驹、犊牛、猪、羊 2～4mL，仔猪、羔羊 0.5～1mL，犬 0.2～2mL，猫 0.5mL，1 次/d。

【注意事项】维生素 A 过量可引起中毒。中毒症状可表现为骨骼畸形或易骨折，生长迟缓、体重减轻、皮肤病、贫血、肠炎等。维生素 A 的中毒剂量：非反刍动物（包括禽和鱼类）为机体需要量的 4～10 倍，反刍动物为需要量的 30 倍。维生素 AD 注射液大剂量使用时可对抗糖皮质激素的抗炎作用，过量也可引起中毒。

二、维生素 D

维生素 D 又称为抗佝偻病维生素、钙化醇、骨化醇。天然的维生素 D 有 2 种活性形式，麦角固醇（D_2）和胆钙化醇（D_3）。

【性状】维生素 D_2 和维生素 D_3 均为无色针状结晶或白色结晶性粉末；无臭，无味。遇光或空气均易变质。不溶于水而溶于油脂等脂溶性溶剂，相当稳定，不易被酸、碱或氧化所破坏。

【药代动力学】维生素 D 本身并没有生理功能，只有转变为活性形式才能成为有生理活性的有效物质，维生素 D 的活性形式为 D_3。从饲料和皮肤 2 条途径获得的维生素 D_3 与蛋白质结合通过血液循环到达动物机体的器官和组织（如肝脏、皮肤和脂肪）中贮存。首先在肝细胞内和线粒体中，维生素 D_3 在 25 -羟化酶作用下，形成 25 -羟维生素 D_3 并贮存；然后在肾脏中羟化酶的作用下，形成 1,25 -二羟维生素 D_3 才能发挥作用。1,25 -二羟维生素 D_3 比 25 -羟维生素 D_3 的生物活力大 3.6 倍，比维生素 D_3 大 5.5 倍。这一过程的形成受甲状旁腺素调节。饲料含钙高时，肾中 1,25 -二羟维生素 D_3 的生成量下降，从而减少对钙的吸收。反之，1,25 -二羟维生素 D_3 的生成量增加，促进钙的吸收。维生素 D_3 及其代谢产物的主要排泄途径是随同胆汁排泄，然后混入粪便中排出体外。

【作用】在多数哺乳动物，如犊牛、猪、犬等维生素 D_2 和维生素 D_3 的生物活性相近，奶牛维生素 D_2 的活性是维生素 D_3 的 1/4～1/2；但在家禽体内维生素 D_3 的活性要比维生素 D_2 高 30 倍。鱼对维生素 D_2 的利用率较低，一般用维生素 D_3。

1. 抗佝偻病和骨软症　维生素 D 缺乏时，幼龄动物发生佝偻病，成年动物特别是怀孕或泌乳的母畜易发生骨软症。

2. 提高产蛋率　维生素 D 缺乏时，产蛋鸡产蛋率降低，蛋壳易碎。

3. 促进泌乳　维生素 D 缺乏时，奶牛的产奶量大减。

【用途】临床上用于佝偻病、骨软症和骨折等预防和治疗。犊牛、猪、牛、家禽易发生佝偻病，马、牛易发生骨软症，犬易发生产后癫痫（缺钙），奶牛易发生产褥热。也可用于妊娠期和哺乳期母畜，以促进钙、磷的吸收。

【制剂】

1. 维生素 D_2 胶性钙注射液　为维生素 D_2 与有机钙剂的灭菌胶状混悬液。以维生素 D_2 计，1mL 含 5 000IU。

2. 维生素 D_3 注射液　0.5mL：3.75mg（15 万 IU），1mL：7.5mg（30 万 IU），1mL：15mg（60 万 IU）。

3. 25 -羟维生素 D_3 饲料添加剂　配制饲料时添加使用。

【用法与用量】

1. 皮下注射、肌内注射　维生素 D_2 胶性钙注射液，一次量，马、牛 5～20mL，猪、羊 2～4mL，犬 0.5～1mL。

2. 肌内注射　维生素 D_3 注射液，一次量，家畜及犬、猫 1 500～3 000IU/kg。

【注意事项】①长期应用大剂量维生素 D 可引起高钙血症，表现为骨痛、肌无力、厌食、心律失常，并可引起全身血管、肾脏和肝脏等异常钙化，停药后可迅速改善。②注射前后需补充钙剂。

三、维生素 E

维生素 E 又称为生育酚，目前已知的至少有 8 种，它们是一组化学结构相似的酚类化合物。

【性状】本品为黄色或微黄色透明的黏稠液体。遇水颜色逐渐变深，不溶于水，易溶于无水乙醇、乙醚或丙酮，是一种强抗氧化剂。

【药代动力学】口服的维生素 E 在小肠中与胆汁等一起形成微胶粒状态。如果是维生素 E 乙酸酯，则先在小肠内被水解成维生素 E，并以非载体介导的被动扩散方式进入小肠黏膜细胞内，与脂肪酸和载体脂蛋白等一起形成乳糜微粒，然后通过肠系膜淋巴和胸导管而被动转运进入体循环。在血液中以脂蛋白为载体进行转运。大部分被肝脏和脂肪组织摄取并贮存，在心、肝、肺、肾、脾和皮肤组织中分布也较多。维生素 E 易从血液转运到乳汁中，但不易透过胎盘。主要通过粪便排泄。

【作用】

1. 抗氧化作用 维生素 E 对氧十分敏感，极易被氧化，可保护其他物质不被氧化。在细胞内，维生素 E 可与氧自由基起反应，抑制有害的脂类过氧化物（如过氧化氢）产生，阻止细胞内或细胞膜上的不饱和脂肪酸被过氧化物氧化、破坏，保护生物膜的完整性。它还能使巯基不被氧化，保护某些酶的活性。维生素 E 与硒有协同抗氧化作用。

2. 维护内分泌功能 维生素 E 可促进性激素分泌，调节性腺的发育和功能，有利于受精和受精卵的植入，并能防止流产，提高繁殖力。维生素 E 还能促进甲状腺激素和促肾上腺皮质激素产生，调节体内碳水化合物和肌酸的代谢，提高糖和蛋白质的利用率。

3. 提高抗病力 能促进辅酶 Q 和免疫蛋白质的生成，提高机体的抗病能力。在细胞代谢中发挥解毒作用，维生素 E 对过氧化氢、黄曲霉毒素、亚硝基化合物等具有解毒功能。

4. 维护骨骼肌和心肌的正常功能 维生素 E 具有防止肝坏死和肌肉退化的功能。

5. 改善缺硒状况 维生素 E 通过使含硒的氧化型过氧化物酶变成还原型过氧化物酶，及减少其他过氧化物的生成而节约硒，减轻因缺硒产生的影响。

【用途】临床上主要用于防治维生素 E 缺乏症，如犊牛、羔羊、马驹和猪的营养性肌萎缩（白肌病），猪的肝坏死和黄脂，雏鸡的脑质软化和渗出性素质。

维生素 E 和硒是维持繁殖功能所必需，维生素 E 与硒合用，可减少母牛胎盘滞留、子宫炎、卵巢囊肿的发生率。维生素 E 还常与维生素 A、维生素 D、B 族维生素配合使用。

【制剂】维生素 E 注射液（1mL∶50mg，10mL∶500mg）、亚硒酸钠维生素 E 注射液、亚硒酸钠维生素 E 预混剂。

【用法与用量】

1. 口服 一次量，马驹、犊牛 0.5～1.5g，羔羊、仔猪 0.1～0.5g，犬 0.03～0.1g，家禽 5～10mg。

2. 皮下注射或肌内注射 维生素 E 注射液，一次量，马驹、犊牛 0.5～1.5g，羔羊、仔猪 0.1～0.5g，犬 0.01～0.1g；0.1%亚硒酸钠维生素 E 注射液，肌内注射，一次量，犬 1～2mL。

【注意事项】维生素 E 在动物肠道中吸收缓慢，动物只有长期服用维生素 E，才能产生有益作用。饲料中含有大量不饱和脂肪酸时，应增加维生素 E 的供给量。维生素 E 几乎无毒，大多数动物能耐受 100 倍以上需要量的剂量。

四、维生素 K

维生素 K 又称为凝血维生素，为动物体内生成凝血酶原所必需。动物一般不易缺乏，因为绿色植物中含量丰富，且肠道中的某些细菌也可以合成。但当动物发生阻塞性黄疸、肠瘘、持续性腹泻时，因消化道缺乏足量的胆汁而致使维生素 K 吸收减少。或因动物长期应用抗菌药物（如磺胺、氯霉素等），破坏了肠道内菌群，减少了维生素 K 的合成，引起继发性维生素 K 缺乏。临床上使用的抗凝血药双香豆素，其化学结构与维生素 K 相似，可对抗维生素 K 的作用，可防止血栓的形成。

【性状】维生素 K 分为脂溶性和水溶性 2 种。维生素 K 均为 2 - 甲基 - 1, 4 - 萘醌的衍生物。天然的维生素 K 有 2 种：一种是在绿色植物（如苜蓿草等）中提取的黄色油状物，称为维生素 K_1；另一种是在腐败鱼肉中获得或肠道细菌（如大肠杆菌）合成的淡黄色结晶体，称为维生素 K_2。溶于油脂及丙酮、乙醚等有机溶剂。两者均有耐热性，但易受紫外线照射而破坏，需要避光贮存。人工合成的维生素 K 有维生素 K_3 和维生素 K_4，为水溶性的，可用于口服或注射。

【药代动力学】维生素 K_1 和维生素 K_2 均为脂溶性，由空肠吸收，在血中随 β - 脂蛋白一起转运。维生素 K_3 为水溶性，在低脂饲料中也能被很好地吸收。维生素 K_2 是动物体内的活性形式，维生素 K_1 和维生素 K_3（又称为甲萘醌亚硫酸氢钠）都需要在肝脏转化为维生素 K_2 才能起作用。单胃动物肠道微生物可合成维生素 K，但利用率很低。维生素 K 的吸收与合成受多种因素影响，如饲料中脂肪含量，服用磺胺类药物或抗生素等。此外，肝脏疾病、双香豆素、磺胺喹沙啉、丙酮苄羟香豆素、饲料霉变及寄生虫病等均可影响维生素 K 的合成和利用。维生素 K 在体内储量不多，需经常供给。过多的维生素 K 可随粪便和尿液排出。

【作用】维生素 K 的需要量非常少，但它却可以维护血液正常凝固功能。

1. 促进血液凝固 维生素 K 是凝血因子 γ - 羧化酶的辅酶。而其他某些凝血因子的合成也依赖于维生素 K。如果维生素 K 缺少，凝血时间延长，严重者流血不止，甚至死亡。

2. 参与骨骼代谢 维生素 K 参与合成维生素 K 依赖蛋白质（BGP），BGP 能调节骨骼中磷酸钙的合成。

【用途】①用于畜禽原发性、继发性维生素 K 缺乏所致的出血。②预防幼雏的维生素 K 缺乏。③治疗马、牛、羊、猪因摄食了霉烂变质的草木樨（含双香豆素）所致的出血，或因水杨酸钠中毒所致的低凝血酶原血症。④用于杀鼠药"敌鼠钠"中毒的急救，应大剂量使用。

【制剂】维生素 K_1 注射液（1mL：10mg）、维生素 K_3 注射液（1mL：4mg，10mL：40mg）、维生素 K_1 饲料添加剂（一般含量为 5%）。

【用法与用量】肌内注射：一次量，马、牛 100～300mg，羊、猪 30～50mg，犬 10～30mg，家禽 2～4mg。

【注意事项】①维生素 K_3 可损害肝脏，肝功能不全的病畜应改用维生素 K_1。②临产母畜如果大剂量应用，可使新生仔畜出现溶血、黄疸或高胆红素血症。③大剂量的维生素 K 对幼畜（雏）有一定的毒性，可能引起高胆红素血症。④与抗凝血剂双香豆素一同使用可能降低维生素 K 药物作用。⑤服用抗癫痫药、抗生素、降胆固醇药（胆酸结合树脂）可抑制维生素 K 吸收。⑥可能发生变态反应。

第二节 水溶性维生素

水溶性维生素包括 B 族维生素和维生素 C，均易溶于水。B 族维生素包括硫胺素（维生素 B_1）、核黄素（维生素 B_2）、烟酸（维生素 B_3）、泛酸（维生素 B_5）、维生素 B_6、生物素（维生素 H）、叶酸（维生素 B_9）和钴胺素（维生素 B_{12}）等。除维生素 B_{12} 外，水溶性维生素几乎不在体内贮存，超过生理需要的部分会较快地随尿液排出体外。因此，长期应用造成蓄积中毒的可能性小于脂溶性维生素，一次大剂量使用，通常不会引起中毒反应。

一、维生素 B_1

维生素 B_1 又称为硫胺素。

【性状】为白色细小结晶或结晶性粉末；有微弱的特异性臭味，味苦。易溶于水，在空气中因易吸收水分而潮解，略溶于乙醇溶液，水溶液呈酸性反应。

【药代动力学】口服维生素 B_1 后，仅少部分从小肠，特别是十二指肠吸收，生物利用率低，大部分从粪便排出。大肠的吸收能力差，所以，大肠微生物合成的维生素 B_1 利用率极低。反刍动物瘤胃能通过被动扩散和主动转运过程吸收游离的维生素 B_1，在血液中通过载体蛋白转运到组织中。体内的维生素 B_1 大约80%是以焦磷酸硫胺素的形式存在。维生素 B_1 在心、肝、骨骼肌、肾、大脑中的含量高于血液，但组织贮存量低。猪贮存维生素 B_1 的能力比其他动物强，可供1～2个月所需。家禽贮存量十分有限，需经常补充。维生素 B_1 主要从粪便和尿液排出。

【作用】

1. 参与糖代谢 维生素 B_1 是丙酮酸脱氢酶系的辅酶，参与糖代谢过程中的 α-酮酸（如丙酮酸、α-酮戊二酸）氧化脱羧反应，对释放能量起重要作用。缺乏时，丙酮酸不能正常地脱羧进入三羧酸循环，造成丙酮酸堆积，能量供应减少，影响神经组织功能。表现为神经传导受阻，出现多发性神经炎症状，如疲劳、衰弱、感觉异常、肌肉酸痛、肌无力等。严重时，可发展为运动失调、惊厥、昏迷，甚至死亡，还可导致心功能障碍。

2. 抑制胆碱酯酶活性 维生素 B_1 可轻度抑制胆碱酯酶的活性，使乙酰胆碱作用加强。缺乏时，胆碱酯酶活性增强，乙酰胆碱水解加快，胃肠蠕动减慢，消化液分泌减少，动物表现为食欲不振、消化不良、便秘等症状。

【用途】临床上主要用于防治维生素 B_1 缺乏症，也可作为神经炎、心肌炎、食欲不振的辅助治疗药。当动物大量输入葡萄糖时，应适当补充维生素 B_1，以促进糖代谢。

【制剂】

1. 维生素 B_1 片 每片含维生素 $B_1$10mg、50mg。

2. 维生素 B_1 注射液 1mL：10mg，1mL：25mg，10mL：250mg。

【用法与用量】

1. 口服 一次量，马、牛100～500mg，羊、猪25～50mg，犬10～50mg，猫5～30mg。

2. 皮下注射或肌内注射 一次量，马、牛100～500mg，羊、猪25～50mg，犬10～25mg，猫5～15mg。

3. 混饲 每1 000kg饲料，家畜1～3g，雏鸡18g。

【注意事项】①维生素 B_1 对多种抗生素都有灭活作用，不宜与抗生素混合应用。②维生素 B_1 水溶液呈酸性，不能与碱性药物混合应用。③维生素 B_1 可影响氨丙啉的抗球虫活性。

二、维生素 B_2

维生素 B_2 又称为核黄素，它是一种含有核糖醇基的黄色物质。

【性状】本品为橙黄色结晶性粉末；微臭，味微苦。微溶于水和乙醇溶液，在酸性溶液中稳定，耐热，但易被碱或光线所破坏，应置于遮光容器内密封保存。

【**药代动力学**】维生素 B_2 口服易吸收，进入小肠黏膜细胞中在黄素激酶作用下，被转化为黄素单核苷酸（FMN）后经主动转运吸收，高剂量时以被动扩散形式吸收。黄素单核苷酸与血浆蛋白结合，通过血液转运到肝脏，在黄素腺嘌呤二核苷酸（FAD）合成酶作用下转化成黄素腺嘌呤二核苷酸。在体内分布均匀，积蓄贮存量较少。维生素 B_2 主要以核黄素的形式从尿液中排出，少量从汗液、粪便和胆汁中排出。过量的维生素 B_2 迅速从尿液中排出。

【**作用**】维生素 B_2 为体内黄酶类辅基的组成部分，在生物氧化的呼吸链中起着递氢作用，参与碳水化合物、脂肪、蛋白质和核酸代谢，还参与维持眼的正常视觉功能。

【**用途**】本品主要用于防治维生素 B_2 缺乏症，如脂溢性皮炎、胃肠功能紊乱、口角溃烂、舌炎、阴囊皮炎、雏鸡足趾麻痹、成年鸡产蛋率和孵化率降低等。常与维生素 B_1 合用，发挥复合维生素 B 的综合疗效。

【**制剂**】

1. 维生素 B_2 片　5mg/片，10mg/片。

2. 维生素 B_2 注射液　每支 2mL：10mg，5mL：25mg，10mL：50mg。

【**用法与用量**】

1. 口服、皮下注射或肌内注射　一次量，马、牛 100～150mg，羊、猪 20～30mg，犬 10～20mg，猫 5～10mg。

2. 混饲　每 1 000kg 饲料，猪、家禽 2～5mg，兔 5～7mg。

【**注意事项**】①妊娠动物需要量较高。②口服本品后，尿液呈黄色。

三、烟酸与烟酰胺

烟酸也称为维生素 B_3、尼克酸或维生素 PP、抗癞皮病因子，在体内转化成烟酰胺（尼克酰胺）。

【**性状**】烟酸为白色结晶或结晶性粉末；无臭或有微臭，味微酸。水溶液显酸性反应。在水中略溶，在乙醇中微溶，在乙醚中几乎不溶；在碳酸钠溶液或氢氧化钠溶液中均易溶。

烟酰胺为白色结晶性粉末；无臭或几乎无臭，味苦。在水或乙醇中易溶，在甘油中溶解。

【**药代动力学**】烟酸口服易吸收。天然的未结合烟酸很容易从胃和小肠中消化、吸收。烟酰胺在小肠被水解为烟酸，然后以被动扩散和主动转运方式吸收，在小肠上皮细胞内重新转化为烟酰胺，然后大部分烟酰胺与红细胞结合，通过血液转运到组织中。在反刍动物体内很少代谢降解，多以原型从尿液中排出。在猪、犬体内，烟酸先代谢成甲基烟酰胺，再转化为 N-甲基-3-甲酰胺-4-吡啶酮和 N-甲基-5-甲酰胺-2-吡啶酮，随尿液排出，只有少量以原型排出。家禽尿液中排出的是两者的代谢物二酰胺鸟氨酸。

【**作用**】烟酸在体内转化为烟酰胺后起作用。烟酰胺是辅酶 Ⅰ 和辅酶 Ⅱ 的组成部分，作为许多脱氢酶的辅酶，在体内氧化还原反应中起传递氢的作用。它与糖的无氧酵解、脂肪代谢、丙酮酸代谢，以及高能磷酸键的生成有着密切关系，在维持皮肤和消化器官正常功能方面起重要作用。烟酸还能扩张血管，使皮肤发红、发热，降低血脂和胆固醇。烟酰胺无此作用。

【**用途**】临床用于防治烟酸缺乏症。反刍动物和马很少见到烟酸缺乏症，这是由于饲料中充分的色氨酸可在肠道微生物作用下合成满足需要的烟酸，只有在同时缺乏色氨酸时，才发生烟酸缺乏症。畜禽烟酸缺乏症临床常见食欲不振、生长缓慢、溃疡性口炎、肠炎、顽固性腹泻、皮肤湿疹、肝脏疾病、羽毛生长不良、屈腿等。犬烟酸缺乏时，可引起黑舌病，症状为口腔黏膜和食管上皮因发生炎症而呈褐红色。烟酸常与维生素 B_1 和维生素 B_2 等合用，用于各种疾病的综合治疗。

【制剂】

1. 烟酰胺与烟酸片　50mg/片，100mg/片。

2. 烟酰胺与烟酸注射液　2mL：20mg，1mL：50mg，1mL：100mg。

3. 烟酰胺片　50mg/片，100mg/片。

4. 烟酸或烟酰胺饲料添加剂　配制饲料时添加使用。

【用法与用量】

1. 烟酰胺与烟酸片　口服，一次量，家畜 3～5mg/kg；犬、猫 2.5～5mg，2～3 次/d。

2. 肌内注射　一次量，家畜 0.2～0.6mg/kg；幼畜不得超过 0.3mg/kg。

3. 混饲　每 1 000kg 饲料，育肥猪 20～30g，仔猪 20～40g，蛋雏鸡 30～40g，育成蛋鸡 10～15g，产蛋鸡 20～30g，肉仔鸡 30～40g，奶牛 50～60g（每 1 000kg 精补料）。

【注意事项】一次性摄入烟酸超过 350mg/kg（以体重计）可能引起中毒，鸡中毒可引起脚趾明显发红、腹痛型痉挛等症状。

四、胆碱

胆碱也称为维生素 B_4，是 β-羟乙基三甲胺羟化物，常用的是氯化胆碱。

【性状】为吸湿性很强的白色结晶体，易溶于水和乙醇。

【药代动力学】饲料中的胆碱大部分以卵磷脂（磷脂酰胆碱）形式，少量以神经磷脂或游离胆碱形式存在。卵磷脂和神经磷脂在胃肠道消化酶的作用下，胆碱游离释放出来，在空肠和回肠经钠泵被吸收。胃肠道疾病会降低脂类的消化及卵磷脂和胆碱吸收。瘤胃对干草、棉籽、大豆、硬脂酸胆碱和氯化胆碱来源的胆碱降解率＞80％。大约 1/3 被完整吸收，其余的 2/3 被肠道微生物酶降解为三甲胺吸收，未被吸收的胆碱主要以三甲胺或三甲胺氧化物形式从尿液中排出。

【作用】①胆碱是一种抗脂肪肝因子，能促进脂蛋白合成和脂肪酸运转，提高肝脏对脂肪酸的利用，防止脂肪酸在肝中蓄积。②胆碱是卵磷脂的重要组成部分，是维护细胞膜正常结构和功能的关键物质。③也是神经递质乙酰胆碱的重要组成成分，能维持神经纤维正常传导。④胆碱含有 3 个活性甲基，是体内甲基的供体，为同型半胱氨酸合成蛋氨酸、胍基乙酰生成肌酸和肾上腺素合成提供甲基。

【用途】主要用于胆碱缺乏引起的脂肪代谢和转运障碍，如脂肪变性、脂肪浸润。在集约化养殖中主要添加于饲料中，防治胆碱缺乏症及脂肪肝、腿骨短粗症等。还可治疗家禽的急、慢性肝炎，马的妊娠毒血症。

【制剂】①氯化胆碱粉剂。②复方胆碱注射液。

【用法与用量】①氯化胆碱粉剂：混饲，每 1 000kg 饲料，猪 250～300g，家禽 300～500g。②复方胆碱注射液：肌内注射，马、牛 20～60mL/次，猪、羊 4～6mL/次。

【注意事项】大多数动物可合成足够数量的胆碱。在水溶性维生素中，胆碱相对其需要量较易过量中毒。犬和家禽对胆碱很敏感，犬的饲料含量是推荐用量的 3 倍时可导致贫血，鸡的饲料含量是推荐量的 2 倍时会导致生长减缓。

五、泛酸

泛酸即维生素 B_5，又称为遍多酸。泛酸广泛分布于动植物体中，苜蓿干草、花生饼、糖蜜、酵母、米糠和小麦麸含量丰富；谷物的种子和其他饲料中含量也较多。

【性状】泛酸具有旋光性，有右旋（D-）和消旋（DL-）2 种形式，消旋体的生物活性是右旋体的 1/2。其游离酸呈黄色稠油状物。溶于水，难溶于其他有机溶剂。对酸、碱和热不稳定。制成钙盐后较稳定。

【药代动力学】游离型泛酸易在小肠消化吸收，结合型泛酸的复合物辅酶 A 或酰基载体蛋白（ACP）在小肠中被碱性磷酸酶水解，以被动扩散方式吸收，通过血液转运到组织中，大部分又重新转变为辅酶 A 或酰基载体蛋白，泛酸在肝、肾、肌肉、心和脑中含量较高，很少贮存。泛酸主要以游离酸形式经尿液排出。

【作用】泛酸是 2 个重要辅酶——辅酶 A 和酰基载体蛋白的组成成分，泛酸在半胱氨酸和 ATP 参与下转变成辅酶 A，辅酶 A 是酰基转移酶的辅酶，它所含的疏基可与酰基形成硫酯，在代谢中起传递酰基的作用。这样的反应在糖的有氧氧化、糖原异生、脂肪酸的合成、分解甾醇和甾体激素的合成等起重要作用。泛酸还在脂肪酸、胆固醇及乙酰胆碱的合成中起着十分重要的作用，并参与维持皮肤和黏膜的正常功能和毛皮的色泽，增强机体对疾病的抵抗力。

【用途】临床上主要用于治疗猪、家禽的泛酸缺乏症，对防治其他维生素缺乏症有协同作用，如生长期的牛、猪、犬的厌食、生长缓慢、腹泻、皮毛粗糙及运动失调等；猪的后肢震颤、痉挛、典型的鹅步症等；猫的脂肪肝；家禽的皮炎、断羽、生长缓慢、产蛋量和孵化率下降等。

【制剂】①泛酸钙片，20mg/片。②泛酸钙粉。

【用法与用量】①泛酸钙片，口服，犬 0.05mg/kg。②泛酸钙粉，混饲，每 1 000kg 饲料，猪 10～13g，家禽 6～15g。

【注意事项】畜禽采食过量的泛酸钙，一般不会产生明显的中毒反应。

六、维生素 B_6

维生素 B_6 包括吡哆醇、吡哆醛和吡哆胺 3 种吡啶衍生物。吡哆醇存在于大多数植物中，而吡哆醛和吡哆胺主要存在于动物组织中。

【性状】维生素 B_6 的盐酸盐为白色或类白色的结晶或结晶性粉末；无臭，味酸苦。易溶于水，微溶于乙醇溶液。在碱性溶液中，遇光或高温时易被破坏，应避光、密封保存。

【药代动力学】维生素 B_6 在大多数食物或饲料中以吡哆醇、吡哆醛和磷酸吡哆胺的蛋白质复合体形式存在，在肠道内被水解。吡哆醇是以非饱和形式被吸收的，且比其他 2 种形式吸收效率高。各种形式的维生素 B_6 均以简单扩散方式进入细胞。在血液中主要以与白蛋白紧密结合的磷酸吡哆醛的形式运输。在肝脏生成磷酸吡哆醛和磷酸吡哆胺。大多数维生素 B_6 以糖原磷酸化酶的形式存在于肌肉组织中。机体中的维生素 B_6 经体内的磷酸化作用转变为相应的磷酸酯，最后以吡哆酸的形式随尿液排出。

【作用】磷酸吡哆醛和磷酸吡多胺是维生素 B_6 的活性形式，维生素 B_6 主要作用于皮肤和神经系统。维生素 B_6 为氨基酸脱羧酶和转氨酶的辅酶，对非必需氨基酸的形成及氨基酸的脱羧反应十分重要；还参与半胱氨酸脱硫、糖原水解、亚油酸变为花生四烯酸、色氨酸转变为烟酸和醛与醇的互变等反应。磷酸化酶也含有维生素 B_6。维生素 B_6 不足将引起氨基酸代谢紊乱、蛋白质合成障碍、肌肉中磷酸化酶的活性降低，生长激素、促性腺激素、性激素、胰岛素、甲状腺素的活性和含量降低。维生素 B_6 还有止吐作用。

【用途】用于维生素 B_6 缺乏症的预防和治疗。饲料中维生素 B_6 丰富，成年反刍动物瘤胃和马肠道微生物也能合成，所以，较少发生缺乏症。核黄素和烟酸为维生素 B_6 磷酸化和激活所必需，缺乏时会导致间接缺乏维生素 B_6。

1. 用于防治 B 族维生素缺乏症 维生素 B_6 常与维生素 B_1、维生素 B_2 和烟酸等联合使用，治疗糙皮病、营养不良性消瘦、口角炎、多发性神经炎等。

2. 维生素 B_6 作为青霉胺、异烟肼等药物的拮抗剂 治疗氰乙酰肼、异烟肼、青霉胺、环丝胺酸等中毒引起的胃肠道反应和痉挛等兴奋症状。

【制剂】

1. 维生素 B_6 片 10mg/片。

2. 维生素 B_6 注射液 每支 1mL：25mg，1mL：50mg，2mL：100mg。

【用法与用量】

1. 口服 一次量，马、牛 3～5g，羊、猪 0.5～1g，犬 0.02～0.08g。

2. 皮下注射、肌内注射或静脉注射 一次量，马、牛 3～5g，羊、猪 0.5～1g，犬 0.02～0.08g。

【注意事项】①与氰乙酰肼、异烟肼、青霉胺、环丝胺酸等同时使用可降低维生素 B_6 疗效。②雌激素可降低维生素 B_6 在体内的活性。③偶发变态反应。

七、生物素

生物素广泛存在于动物及植物的组织中，在动物肝、肾及酵母菌中含量丰富。生物素属于 B 族维生素，又称为维生素 H、维生素 B_7、辅酶 R，有 8 个可能的同分异构体，但只有 d-生物素有维生素活性。

【性状】本品为白色针状结晶性粉末。可溶于热水，不溶于其他有机溶剂。对热较稳定，遇氧化剂、强酸、强碱易破坏。

【药代动力学】游离的生物素容易在小肠经主动转运吸收，在血液中主要以游离形式转运，在肝、肌肉、肾、心和脑中生物素水平较高，但很少贮存。哺乳动物通常不能降解生物素的环，但可将其中的小部分转变为生物素亚砜、生物素砜，大部分在线粒体通过侧链的 β-氧化转变为双降生物素。当动物吸收了高于其可贮存量的生物素时，过多的部分与生物素代谢物一起随尿液排出。未被吸收的生物素由粪便中排出。

【作用】生物素是动物体内多种酶的辅酶，参与体内的脂肪酸和碳水化合物的代谢，促进蛋白质的合成，还参与维生素 B_{12}、叶酸、泛酸的代谢。在动物体内，生物素以乙酰 CoA 羧化酶、丙酮酸羧化酶、丙酰 CoA 羧化酶和 β-甲基丁烯酰 CoA 羧化酶 4 种羧化酶的辅酶形式，直接或间接参加碳水化合物、蛋白质和脂肪的代谢过程，催化羧化或脱羧反应，如丙酮酸转化为草酰乙酸、苹果酸转化为丙酮酸、琥珀酸与丙酮酸互变、草酰乙酸转化为 α-酮戊二酸。

【用途】主要用于防治动物生物素缺乏症，如食欲不振、皮屑性皮炎、脱毛等。成年反刍动物和马很少出现缺乏症，家禽和猪较易发生，火鸡最易发生。

【制剂】生物素粉。

【用法与用量】生物素粉拌料混饲，每 1 000kg 饲料，猪 0.2g，鸡 0.15～0.35g；每千克饲料，犬、猫 0.2～0.3mg。

【注意事项】在需要量 4～10 倍的剂量范围内，生物素对于单胃动物和禽类都是安全的。

八、叶酸

叶酸广泛地存在于植物的绿叶中，含量十分丰富，故名为叶酸。也存在于肉类、鲜果、蔬菜中。叶酸也称为维生素 B_9（或维生素 B_{11}）、维生素 Bc、维生素 M、抗贫血因子、维生素 Be、蝶酰谷氨酸等，是由 1 个蝶啶环、对氨基苯甲酸和谷氨酸缩合而成，又称为蝶酰单谷氨酸。

【性状】本品为黄色或橙黄色结晶性粉末；无臭，无味。极难溶于水、乙醇、丙醇、氯仿或乙醚，易溶于稀酸、稀碱。

【药代动力学】叶酸本身不具有生物活性，需经还原酶还原为二氢叶酸，再经二氢叶酸还原酶催化形成四氢叶酸才能发挥作用。游离叶酸通过主动转运方式从小肠吸收进入血液中，形成蝶酰多谷氨酸并转运到组织中，主要在肝脏、骨髓和肠壁中。肝脏是调节其他组织叶酸分布的中心，其中贮存的叶酸主要是 5-甲基四氢叶酸形式。叶酸在体内有一部分被代谢降解，一部分以原型随胆汁和尿液排出。

【作用】叶酸是核酸和某些氨基酸合成所必需的物质。叶酸具有参与遗传物质和蛋白质的代谢、影响动物繁殖性能、影响动物胰腺的分泌、促进动物的生长、提高机体免疫力的作用。

当叶酸缺乏时，红细胞的成熟和分裂停滞，造成巨幼红细胞贫血和白细胞减少。动物表现为生长迟缓、贫血、食欲不振、腹泻等。动物消化道内微生物能合成叶酸，一般不易发生缺乏症。但长期使用磺胺类等肠道抗菌药时，动物也可能发生叶酸缺乏症。

【用途】成年反刍动物和马的叶酸缺乏症较少见，瘤胃功能不全的幼年反刍动物可能发生叶酸缺乏症。生长期的猪叶酸摄取不足或者给成年猪投喂能阻止肠道细菌合成叶酸的磺胺类药物，都会导致以下症状：贫血、白细胞减少、腹泻及生长缓慢。家禽对叶酸的利用率低，肠道合成有限，对饲料中叶酸缺乏比家畜敏感，典型症状是巨幼红细胞贫血、生长缓慢、羽毛生长不良、羽毛脱落、产蛋率下降及强直性颈瘫。本品主要用于防治叶酸缺乏症，也可在饲料中添加以改善母猪的繁殖性能，提高家禽种蛋孵化率。临床上主要用于叶酸缺乏所引起的巨幼红细胞贫血、再生障碍性贫血。叶酸与维生素 B_{12}、维生素 B_6 等联用可提高疗效。叶酸常作为饲料添加剂使用。

【制剂】

1. 叶酸注射液　每支 1mL，含叶酸 15mg。

2. 叶酸片　5mg/片。

3. 叶酸预混料　配制饲料时添加使用。

【用法与用量】

1. 口服、肌内注射　一次量，犬、猫 2.5～5mg/kg；家禽 0.1～0.2mg/kg。

2. 混饲 每 1 000kg 饲料，畜禽 10～20g。

【注意事项】叶酸与酸性药物同用可降低药效；对甲氧苄啶、乙胺嘧啶等所致的巨幼红细胞性贫血无效。

九、维生素 B_{12}

维生素 B_{12} 是一个结构比较复杂、唯一含有金属元素"钴"的维生素，又称为钴胺素或氰钴胺素。

【性状】维生素 B_{12} 为深红色结晶或结晶性粉末；无臭，无味、具有较强的吸湿性。在水或乙醇溶液中略溶，在丙酮、氯仿或乙醚中溶解。温度过高或消毒时间过长均可使之分解。维生素 C、重金属盐类及微生物均能使之失效。

【药代动力学】大多数动物的植物性饲料中不含维生素 B_{12}，饲料中添加的维生素 B_{12} 通常与蛋白质结合，在胃酸和胃蛋白酶的消化作用下释放。口服维生素 B_{12} 在胃中与胃黏膜壁细胞分泌的内因子形成维生素 B_{12}-内因子复合物。当该复合物进入至回肠末端时，与回肠黏膜细胞微绒毛上的受体结合，通过胞饮作用进入肠黏膜细胞，再吸收进入血液中。在血液中，维生素 B_{12} 与 α-球蛋白和 β-球蛋白结合转运到全身各组织。维生素 B_{12} 在体内分布广泛，在肝脏分布最多，其含量占体内总含量的大部分。主要随尿液和胆汁排出。

【作用】维生素 B_{12} 在肝脏内转变为脱氧腺钴胺素和甲钴胺素 2 种活性形式，参与体内多种代谢活动。维生素 B_{12} 主要影响造血系统和神经系统，这是因为造血系统的敏感性与细胞更新速率高，特别是红细胞系统表现得最为明显，主要特征是在外周血液中出现许多细胞碎片、变形细胞和高色素性巨大细胞。神经系统表现在脊髓和脑皮质中，可见到有髓神经元的进行性肿胀，脱髓鞘的细胞死亡，从而引起广泛的神经系统症状和体征。如站立不稳、深部腱反射减弱。

【用途】维生素 B_{12} 主要用于治疗原发性和继发性内因子缺乏所致的巨幼红细胞贫血；家禽产蛋率和孵化率降低；猪、犬、雏鸡生长发育受阻；饲料转化率低，抗病力下降，皮肤粗糙，皮炎等；缺钴地区牛、羊所患的地方性消瘦病；神经炎、神经痛等的非特异性治疗。

【制剂】

1. 维生素 B_{12} 注射液 1mL：0.05mg，1mL：0.1mg，1mL：0.25mg，1mL：0.5mg，1mL：1mg。

2. 饲料预混料 维生素 B_{12} 含量 0.1%、1%。

【用法与用量】肌内注射，一次量，马、牛 1～2mg，羊、猪 0.3～0.4mg，犬 0.1mg，猫 0.05～0.1mg，1 次/d 或隔日 1 次。饲料预混料通过拌料喂服。

【注意事项】①与维生素 C、重金属盐类合用可使维生素 B_{12} 失效。②偶见皮疹、瘙痒、腹泻、哮喘等变态反应。③氨基糖苷类抗生素、对氨基水杨酸类、苯巴比妥、苯妥英钠、扑米酮等抗惊厥药及秋水仙碱等可减少维生素 B_{12} 从肠道的吸收。④与氯霉素合用可抵消维生素 B_{12} 的造血功能。

十、复合维生素 B

复合维生素 B 为复方制剂，含有维生素 B_1、维生素 B_2、维生素 B_6、烟酰胺、泛酸钙。

【性状】本品为黄色带绿色荧光的澄明或几乎澄明的溶液。应避光、置阴凉处保存。

【药代动力学】复合维生素 B 参与机体新陈代谢过程，为体内多种代谢环节所必需的辅酶和提供组织呼吸的重要辅酶的原料。烟酰胺为辅酶 I 及辅酶 II 的组成部分，参与生物氧化，起递氢作用。维生素 B_6 在体内与 ATP 生成具有生理活性的物质，为多种酶的辅基，参与氨基酸及脂肪的代谢。泛酸钙为辅酶 A 前体，参与碳水化合物、脂肪、蛋白质代谢，在代谢中起传递酰基作用。B 族维生素，包括烟酰胺吸收后，分布于各组织中，在肝内代谢，经肾排泄，少量以原型从尿液中排出。泛酸钙吸收后分布于各组织中，在体内不被代谢，70%以原型随尿液排出，30%随粪便排出。

【作用】复合维生素 B 参与机体新陈代谢过程，为体内多种代谢环节所必需的辅酶和提供组织呼吸的重要辅酶。参与碳水化合物、脂肪、蛋白质的代谢。

【用途】主要用于营养不良、食欲不振、多发性神经炎、糙皮病以及因缺乏 B 族维生素所致的各种疾病的辅助治疗。

【制剂】

1. 复合维生素 B 注射液 每支 2mL，含维生素 B_1 20mg、维生素 B_2 2mg、维生素 B_6 2mg、烟酰胺 50mg、右旋泛酸钠 1mg。

2. 复合维生素 B 可溶性粉 1kg 含维生素 B_1 3.0g、维生素 B_2 0.6g、烟酰胺 3.0g、泛酸钙 0.3g、维生素 B_6 0.9g、葡萄糖 992.2g。

【用法与用量】

1. 肌内注射 一次量，马、牛 10～20mL，羊、猪 2～6mL，犬 0.5～2mL，猫 0.5～1mL，兔 0.5～1mL。

2. 复合维生素 B 可溶性粉 饮水，家禽 0.5～1.5g/L；拌料，每千克饲料家禽 0.5g，连用 3～5d。

【注意事项】①复合维生素 B 遇光和空气变性，应避光、密闭保存。②复合维生素 B 可溶性粉饮水宜现用现配。③大剂量使用时，动物可出现烦躁不安、疲倦、食欲减退等，偶见皮肤潮红、瘙痒，停药可缓解症状。④用药后尿液可能呈黄色。

十一、维生素 C

维生素 C 又称为抗坏血酸。维生素 C 以 2 种可相互转化的形式存在，即还原型抗坏血酸和氧化型脱氧抗坏血酸。

【性状】本品为白色结晶或结晶性粉末；无臭，味酸。易溶于水，其水溶液在空气中很快变质，尤其是在碱性溶液中遇光或热更易变质。片剂在放置过程中遇光、热也易变色而失去效用，故应遮光、密封保存。

【药代动力学】口服维生素 C 的吸收与单糖类似，通过主动转运易被小肠吸收。广泛分布于全身各组织中，肾上腺、垂体、黄体、视网膜含量最高，其次是肝、肾和肌肉。正常情况下，过多的维生素 C 会被代谢降解，随尿液排出。少量以原型从尿液排出。

【作用】维生素 C 广泛参与机体的多种生化反应：

1. 参与体内氧化还原反应 维生素 C 极易氧化脱氢，又有很强的还原性，在体内参与氧化还原反应而发挥递氢作用。如使红细胞的高铁血红蛋白（Fe^{3+}）还原为有携氧功能的低铁血红蛋白（Fe^{2+}）；在肠道内促进三价铁还原为二价铁，有利于铁的吸收；使叶酸还原为二氢叶酸，继而再还原为有活性的四氢叶酸，参与核酸形成过程。

2. 参与细胞间质合成 维生素 C 能参与胶原蛋白的合成，胶原蛋白是细胞间质的主要成分，促进胶原组织、结缔组织、骨、软骨、皮肤等细胞间质的合成，保持细胞间质的完整性；增加毛细血管壁的致密性，降低其通透性及脆性。

3. 解毒作用 维生素 C 在谷胱甘肽还原酶的催化下，使氧化型谷胱甘肽还原为还原型谷胱甘肽。还原型谷胱甘肽含有的巯基（—SH）能与金属铅、砷离子及细菌毒素、苯等相结合而排出体外，保护含巯基酶的—SH 不被毒物破坏，具有解毒作用。

4. 增强机体抗病力 维生素 C 能提高白细胞和吞噬细胞的功能，促进抗体形成，增强抗应激能力，维护肝脏的解毒功能，改善心血管功能。

5. 抗炎与抗过敏作用 维生素 C 能拮抗组织胺和缓激肽的作用，并直接作用于支气管 β 受体而松弛支气管平滑肌，还能抑制糖皮质激素在肝脏中的分解，因而对炎症和过敏有对抗作用。

6. 促进多种消化酶的活性 维生素 C 能激活胃肠道各种消化酶（淀粉酶除外）的活性，有助于消化。

【用途】临床上常作为急性或慢性传染病、热性病、慢性消耗性疾病、中毒、慢性出血、高铁血红蛋白症、心源性和感染性休克及各种贫血的辅助治疗，也用于风湿病、关节炎、骨折与创伤愈合不良、过敏性疾病、急慢性中毒等的辅助治疗。

【制剂】

1. 维生素 C 片 每片 100mg。

2. 维生素 C 注射液 每支 2mL：0.25g，5mL：0.5g，20mL：2.5g。

【用法与用量】

1. 口服 一次量，马 1～3g，猪 0.2～0.5g，犬 0.1～0.5g。

2. 肌内注射或静脉注射 一次量，马 1～3g，牛 2～4g，羊、猪 0.2～0.5g，犬 0.02～0.1g。

【注意事项】①不宜与磺胺类、氨茶碱等碱性药物配伍使用。②与维生素 K_3、维生素 B_1、维生素 B_{12} 同时使用可降低彼此药效。③患尿路结石的动物应慎用。

附表 部分维生素功能和缺乏的症状

名称	常用名	功能	缺乏的症状
维生素 A	视黄醇	维持上皮组织、视觉视紫红质的再生，促进上皮细胞合成黏多糖和黏蛋白 机体内抗氧化作用	夜盲症，干眼病，皮肤和黏膜干燥，生长迟滞，繁殖障碍
维生素 D	骨化醇	抗佝偻病和骨软症 提高产蛋率 促进泌乳	易发佝偻病、骨软症、骨折，母鸡产蛋率下降，奶牛产奶量下降
维生素 E	生育酚	抗氧化作用，维护内分泌功能，提高抗病力，维护骨骼肌和心肌功能，改善缺硒状况	白肌病，脑软化症，黄色脂肪症，渗出性素质，不孕症
维生素 K	甲萘醌	合成凝血酶原，凝血因子 Ⅱ、Ⅶ、Ⅸ、Ⅹ，维持血管的完整性	皮肤和黏膜出血，凝血时间延长

（续）

名称	常用名	功能	缺乏的症状
维生素 B$_1$	硫胺素	焦磷酸硫胺素是脱羧酶的辅酶，参与糖代谢	多发性神经炎，大脑皮层坏死症
维生素 B$_2$	核黄素	参与碳水化合物、蛋白质及脂肪代谢，对维持动物生长、正常视觉及皮肤健康有重要作用	口炎、皮肤炎、阴囊炎，生长受阻
维生素 B$_6$	吡哆醇	参与脂肪及氨基酸代谢	眼、鼻和口部皮肤脂溢样皮肤损害、舌炎、口腔炎，周围神经炎、滑液囊肿胀
维生素 B$_{12}$	钴胺素	间接参与胸腺嘧啶脱氧核苷酸合成，参与叶酸代谢，促使甲基丙二酸转变为琥珀酸，参与三羧酸循环	影响造血系统和神经系统，贫血、营养障碍、发育不良、站立不稳
泛酸	遍多酸	可转变为辅酶 A，在代谢中起传递酰基的作用，维持皮肤和黏膜的正常功能和毛皮的色泽	生长期牛、猪、犬厌食、腹泻，皮毛粗糙及运动失调，猫肝脏脂肪化，禽皮炎、断羽、产蛋量下降
叶酸	维生素 M	核酸和某些氨基酸合成所必需	巨幼红细胞贫血和白细胞减少、再生障碍性贫血
胆碱	维生素 B$_4$	抗脂肪肝因子；维持细胞膜结构和功能；维持神经传导功能；体内甲基的供体	脂肪肝、骨短症，家禽急慢性肝炎，马妊娠毒血症
烟酸	尼克酸	组成二磷酸吡啶核苷酸（辅酶Ⅰ）和三磷酸吡啶核苷酸（辅酶Ⅱ），参与机体氧化	黑舌病、溃疡性口炎、肠炎、顽固性腹泻、皮肤湿疹、肝脏疾病等
维生素 C	抗坏血酸	羟基化反应，是间叶原性细胞的细胞间质的产生和维持所必需。抗炎、抗过敏、解毒功能	坏血病，黏膜出血，内分泌障碍，骨骼生长受阻，抗毒、抗感染能力降低
生物素	维生素 H	体内多种酶的辅酶，参与脂肪酸和碳水化合物代谢，促进蛋白质的合成，还参与维生素 B$_{12}$、叶酸、泛酸的代谢	食欲不振、皮屑性皮炎、脱毛等
复合维生素 B		参与机体新陈代谢及碳水化合物、脂肪、蛋白脂代谢	营养不良、食欲不振、多发性神经炎、糙皮病

第三章　矿物质使用方法

矿物质是畜禽机体的重要组成成分，是一类无机营养元素。在畜禽体内约有 55 种矿物质元素，现已证实，有些是生理过程中的必需矿物质。矿物质约占畜禽机体的 4%，绝大部分分布于毛、蹄、角、肌肉、血液和上皮组织中。

矿物质在畜禽饲料中含量较少，但它们是必需的营养元素，对维持机体正常功能非常重要。如体内的含量不足，或供给不足时，均可发生特定症状的缺乏症，将影响畜禽的健康、生产性能和产品品质。反之，矿物质用量过大，或矿物质含量过高，超过了畜禽机体的耐受限量，可引起畜禽矿物质中毒，甚至死亡。故应严格掌握按需使用的原则，了解矿物质的正确使用方法，及时补充体内所需矿物质的不足，同时注意严格掌握使用剂量。

矿物质在各种动植物饲料中均有一定含量，虽多少有差别，但由于畜禽采食饲料的多样性，正常的条件下，饲料中的矿物质可满足畜禽的生理需要。但在舍饲条件下，或处于泌乳期的奶牛及产蛋高峰期的家禽，对矿物质的需要量增多，这时则必须在饲料中添加所需的矿物质，如硒、钙等。随着环境的变化，饲料中营养物质间的相互作用，以及寄生虫病、胃肠道、脾脏及肾脏疾病等因素，均可影响特定矿物质的吸收、代谢或排泄，从而导致矿物质条件性缺乏或过剩，甚至中毒。

根据矿物质在畜禽体内的含量，可分为 3 大类。第 1 类是指每千克体重中含量占 100mg 及以上的，称为常量元素；第 2 类是指每千克体重中含量占 0.1～100mg 的，称为微量元素；第 3 类是指每千克体重中含量占 0.1mg 以下的，称为超微量元素。在实际工作中，微量元素和超微量元素统称为微量元素。

第一节　常量元素

常量元素一般包括钙、磷、钠、钾、氯、镁、硫 7 种。其中，常量矿物质饲料包括钙源性饲料、磷源性饲料、食盐、含硫饲料和含镁饲料等。

一、钙

钙是一种金属元素，常温下呈银白色晶体。钙是机体主要结构元素和固定成分；Ca^{2+} 直接参与平滑肌、骨骼肌、心肌细胞和心脏传导系统细胞中神经冲动的产生，影响中枢和外周神经系统活力，促凝血酶原形成；参与骨、乳、蛋壳的形成和蛋白质大分子的构成。

天然植物性饲料中的含钙量不能满足畜禽的需要量，特别是产蛋的家禽、泌奶牛和幼畜更为明显，故应注意在畜禽饲料中及时、准确补充钙。常用的钙类药物有氯化钙、葡萄糖酸钙、维丁胶性钙、乳酸钙、碳酸钙和硼葡萄糖酸钙等。常用的含钙矿物质饲料有石灰石粉、贝壳粉、蛋壳粉、石膏及碳酸钙等。

氯 化 钙

【性状】本品为白色结晶或颗粒状粉末，无臭，味微苦。易溶于水，极易潮解，在乙醇中易溶。

【药代动力学】血浆中约45％钙与血浆蛋白结合，甲状旁腺素、降钙素、维生素D的活性代谢物维持血钙含量的稳定性。约80％钙主要通过粪便排出，其余20％经尿液排出。

【作用】氯化钙主要有以下功能：

1. 维持骨骼和牙齿的健康 Ca^{2+}能促进骨骼、牙齿的钙化和保证骨骼正常发育。

2. 维持神经和肌肉的兴奋性 Ca^{2+}可维持神经肌肉的兴奋性，促进神经末梢分泌乙酰胆碱，当血钙降低时，神经肌肉的兴奋性增高，甚至出现强直性痉挛；反之，神经肌肉兴奋性降低，畜禽可表现软弱无力等临床症状。

3. 致密毛细血管内皮细胞 Ca^{2+}可降低毛细血管壁的通透性，减少渗出，具有消炎、消肿和抗过敏作用。

4. 用于镁中毒的解救和抗凝血药 高浓度Ca^{2+}与Mg^{2+}之间存在竞争性拮抗作用，Ca^{2+}能对抗因血镁过高引起的中枢抑制和横纹肌松弛作用；作为主要的凝血因子，参与凝血过程。

【用途】常用于钙、磷不足引起的骨软症和佝偻病的治疗。与维生素D联合应用，效果更好。与雌激素同用，可增加对钙的吸收，常用于缺钙引起的抽搐、痉挛等。也用于炎症初期及某些过敏性疾病的治疗，如皮肤瘙痒、血清病、荨麻疹、血管神经性水肿等。用于镁中毒的解救。Ca^{2+}可与氟化物生成不溶性氟化钙，用于氟中毒的解救。还可用于止血。

【制剂】

1. 氯化钙注射液 20mL：2g，50mL：5g，100mL：10g，500mL：50g。

2. 氯化钙葡萄糖注射液 20mL：氯化钙1g与葡萄糖5g。100mL：氯化钙5g与葡萄糖25g。

【用法与用量】

1. 氯化钙注射液 静脉注射，一次量，马、牛5～15g，猪、羊1～5g，犬0.5～1g，猫0.1～0.5g。

2. 氯化钙葡萄糖注射液 静脉注射，一次量，马、牛100～300mL，猪、羊20～100mL，犬5～10mL，猫3～5mL。

【注意事项】①本品刺激性大，只能静脉注射，不能漏出血管外，以免引起血管周围组织局部肿胀和坏死。②静脉注射速度宜慢，以免血钙浓度骤升导致心律失常，使心脏停止于收缩期。③钙与强心苷类药物均能加强心肌的收缩，故两者不能同用。④本品应密封、干燥处贮存。

葡 萄 糖 酸 钙

【性状】为白色结晶或颗粒状粉末；无臭，无味。略溶于冷水，易溶于沸水，水溶液显中性。不溶于乙醇或乙醚等有机溶剂。

【药代动力学】口服钙制剂自小肠吸收，饮食水平和小肠状态影响吸收。主要通过尿液排出，少量经粪便排出，也可由唾液、汗腺、乳汁、胆汁和胰液排出。

【作用】可降低毛细血管通透性，增加毛细血管细密性，减少渗出，有消炎、消肿及抗过敏作用。

【用途】本品刺激性小，比氯化钙安全。用于钙缺失症和急性低血钙性抽搐、心脏衰弱、牛羊产后瘫痪，以及犬、猫、毛皮动物产前惊厥、急性湿疹、皮肤炎和荨麻疹等。也可用于解除 Mg^{2+} 引起的中枢抑制。

【制剂】

1. 葡萄糖酸钙注射液　20mL∶2g，50mL∶5g，100mL∶10g，500mL∶50g。

2. 硼葡萄糖酸钙溶液　为葡萄糖酸钙与硼酸的灭菌水溶液，为无色澄清液体。以 Ca 计，500mL∶11.4g。

3. 硼葡萄糖酸钙注射液　含钙量应为标示量的 95%～105%，硼酸含量不得超过钙标示含量的 2.3 倍。500mL∶钙 11.4g；250mL∶钙 5.7g；100mL∶钙 2.3g；500mL∶钙 7.6g，250mL∶钙 3.8g，100mL∶钙 1.5g。

【用法与用量】

1. 葡萄糖酸钙注射液　静脉注射，一次量，马、牛 20～60g，猪、羊 5～15g，犬 0.5～2g，猫 0.5～1.5g。

2. 硼葡萄糖酸钙溶液　口服，一次量，牛 0.44～0.88mL/kg。

3. 硼葡萄糖酸钙注射液　静脉注射，一次量，牛 10mg/kg，缓慢注射。

【注意事项】①葡萄糖酸钙注射液如出现沉淀，宜微温溶解后使用。②静脉注射速度宜慢，禁止与强心苷类药物、肾上腺素等同用。③有强烈刺激性，不宜皮下或肌内注射。④注射液不可漏出血管外，否则，导致剧痛及组织坏死。如发生漏出，局部可注射生理盐水、糖皮质激素和 1% 普鲁卡因注射液。⑤不能与小苏打等碱性物质和硫酸盐类药物同服。

维 丁 胶 性 钙

维丁胶性钙又称为维生素 D_2 胶性钙注射液。

【性状】本品为白色半透明的乳浊液。

【药代动力学】口服或肌内注射维生素 D 均可吸收，在肠道内维生素 D 与脂肪形成脂糜微粒，通过淋巴系统进入血液循环。胆汁和胰液的正常分泌有助于其吸收。维生素 D 在体内需经肝内羟化酶催化和肾脏甲状旁腺素作用下，转化为 1,25-二羟维生素 D_3，才能发挥其生理作用。维生素 D 缺乏时，对钙和磷的吸收能力下降，血钙和血磷水平降低，以致钙和磷在骨组织沉积降低，成骨作用受阻，甚至沉积的骨盐再溶解。幼龄畜禽因软骨不能骨化，发生佝偻病，生长受阻；成年畜禽发生骨软症，易骨折、关节易变形。

【作用】维生素 D 对钙、磷代谢及幼畜骨骼生长有重要影响，主要生理功能是促进钙和磷在小肠内正常吸收。维生素 D 的代谢活性物质能调节肾小管对钙的重吸收，维持循环血液中钙的水平，并促进骨骼的正常发育。可迅速补充机体钙的缺失，促进钙磷吸收，并使之在体内沉积骨化。

【用途】用于防治维生素 D 缺乏所致的缺钙类疾病，如佝偻病、骨软症等不适合口服给药。也用于治疗支气管哮喘。

【制剂】维丁胶性钙注射液，每支 1mL∶钙 0.5mg∶维生素 D 0.125mg。按维生素 D_2 计算，5mL∶2.5 万 IU。

【用法与用量】肌内注射或皮下注射，一次量，马、牛 5～20mL，猪、羊 2～4mL，犬 1～3mL，猫 0.5～1.5mL，1 次/d 或隔日 1 次。

【注意事项】①维生素 D 过多会降低骨的钙化作用，软组织出现异位钙化，且易出现心律失常和神经功能紊乱等症状，过多会间接影响其他脂溶性维生素（如维生素 A、维生素 E 和维生素 K）的代谢。②使用维生素 D 时，应注意补充钙剂，中毒时应立即停用本品和钙剂。③使用前要摇匀，如有水油分离现象要禁用。④注射用量过大时，应分点注射。⑤个别犬、猫注射后，局部会出现红肿和过敏现象。

乳 酸 钙

【性状】本品为白色或类白色结晶性或颗粒状粉末；几乎无臭、无味。微有风化性。能溶于水，几乎不溶于乙醇、氯仿和乙醚。

【药代动力学】因其溶解度较小，一般仅供口服给药。口服吸收慢，在体内过程与氯化钙相似。口服后，约有 1/3 在肠道吸收，部分从尿液中排出。

【作用】本品具有促进骨骼及牙齿的钙化形成、维持神经与肌肉的正常兴奋性和降低毛细血管通透性等作用。

【用途】乳酸钙作为钙营养药，用于防治佝偻病、痉挛、发育不全、妊娠及哺乳期的钙盐补充等钙缺乏症。

【制剂】饲料级乳酸钙，乳酸钙含量（干基）＞97％。

【用法与用量】口服，一次量，马、牛 10～30g，猪、羊 2～5g，犬 0.5～2g，猫 0.2～0.5g，2～3 次/d。

【注意事项】①心脏、肾脏功能不全患畜要慎用。②过敏患畜要慎用本品。③当本品性状发生改变时，要禁止使用。

碳 酸 钙

【性状】本品为白色极细结晶性粉末；无臭，无味。几乎不溶于水，不溶于醇溶液，遇酸溶解。

【药代动力学】碳酸钙口服吸收，在胃酸作用下转变为氯化钙，小肠吸收部分钙，由尿液排出，其中大部分由肾小管重吸收；约 85％转变为不溶性钙盐，如磷酸钙、碳酸钙，随粪便排出。

【作用】本品为口服的钙补充剂，含钙 39.2％。

【用途】用于治疗钙缺乏引起的佝偻病、骨软症及产后瘫痪等疾病。作为吸附剂，用于治疗腹泻。用于肾功能衰竭时的低钙高磷血症、轻度代谢性酸中毒、胃酸过多。可根据饲料中含钙量和钙、磷比例，添加本品。妊娠动物、泌乳动物、产蛋家禽和生长期的幼龄动物对钙的需求量较大，也可在饲料中添加。

【制剂】

1. 石灰石粉 石灰石粉又称为石粉，为天然的碳酸钙（$CaCO_3$），一般含纯钙 35％以上，是补充钙的最廉价、最方便的矿物质原料。按干物质计，石灰石粉的成分与含量为：钙 35.89％，氯 0.03％，铁 0.35％，锰 0.027％，镁 2.06％。饲喂犬猫时，只要铅、汞、砷、氟不超标即可使用，单喂石粉过量，会降低消化率，和有机肽含钙饲料，如贝壳粉按照

1∶1 的比例配合使用，粒度以中等为好。将石灰石煅烧成氧化钙，加水调制成石灰乳，再经二氧化碳作用生成碳酸钙，称为沉淀碳酸钙。国家标准适用于沉淀法制得的饲料级轻质碳酸钙。

2. 贝壳粉 主要成分也是碳酸钙，含钙量应不低于 33%。品质好的贝壳粉杂质少，含钙高，呈白色粉状或片状，用于蛋鸡或种鸡的饲料中，增加蛋壳的强度，破蛋、软蛋少，尤其是片状贝壳粉效果更佳。畜禽对贝壳粉的粒度要求不相同：猪以 25% 通过 50mm 筛、蛋鸡以 70% 通过 10mm 筛、肉鸡以 60% 通过 60mm 筛为宜。

3. 蛋壳粉 禽蛋加工厂或孵化厂废弃的蛋壳，经干燥灭菌、粉碎后即得到蛋壳粉。无论蛋品加工后的蛋壳或孵化出雏后的蛋壳，都残留有壳膜和一些蛋白，除了含有约 34% 的钙外，还含有 7% 的蛋白质及 0.09% 的磷。蛋壳粉是理想的钙源饲料，利用率高，用于蛋鸡、种鸡饲料中，与贝壳粉同样具有增加蛋壳硬度的效果。应注意蛋壳干燥的温度应超过 82℃，以消除传染病源。

4. 石膏 石膏为硫酸钙（$CaSO_4 \cdot XH_2O$），通常是二水硫酸钙（$CaSO_4 \cdot 2H_2O$），灰色或白色的结晶粉末。有天然石膏粉碎后的产品，也有化学工业产品。若是来自磷酸工业的副产品，则因其含有高量的氟、砷、铝等而品质较差，使用时应加以处理。石膏含钙为 20%～23%，含硫 16%～18%，既可提供钙，又是硫的良好来源，生物利用率高。石膏有预防鸡啄羽、啄肛的作用。一般在饲料中的用量为 1%～2%。

5. 其他钙源饲料 主要有大理石、白云石、白垩石、方解石、熟石灰、石灰水等，利用率高的葡萄糖酸钙、乳酸钙等有机酸钙。钙源饲料很便宜，但不能过量使用，否则，会影响钙、磷平衡，使钙和磷的消化、吸收和代谢都受到影响。微量元素预混料使用石粉或贝壳粉作为稀释剂或载体，使用量占配比较大时，配料时应注意将其含钙量计算在内。

【用法与用量】

1. 石粉 天然的石灰石粉中，只要铅、汞、砷、氟的含量不超过安全系数，都可以用作饲料。石粉的用量，依据畜禽种类及生长阶段而定，一般畜禽配合饲料中，石粉使用量为 0.5%～2%，蛋鸡和种鸡可达到 7%～7.5%。用量过高会影响有机养分的消化率，使泌尿系统产生炎症和结石，最好与骨粉按 1∶1 的比例配合使用。

2. 碳酸钙粉 口服，一次量，马、牛 3～120g，猪、羊 3～10g，犬、猫 1～3g，产蛋高峰期的禽类饲料中，钙、磷含量应保持在 3.5% 和 0.9%，2～3 次/d。

【注意事项】①本品用于防治佝偻病、骨软症和产后瘫痪时，必须和维生素 D 联合使用，以促进钙质的吸收。②单独过量饲喂石粉，会降低饲料有机养分的消化率，同时对青年鸡的肾脏有损害，使泌尿系统尿酸盐过多沉积而发生炎症，甚至形成结石。蛋鸡过多饲喂石粉，蛋壳上会附着一层薄薄的细粒，影响蛋的合格率，最好与有机态含钙饲料，如贝壳粉，按 1∶1 比例配合使用。③石粉作为钙的来源，其粒度以中等为好。对产蛋鸡，较粗的粒度有助于保持血液中钙的浓度，满足形成蛋壳的需要，从而增加蛋壳强度，减少蛋的破损率，但粗粒影响饲料的混合均匀度。

二、磷

磷与钙一样，几乎参与机体所有生理方面的化学反应，是骨骼中的重要组成成分。还是促使心脏跳动有规律、维持肾脏的正常机能，以及传达神经刺激的重要物质。饲料中，磷以无机磷和有机磷 2 种形式存在，如磷的添加量不足或疾病等原因，造成畜禽出现磷缺乏症，会与缺钙临床症状一样，发生佝偻病、软骨症等代谢疾病。无机磷中的磷很容易分离出来，被消化吸收，利用率非常高；有机磷是磷与有机物在一起，很难分离出来，利用率比较低。相对来说，饲料里含有的磷，大多数是无机磷，利用率很高，如骨粉和鱼粉等。植物性饲料中的磷，则以植酸磷为主，在不添加酶的前提下，不容易被消化利用。以植物性饲料原料为主的日粮中，尽管磷的含量不低，也需要补充含磷制剂。含磷的矿物质饲料来源广泛，主要有磷酸钙类、磷酸钠类、骨粉及磷矿石等，在利用这一类原料时，除注意不同磷源有不同利用率外，还要注意原料中的有害物质，如氟、铝、砷等是否超标。

1. 保证骨骼和牙齿的结构完整　磷与钙共同参与骨骼和牙齿结构的组成，在正常情况下，磷约占整个体重的 1%，与钙一样，机体中 80%～90% 的磷，以羟磷灰石贮存在骨骼和牙齿中。其余则以有机磷的形式，存在于机体的软骨组织、细胞、血液和其他体液中。骨中钙与磷的比例大约是 2：1，在软骨组织中，磷的成分要高一些。

2. 参与体内的能量代谢　磷是腺嘌呤核苷三磷酸、磷酸肌酸和核酸的主要成分，可保证生物膜的完整性，磷脂是细胞膜不可缺少的成分。

3. 参与神经传导、肌肉收缩和能量转运　磷与机体发育、生物遗传有关，作为重要生命遗传物质 DNA、RNA 的结构成分，参与许多生命活动过程，如蛋白质合成和畜禽产品生产，对细胞代谢有稳定的作用。甲状旁腺素、维生素 D、生长激素与磷共同作用，使血磷水平处于恒定的状态。

（一）磷酸钙类

过 磷 酸 钙

过磷酸钙又称为磷酸一钙或磷酸二氢钙，用硫酸分解磷灰石制得的称为普通过磷酸钙，简称普钙，主要成分为 $Ca(H_2PO_4)_2 \cdot H_2O$，无水硫酸钙和少量磷酸。

【性状】本品在常温下呈灰色粉末，其中 80%～95% 溶于水。

【药代动力学】钙的吸收量与机体的需要量是相适应的，当缺钙时，肠道吸收钙的速度增加，而当体内钙过多时，则吸收速度降低。摄入的钙 80% 从粪便排出，20% 从肾脏排出。从肾小球滤过的钙有 98% 被重吸收，故从尿液中排出的不多，尿液中钙的排泄量受以下因素影响：①钙的摄入量。②肾脏的酸碱调节机能。③甲状旁腺素的分泌量。甲状旁腺素可促进肾小管对钙的重吸收，而抑制对磷的重吸收，升高血钙水平，降低血磷水平。

磷的吸收部位在小肠的前段。当肠内酸度增加时，磷酸盐的吸收增加。钙、镁、铁等离子与磷酸结合成不溶性盐时，不易吸收。故当血钙升高时，肠内钙的浓度增加，从而影响磷的吸收。摄入的磷从粪便与尿液排出，后者占 60%。

【作用】补充钙和磷。

【用途】畜禽饲料中钙和磷的补充剂，本品含磷 22% 左右，含钙 15% 左右，利用率比磷酸二钙或磷酸三钙好，最适合用于水产动物饲料。

【制剂】饲料级过磷酸钙应达到以下技术指标：P_2O_5（总）≥53%，P_2O_5（水）/P_2O_5（总）≥90%，Ca≤17%，F≤0.15%，H_2O≤4%，pH≥3.0，细度≥98%，过 40 目筛。

【用法与用量】用于水产及畜禽养殖的饲料添加剂，添加量一般为 1%～2%。

【注意事项】①本品高磷低钙，在配制饲料时易于调整钙、磷平衡。②使用本品时应注意进行脱氟处理，含氟量不得超过标准。③在通风、干燥处贮存。

磷 酸 氢 钙

磷酸氢钙又称为磷酸二钙。

【性状】本品为白色、极细微的结晶性粉末；无臭，无味。在水或乙醇中不溶；在稀盐酸或稀硝酸中易溶。

【药代动力学】正常时，口服有 $1/5\sim1/3$ 在小肠被吸收，在维生素 D 的协同和碱性环境下，可促进钙在体内的吸收。因饲料中的纤维素和植酸会减少钙的吸收，故有 80% 左右的钙通过粪便排出，主要为未吸收的钙；20% 经肾脏排出，其排泄量与肾功能及骨钙含量有关。

【作用】磷酸氢钙是营养型、常量元素饲料添加剂。本品作为磷、钙的补充剂，可补充磷、钙的不足，且不影响钙、磷的平衡，参与并促进畜禽体内的新陈代谢，构成激素、酶和维生素；维持神经肌肉的正常兴奋性，可改善细胞膜的通透性，增加毛细血管壁的致密性，减少渗出，起抗过敏作用。磷酸氢钙在饲料行业中，用来代替骨粉，可促进饲料的消化率，增加禽体重，以增加产肉量、产奶量、产蛋量。在畜禽生长发育过程中的任何阶段都有可能发生钙、磷缺乏症，其中草食家畜最容易发生磷缺乏，猪、家禽则容易发生钙缺乏。典型的钙、磷缺乏症有佝偻病、骨质疏松症和产后瘫痪，在饲料中添加适量的磷酸氢钙，可有效地防治畜禽的钙、磷缺乏症。

【用途】钙、磷补充药。主要用于钙、磷缺乏症，宜与维生素 D 合用。本品可加速畜禽的生长发育，缩短育肥期，快速增重。提高畜禽的配种率及成活率，同时具有增强抗病耐寒能力，可防治佝偻病、软骨症、骨发育不良、瘫痪、白痢等。配合电解质输液，可提高血钙浓度，具有消炎、消肿和抗过敏作用。也可用于镁中毒、氟中毒的解救。在药剂上，还可作为赋形剂。

【制剂】

1. 饲料级磷酸氢钙 本品是国内外公认的最好的饲料矿物质添加剂之一，其中有效物含量达 99%，分为无水盐和二水盐 2 种，后者钙、磷利用率较高。饲料级磷酸氢钙含磷量 18% 以上，含钙量 21% 以上。

2. 磷酸氢钙 是在干式法磷酸液或精制湿式法磷酸液中加入石灰乳或磷酸钙而制成。市售品中，除含有无水磷酸氢钙外，还含少量的磷酸一钙及未反应的磷酸钙。最常用的制剂是磷酸氢钙片，0.3g/片。

【用法与用量】磷酸氢钙粉，拌料，按饲料总量的 1%～3% 添加。口服，一次量，马、牛 20～60g，猪、羊 2～6g，犬 0.5～2g，猫 0.5～1.5g。

【注意事项】①使用本品时，要注意脱氟处理，含氟量不得超过标准。②过多可引起便秘，使用应掌握好用量。③贮存时应防止雨淋、受潮、日晒，不得与有毒有害物品一起存放。

磷 酸 钙

磷酸钙又称为磷酸三钙。

【性状】本品为白色、无臭、无味的晶体或无定形粉末。不溶于水，不溶于乙醇和丙酮，易溶于稀盐酸和硝酸。

【药代动力学】本品口服有 1/5～1/3 在小肠被吸收，血浆蛋白结合率约为 45%，约 80% 的钙通过粪便排出，其中主要为未吸收的钙，20% 经尿液排出。

【作用】可作为家禽的辅助饲料，同时还用于治疗畜禽的佝偻病、软骨病、贫血症等。

【用途】磷酸钙主要作为药物和饲料添加剂，用于补充畜禽饲料中的钙、磷的缺乏。本品具有显著的增产效果，对矫正家禽的龙骨弯曲和变形疗效明显，变形率可减少 3%～34%。猪的出栏率可提高 10% 左右，对预防仔猪白痢、猪气喘病有明显疗效。

【制剂】

1. 饲料级磷酸钙　由磷酸废液制造，为灰色或褐色，并有臭味，分为一水盐磷酸钙和无水盐磷酸钙 2 种，以后者居多，含钙 38.69%、磷 19.97%，其生物利用率不如磷酸氢钙，但也是重要的补钙制剂。市场上销售的淡黄色、灰色、灰中间白色等产品，均为不纯且杂质比例相当高，含磷低于 16%，特别是不足 15% 的质量较差。有的成品含氟量高达 1.8% 以上，绝对不能使用。

2. 脱氟磷酸钙　是经脱氟处理后的磷酸钙，为灰白色或茶褐色粉末，含钙 29% 以上，含磷 15%～18% 以上，含氟 0.12% 以下。

【用法与用量】猪，日用量为 200～400mg/kg（以体重计）。家禽，饲料中按 1.5%～2% 添加。

【注意事项】①严禁磷酸钙与四环素类抗生素配伍。②本品严禁与维生素 E（琥珀酸生育酚除外）配伍。③本品能影响维生素 D 的吸收，并与一些激素形成略溶的磷酸盐，使用时应加以注意。

（二）磷酸钠类

磷 酸 二 氢 钠

磷酸二氢钠又称为磷酸一钠。

【性状】本品为无色结晶或白色粉末。易溶于水，几乎不溶于乙醇，其水溶液呈酸性。无臭，味咸酸，微有潮解性。加热至 100℃ 时失去全部结晶水，灼热则变成偏磷酸钠。

【药代动力学】本品口服的吸收率为 70% 左右，主要通过空肠吸收，如同时食入大量钙或铝，会形成不溶性的盐，影响磷的吸收，与维生素 D 配合使用可增加磷的吸收。90% 的磷通过肾脏排出，10% 的磷经粪便排出。

【用途】

1. 磷的补充药　主要用于钙、磷代谢障碍性疾病，如佝偻病、骨软症、产后瘫痪、急性低血磷症或慢性缺磷症等。

2. 可作为尿路感染的辅助用药　本品能使尿液酸化，可增强杏仁酸乌洛托品和马尿酸乌洛托品的抗菌活性，消除尿路感染时含氨尿液的气味和混浊状态，增加钙的溶解度，阻止尿中钙的沉积，达到预防含钙肾结石复发的目的。

【制剂】无水磷酸二氢钠含磷 25.81%，含钠 19.17%。常用制剂为 10%～20% 磷酸二氢钠注射液。

【用法与用量】10%～20% 磷酸二氢钠注射液，静脉注射，一次量，马 30～60g，牛

90g，猪、羊 5～10g，犬、猫 0.5～1g，2 次/d。牛急性低血磷症，静脉注射，一次量 30～60g；轻症低血磷症或慢性缺磷症，口服无水磷酸二氢钠，一次量 90g，3 次/d。

【注意事项】①本品与补钙剂合用，可提高疗效。②密封保存。

磷 酸 氢 二 钠

磷酸氢二钠又称为二盐基性磷酸钠，180℃时失去结晶水成无水物，无水物一般含磷 18%～22%，含钠 27%～32.5%。

【性状】本品为无色或白色结晶或块状物；无臭；易溶于水，其水溶液呈碱性；不溶于醇，易潮解，暴露在潮湿空气中吸收水分生成二水物至七水物。

【药代动力学】本品口服后，磷酸盐吸收的量较少，血磷浓度会出现一过性轻度升高。第 1 次口服后，平均 3h 左右可见到血磷的峰浓度。第 2 次口服后 12h 左右，血磷的峰浓度即恢复至基线水平。随着血磷的升高，会引起血钙、血钾等电解质浓度的下降，在服药 48～72h 内恢复至正常水平。在血浆中被离子化的无机磷，几乎全部通过肾脏排出。

【用途】同磷酸二氢钠，作为补磷的饲料添加剂，其水溶性好，生物利用率高，同时补磷又补钠，可用于液体饲料，广泛用于鱼虾饲料，尤其是幼小鱼虾的理想磷源。也用于一般饲料，在氯足够时可代替部分氯化钠使用，以免氯含量过高。

【制剂】磷酸氢二钠 12 水化合物含磷 8.7%、钠 12.84%。

【用法与用量】本品直接添加于饲料中，并混合均匀。马、牛 0.8%～1%，猪 0.5%～1%，羊 0.5%，鸡 0.6%～1%。各种畜禽对磷最大耐受量（以基础日粮计）为：牛、马 1%，绵羊 0.6%，猪 1.5%，产蛋家禽 0.8%，非产蛋家禽 1%。

【注意事项】①猪饲料中磷含量过高，可导致纤维性骨营养不良症，在配制饲料时应引起足够的重视。②本品有一定的毒性，过量摄入对机体危害较大。③使用时应考虑磷、钙的合适比例及对饲料中磷、钙平衡的影响程度。

（三）磷酸钾类

磷 酸 二 氢 钾

磷酸二氢钾又称为磷酸一钾，无水磷酸二氢钾。

【性状】无色结晶或白色结晶性粉末，在空气中稳定，在 400℃时可失去水，变成偏磷酸盐。溶于约 4.5 份水，不溶于乙醇。pH4.4～4.7。

【药代动力学】本品口服主要在空肠部位吸收，K^+ 随着血磷的升高，可有效地控制血钾浓度的下降。大多数磷均可通过肾脏排出，极少量经粪便排出。

【作用】本品水溶性好，易于畜禽机体吸收和利用，可同时提供磷和钾。合理使用对保证畜禽体内的电解质平衡非常必要，同时可促进畜禽的生长发育和生产性能的提高。

【用途】磷酸二氢钾主要作为补充磷与钾的矿物质添加剂，特别在鱼饲料中应用较为普遍。此外，还用于配制缓冲液；测定砷、锑、磷、铝和铁；配制磷标准液；配制培养基；测定血清中无机磷、碱性磷酸酶活力。

【制剂】饲料级磷酸二氢钾含磷 22% 以上，含钾 28% 以上。

【用法与用量】可直接添加在饲料中，混合均匀后使用。牛 0.8%～1.6%，猪 0.5%～

1.0%，鸡0.6%～1.3%。

【注意事项】①本品在操作过程中会产生粉尘，过量吸入粉尘将对人体造成不可逆的损害，故应注意防护。②因其有潮解性，宜密闭贮存在阴凉、通风、干燥处。

磷 酸 氢 二 钾

磷酸氢二钾又称为磷酸二钾。

【性状】呈无色、白色结晶性粉末或颗粒或块状物；无臭；具吸湿性。本品在水中极易溶解，水溶液呈微碱性。有吸湿性，温度较高时自溶。在乙醇中几乎不溶。

【药代动力学】本品在体内吸收、分布、代谢等均与磷酸二氢钾类似。主要在空肠吸收，大多数经肾脏排出。

【作用】本品在饲料中添加，主要是补磷、补钾，调节畜禽体内的阴阳离子平衡。其中，钾参与渗透压和酸碱平衡的调节，参与神经冲动传导、肌肉收缩、氧和二氧化碳转运，在许多酶反应中作为激动剂或辅助因子。在细胞吸收、蛋白质合成、碳水化合物代谢、维持心脏和肾脏组织的正常活动等方面都起着重要作用。

【用途】可用作饲料添加剂，作为磷的补充剂，可用于某些疾病引起的低磷血症。当玉米秸秆青贮后，乳酸菌生成的乙酸和乳酸过多时，青贮饲料的酸度会过高，可加入磷酸氢二钾，中和酸度，抑制青贮饲料过度发酵。

【制剂】饲料级磷酸氢二钾一般含磷13%以上，含钾34%以上。

【用法与用量】将本品直接添加在饲料中，并充分混合均匀。牛0.8%～1.6%，猪0.3%～1%，鸡0.6%～1.5%。各种畜禽对钾的最大耐受量，以基础日粮计：牛3%，羊3%，猪2%，禽2%，马3%。在使用时特别注意，要优先考虑钙、磷的适当比例。最适宜的钙、磷比例一般为：猪1.25∶1［(1.1～1.5)∶1］，产奶牛(1.5～1.6)∶1，肉鸡1.5∶1，产蛋鸡(6～7)∶1。

【注意事项】①本品严禁过量使用，防止因饲喂不当引发畜禽钾中毒。②本品应密封贮存于干燥、通风处。与有害、有毒物品应分开存放。

(四) 其他磷酸盐

磷 酸 二 氢 铵

磷酸二氢铵又称为磷酸一铵，含有氮、磷，是一种复合肥料，也可用作饲料添加剂。

【性状】白色结晶性粉末。在空气中稳定。微溶于乙醇，不溶于丙酮。水溶液呈酸性。常温下(20℃)在水中的溶解度为37.4g。

【作用】饲料级磷酸二氢铵，因其组成中除含有易于被畜禽吸收的磷养分外，还含有10%～12%的氨态氮(即非蛋白氮)。这些氮素用在牛、羊等反刍家畜的饲料中，利用非蛋白氮繁殖的细菌和纤毛虫进入真胃和小肠被消化液杀死，作为优质的蛋白质被反刍家畜吸收利用。

【用途】用于反刍家畜的饲料添加剂，可补充磷和氮。对非反刍家畜，本品仅作为磷源使用。

【制剂】饲料级磷酸二氢铵为饲料级磷酸或湿式处理的脱氟磷酸中和后的产品，含氮19%以上，含磷23%以上，含氟量≤0.05%，含砷量≤0.002%，铅等重金属含量≤0.002%。

【用法与用量】 口服，反刍家畜，本品的氮量换算成粗蛋白质量后，不可超过饲料的2%。对非反刍家畜，本品要求其所提供的氮换算成粗蛋白质量后，不可超过饲料的1.25%。

【注意事项】 ①主要用于反刍家畜，谨慎用于其他动物。②按要求添加，严格掌握用量。

磷 酸 液

磷酸液为磷酸的水溶液，一般以 H_3PO_4 表示，应保证最低含磷量，含氟量不可超过含磷量的1%。

【性状】 本品为99.5%以上的纯磷酸，为白色膏状至白色晶体，在空气中发烟升华而无法久置。工业用品一般都是配制成85%的水溶液，呈无色透明状的黏稠液体。

【药代动力学】 尚不明确。

【作用】 主要用于反刍家畜磷的补充。

【用途】 本品具有强酸性，使用不方便，可在青贮时喷加，也可与尿素、糖蜜及微量元素混合制成牛用液体饲料。

【制剂】 磷酸液。

【用法与用量】 具体使用方法参见本产品说明书。

【注意事项】 ①本品具有强酸性，应严格掌握用量。②应密闭贮存。

磷 酸 脲

磷酸脲又称为磷酸尿素或尿素碘酸盐，是一种优于尿素并能同时提供非蛋白氮及磷的反刍家畜饲料添加剂。磷酸脲是欧盟饲料业法定Ⅰ类添加剂，联合国粮农组织（FAO）《非蛋白氮与反刍动物的营养》中，明确磷酸脲可作为反刍家畜的饲料添加剂。我国为推广应用磷酸脲，曾将其作为"八五"计划重点发展和推广项目。

【性状】 本品为无色透明棱柱状晶体。易溶于水，其水溶液呈酸性，1%水溶液pH1.89；不溶于醚类、甲苯和四氯化碳。

【药代动力学】 本品溶于水后，分解为尿素和磷酸，同时放出少量二氧化碳和氨，补充反刍家畜生长发育过程中所必需的氮、磷元素。研究结果表明，磷酸脲可增加牛、羊等反刍家畜胃内的醋酸、丙酸含量及增强脱氢酶的活性，增加畜禽机体的生理代谢功能，促进对氮、磷、钙的吸收和利用。

【作用】

1. 对牛羊有明显的增重和增加产奶量的效果 在泌乳期奶牛饲料中添加磷酸脲，补充饲料中缺乏的磷和部分蛋白质，可增加产奶量，降低饲料消耗，促进矿物质的代谢。

2. 对青贮饲料有防腐作用 主要用于青贮饲料的保鲜。

3. 制备浓缩饲料和混合饲料的组分 本品与抗生素、维生素、氨基酸及其他矿物质等混合使用，可减慢牛羊瘤胃和血液中氨的释放和传递速度，缓慢释放氨。可有效避免直接将尿素或液氨用于饲料，释氨速度过快而造成血氨增高的问题，提高其应用的安全性，而不引起氨中毒。其毒性低 [LD_{50} (3.9±0.67)g/kg]，比使用尿素安全系数更高，无致畸变效应和致突变作用。

【用途】磷酸脲是一种优良的反刍家畜饲料营养添加剂，可提供磷和非蛋白氮（尿素态氮）2种营养元素，对反刍家畜的饲喂效果显著，且适口性良好。根据食品添加剂急性毒性的分级标准，磷酸脲属于低毒类饲料添加剂，可提高反刍家畜对氮的吸收利用，不会引起反刍家畜的氨中毒，是一种非常安全的营养型饲料添加剂。

1. 作为反刍家畜的饲料添加剂 本品是专门用于反刍家畜的一种营养型饲料添加剂，以非蛋白氮和水溶性直接吸收磷提供营养。对提高牛、羊的育肥增重、泌乳量、乳质量和羊毛质量效果显著。奶牛饲喂试验结果表明，日产奶量增加 2.8％，乳脂率提高 5.6％，所产的肉、奶质量符合国家标准。肉牛饲喂试验结果表明，平均日增重可达 1.32kg。

2. 作为青贮剂和氨化剂 磷酸脲因易溶于水，水溶液呈酸性，可使青贮饲料的 pH 快速降低，达到 4.2～4.4，能够有效地保存饲料中的营养成分，特别是胡萝卜素的含量，且可增加青贮饲料的蛋白质含量，同时具有防腐杀菌和保鲜作用。本品与氨化饲料配合使用，可保证氨化饲料的安全性，水溶以后可直接喷洒在饲料上，充分混合均匀后即可饲喂，不需要一般氨化饲料保存 1～2 周的熟化过程。

【制剂】饲料级磷酸脲质量指标要求：总磷（P）≥18.5，总氮（N）≥16.5％，水分≤4％，水不溶物≤0.5％，氟（F）≤0.18％，砷（As）≤0.002％，铅（Pb）≤0.003％，pH（1％水溶液）≤2。

【用法与用量】

1. 在牛羊精料中添加及饲喂 按照一定比例直接添加到牛羊的精料中饲喂。根据生产用途不同，调整本品的使用量。用于育肥增重的肉牛，添加磷酸脲 50g/头。用于产奶的奶牛，可按照每天每千克体重 200mg 的标准添加。在养羊生产中，饲料中按照 1％～2％ 的比例添加，所产羊肉的蛋白质提高，脂肪下降。在 60d 的试验期内，每日给羊供给 16g 磷酸脲，可提高日增重 89.43％。

2. 在青贮饲料中添加和饲喂 将磷酸脲的稀溶液均匀地喷在青贮饲料上，既能提高饲料的营养价值，还可以提高饲料中胡萝卜素保留率 55.6％，混合后的饲料酸味较轻，颜色黄绿色，叶茎脉清晰，可以减少霉变，提高饲料利用率。磷酸脲与氨化饲料配合使用，能保证氨化饲料的安全性，水溶后混合均匀直接喷洒在饲料上即可使用。

【注意事项】应注意磷酸脲产品容易吸湿，不易贮存。

磷 矿 石 粉

磷矿石粉是将磷矿石直接用机械粉碎磨细而成。

【性状】本品为灰白色或黄褐色或白色粉末，不溶于稀盐酸。

【药代动力学】尚不明确。

【作用】可用作家禽的辅助饲料，能促进饲料消化，同时还可用于治疗畜禽的佝偻病、软骨症等。

【用途】作为饲料添加剂，可补充饲料中的磷、钙元素的不足。

【制剂】饲料级沉淀磷矿石粉一般含磷（P_2O_5）10％～30％，含氟<0.2％。

【用法与用量】在肉鸡饲料中添加 2.5％，猪饲料中添加 200～400mg/kg，未见氟中毒现象，且生产性能有所提高。

【注意事项】磷矿石粉用作饲料添加剂时，必须脱氟处理，使其符合允许量标准。

三、钠

钠是畜禽体内一种重要的无机元素，体内的钠主要分布在细胞外液中，是细胞外液中带正电荷的主要离子，约占阳离子总量的90%，与对应的Cl^-构成渗透压，参与水的代谢，保证体内水的平衡，调节体内水分与渗透压，维持体内酸碱平衡。在细胞内液中含量较低，仅占9%～10%。钠的含量影响畜禽机体内的水量，当细胞内钠含量增高时，水进入细胞内，使水量增加，造成细胞肿胀，引起组织水肿；反之，失钠过多时致钠量降低，水量减少，水平衡发生改变。钠在肾小管重吸收时与H^+交换，清除体内酸性代谢产物，保持体液的酸碱平衡。Na^+总量影响着缓冲系统中碳酸氢盐的消长，故对体液的酸碱平衡有重要作用。Na^+、K^+的主动转运，使Na^+主动从细胞内排出，以维持细胞内外液渗透压的平衡。Na^+、K^+、Ca^{2+}、Mg^{2+}等离子浓度平衡时，对于维护神经肌肉的应激性都是必需的，满足需要的钠可增强神经肌肉的兴奋性。钠还是胰液、胆汁、汗液和泪水的组成成分，钠与ATP的生产和利用、肌肉运动、心血管功能、能量代谢都有关系。此外，糖代谢、氧的利用、维持血压正常、增强神经肌肉兴奋性等也需有钠的参与。

氯 化 钠

【性状】本品为无色透明的立方形结晶或白色结晶性粉末；无臭、味咸。易溶于水，微溶于乙醇，水溶液呈中性。食用氯化钠为白色细粒，工业用氯化钠为粗粒结晶。

【药代动力学】口服后，在肠道内形成一定的渗透压，肠道内保留大量的水分，刺激肠道蠕动而促进粪便的排出。经静脉注射后，可直接进入血液循环，并且主要存在于细胞外液中。Na^+、Cl^-经肾小球滤过，大部分被肾小管重吸收，通过尿液排出，少部分随汗液排出体外。

【作用】

1. 健胃 小剂量口服，刺激味觉感受器和口腔黏膜，反射性地增加唾液和胃液的分泌，促进食欲，可激活唾液淀粉酶的活性，促进消化。当到达胃肠时，继续刺激胃肠黏膜，增加消化液分泌，加强胃肠蠕动，促进消化和养分的吸收。在正常饲养管理下，饲料中添加适量氯化钠，可提高畜禽的食欲和防治消化不良等。

2. 泻下 大剂量口服，由于容积性和渗透性刺激作用，可促进肠内容物移动而引起腹泻，但其效果不如硫酸镁和硫酸钠。

3. 促进胃肠蠕动 静脉注射10%氯化钠溶液，可促进胃肠腺体分泌和蠕动，促进牛、羊等反刍家畜的反刍及嗳气的排出，可增强消化功能。

4. 外用引流和清创 1%～3%氯化钠溶液外用清洗创伤，有轻微的刺激和防腐作用，可促进肉芽生长，并有引流作用。

【用途】用于各种原因引起的低血钠性综合征。植物性饲料中含钾丰富，含钠和氯的数量较少，对以植物性饲料为主的畜禽，应补饲食盐，维持机体的体液渗透压和酸碱平衡，同时刺激唾液分泌，提高饲料的适口性。小剂量用于提高畜禽的饮食欲、健胃及助消化，常用于胃肠道功能紊乱所致的消化不良。口服大剂量氯化钠，利用其盐类泻剂的特性，可用于治疗马属动物的肠便秘、胃扩张、肠臌气，反刍家畜的前胃弛缓、瘤胃积食等。外用洗涤创伤。等渗盐水可用于静脉注射、洗眼和稀释粉针剂等。

【制剂】

1. 氯化钠粉剂 精制食盐含氯化钠99％以上，粗盐含氯化钠为95％。纯净的食盐含氯60.3％，含钠39.7％，此外，尚有少量的钙、镁、硫等杂质。

2. 口服补盐液 每升含氯化钠3.5g，氯化钾1.5g，碳酸氢钠2.5g（或枸橼酸钠2.9g），无水葡萄糖20g。

【用法与用量】 氯化钠在风干饲料中的用量，马、牛、羊等草食家畜约为1％，猪、家禽0.25％～0.5％。用于健胃，口服，犬2～6g。缺碘地区的家畜，饲喂碘化氯化钠，也可自配，在氯化钠中加入碘化钾，碘的含量应达到0.007％。补饲氯化钠时，可直接拌在饲料中，也可以氯化钠为载体，制成含微量元素的添加剂预混料。在缺硒、铜、锌等地区，分别制成含亚硒酸钠、硫酸铜、硫酸锌或氧化锌的盐砖、食盐块供放牧家畜舔食。口服补盐液，有饮食欲的畜禽自由饮水，治疗和预防急性腹泻造成的脱水。

【注意事项】 ①对大肠便秘虽有效果，但犬、猫等宠物不宜选用。②大剂量、高浓度的氯化钠对胃肠道黏膜有较强的刺激性，故只用于便秘的早期，对严重的后期便秘或伴有胃肠炎的畜禽，一般禁用。③氯化钠的供应量要根据畜禽的种类、体重、生产能力、季节和饲料组成等综合考虑。大剂量的氯化钠有吸收中毒的危险，服药过程中应给予大量饮水，以促进腹泻。④禁用于肺水肿、心脏衰弱、肾炎、腹水等患畜，防止病情加重。⑤氯化钠吸湿性强，在相对湿度75％以上开始潮解，作为载体的食盐必须保持含水量在0.5％以下，应密封贮存。

生 理 盐 水

本品为氯化钠的等渗灭菌水溶液。含氯化钠为0.85％～0.95％。

【性状】 本品为无色的澄明液体，味微咸。

【药代动力学】 本品经静脉注射后，可直接进入血液循环，且在体内广泛分布，主要分布于细胞外液中。Na^+、Cl^-均可被肾小球滤过，大部分被肾小管重吸收，通过肾脏随尿液排出，仅少部分随汗液排出体外。

【作用】 Na^+、Cl^-是机体重要的电解质，主要存在于细胞外液中，对维持畜禽正常的血液、细胞外液的容量和渗透压起重要作用。

【用途】 本品是电解质补充药。口服或静脉注射生理盐水，可用于防治因大出汗、大面积烧伤、严重胃肠炎所致的上吐下泻、不合理使用强效利尿药及慢性肾上腺皮质机能不全等引起的低钠综合征。对于各种缺钠性脱水，静脉注射生理盐水是极其重要的治疗措施。外用一般用于冲洗伤口、创面、鼻腔或眼部等。此外，也可用于稀释粉针剂或其他注射液。

【制剂】 本品为含0.9％氯化钠的灭菌水溶液，10mL：0.09g，100mL：0.9g，250mL：2.25g，500mL：4.5g。

【用法与用量】

1. 静脉注射 一次量，马、牛1 000～3 000mL，猪、羊250～500mL，犬50～100mL，猫30～50mL。

2. 外用 生理盐水可用于洗涤伤口、冲洗眼部及子宫等。

【注意事项】 ①生理盐水所含的Cl^-比血浆中的Cl^-浓度高，已发生酸中毒的动物，如大量使用本品易引起高氯性酸中毒，可改用碳酸氢钠-生理盐水或者用乳酸钠-生理盐水。②对脑、肾脏、心脏功能不全及血浆蛋白过低的患畜应慎用。③慎用于水肿性疾病，特别是肺水肿。急性肾功能衰竭的少尿期、慢性肾功能衰竭尿量减少而对利尿药反应不佳者、低钾血症等均应慎用。④静脉注射时要注意无菌操作，严防污染，夏季开瓶后 24h，不宜再继续使用。⑤过量使用可致高钠血症和低钾血症，并可引起碳酸氢盐的丢失。

复方氯化钠注射液

复方氯化钠注射液又称为林格氏液和任氏液，内含 Na^+、Cl^- 及少量的 K^+、Ca^{2+} 和注射用水。

【性状】本品为无色的澄明液体，味微咸。

【药代动力学】静脉注射后，Na^+ 和 Cl^- 主要由肾脏排泄。

【作用】复方氯化钠是一种体液补充及调节水和电解质平衡的药物。Na^+ 和 Cl^- 是机体重要的电解质，主要存在于细胞外液中，对维持畜禽正常的血液、细胞外液的容量和渗透压起着非常重要的作用。机体主要通过下丘脑、垂体后叶和肾脏进行调节，维持体液容量和渗透压的稳定。复方氯化钠除上述作用外，还可补充少量 K^+、Ca^{2+}。

【用途】

1. 脱水 用于各种原因所致的失水，包括低渗性、等渗性和高渗性失水。

2. 高渗性非酮症昏迷 使用等渗或低渗氯化钠可纠正失水和高渗状态。

3. 低氯性代谢性碱中毒 由缺氯造成的，Cl^- 是肾小管中唯一容易与 Na^+ 相继重吸收的阴离子，当原尿中的 Cl^- 降低时，肾小管便加强 H^+、K^+ 的排出，以换回 Na^+，HCO_3^- 的重吸收增加，从而生成 $NaHCO_3$。低氯血症时，因 H^+、K^+ 造成 $NaHCO_3$ 的重吸收增加，可导致代谢性碱中毒。

【制剂】复方氯化钠注射液为含 0.85% 氯化钠、0.03% 氯化钾、0.03% 氯化钙的灭菌水溶液。

【用法与用量】治疗脱水时，应根据其脱水程度、类型等，决定补液量、途径和速度。静脉注射，一次量，马、牛 1 000～3 000mL，猪、羊 250～500mL，犬 50～100mL/次，猫 30～50mL。

【注意事项】①输入量过多、速度过快，可导致水、钠潴留，引起水肿、血压升高、心率加快、胸闷、呼吸困难，甚至急性左心衰竭。②慎用于水肿性疾病；急性肾功能衰竭少尿期，慢性肾功能衰竭尿量减少而对利尿药反应不佳者；低钾血症。③过量可致高钠血症，并引起碳酸氢盐的丢失。④幼龄及老龄家畜应严格控制补液量和速度。⑤遮光，密闭贮存。

10%氯化钠注射液

10%氯化钠注射液又称为浓氯化钠注射液、高渗氯化钠注射液，含氯化钠为 9.5%～10.5%。

【性状】本品为无色的澄明液体，味咸。为氯化钠的高渗灭菌水溶液。

【药代动力学】静脉注射后直接进入血液循环，在体内广泛分布，但主要存在于细胞外液中。本品能迅速提高细胞外液的渗透压，从而使细胞内液的水分移向细胞外。在增加细胞外液容量的同时，可提高细胞内液的渗透压。Na^+ 和 Cl^- 均可被肾小球滤过，并部分被肾远曲小管重吸收，由肾脏随尿液排出，仅少部分从汗液排出。

【作用】静脉注射本品能增加血液中 Na^+ 和 Cl^-，对调节渗透压、维持电解质平衡和神经-肌肉兴奋性起重要作用，可提高瘤胃运动机能，促进蠕动。

【用途】用于治疗各种原因所致的水中毒及严重的低钠血症，还用于反刍家畜的前胃弛缓、瘤胃积食，马属动物的胃扩张、肠便秘等。

【制剂】10％氯化钠注射液，50mL：5g，250mL：25g，500mL：50g。

【用法与用量】静脉注射，一次量，家畜按照 0.1g/kg 计算。

【注意事项】①静脉注射时，不能稀释，速度宜慢且不可漏至血管外。②超剂量静脉注射可致高钠血症，甚至发生急性左心衰。③心脏、肾脏功能不全患畜慎用，患妊娠高血压综合征患畜禁用。

乳 酸 林 格 氏 液

乳酸林格氏液是一种等张静脉注射液，与之成分类似的有哈特曼氏液，简称 LR 或 RL。

【性状】本品为无色澄明液体。

【药代动力学】本品 pH6.5～7.5，口服后很快被吸收，在 1～2h 内经肝脏氧化，代谢转变为碳酸，从而发挥其纠正酸中毒的作用。以静脉注射为常用，用乳酸林格氏液替代醋酸钠作为腹膜透析液的缓冲剂，可减少对腹膜的刺激，减少对心肌抑制和周围血管阻力的影响。

【作用】当实施手术以及发生休克时，因出血而导致循环血液量损失的同时，并判明丧失大量的细胞外液，最适宜使用与血浆和细胞外液的电解质相似的本品，预后良好。另外，本品中所含的乳酸钠，在体内代谢后形成 HCO_3^-，可调整酸碱平衡，防止酸中毒。

【用途】调节体液、电解质、酸碱平衡用药，用于防治患畜的酸中毒、失血、手术时出血、缺水症及电解质紊乱等。主要用于纠正代谢性酸中毒，但其作用不及碳酸迅速稳定。

【制剂】乳酸林格氏液为复方制剂，每 100mL 含氯化钙 0.02g，氯化钾 0.03g，氯化钠 0.6g，乳酸钠 0.31g。

【用法与用量】静脉注射，一次量，成年家畜，乳酸林格氏液 1 000～2 000mL，给药速度 300～500mL/h，根据年龄、体重及症状的不同可适量增减剂量。

【注意事项】①乳酸血症患畜禁用。②因肾疾患导致的心肾功能不全、重症肝障碍、高渗性脱水症以及因闭塞性尿路疾患而尿量减少的患畜慎用。③急速大量给药时，有可能出现脑水肿、肺水肿、末梢浮肿等副作用。④与大环内酯类抗生素、生物碱、磺胺类药物合用时，可造成 pH 及离子浓度变化，禁止配伍使用。⑤本品含有钙盐、与枸橼酸加血液混合时，可产生凝血，使用时应注意。同 PO_4^{3-}、CO_3^{2-} 相混可产生沉淀，与此类制剂切勿配合使用。

碳 酸 氢 钠

碳酸氢钠又称为小苏打、重曹和重碳酸钠。碳酸氢钠中含钠 27.38％，1g 碳酸氢钠相当 11.9mmol 的钠，生物利用率高，是优质的钠源性矿物质饲料之一。

【性状】本品为白色结晶性粉末，无臭，味咸。可溶于水，微溶于乙醇。其水溶液因水解而呈微碱性，受热易分解。

【药代动力学】口服后，易从胃肠道吸收，15min 内发挥作用，持续 $1\sim2h$，CO_2 通过肺脏排出体外，Na^+ 留在体内或以钠盐的某些形式随尿液排出。静脉注射可较快地发挥作用。

【作用】

1. 健胃和调节酸碱平衡 碳酸氢钠为弱碱性抗酸药，其抗酸作用快、弱而短暂，遇酸发生中和反应，能中和胃酸。可溶解黏液，降低消化液的黏度，并促进胃肠收缩，起到健胃、抑酸和增进食欲的作用。本品既可补充钠，又具有缓冲作用，可调节电解质平衡和胃肠道 pH。

2. 改善钙代谢和维持热平衡 饲料中添加碳酸氢钠，可补充家禽因热喘息造成的血液中碳酸盐的减少，从而改善机体的钙代谢。还可提高磷在蛋禽体内的移动性，使蛋禽的血液磷浓度维持在形成蛋壳所必需的适当水平。碳酸氢钠在消化道中可分解释放出 CO_2，带走大量的热量，利于维持机体的热平衡。

3. 纠正代谢性酸中毒 静脉注射本品可直接增加机体的碱储备，迅速纠正代谢性酸中毒并碱化尿液。增加弱酸性药物，如磺胺类药物等在泌尿道内的溶解度，防止结晶析出或发生沉淀，阻断代谢产物等对肾脏的损害，并加速弱酸性药物的排泄。还可使弱有机碱药物，如硫酸庆大霉素等药物的排泄减慢，提高其对泌尿道感染的疗效。

【用途】口服或静脉注射碳酸氢钠后，可直接增加机体碱储备，主要用于防治代谢性酸中毒、酮血症等病。其作用迅速，疗效确实，为防治代谢性酸中毒的首选药物。正常动物服用后，因增加 HCO_3^- 的排泄而起碱化尿液的作用。

蛋鸡饲料中，钠的含量为 $0.14\%\sim0.28\%$，氯的含量为 $0.2\%\sim0.24\%$，钠、氯比例适宜，产蛋率、蛋重、蛋壳形成和饲料效率等指标都较好。肉鸡饲料中，钠的含量为 $0.15\%\sim0.2\%$，钾的含量为 0.8%，氯的含量为 $0.12\%\sim0.15\%$。使用氯化钠很难使饲料中的钠和氯平衡在上述范围内，由于氯化胆碱用量的提高，更加剧了钠、氯的不平衡，故在饲料中添加本品，可提供钠源，使血液保持适宜的钠浓度。

据有关研究证实，奶牛和肉牛饲料中添加本品，可调节瘤胃的 pH，防止精料型饲料引起的代谢性疾病，提高增重、产奶量和乳脂率。夏季在肉鸡和蛋鸡饲料中添加碳酸氢钠，可有效地减缓热应激，防止生产性能的下降。

【制剂】

1. 碳酸氢钠粉剂 总碱度为 $99\%\sim100.5\%$。

2. 大黄苏打片 主要成分为大黄、碳酸氢钠、薄荷油。其中，碳酸氢钠可中和过剩的胃酸。每片含大黄、碳酸氢钠各 0.15g，薄荷油少许，用于防治畜禽胃酸过多、消化不良、食欲不振等。规格：0.3g，100 片，孕畜慎用或禁用。

3. 5%碳酸氢钠注射液 每支 20mL：1g，每瓶 250mL：12.5g，每瓶 500mL：25g。

【用法与用量】

1. 碳酸氢钠粉剂 口服，一次量，马 $15\sim60g$，牛 $30\sim100g$，猪 $2\sim5g$，羊 $5\sim10g$，犬、猫每千克体重 $8\sim12mg$。饲料中的添加量应根据饲料的组合和饲养水平等灵活调整。奶牛和肉牛饲料中，添加量为 $0.5\%\sim2\%$，与氧化镁配合使用，效果更佳。夏季，在肉鸡和蛋鸡饲料中添加量为 0.5%。

2. 大黄苏打片 口服，一次量，马 $100\sim400$ 片，牛 $200\sim600$ 片，猪、羊 $15\sim30$ 片，

犬 2～5 片，3 次/d，饲喂前口服。

3. 5%碳酸氢钠注射液　静脉注射，一次量，马、牛 15～50g，羊、猪 2～6g，犬 0.5～1.5g，猫 0.5～1g。

【注意事项】①氯化钠与碳酸氢钠同时应用，可使猪体内 Na^+ 增多，超过一定量时会导致组织液中钠潴留，引起水肿，甚至影响神经中枢，引起运动障碍，故饲料中添加本品时，应减少食盐的使用量。②本品呈弱碱性，为吸收性抗酸药，可迅速中和胃酸，作用迅速且维持短暂，但作为抗酸药不宜单独使用。应避免与酸性药物配伍使用，如维生素 C、叶酸、青霉素、土霉素、复方氯化钠、硫酸镁等。③可碱化尿液，与磺胺药同用防止磺胺在尿中结晶析出，长期、大量使用可发生碱血症。④对局部组织有刺激性，注射时不要漏于血管外。口服后，产生大量 CO_2 而使胃扩张并刺激溃疡。⑤对患有充血性心力衰竭、急性或慢性肾功能衰竭、水肿、缺钾或伴有 CO_2 潴留的畜禽应慎用。⑥碳酸氢钠不稳定，在潮湿环境中易分解，不宜久置。使用时，随用随添加，并混合均匀。⑦用量要适当，纠正严重酸中毒时，应测定 CO_2 结合力作为用量的依据。

四、钾

钾在自然界不以单质形态存在，以盐的形式广泛的分布于陆地和海洋中。钾是肌肉组织和神经组织中的重要成分之一。其中，98%的钾以 K^+ 的形式贮存于细胞内液中。K^+ 是细胞内最主要的阳离子之一，可调节细胞内适宜的渗透压和体液酸碱平衡，参与细胞内糖和蛋白质的代谢。有助于维持神经肌肉的兴奋性及心律正常，可预防中风，并协助肌肉正常收缩。在摄入高钠而导致高血压时，钾具有降血压作用。

氯　化　钾

最早从海水或矿石中提取而得，实验室中可从碳酸钾或重碳酸钾与盐酸作用制备。

【性状】本品为无色细长菱形或立方形晶体，或白色结晶性粉末；无臭，味咸涩。易溶于水，1g 氯化钾可溶解于 3mL 的水中。本品易吸湿。不溶于乙醇。本品按干燥品计算，含氯化钾不得少于 99.5%。

【药代动力学】口服本品大部分在小肠内吸收，80%～90%经肾脏由尿液排出，其余经分布通过消化道排出，随汗液（有汗腺动物）损失少许。K^+ 的排出速度随摄入量的增加而增加，但不随钾摄入不足而减少。

【作用】K^+ 作为细胞内主要的阳离子，能维持细胞内渗透压，并参与糖、蛋白质和能量等的代谢过程。细胞内液、外液中保持一定的钾浓度，是神经冲动的发出、传导及其效应器产生相应反应所必需的，心肌细胞内外的钾浓度，对心肌的自律性、传导性和兴奋性都有影响。口服氯化钾溶液优于其他钾盐，如并发代谢性碱中毒时，它既纠正低钾血症，又纠正代谢性碱中毒。

【用途】主要用于纠正各种原因引起的钾缺乏症或低钾血症。也用于洋地黄等强心苷中毒的解救。

【制剂】

1. 氯化钾片　本品主要成分为氯化钾。

2. 氯化钾注射液　含 10%氯化钾的灭菌水溶液，每支 10mL。

3. 复方氯化钾注射液 主要成分为氯化钾、氯化钠、乳酸钠的灭菌水溶液，每100mL含0.28%氯化钾、0.42%氯化钠、0.63%乳酸钠。

【用法与用量】

1. 氯化钾片 口服，一次量，马、牛5~10g，猪、羊1~2g，犬0.1~1g，2次/d，并按病情调整剂量。

2. 10%氯化钾注射液 静脉注射必须用生理盐水或5%~10%葡萄糖注射液稀释成0.1%~0.3%，以小剂量连续使用。静脉注射，一次量，马、牛20~50mL，猪、羊5~10mL，犬2~5mL，猫0.5~2mL。

3. 复方氯化钾注射液 静脉注射，一次量，马、牛1000mL，猪、羊200~500mL，犬50~150mL，猫20~50mL。

【注意事项】①急性肾功能障碍、脱水、休克等禁用钾盐。②本品在静脉注射时，速度应掌握在15mg/min左右。

枸 橼 酸 钾

枸橼酸钾又名柠檬酸钾、柠檬酸三钾，是一种柠檬酸盐。

【性状】本品为白色颗粒状结晶或结晶性粉末，无臭，味咸、凉，微有引湿性。易溶于水或甘油中，在乙醇中几乎不溶。

【药代动力学】本品口服后，可迅速在胃肠道吸收，约占吸收给药量的90%。在肾功能正常的情况下，单剂量口服枸橼酸钾缓释片后第1h尿枸橼酸盐升高并持续12h。多次服用枸橼酸钾缓释片时，尿枸橼酸盐在第3天达到峰值，并且尿枸橼酸盐的生理性宽幅波动降低。因此，枸橼酸钾缓释片可将尿枸橼酸盐全天维持在一个较高的、更为恒定的水平。停止使用枸橼酸钾后，尿枸橼酸盐逐渐回落到第1天治疗前水平。尿枸橼酸盐的升高直接依赖于本品的剂量。在体内主要分布于细胞外液中，细胞内液除离子状态外，一部分与蛋白质结合，另一部分与糖及磷酸结合，钾90%通过肾脏排出，10%经粪便排出。

【作用】本品为补钾剂。K^+是细胞内液的主要阳离子，而细胞外液的主要阳离子为Na^+，K^+仅为3.5~5mmol/L。机体主要依靠细胞膜上的Na^+-K^+-ATP酶来维持细胞内外的Na^+、K^+的浓度差。体内的酸碱平衡状态对钾代谢有影响，如酸中毒时，H^+进入细胞内，K^+释放到细胞外，引起或加重高钾血症，而代谢紊乱也会影响酸碱平衡。正常的细胞内外的K^+浓度及浓度差与细胞的某些功能有着密切的关系，K^+为维持细胞新陈代谢、细胞内渗透压和酸碱平衡、神经冲动传导、肌肉收缩和心肌收缩所必需。

【用途】

1. 碱化尿液 用于任何病因引起的低枸橼酸尿性草酸钙肾结石、伴有或不伴有钙结石的尿酸结石。可减少尿酸盐的生成和促进尿酸盐的排出，用于防治禽类的痛风。

2. 治疗低钾血症 引起低钾血症的原因很多，主要有饮食不足、呕吐、严重腹泻、使用排钾利尿药、长期应用糖皮质激素和补充高渗葡萄糖等。当患畜禽出现失钾的症状，特别是发生低钾血症且危害较大时，应及时进行预防性补充钾盐。也可于洋地黄中毒引起的频发性、多源性早搏或快速心律失常。

【制剂】复方枸橼酸钾可溶性粉为枸橼酸钾、碳酸氢钠和葡萄糖配制而成，含枸橼酸钾应为标示量的90%~110%，碳酸氢钠含量不低于97%。本品一般为大小2袋包装，其中大袋为枸橼酸钾 100g、葡萄糖 50g；小袋为碳酸氢钠 100g。

【用法与用量】口服，将本品 200g 溶解于 100L 水中。

【注意事项】①严重肾功能不全、急性脱水、中暑性痉挛、无尿、严重心肌损害和各种原因引起的高钾血症患畜慎用。②用药期间，应注意复查患畜的血钾浓度。③排尿量低于正常水平的患畜慎用。④应在饲喂后服用，以避免本品的盐类缓泻作用。

五、氯

氯是畜禽体内细胞外液的主要阴离子，与 Na^+ 共同维持畜禽机体细胞的渗透压、并在机体酸碱平衡中起重要作用。同时，氯也是胃酸的组成部分。缺乏钠和氯都会影响食欲，降低能量及蛋白质的利用率，影响酸碱的平衡。此外，氯可制成含氯消毒剂，杀灭各种病原微生物，包括细菌繁殖体、病毒、真菌、结核杆菌和抵抗力最强的细菌芽孢。

稀 盐 酸

【性状】本品为无色澄清液体，呈强酸性。本品为盐酸 234mL，加水稀释至 1 000mL 制得，含盐酸 9.5%～10.5%。

【药代动力学】尚不明确。

【作用】稀盐酸是胃液的主要成分之一，正常由胃底腺壁细胞分泌。消化过程中，盐酸的作用是多方面的，适当浓度的盐酸可以激活胃蛋白酶原，使其转变为有活性的胃蛋白酶，并以酸性环境促使胃蛋白酶发挥其消化蛋白的作用。酸性食糜可刺激十二指肠产生胰分泌素，反射性地引起胃液、胆汁和胰液的分泌。此外，酸性环境能抑制胃肠内细菌的生长与繁殖，以制止异常发酵，并可影响幽门括约肌的紧张度。消化道中的盐酸也有利于钙、铁等无机盐营养的溶解和吸收。

【用途】口服增加胃中酸度，主要用于多种原因引起的胃酸缺乏症及发酵性消化不良所致的食后胃内异常发酵，如胃部不适、腹胀、嗳气、马属动物急性胃扩张等。服用本品可明显改善临床症状，与胃蛋白酶同用，可增强蛋白酶的作用且效果显著。

【制剂】10%稀盐酸溶液。

【用法与用量】口服，一次量，马 10～20mL，牛 15～30mL，羊 2～5mL，猪 1～2mL，犬 0.1～0.5mL。稀盐酸使用前，加 50 倍水稀释成 0.2%的溶液。

【注意事项】①禁用于消化性溃疡、胃酸过多症等。禁与碱性药物合用，以免相互降低疗效。②禁止与盐类健胃药、有机酸、洋地黄及其制剂配合使用。③用药浓度及用量均不宜过大，防止因食糜酸度过大，反射性引起幽门括约肌痉挛，影响胃的排空而产生腹痛。④应置于玻璃瓶内，密封贮存。

六、镁

镁可降低因钙引起的神经肌肉刺激和减少神经冲动引起的乙酸胆碱分泌，并可降低血浆中皮质醇和儿茶酚胺的释放，而儿茶酚胺可通过减少第二信使 3',5'-环腺苷酸的形成，减少肌肉糖原酵解，从而减少畜禽的应激，提高肉产品的品质。许多研究认为，添加镁可能是提高肉质的一种有效途径。在猪的饲料中添加镁，可有效控制和预防育肥猪群发生便秘，提高猪的净增重，降低料肉比。在生长期和育肥猪饲料中添加镁，可提高瘦肉率和猪胴体的可分割性，改善肉色。

硫 酸 镁

硫酸镁又称为泻盐，硫苦、苦盐、泻利盐。

【性状】本品为无色结晶，无臭，味苦、咸；有风化性。在水中易溶，在乙醇中几乎不溶。

【药代动力学】本品口服约有 20% 被吸收，大约 1h 起效，作用持续 1～4h，静脉注射可以立即起效，作用持续约 30min；肌内注射后约 1h 起作用，作用持续 3～4h。肌内注射或静脉注射后，均通过肾脏排泄，排泄速度与血镁浓度、肾小球滤过率有关。在肠道内形成一定的渗透压，使肠道内保留大量的水分，刺激肠道蠕动而排泄。在肠道内很难吸收，仅有少量的 Mg^{2+} 被吸收，最后经尿液排出。

【作用】

1. 抗惊厥和抗肌肉痉挛 注射本品后，Mg^{2+} 抑制中枢神经兴奋，减少神经肌肉接头乙酰胆碱的释放，降低运动神经元终板对乙酰胆碱的敏感性，产生镇静、解除或降低横纹肌收缩等作用。也可降低颅内压。抑制子宫平滑肌细胞的动作电位，减少宫缩频率，强度减弱，故可用于治疗早产。

2. 导泻 口服硫酸镁在肠内可解离出 Mg^{2+} 和 SO_4^{2-}，后者不易被肠壁吸收，将水分引入肠腔，肠腔内液积聚导致腹胀，软化粪便，并刺激肠蠕动，从而起导泻作用。同时，硫酸镁还可促使肠壁释放缩胆囊素，增强导泻作用。

3. 健胃和利胆 小剂量硫酸镁可刺激消化道黏膜，加强胃的分泌与运动，有健胃作用。同时，可反射性地引起胆总管括约肌松弛及胆囊收缩，促使胆囊排空，起到利胆作用。

4. 对心血管系统的作用 注射给药，过量 Mg^{2+} 可直接舒张外周血管平滑肌，引起交感神经节冲动传递障碍，从而使血管扩张，血压下降。另外，经静脉注射可延长心脏传导系统的有效不应期，提高室颤阈值，并使心肌复极均匀，减少或消除折返激动，有利于控制快速性室性心律失常。抑制窦房结的自律性，抑制窦房结、房室结、心房内、心室内的传导，通过 Mg^{2+} 激活 Na^+-K^+-ATP 酶及阻断钾和钙通道，抑制触发活动及折返机制引起的各种心律失常。

5. 消肿和抑制子宫收缩 应用 50% 硫酸镁溶液热敷患处，可消炎、去除水肿，还可抑制子宫收缩。

【用途】

1. 健胃、利胆、缓泻 口服小剂量可健胃和利胆，中剂量可缓泻，大剂量有利于泻下或排粪，常用于大肠便秘，与大黄等药物配合使用，效果更好。在排出肠道内容物或辅助驱虫药排出虫体时，应用本药更安全。

2. 防治低镁血症 用于急性低镁血症伴有肌肉痉挛、搐搦等症状，也可预防镁缺乏。

3. 冲洗、引流和消肿 50% 高渗溶液用于冲洗创伤、瘘管等，或作引流。因其能夺取组织中水分，引起组织液外流，故有抗菌、排除毒素和坏死组织，清洁创面和消退炎症等作用。

4. 抗惊厥和抗肌肉痉挛 用于妊娠高血压综合征、先兆子痫和子痫，还用于治疗早产、破伤风、尿毒症及急性肾性高血压危象。

5. 对心血管系统的作用 用于尖端扭转型室性心动过速和室颤的预防，也可用于洋地黄、奎尼丁中毒引起的室性心动过速。

【制剂】

1. 硫酸镁粉 500g/袋。

2. 饲料级硫酸镁 畜禽饲料添加剂，有效物质含量98％。

3. 硫酸镁注射液 10mL：1g，10mL：2.5g，20mL：5g。

【用法与用量】

1. 健胃 用于健胃剂和泻剂的剂量基本同硫酸钠。口服，一次量，马200～500g，牛300～800g，羊50～100g，猪20～50g，犬10～20g，猫2～5g，鸡2～4g，鸭10～15g，配制成6％～8％溶液使用。

2. 利胆 配制成33％或50％的溶液，一次量，口服，马、牛15～50g，猪、羊3～10g，犬10～20g，猫0.2～0.5g，3次/d。

3. 防治低镁血症 混饲，一次量，奶牛1～2mg/kg，肉牛0.6～1mg/kg，羊0.6mg/kg，猪0.4mg/kg，肉用仔鸡0.5～0.6mg/kg，产蛋鸡0.4～0.6mg/kg。口服，预防低血镁性痉挛、抽搐，一次量，成年牛30g，犊牛3g。

4. 抗惊厥 主要用于破伤风及其他痉挛性疾病，硫酸镁溶于5％葡萄糖注射剂或氯化钠注射剂中，缓慢静脉注射，一次量，马、牛10～25g，羊、猪2.5～7.5g，犬、猫1～2g。

【注意事项】①致泻作用一般于服药后2～8h内出现，宜空腹服用，并大量饮水以加速导泻作用和防止脱水。本品为高渗性泻药，可促使钠潴留而致水肿。②服用中枢抑制药中毒需导泻时，严禁使用硫酸镁，应改用硫酸钠，不能与神经节阻滞药合用。③严重心血管疾病，如心肌损害、呼吸系统疾病，特别是呼吸功能不全的患畜禁用。因肾功能下降导致镁排泄减少，镁蓄积而易发生镁中毒，严重肾功能不全的患畜也应慎用。④肠道出血及妊娠动物禁用本品导泻。产前2h内，不应使用硫酸镁（除非硫酸镁是治疗子痫的唯一药物）。⑤因易继发胃扩张，不适用于小肠便秘的治疗。⑥如出现脱水、肠炎等情况，Mg^{2+}吸收增多会产生毒副作用。静脉注射宜缓慢，遇有呼吸麻痹等中毒现象时，应立即停药，进行人工呼吸，并及时且缓慢注射钙剂解救。

乳 酸 镁

【性状】本品为白色至乳酪色晶体粉末或粒状，无臭。易溶于热水，几乎不溶于乙醇。

【药代动力学】吸收的镁主要由肾脏排出。

【作用】用于低镁血症的预防和治疗。

【用途】乳酸镁是一种性能优良，价格便宜的有机强化剂。可补充饲料中镁的不足，主要防治各种缺镁症。

【制剂】饲料级乳酸镁含量以干基$C_6H_{10}MgO_6$计≥98％。

【用法与用量】直接添加在饲料中或溶于水中，饲料中的添加量一般不超过0.05％～0.2％。

【注意事项】①常温密闭保存。②严禁与有毒有害、带异味、酸碱类接近，保质期1.5年。

氢 氧 化 镁

氢氧化镁又称为苛性镁石，轻烧镁砂。

【性状】本品为白色无定形粉末，难溶于水和醇，易溶于稀酸和铵盐溶液，水溶液呈弱碱性。加热至 350℃失去水生成氧化镁。

【药代动力学】用药后约 6h 产生效应。

【作用】可用于防治镁缺乏症，同时也是盐类泻药，并有抗酸作用。

【用途】镁缺乏症的补充剂，和氧化镁一样，氢氧化镁作为肉牛配合饲料的矿物质添加剂，具有同样的生物利用率。也可用于导泻。

【制剂】

1. 镁乳 含本品 8%氢氧化镁的乳状剂，可作为制酸剂和缓泻剂。

2. 氢氧化镁粉剂 有效物质含量＞53%。

【用法与用量】牛，治疗量，口服，47.3g/d。预防低镁血症，7.4～7.7g/d。

【注意事项】①本品难溶于水，是较弱的碱，对眼睛、呼吸系统及皮肤均有一定的刺激性。②在使用时要做好安全防护，佩戴手套或护目镜，如不慎溅及眼睛，应立即用清水冲洗并就医。

氧 化 镁

氧化镁俗称为苦土、灯粉、煅苦土，也称为镁氧。

【性状】本品为白色粉末，无臭，无味；在空气中能缓慢吸收 CO_2，应密封保存。在水中几乎不溶，不溶于乙醇；在稀酸中可溶。

【药代动力学】尚不明确。

【作用】氧化镁吸收 CO_2，具有吸附、轻泻作用，可用于治疗胃肠臌气。本品与胃酸作用后，可生成氯化镁，氯化镁在肠中部分变为碳酸镁，放出 Mg^{2+}，刺激肠道蠕动，可吸收水分而导致轻泻。抗酸作用较碳酸氢钠强，缓慢而持久，不产生 CO_2。

【用途】

1. 医用级氧化镁 在生物制药领域可作为抗酸剂、吸附剂、pH 调节剂。用作抗酸剂与轻泻剂，可抑制和缓解胃酸过多，治疗胃溃疡和十二指肠溃疡，尤其适用于伴有便秘的患畜。

2. 饲料级氧化镁 可作为镁缺乏症的补充剂，是一种优良的瘤胃缓冲剂，能调节瘤胃发酵，并增加乳腺对乳汁合成前体物的吸收，提高产奶量和乳脂率。

【制剂】

1. 医用级氧化镁 片剂，0.2g/片。

2. 饲料级氧化镁 有效物质含量 90%。

【用法与用量】

1. 口服 用于伴有便秘的胃酸过多症、胃溃疡及十二指肠溃疡，口服，一次量，马、牛 50～100g，猪、羊 2～10g。

2. 拌料 直接加入饲料中混匀，添加量为 0.05%～0.2%。奶牛饲料加入 50～90g/d 或按精料量的 0.5%～1%添加，可补充饲料中镁的不足，防止镁缺乏症的发生。根据生长阶段、体重和生产目的的不同，猪饲料中镁含量为 0.13％～0.27％。根据年龄、品种和禽类的不同，家禽饲料中的镁含量为 0.15％～0.22％。据试验，肉鸡每千克饲料含镁 200mg 与含镁 600mg 对比，生长率降低 80％。

【注意事项】①本品可致轻泻，用碳酸钙可以纠正。②肾功能不全患畜服用可引起高镁血症，可静脉注射钙盐对抗。③长期服用可致肾结石。④Mg^{2+} 可与四环素类药物发生络合作用，形成不溶解的络合物，减少四环素类药物的吸收。如必须使用，可间隔 2～3h 分开给药。⑤可影响磷的吸收，低磷血症患畜慎用。⑥长期给药会导致血钾浓度下降。⑦常温密闭贮存，严禁与有毒、有害、异味、酸碱接近，保质期 10 个月。

碳 酸 镁

【性状】本品为白色颗粒或粉末，无臭，几乎无味，在稀酸中能泡腾溶解。

【药代动力学】目前没有相关体内过程描述。

【作用】本品为抗酸药。口服后，在胃内与盐酸作用生成氯化镁和二氧化碳，可起到中和胃酸的作用，但作用比氧化镁弱，有轻泻作用。

【用途】用于制酸及胃黏膜保护，常用于胃及十二指肠溃疡的治疗。还可作为镁缺乏症的补充剂。

【制剂】饲料级碳酸镁有效物质含量99％。

【用法与用量】饲料中的建议添加量：以体重计，哺乳仔猪 40～100mg/kg，中、大猪40～60mg/kg，妊娠、哺乳母猪 60～100mg/kg，蛋（种）禽 60～120mg/kg，肉禽 60～100mg/kg。

【注意事项】碳酸镁是非处方药，注意事项尚不完全明确。①不良反应可见腹泻、腹胀、嗳气，可产生二氧化碳，有严重溃疡的患畜慎用。②禁与酸性药物配伍。

磷 酸 镁

磷酸镁又称为磷酸三镁。

【性状】本品为白色无臭、无味结晶性粉末，系高温煅烧而成，熔点 1 184℃，相对密度2.20。易溶于稀无机酸，溶于柠檬酸铵，几乎不溶于水。

【药代动力学】通过口服的镁，在反刍家畜体内，主要通过前胃壁吸收，非反刍家畜主要经小肠吸收。镁以其简单的离子或形成螯合物经易化扩散吸收。镁的存在形式不同，畜禽的吸收率不同。不同种类的畜禽对镁的吸收率不同，即使是同一种类的畜禽，因其年龄不同对镁的吸收率也有所不同。牛对镁的吸收率为 5％～30％，而猪、家禽对镁的吸收率可达60％。畜禽对镁的代谢随年龄的不同而变化，如组织器官的老化程度等。生长期的畜禽体内贮存及可动用镁的能力较强，可动用骨骼中 60％以上的镁满足体内新陈代谢的需要。相对来说，老龄畜禽体内贮存和动用镁的能力比较低。

【作用】

1. 镁是骨骼和牙齿的重要组成之一 畜禽体内大约有 0.05％的镁，其中 70％左右的镁以磷酸盐或碳酸盐形式存在于骨骼中。

2. 镁是软组织的结构成分之一 畜禽体内 30％的镁存在于软组织中，如肝脏、肾脏、横纹肌和脑中，血液中 70％以上的镁存在于细胞内。

3. 参与酶的组成和激活 镁直接参与多种酶和辅酶的组成（如磷酸酶、氧化酶、肽酶等），又可激活多种酶（如焦磷酸酶、胆碱酯酶）。

4. 其他作用 镁在畜禽生命活动中发挥着重要的作用。可参与蛋白质、DNA、RNA、脂肪合成；抑制神经肌肉传导的兴奋，保障心肌的正常收缩。

【用途】 复合磷酸镁为饲料添加剂，可同时提供磷和镁。在饲料生产中，主要用于营养增补剂、抗结块剂及沉淀剂。

【制剂】 饲料级无水磷酸镁，有效物含量为98%。

【用法与用量】 使用时应注意非反刍家畜对镁的需求较低，占饲料的0.04%～0.06%，饲料本身可满足，一般不需添加。反刍家畜需镁量高，一般是非反刍家畜的4倍左右，占饲料的0.2%左右。

【注意事项】 ①应混合均匀，防止镁中毒。②应贮存于阴凉、通风及干燥处，与有毒、有害物品隔离存放。

氯 化 镁

氯化镁含量以46%左右的为六水氯化镁，99%的为无水氯化镁。工业上对无水氯化镁称为卤粉，而对于六水氯化镁往往称为卤片、卤粒、卤块等。高温时分解为氯化氢和氧化镁。

【性状】 本品为白色结晶体，呈柱状或针状，有苦味。易溶于水和乙醇。容易吸湿，溶于水100℃时失去2分子结晶水。常温下其水溶液呈中性。

【作用】 氯化镁可以补镁、补氯。镁是细胞内的主要阳离子，是主要生化代谢途径中酶反应的必需辅助因子。细胞外的镁对正常神经传导、肌肉功能和骨骼骨化有重要作用，也有调节离子平衡的作用。氯是体内的主要阴离子，具有调节饲料中离子平衡的作用。

【用途】 作为饲料镁的补充剂。氯化镁是反刍家畜常用的镁源之一。在分娩前，奶牛饲料中添加适量的氯化镁，既可增加饲料中镁含量，又能增加阴离子浓度，有助于预防产褥热。同时，在饲料中添加氯化镁，可适当减慢饲料在畜禽消化道中的蠕动推进速度，消化道对饲料的吸收更充分，从而提高饲料的消化率。

【制剂】 饲料级氯化镁：其中氯化镁含量≥99%，铅含量≤0.0001%，砷含量≤0.0005%，碱金属氯化物≤0.5%，水不溶物≤0.1%。

【用法与用量】 预稀释后添加于饲料中，并混合均匀。通常鸡、猪饲料无需加镁，牛、羊饲料需适当补镁，以防痉挛症。饲料中氯化镁的添加量为0.25%～0.3%。

【注意事项】 ①氯化镁有致泻作用，大剂量使用会导致腹泻，应严格掌握剂量。②密闭贮存于阴凉、干燥处。

七、硫

硫是所有细胞中必不可少的一种元素，如半胱氨酸、蛋氨酸、同型半胱氨酸及牛磺酸等氨基酸和一些常见的含硫酶。在蛋白质中，多肽之间的二硫键是蛋白质构造中的重要组成部分。无机硫是铁硫蛋白的组成部分。在细胞色素氧化酶中，硫是关键组成部分。硫可用于制作硫磺软膏，用于治疗某些皮肤病，但硫对身体危害较大，特别是长期饲养在高含硫环境的畜禽。矿物质饲料中，硫的来源主要有硫酸钠、硫酸钾、硫酸钙、硫酸镁等。

硫 酸 钠

硫酸钠又称为芒硝，是含氧酸的强酸强碱盐。

【性状】本品为无色、透明、大的结晶或颗粒性小结晶或粉末，无臭，有苦味，有吸湿性，易溶于水。

【药代动力学】在肠道内吸收较少，一般于服后 $1\sim2h$ 可生效，排出水性粪便。

【作用】

1. 容积性泻药 泻火通便、润燥软坚，可促进排便反射或促使排便顺畅，不易被肠壁吸收而又易溶于水，在肠内形成高渗盐溶液，故可吸收大量水分并阻止肠道吸收水分，使肠内容积增大，对肠黏膜产生刺激，引起肠管蠕动而加速排便。导泻作用较硫酸镁弱，且无高血镁所致的不良反应。

2. 拮抗体内钡离子（Ba^{2+}） Ba^{2+} 是一种极强的肌肉毒，对平滑肌、骨骼肌、心肌等可产生过度刺激性兴奋，并导致麻痹与瘫痪。Ba^{2+} 还能改变细胞膜的通透性，使大量的钾进入细胞内，从而产生低钾血症。硫酸钠与 Ba^{2+} 形成不溶性硫酸钡，从而阻断 Ba^{2+} 的毒性作用。

3. 消肿止痛 高浓度的硫酸钠溶液，在肿胀部位热敷，可改善肿胀部位的血液循环，促进渗出物的吸收，从而缓解疼痛。

【用途】

1. 用于缓泻药 用于治疗马属动物大肠便秘、反刍家畜瓣胃及皱胃堵塞等。

2. 用于健胃药 用于治疗消化不良，多与其他盐类配伍应用。

3. 用于排毒和解毒 用于排出消化道内的毒物、异物。配合驱虫药排出虫体。还可用于钡中毒解救。

4. 消炎去肿 用于创伤愈合不良、硬结、中毒性肠麻痹、乳腺炎和回乳等。$10\%\sim20\%$高渗溶液外用，可治疗化脓创、瘘管等。

5. 优良的硫和钠补充剂 本品含钠 32% 以上，含硫 22% 以上，生物利用率高，既可补充钠，又可补充硫，特点是补钠时不会增加氯含量。在家禽饲料中添加本品，可提高金霉素的疗效，利于羽毛的生长发育，防止啄羽癖。

【制剂】

1. 硫酸钠粉 无水硫酸钠含量 99%。

2. 人工矿泉盐 由干燥硫酸钠 44%、氯化钠 18%、碳酸氢钠 36% 及硫酸钾 2% 混合制成。

3. 硫酸钠注射剂 $20mL:2g$，$10mL:2.5g$。

4. 外用溶液 $10\%\sim20\%$硫酸钠溶液。

【用法与用量】

1. 口服 ①健胃：口服，一次量，马、牛 $15\sim50g$，猪、羊 $3\sim10g$，犬 $0.2\sim0.5g$。②导泻：口服，一次量，马 $200\sim500g$，牛 $400\sim800g$，猪 $25\sim50g$，羊 $40\sim100g$，犬 $10\sim25g$，猫 $2\sim5g$，鸡 $2\sim4g$，鸭 $10\sim15g$。③解毒：用于口服钡中毒畜禽解毒时，用 $2\%\sim5\%$硫酸钠水溶液洗胃，或 $24h$ 内可给予硫酸钠粉剂 $20\sim30g$ 导泻，连用 $2\sim3d$。洗胃后，口服 10%硫酸钠溶液 $150\sim300mL$ 或注入胃内，$1h$ 后可重复 1 次。

2. 静脉给药 用于严重钡中毒解毒时，静脉注射 10%～20%硫酸钠溶液 10～20mL。或静脉注射 1%～5%硫酸钠溶液 500～1 000mL。

3. 外用 ①用于皮肤的钡盐灼伤或污染的畜禽，用 2%～5%硫酸钠溶液冲洗皮肤。②用于消炎去肿，局部热敷或洗涤；用于回乳时，取芒硝 200g 用纱布包裹，分别置于双乳间固定，约 24h 取下，如 1 次无效，可再用 1～2 次；对早期乳腺炎的治疗，取芒硝 50g 平铺于纱布垫上，覆盖发炎乳房上，用绷带固定，2 次/d（对开始化脓者无效）。

4. 补充硫元素缺乏 混饲，硫酸钠在雏鸡、肉鸡中的添加量为占日粮的 0.3%，产蛋鸡 0.5%，生长育肥猪 0.4%～0.6%，奶牛 0.8%～1.0%，羊 0.1%～0.24%。绵羊用于提高其毛的产量和质量，添加量占日粮的 0.3%。

【注意事项】①对年老体弱的畜禽要慎用。由于小肠容积的过度增大，容易继发急性胃扩张，患小肠堵塞畜禽禁用。②禁用于充血性心力衰竭、水肿患畜及妊娠家畜。③治疗钡中毒时，应同时给予氯化钾和大量输液。严重的钡中毒时，静脉注射硫酸钠溶液，在解除 Ba^{2+} 毒性作用的同时，会形成大量硫酸钡沉淀而导致肾小管阻塞、坏死，以致产生肾功能衰竭。

硫 酸 钾

【性状】本品为无色或白色六方形或斜方晶系结晶或颗粒状粉末。具有苦咸味。易溶于水，不溶于乙醇、丙酮、二硫化碳。水溶液呈中性，常温下 pH 约为 7。

【作用】瘤胃微生物可有效利用硫酸钾合成含硫氨基酸和维生素。补充钾、硫等基础营养，完善日粮结构；参与维持机体酸碱平衡，提高营养消化利用率，降低饲料成本；提高奶牛采食量、产奶量、改善乳品品质；提高肉牛羊采食量，促进增重，改善肉质、肉色、系水力；缓解各种应激。

【用途】主要作为反刍家畜饲料中硫的补充剂。

【制剂】饲料添加剂硫酸钾：硫酸钾≥99%，水不溶物≤0.3%，氯化物≤0.03%，钙≤0.03%，铅≤0.001%，铁≤0.005%，镁≤0.01%，pH（50g/L，25℃）6.0～8.0。

【用法与用量】直接拌料添加，或按采食量折算后饮水添加。

【注意事项】应贮存在干燥、通风处。

第二节　微量元素

畜禽所需要的微量元素，主要来自于植物性饲料，而植物中的微量元素，又受土壤和水分中其含量的影响，故微量元素缺乏症的发生多表现为地区性。其检测结果可用作某些疾病的诊断指标，对某些微量元素缺乏症，可用补充微量元素的方法进行治疗。无机盐类微量元素补充剂，吸收利用率差，易造成环境污染、资源浪费、影响饲料中其他活性营养物质的吸收利用。而简单的有机化合物，也难以克服吸收利用率低的缺陷，不能充分满足畜禽机体的生长需要。为克服微量元素无机盐类添加剂的弊端，动物营养科技工作者致力于研究开发安全、高效的饲用矿物质产品。实践证明，用甘氨酸作为络合剂，研究开发出的氨基酸微量元素营养性添加剂，具有更高的生物吸收率和利用度，与其他饲料无反应，对机体没有危害，在饲料、食品工业中得到了广泛应用。

　　根据微量元素在畜禽体内的生物学作用，可将其分为以下 3 类：①必需微量元素：这类元素对畜禽机体具有特殊的功能，是进行正常生理、生化过程所必需的。目前已被公认的必需微量元素有铁（Fe）、铜（Cu）、锰（Mn）、锌（Zn）、钴（Co）、钼（Mo）、铬（Cr）、镍（Ni）、钒（V）、锡（Sn）、氟（F）、碘（I）、硒（Se）、硅（Si）、砷（As）15 种。一般认为，必需微量元素主要是指畜禽缺乏这些元素将会引起生理功能和组织结构的异常，进而导致各种疾病的发生，在生产上可表现为生长缓慢、生产和繁殖能力下降、经济效益降低等，并非指畜禽缺乏某种必需微量元素则不能生长，故必需微量元素必须符合以下标准：a. 这种元素存在于一切健康机体的所有组织中；b. 含量在同类畜禽中相当稳定；c. 畜禽机体缺乏该元素后，会重复出现同样的生理和结构的异常；d. 补给该元素可防治缺乏症；e. 缺乏微量元素所引起的异常，总会伴有特异的生化改变；f. 当缺乏症得到有效防治时，这种生化改变也同时得到预防或治愈。②非必需微量元素：这类元素分为无害元素和有害元素 2 种。目前，已知的非必需微量元素有铝（Al）、钡（Ba）、钛（Ti）、铌（Nb）、锆（Zr）、溴（Br）、硼（B）、金（Au）、钨（W）等多种元素，在生理和生化过程中呈相对惰性，一般不引起不良反应，称为无害元素或无毒元素。而铋（Bi）、锑（Sb）、铍（Be）、汞（Hg）、铅（Pb）等元素，在较低浓度下就具有或可能具有毒性，称为毒性元素或有害元素。毒性元素和无毒元素的划分不是绝对的，任何元素如摄入过量都会引起中毒。汞、铅、铍等毒性元素，尽管毒性强，但体内含量极微，一般不会引起中毒。③可能必需微量元素：该类元素对畜禽机体的生理功能至今尚不清楚，暂时不被认为是必需微量元素。但随着科技的日益发展和研究工作的不断深入，有些微量元素被发现具有特殊生理功能，有可能被列为必需微量元素。

　　微量元素在体内的含量通常以 mg/kg 计，有的用 μg/kg 计。在合适的浓度范围内，微量元素各自发挥着的生理功能和营养作用。其在体内的作用方式，主要是作为多种酶的催化剂，以及蛋白质、脂肪、多糖、核酸、维生素、激素等的调节剂：①某些微量元素是构成某些酶的必需成分，提供酶的作用，从而发挥其生理功能，如锌与 100 多种酶有关，铁、锰和铜与几十种酶有关。钼与黄嘌呤氧化酶等有关，硒与谷胱甘肽过氧化物酶等有关。②微量元素构成体内重要的载体及电子传递系统，或者说是构成某些生物活性物质的成分。如铁参与组成血红蛋白、肌红蛋白，运输和储存氧；铁构成的细胞色素系统是重要的电子传递物质；铁硫蛋白作为呼吸链中的电子传递体。③参与激素和维生素的合成。如钴组成维生素 B_{12}，碘构成甲状腺激素 T_3、T_4。微量元素与代谢调控有密切关系。④微量元素影响免疫系统的功能，影响生长及发育。如锌可影响畜禽的生长发育，能增强其免疫功能，硒刺激抗体的生成，增强机体的抵抗力。微量元素不像其他营养物质在体内可以合成，而必须通过饲料中供应，故其营养意义更为重要。此外，微量元素不会被机体代谢分解，这一点与其他营养物质不同。

　　微量元素对畜禽的生长代谢过程起着重要的作用，不论必需微量元素缺乏或过多，有害微量元素接触、吸收、贮存过多或干扰了必需微量元素的生理和营养功能，都可引起一定的生理及生物化学过程的紊乱而发生疾病。在各种疾病情况下，会对微量元素的吸收、运输、利用、贮存和排泄产生一定的影响，如缺碘与地方性甲状腺肿及呆小病有关；低硒与克山病和大骨节病有关；缺锌与肠原性肢端皮炎有关。接触或吸收过量的有害微量元素，可引起各种职业病，即使是必需微量元素，如铁、铜、钴、锰等进入机体过多，也会引起急性或慢性中毒，如接触 6 价铬可引起特征性眼状铬溃疡及鼻中隔穿孔；砷过多引起砷性皮肤癌及中毒。此外，还有锰中毒、铁中毒、锌中毒等。

一、铁

铁作为饲料及食品添加剂以来，已经历了3个发展阶段，第1代铁强化剂是硫酸亚铁等无机铁盐；第2代铁强化剂是乳酸亚铁、葡萄糖酸亚铁、富马酸亚铁等有机酸铁盐；第3代铁营养强化剂为氨基酸络合铁。国内外常用的铁强化剂主要是第1代、第2代产品，产品均存在一定的弊端。研究表明，第3代甘氨酸亚铁具有较高的生物学效应，是接近于畜禽体内天然形态的微量元素补充剂，可完全被机体吸收和利用，比硫酸亚铁、乙二胺四乙酸铁钠（EDTA铁）等具有更高的生物吸收率和利用度。

硫酸亚铁

硫酸亚铁又称为绿矾。

【性状】本品为淡蓝绿色柱状结晶或颗粒，无臭，味咸、涩，在干燥空气中即风化，在湿空气中可迅速氧化变质，表面生成黄棕色的碱式硫酸铁，不宜再供药用。宜溶于水，不溶于乙醇。

【药代动力学】亚铁离子（Fe^{2+}）主要在十二指肠及空肠近端吸收。铁吸收后，可与转铁蛋白结合后进入血液循环，供生成红细胞所用，还以铁蛋白或含铁血黄素形式累积在肝脏、脾脏、骨髓及其他网状内皮组织。铁在畜禽体内的日排泄极微量，见于尿液、粪便、汗液、脱落的肠黏膜细胞及酶内。口服铁剂后，不能自肠道吸收的，均随粪便排出。

【作用】铁是机体所必需的元素，是体内合成血红蛋白必不可少的物质，同时也是肌红蛋白、细胞色素和某些酶（如细胞色素酶、细胞色素氧化酶、过氧化酶等）的组成成分。吸收到骨髓的铁，浸入骨髓幼红细胞，聚集到线粒体中，形成血红素，进而成为血红蛋白，发育为成熟红细胞。缺铁时，血红素生成减少，但原红细胞增殖能力和成熟过程不受影响，红细胞数量也不减少，仅每个红细胞中的血红蛋白量减少。

【用途】本品用于防治缺铁性贫血，如慢性失血、营养不良及妊娠动物的缺铁性贫血。

【制剂】硫酸亚铁含铁量为20%。本品的优点是吸收率高、疗效快、价格便宜，一般配制成0.2%～1%溶液使用，以减少对消化道的刺激。

1. 硫酸亚铁片 0.3g/片。

2. 硫酸亚铁缓释片 0.45g/片。

【用法与用量】口服，一次量，马、牛2～10g；猪、羊0.5～2g；犬0.05～0.5g；猫0.05～0.1g。

【注意事项】①对胃肠道黏膜有刺激性，大量口服可导致肠坏死、出血，严重时可导致休克。②铁与肠道内的硫化氢结合，生成硫化铁，使硫化氢减少，对肠蠕动的刺激性作用降低，可导致便秘，并排出黑粪。③含钙、磷酸盐、鞣酸及抗酸药均可使铁盐沉淀，妨碍铁的吸收。④本品可与四环素类抗生素形成络合物，互相妨碍吸收。⑤禁用于消化道溃疡、肠炎等患畜。

右旋糖酐铁

右旋糖酐铁又称为葡聚糖铁，为右旋糖酐与氢氧化铁的络合物，按干燥品计算，含铁应不少于 25％，为可溶性铁，专供注射。肌内注射后在单核巨噬细胞系统转变为铁蛋白，供造血需要。

【性状】本品为棕褐色或棕黑色结晶性粉末。在热水中略溶，在乙醇中不溶。

【药代动力学】右旋糖酐铁分子较大，通过淋巴管吸收，再进入血液，吸收后与铁蛋白结合在血液中循环供造血细胞用。肌内注射右旋糖酐铁，吸收较口服迅速，24～48h 血药浓度达到峰值。静脉或肌内注射，吸收进入血液循环后，被单核巨噬细胞系统吞噬分解为铁和右旋糖酐。Fe^{2+} 吸收后，被血中的铜蓝蛋白氧化为 Fe^{3+}，然后与铁蛋白受体结合，以胞饮作用的形式进入细胞内，供造血细胞所用，以铁蛋白或含铁血黄素形式累积在肝脏、脾脏、骨及其他单核巨噬细胞系统。蛋白结合率在血红蛋白中较高，而肌红蛋白、酶及转铁蛋白中则均较低，铁蛋白或含铁血黄素也很低。铁在畜禽体内的日排泄量极微，主要是通过肠道、皮肤，少量由胆汁、尿液、汗液中排出。

【作用】

1. 组成血铁红蛋白及肌红蛋白的主要成分 血红蛋白是红细胞中主要携氧者，肌红蛋白是肌肉细胞贮存氧的部位，以助肌肉运动时供氧需要，与三羧酸循环有关的大多数酶和因子均含有铁，或仅在铁存在时才能发挥作用。对缺铁的畜禽补充铁剂后，血红蛋白合成加速，与组织缺铁和含铁酶活性降低的有关症状，如生长迟缓、行为异常、体力不足均可得到逐渐纠正。

2. 与转铁蛋白结合供生成红细胞用 右旋糖酐铁是一种可溶性的 3 价铁剂，可制成注射液供肌内注射。肌内注射后，经淋巴系统缓慢吸收。注射 3d 内 60％左右被吸收，1～3 周后吸收 90％左右，其余的可在数月内缓慢吸收。

【用途】抗贫血药。用于马驹、犊牛、仔猪、幼犬和毛皮兽的重症缺铁性贫血或不宜口服铁剂的缺铁性贫血。

【制剂】

1. 右旋糖酐铁片 25mg/片（以 Fe 计），主要成分为右旋糖酐铁，它是右旋糖酐和铁的络合物，为可溶性铁。

2. 右旋糖酐铁注射液 按 Fe 计算，每支 10mL：0.5g，10mL：1g，10mL：1.5g，50mL：2.5g，50mL：5g。

【用法与用量】

1. 右旋糖酐铁片 口服，一次量，仔猪 100～200mg。

2. 右旋糖酐铁注射液 深部肌内注射，一次量，马驹、犊牛 200～600mg，仔猪 100～200mg，幼犬 20～100mg。

【注意事项】①本品毒性较大，需严格控制肌内注射剂量，特别是严重肝、肾功能减退的患畜禁用。②可引起局部疼痛，故应深部肌内注射。③仔猪注射铁剂偶尔会因肌无力而出现站立不稳，严重时可致死亡。④铁盐可与许多化学物质或药物发生反应，不宜与其他药物同时或混合口服给药。肌内注射期间，应停用口服铁剂。

葡聚糖铁钴注射液

葡聚糖铁钴注射液又称为铁钴注射液，是右旋糖酐与三氯化铁及微量氯化钴制成的胶体注射液。

【性状】本品为暗褐色，有黏性。

【药代动力学】葡聚糖铁钴分子较大，须由淋巴管吸收，再进入血液，吸收后与铁蛋白结合后，在血液中循环供造血细胞用。

【作用】本品具有钴和铁的双重抗贫血作用，其中钴可兴奋骨髓制造红细胞功能，改善机体对铁的利用。

【用途】适用于仔猪贫血及其他缺铁性贫血。

【制剂】葡聚糖铁钴注射液，2mL：元素铁50mg；10mL：元素铁250mg。

【用法与用量】深部肌内注射，4～10日龄的仔猪50mg/次，重症贫血者间隔2d，用同等剂量再注射1次。犬每千克体重10～20mg；猫50mg/次。

【注意事项】①严格控制注射剂量，以免中毒。②应深部肌内注射。

枸橼酸铁铵

枸橼酸铁铵又称为柠檬酸铁铵，含铁量约为21.5%。

【性状】本品为红棕色透明的菲薄鳞片或棕褐色颗粒，或为棕黄色粉末，无臭，味咸，在水中极易溶解，有吸湿性，遇光易变质。

【药代动力学】枸橼酸铁铵为3价有机铁盐，口服不易吸收，须在体内还原为无机亚铁盐才能吸收。体内的代谢过程与硫酸亚铁相同。

【作用】本品为3价铁制剂，较硫酸亚铁难吸收，但无刺激性，作用缓和。

【用途】同硫酸亚铁。

【制剂】一般配制成10%枸橼酸铁铵溶液。

【用法与用量】口服，一次量，马、牛5～10g，猪、羊1～2g，犬0.05～0.5g，猫0.02～0.1g，2～3次/d。

【注意事项】①因含铁量低，不适用于重度贫血患畜。②患肠炎腹泻的动物忌用。③由于本品遇光易变质，应置于棕色瓶内避光阴暗处贮存。④其他不良反应同硫酸亚铁。

富马酸亚铁

富马酸亚铁又称为反丁烯二酸亚铁，是一种治疗贫血的药物，可提高抗应激和抗病能力，与各种营养物质、抗生素相容性好，具有协同作用，可有效避免添加无机铁对维生素等活性物质的破坏。

【性状】本品为橙红色至红棕色粉末，无臭，在水或乙醇中几乎不溶。

【药代动力学】富马酸亚铁以亚铁离子形式主要在十二指肠及空肠近端吸收。对非缺铁者，口服后摄入铁的5%～10%，可自肠黏膜吸收。随着体内铁储存量的缺乏，其吸收量可成比例地增加，故对一般缺铁患畜，摄入铁的20%～30%可被吸收。与饲料同时摄入铁，其吸收量较空腹时减少1/3～1/2。铁吸收后与转铁蛋白结合，再进入血液循环，作为机体生成红细胞的原料，以铁蛋白或含铁血黄素形式储存在肝脏、脾脏、骨髓及其他网状内皮组织。富马酸亚铁的蛋白结合率在血红蛋白中较高，而在肌红蛋白、酶及转铁蛋白中较低，在铁蛋白或含铁血黄素中也很低。铁经尿液、胆汁、汗液、脱落的肠黏膜细胞及酶内排出，日排泄量极微，丢失总量为0.5～1.0mg。口服后不能自肠道吸收的部分，随粪便排出。

【作用】药理作用同硫酸亚铁。富马酸亚铁特点是含铁量高达33%，吸收好，很难被氧化成 3 价铁，不良反应较少，奏效也较快。

富马酸亚铁可促进畜禽血液循环，增强造血功能，改善皮下营养，使猪皮肤红亮；同时增强机体免疫功能，提高成活率，降低料重比；提高母猪的繁殖性能，减少产后母猪及哺乳仔猪贫血症的发生，降低经产母猪的淘汰率；增强禽类机体免疫功能，提高抗应激能力，降低死亡率，提高饲料转化率，促进生长，防治腹泻，提高日增重、产蛋率，减少破、软壳蛋，提高产品质量。

【用途】抗贫血药，用于防治营养性、出血性、传染病或寄生虫等所致的缺铁性贫血及妊娠期的缺铁性贫血。对蛋白质-能量营养不良（营养不良），生长发育期需求增加及慢性失血引起者，效果更佳。

【制剂】

1. 富马酸亚铁片剂（含铁 33%）　35mg/片，50mg/片，75mg/片，200mg/片。

2. 饲料级富马酸亚铁（国标）　富马酸亚铁含量（以 $C_4H_2FeO_4$ 干基计）≥93.0%，亚铁含量（以 Fe^{2+} 干基计）≥30.6%，富马酸含量（以 $C_4H_4O_4$ 干基计）≥64.0%，3 价铁含量（以 Fe^{3+} 计）≤2.0%，铅（Pb）≤10mg/kg；总砷≤5mg/kg；镉（Cd）≤10mg/kg；铬（Cr）≤200mg/kg。

【用法与用量】拌料，哺乳仔猪 100～200mg/kg，中大猪 150～300mg/kg，妊娠后期、哺乳母猪 100～200mg/kg，禽类 200～300mg/kg。

【注意事项】①肝肾功能严重损害，尤其是伴有未经治疗的尿路感染患畜禁用。②铁负荷过高、含铁血黄素沉着症患畜禁用。③非缺铁性贫血患畜禁用。④患消化道溃疡、肠炎的患畜禁用。⑤避光，密封贮存。

乳　酸　亚　铁

【性状】本品为浅绿色结晶，微带特殊气味，稍有甜铁味。能溶于水，易潮解。

【药代动力学】乳酸亚铁口服后较易吸收，对胃肠道的刺激也较硫酸亚铁轻。其他参见富马酸亚铁。

【作用】本品的作用同硫酸亚铁。

【用途】抗贫血药，用于缺铁性贫血。

【制剂】

1. 乳酸亚铁片　0.15g/片。

2. 乳酸亚铁口服液　配制成 1%～2% 溶液口服，含乳酸亚铁应为标示量的 90%～110%，主要成分为乳酸亚铁 10g，85%～90% 乳酸 1.5mL，蔗糖 300g，辅料适量。

【用法与用量】口服，用量基本同硫酸亚铁。

【注意事项】①胃与十二指肠溃疡、溃疡性肠炎等患畜禁用。②含铁血黄素沉着症及含铁血黄素尿症患畜禁用。③其他参见硫酸亚铁。

复方卡铁注射液

复方卡铁注射液又称为复方甲砷酸铁、复方卡古地铁、复方卡铁针。

【性状】本品为褐色液体。

【药代动力学】尚未明确。

【作用】本品既能补充铁，又能兴奋骨髓。

【用途】适用于慢性贫血及久病、虚弱的患畜。

【制剂】复方卡铁注射液，每支 1mL，含卡古地铁 10mg、甘油磷酸钠 100mg、士的宁 0.5mg 及苯甲醇 5mg。

【用法与用量】肌内注射（试用量），一次量，马、牛 5～10mL，猪、羊 0.5～5mL，犬、猫 0.25～1mL，1 次/d。

【注意事项】严重肾功能减退患畜慎用。

柠 檬 酸 亚 铁

柠檬酸亚铁又称为柠檬酸铁、枸橼酸铁或 2-羟基丙烷-1,2,3-三羧基亚铁。近年来，利用多糖铁螯合物作为一种高效补铁制剂，既具有良好的稳定性，也对畜禽胃肠道的刺激作用较弱，其中利用较多的是柠檬酸亚铁和柠檬酸亚铁钠，其中柠檬酸亚铁是一种易吸收的高效铁制剂。

【性状】本品为微灰绿色粉末或白色结晶。水溶液呈酸性，在水中溶解缓慢，热水比冷水易溶。不溶于乙醇。

【药代动力学】铁作为畜禽重要的微量元素，在机体代谢中具有不可取代的作用，但由于参与转运铁的蛋白比较多且结构复杂，很多机制还不是很清楚。

【作用】铁是构成血红蛋白、肌红蛋白、细胞色素和多种氧化酶的重要成分，与畜禽的造血机能、氧的运输以及细胞内氧化过程有密切关系。在胃酸作用下游离出的柠檬酸也可起到维持胃酸性环境的作用。

【用途】作为饲料添加剂，用于铁缺乏症。

【制剂】饲料级柠檬酸亚铁：参照 GB/T27983—2011《饲料级 六水柠檬酸亚铁》的质量要求执行，柠檬酸亚铁含量≥93.0%，干燥失重≤1.5%，高铁盐≤2%，铅≤0.005%，砷盐≤0.000 4%，硝酸盐≤0.20%。

【用法与用量】柠檬酸亚铁预稀释后加入饲料中，并混合均匀。推荐用量（以 Fe 计），妊娠期、泌乳期母猪 80mg/kg，仔猪（3～10kg）100mg/kg，生长猪（10～20kg）80mg/kg，生长猪（20～50kg）60mg/kg，育肥猪（50～80kg）50mg/kg，育肥猪（80～120kg）40mg/kg，肉鸡 80mg/kg，产蛋鸡 35～60mg/kg，雏鸡 75～80mg/kg，育成鸡 55～60mg/kg。

【注意事项】①过量摄入铁会导致畜禽中毒。②应密封避光，贮存于阴凉、干燥与通风处。

氯 化 亚 铁

氯化亚铁又称为无水氯化亚铁、二氯化铁。

【性状】本品为灰绿色或蓝绿色单斜结晶或结晶性粉末，易吸湿。易溶于水、甲醇、乙醇，微溶于丙酮及苯，不溶于乙醚。暴露在空气中，部分会氧化变成草绿色，在空气中逐渐氧化成氯化铁。

【作用】参与畜禽的造血机能、氧的运输以及细胞内氧化过程。

【用途】用作饲料补充剂，防治铁缺乏症。

【制剂】饲料级氯化亚铁：参照 HG/T 4200—2011 氯化亚铁的质量要求，提出饲料级质量标准，氯化亚铁≥99.5%，水不溶物≤0.02%，游离酸≤0.05%，铁≤0.15%，硫酸根≤0.03%，铅≤0.000 3%，汞≤0.000 02%，镉≤0.000 2%。

【用法与用量】氯化亚铁预稀释后加入饲料中，并混合均匀。推荐用量参照柠檬酸亚铁。

【注意事项】贮存于阴凉、通风处。

碳 酸 亚 铁

碳酸亚铁又称为 1-（2-氯-4-氟苄基）吡唑-3-胺或 1-（2-氯-4-氟苄基)-3-氨基吡唑，是菱铁矿的主要成分。

【性状】本品为白色三角形结晶，不溶于水。

【药代动力学】铁剂以亚铁离子形式主要在十二指肠及空肠近端吸收。铁吸收后与转铁蛋白结合，再进入血液循环，作为机体生成红细胞的原料，也可以铁蛋白或含铁血黄素形式贮存在肝、脾、骨髓及其他网状内皮组织。铁从尿液、胆汁、汗液、脱落的肠黏膜细胞及酶内排出，每日排泄量极微量。口服后不能自肠道吸收的，均通过粪便排出。

【作用】铁作为造血原料促进血红蛋白合成及红细胞成熟。

【用途】作为饲料中铁的补充剂。

【制剂】饲料级碳酸亚铁：其中铁≥38%，砷≤0.003%，铅≤0.005%，镉≤0.003%，粒度 95% 以上通过 60 目筛。

【用法与用量】碳酸亚铁预稀释后，加入到饲料中，并混合均匀。

【注意事项】①贮存于干燥通风处，防止受潮。②严禁与有毒有害物质一起贮存。

蛋 白 铁

蛋白铁又称为蛋白螯合铁或蛋白有机铁，是可溶有机铁与氨基酸经独特工艺螯合而成。

【性状】本品为淡黄色粉末。

【药代动力学】以螯合小肽形式进入小肠，以小肽方式直接被吸收。

【作用】发挥铁的生物学功能及促生长潜力，可提高营养物质的交换速度，增加出生幼畜体重，提高成活率并且皮红毛亮。激活酶群，提高免疫力，提高机体造血功能。抗氧化，维护维生素活性。添加低剂量铁，即可维持高剂量铁离子的正面生物效应，并且高效、安全。此外，铁还具有杀菌作用。

【用途】用作饲料补充剂，防治铁缺乏症。

【制剂】20% 蛋白铁：粗蛋白≥30%，氨基酸总和＞25%，有机铁≥20%，铅≤0.002%，砷（以 As 计）≤0.001%，水分≤5%。

【用法与用量】预稀释后添加于全价料中，并混合均匀。乳猪 0.25～0.5mg/kg，母猪 0.03～0.05mg/kg，生长猪 0.05～0.10mg/kg，肉鸡、蛋鸡 0.05～0.10mg/kg，奶牛、肉牛 0.10～0.80mg/kg。

【注意事项】密封并贮存于干燥处。

酵 母 铁

酵母铁又称为高铁酵母或富铁酵母，属于第 3 代的补铁产品，是一种无活性的、含有很高浓度铁的全细胞干酵母（天然烘焙酵母），是将酵母与低剂量的铁共同发酵，然后将酵母液用巴氏消毒后喷雾干燥制成。酵母铁中的铁元素是一种有机微量元素，可通过生物发酵技术，人为的促使微量元素结合在酵母细胞内，使微量元素从无机状态转化为有机状态，酵母作为生物载体，能很好地吸收铁。

【性状】本品为棕褐色或褐色粉末，具有标准酵母的风味。镜检多数细胞呈圆形、卵圆形、圆柱形或集结成块。

【药代动力学】胞内有机铁的主要存在形式是铁元素与氨基酸、多糖、小肽等有机结合。

【作用】

1. 铁是构成血红蛋白、肌红蛋白、细胞色素和多种氧化酶的重要成分 铁参与血红蛋白、肌红蛋白的构成，有效提高骨髓的造血功能，提高血液中血红蛋白含量，在体内起到运输氧气和二氧化碳的作用，促进血液微循环功能，促使末梢毛细血管扩张，改善皮下营养状况。同时，还参与细胞色素氧化酶、过氧化酶的合成，能够维持或激活多种酶的活性，以保证体内三羧酸循环能够正常进行，为机体提供能量，改善饲料转化率，提高动物平均日增重。

2. 促进生长 铁具有促进机体生长的作用，主要通过改善味觉、增强食欲、增加采食量、刺激 DNA 和 RNA 合成、参与调节促生长类激素及其活化等机制发挥促生长作用。研究发现，酵母铁显著提高仔猪日增重、改善仔猪胃肠功能、减轻腹泻、增加仔猪采食量，其效果优于肌内注射糖酐铁，是较理想的补铁剂。

3. 改善繁殖性能 缺铁会导致畜禽的繁殖性能降低。对于妊娠动物来说，适量的铁对新生胎儿的健康有很重要的作用。新生动物出生后的第 1 个月对铁的需要量很大，而且很容易贫血，可注射铁制剂或口服铁制剂进行补铁。家禽饲料中添加本品，可以促使羽毛角质化，增强酪氨酸酶活性，促进羽毛色素沉着，使家禽羽毛光鲜明亮；加速血液循环，使鸡冠鲜红；增强蛋禽卵巢血液供应，提高卵巢的产卵性能，增加产蛋率，使蛋黄鲜红。

4. 增强免疫力 铁是核酸还原酶和生物氧化过程中某些酶（黄嘌呤氧化酶、过氧化氢酶等）的活性中心或辅酶，参与体内氧的运送和组织呼吸过程以及一系列新陈代谢反应，提高血红蛋白和血清铁蛋白浓度，增强血清免疫球蛋白活性，提高畜禽免疫能力和抗应激能力。乳或白细胞中的乳铁蛋白，在肠道内可与游离铁离子结合成复合物，防止被大肠杆菌利用，有利于乳酸杆菌利用，对预防新生动物腹泻具有重要作用。

【用途】用作铁元素的补充剂。本品安全性好，除含有高含量和高吸收率的铁元素外，还可提供相当数量的蛋白质、必需氨基酸、丰富的维生素、甘露寡糖及一些重要的营养辅助因子等。对防治畜禽的缺铁性贫血具有显著效果。

【制剂】饲料级酵母铁：铁含量 5～10g/kg，粗蛋白质 40%～52%，水分≤8%，灰分≤8%，细胞数≥270 亿个/g，铅≤0.001%，砷≤0.001%，沙门氏菌不得检出。

【用法与用量】预稀释后添加于饲料中，并混合均匀。牛 200～1 000mg/kg，猪 800～2 000mg/kg，羊 600～1 000mg/kg，家禽 700～2 400mg/kg。

【注意事项】①本品易霉变，为保持产品新鲜，需添加防霉剂。②贮存于阴凉、通风、干燥处。

蛋氨酸铁络（螯）合物

蛋氨酸铁络（螯）合物又称为蛋氨酸铁螯合物、蛋氨酸络合铁、蛋氨酸螯合铁或蛋氨酸亚铁。本产品是新一代营养性螯合饲料添加剂，蛋氨酸与铁元素按 2∶1（摩尔比）螯合，完全电中性，化学性质稳定，不受体内 pH、无机离子、有机大分子等的拮抗影响，不破坏饲料中维生素的活性；铁元素通过氨基酸途径携带式吸收，生物利用率显著提高。

【性状】本品为棕黄色粉末。无臭，不溶于水、乙醇、乙醚、氯仿。

【药代动力学】大多数铁都以螯合形式通过易化扩散吸收。在进入畜禽体内后，可在胃酸的作用下完全解离，直接被吸收利用，也可通过母畜胎盘传送给胎儿或通过母乳被幼畜利用，可提高铁的生物利用率。

【作用】

1. 铁和蛋氨酸的双重作用　畜禽可同时摄入铁元素和蛋氨酸，节省了由无机铁和蛋氨酸在体内形成螯合物的内能消耗。

2. 调控血红素的合成　符合畜禽的生理消化吸收模式，参与血红蛋白的组成、转运和贮存营养素。改善仔猪的生长性能，提高抗病力和成活率。调控血红素的合成，能有效地防治仔猪贫血，并使猪毛色光亮，皮肤红润，提高胴体肉色品质；鸡冠红润坚挺。蛋氨酸铁络（螯）合物可穿过母体胎盘进入到胎儿体内，改善母猪、新生仔猪和哺乳仔猪的铁营养状况，有效防治仔猪缺铁性贫血，减少仔猪注射铁针剂的次数。

3. 参与氧的转运、交换和组织呼吸过程　参与体内物质代谢，是各种酶的不可缺少的活化因子，在机体内可发挥含铁酶作用，能有效地清除体内自由基，防止脂质过氧化，提高畜禽的抗应激能力，增强机体免疫功能。

【用途】用作饲料添加剂，补充饲料中的铁和蛋氨酸。

【制剂】饲料级蛋氨酸铁络（螯）合物：其中亚铁（以 Fe^{2+} 计）含量≥9％，蛋氨酸含量≥93％，水分≤3％，总砷≤0.001％，铅≤0.003％。

【用法与用量】在饲料中添加蛋氨酸铁络（螯）合物。肉牛 10mg/kg，奶牛 50mg/kg，母猪妊娠期及泌乳期 80mg/kg，仔猪 100mg/kg，生长猪 60～80mg/kg，育肥猪 40～50mg/kg，羊 50mg/kg，肉鸡 80mg/kg，产蛋鸡 30～60mg/kg。

【注意事项】应贮存在通风、干燥、无污染和无有害物质处。

氨基酸铁络合物

氨基酸铁络合物（氨基酸来源于水解植物蛋白）是水解蛋白与一种可溶性盐制成的复合氨基酸螯合物。

【性状】本品为黄色粉末。

【药代动力学】畜禽机体吸收外源铁主要在十二指肠和空肠前段，并需要相关膜转运蛋白的协助。二价金属离子转运蛋白可将肠道内 Fe^{2+} 转运到细胞内，主要分布在畜禽十二指肠绒毛刷状缘及隐窝等处，其表达变化主要由感知体内铁贮存的反馈机制来调控；基底膜铁转运蛋白主要负责将细胞内的铁转运到血液中。氨基酸螯合铁在机体内的吸收机制目前主要有 2 种假说，一种假说为完整吸收，另一种假说是竞争吸收。目前，在氨基酸螯合铁的吸收机制上也没有形成统一的定论，还需要更多的研究来阐明其机理。

【作用】具有良好的化学稳定性，吸收利用率高，参与体内多种生理生化调节活动，生物学效应高，快速补血生血，提高畜禽机体免疫力、增强抗病能力，减少死亡率，改善畜禽的生产性能。

【用途】作为饲料添加剂，提供微量元素铁的同时，提供平衡有效的氨基酸。

【制剂】氨基酸铁络合物：铁≥15.0%，氨基酸≥25.0%，砷≤10mg/kg，铅≤20mg/kg，镉≤20mg/kg，水分≤5.0%。

【用法与用量】在全价料中添加，妊娠母猪及哺乳母猪200～700mg/kg，仔猪200～600mg/kg，育肥猪200～400mg/kg，家禽200～300mg/kg。

【注意事项】密封贮存并置于干燥处。

甘 氨 酸 亚 铁

甘氨酸亚铁又称为甘氨酸铁络（螯）合物，可避免植酸对一般铁制剂吸收的阻碍，其吸收率为硫酸亚铁的3～5倍，促进钙、锌、硒等多种元素的吸收。

【性状】本品为棕褐色结晶性粉末，易溶于水，较稳定，久贮不变。无一般铁剂的铁腥味，属无味、易溶有机铁。

【药代动力学】铁与氨基酸螯合使它在运输过程中，以化合物整体形式通过肠壁，因其稳定和电中性，被完整地输送到空肠的吸收部位。故不同于来自可溶性盐的亚铁，其吸收取决于pH，并主要在十二指肠中吸收。甘氨酸亚铁则接触更大面积的肠黏膜表面，显著增加其吸收的效率。本品在胃酸中离解，吸附在胃黏膜的细胞膜上，或通过一种酶的催化，进入血浆后，继续保持完好地进入组织，在组织的细胞水平上，它像在细胞中穿过微器官膜，或从一个细胞进入另一个细胞那样进入一个酶系统，由于稳定性常数发生改变而被降解，然后释放的原子偶合到具有更高稳定性的转铁蛋白中，而被传输到小肠毛细血管的血液中。

【作用】

1. 补铁添加剂 本品安全、高效，不刺激胃肠，可提高并维持血红素的正常水平，作为营养添加剂可长期使用。

2. 提高吸收利用率 本品可缓解微量元素之间吸收时的竞争性拮抗，大幅提高铁及其他元素的吸收利用率。

3. 稳定性高 本品不破坏维生素，也不催化氧化反应，与各种营养物质有良好的配伍性，可顺利通过机体的吸收屏障，更利于提高预混料及全价料的质量。

【用途】甘氨酸亚铁被吸收后，Fe^{2+}较易分解，进入血红细胞不需额外能量，现已在饲料中得到广泛应用。

1. 提高生物学利用率 促进铁元素消化吸收，可促使仔猪皮红毛亮，提高免疫力、缓解各种应激；提高肌红蛋白水平，改善中大猪的胴体色泽；改善母猪的繁殖性能，延长利用年限，提高产仔数量、仔猪存活率，提高仔猪初生重和生长速度。用于禽能使冠羽红润鲜艳，提升肌肉品质，提高产蛋率和蛋品质量。

2. 增强免疫力 可提高畜禽的免疫能力，有效地防止疾病的发生。

3. 减少对维生素的破坏作用 防止维生素类营养物质被破坏，可延长饲料的保质期。

4. 双重营养作用 常用于畜禽饲料中的补铁剂和营养强化剂。

【制剂】饲料级甘氨酸亚铁质量标准参照企业标准执行，其中Fe^{2+}≥20%，Fe^{3+}≤2%，氮（N）9%～11%，铅（Pb）≤0.0005%。

【用法与用量】在体重3～20kg仔猪阶段，添加量为600mg/kg饲料，随着仔猪生长，铁添加量减少；在体重20～35kg仔猪阶段，每千克饲料添加量为400mg；在体重35～60kg

阶段，每千克饲料添加量为 340mg；在体重 60～90kg 阶段，每千克饲料添加量为 280mg；在母猪妊娠阶段，每千克饲料铁添加量为 425mg。

蛋鸡，0～8 周龄阶段，每千克饲料铁添加量为 450mg；9～18 周龄及以后，每千克饲料铁添加量为 340mg。肉鸡，0～3 周龄阶段，每千克饲料铁添加量为 570mg；4～6 周龄及以后，每千克饲料铁添加量为 450mg。

【注意事项】①饲料中的强合剂，如草酸、植酸单宁等可降低铁离子的溶解性而抑制铁的吸收，不宜同用。②本品具有强吸湿性，应密封贮存于阴凉、干燥处，有效期 2 年。

二、铜

铜是畜禽体内必需的微量元素，可有效维持机体内环境的稳定，与造血、新陈代谢、生长、繁殖等重要生命活动密切相关。铜还参与构成畜禽体内重要的抗氧化系统，是多种抗氧化酶的核心成分或辅助因子，与机体能够及时清理体内自由基，保证机体内自由基的消长动态平衡，减少过氧化物对机体的损害相关。随饲料摄入的铜，在胃和小肠的各部位均可吸收，小肠前段吸收量最多。进入消化道的铜，大部分随粪便排出，只有 20％～30％ 被吸收。吸收后的铜大部分进入肝脏，并渗入到线粒体、微粒体和细胞核中贮存，需要时被释放入血。铜在畜禽体内的各种组织均有分布，除肝脏外，脑、心脏、肾脏和被毛含量也高；胰腺、皮肤、肌肉、脾脏和骨骼含量次之；垂体、甲状腺、卵巢和睾丸等器官含量最低。

血液中的铜主要以结合状态存在，其绝大部分（约 90％）与 α_2-球蛋白结合形成血浆铜蓝蛋白，小部分与白蛋白及 γ-球蛋白结合，还有极小部分与白蛋白呈松弛结合以离子状态存在。代谢后的铜主要是由肝脏分泌到胆汁中，通过粪便排出。铜的生物学作用主要是：

1. 参与造血及铁的代谢　铜主要影响铁的吸收，促进贮存铁进入骨髓，加速血红蛋白及铁卟啉的合成。铜还促进幼稚红细胞的成熟，使成熟红细胞从骨髓释放进入血液循环中。

2. 酶及生物活性物质的组成成分　参与体内许多含铜酶的构成，如丁酰辅酶 A 脱氢酶、酪氨酸氧化酶、尿酸酶、超氧化物歧化酶等，同时也是含铜的生物活性蛋白质的组成成分，如血浆铜蓝蛋白、血铜蛋白、肝铜蛋白、乳铜蛋白等。

3. 维持核酸结构的稳定性　铜与 DNA 结合，在 DNA 的 2 条链中形成架桥，形成金属络合物，与维持核酸结构的稳定性有关。

4. 参与赖氨酸氧化酶的组成　铜可促进弹性蛋白及胶原纤维中共价交联的形成，维持组织的弹性和结缔组织的正常功能。

常用的铜制剂有硫酸铜、碳酸铜、氯化铜、氧化铜和蛋氨酸铜等。

硫　酸　铜

硫酸铜又称为蓝矾、胆矾，含铜量为 25.5％。

【性状】本品为深蓝色透明结晶块，或深蓝色结晶性颗粒或粉末。有风化性，溶于水，难溶于乙醇。

【药代动力学】畜禽的种类不同，铜在胃肠道的吸收也有差异。猪主要通过小肠和结肠吸收，吸收量一般不超过摄入量的 30％。雏鸡的十二指肠上皮有一种能与铜结合的蛋白质，对铜的吸收很重要，锌和镉与这种蛋白质结合，则降低铜的吸收。吸收的铜与血浆蛋白疏松地结合，并分布到全身各种组织。

【作用】本品能促进骨髓生成红细胞和血红蛋白的合成，促进铁在胃肠道的吸收，并使铁浸入骨髓。铜是多种氧化酶的组成成分，与生物氧化密切相关；催化酪氨酸氧化生产黑色素，使毛发变黑色。铜还能促进磷脂的产生而有利于大脑和脊髓的神经细胞形成髓鞘。铜可促进蛋氨酸的利用，使蛋氨酸增效 10％左右。

【用途】硫酸铜可用于畜禽的缺铜症，如羔羊摆腰症等。也可浸泡奶牛的腐蹄，用作辅助治疗。高剂量的铜制剂，可增加仔猪胃蛋白酶、小肠酶及磷酸酶 A 的活性，提高采食量和对脂肪的利用率，刺激仔猪的生长发育。但是，鉴于高剂量铜用于促生长会导致土壤、水质等环境污染和中毒，我国目前已经限制使用。

【制剂】饲料级硫酸铜粉含五水硫酸铜98.5％，铜元素的含量不低于25％。

【用法与用量】口服，一次量，牛 2g，犊牛 1g，羊 20mg/kg（以体重计），1 次/d。混饲，猪 80mg/kg，鸡 20mg/kg。预防羔羊摆腰症，可在怀孕母羊分娩前 8 周，一次性口服30mg/kg（以体重计），4 周后再用药 1 次。

【注意事项】①硫酸铜易溶于水、易潮解、氧化还原能力强，在饲料贮存过程中极易导致饲料结块、饲料营养成分损失。②铜是氧化反应的高效催化剂，在饲料混合物中，铜对维生素具有破坏作用，应尽可能将矿物质预混料与维生素分开使用。③硫酸铜有高溶解性，铜的大量添加和排泄加重了铜对环境的污染，故使用时应严格掌握使用剂量。④SO_4^{2-} 是一种致溃疡因子，影响硫酸铜在畜禽养殖生产中的应用效果。

氧 化 铜

氧化铜又称为丝状氧化铜、线状氧化铜。

【性状】本品为黑褐色粉末，不溶于水，溶于稀酸、氯化铵和氰化钾，不溶于乙醇。

【药代动力学】具体的作用机理未见文献报道。

【作用】氧化铜可有效维持机体内环境的稳定，其与造血、新陈代谢、生长、繁殖等重要生命活动密切相关。还参与构成畜禽体内重要的抗氧化系统，是多种抗氧化酶的核心成分或辅助因子，与机体能够及时清理体内自由基，保证机体内自由基的消长动态平衡，减少过氧化物对机体的损害相关。

【用途】用于畜禽的缺铜症。

【制剂】纳米活性氧化铜，含量为99％。

【用法与用量】纳米活性氧化铜，在饲料中添加量为50～200mg/kg。

【注意事项】①纳米活性氧化铜较硫酸铜更利于机体的吸收与利用。②在饲料中添加200mg/kg 的纳米活性氧化铜对机体有一定的损伤作用。

碱 式 碳 酸 铜

碱式碳酸铜又称为盐基性酸铜。与硫酸铜相比，碱式碳酸铜氧化作用较弱，对饲料中脂类物质和维生素破坏作用较小。

【性状】本品为绿色细小无定型粉末，在水中的溶解度为 0.000 8％，几乎不溶于水。不溶于醇，溶于酸、氨水及氰化钾，常温常压下稳定。溶于氰化物、氨水、铵盐和碱金属碳酸盐水溶液中，形成铜的络合物。

【药代动力学】碱式碳酸铜在胃肠道吸收，吸收的铜与血浆蛋白疏松地结合，并分布到全身各种组织。对于畜禽来说，水聚合度越低，越容易通过细胞膜，转运营养物质的速度更快，生产性能更好。

【作用】碱式碳酸铜用于仔猪，可提高其平均日增重和平均采食量，降低仔猪腹泻率。本品的绝对生物效价为30%，以铜锌超氧化物歧化酶（CuZn-SOD）活性作为判断指标时，相对生物效价达到了120%；而以血清铜浓度和铜蓝蛋白活性作为判断指标时，相对生物效价为102%和104%。碱式碳酸铜的生物效应优于硫酸铜。

【用途】用作补铜的饲料添加剂，预防铜缺乏症。用于促进畜禽的生长，提高饲料利用率。

【制剂】饲料级碱式碳酸铜含量≥99%。

【用法与用量】碱式碳酸铜（铜含量为53.58%），在饲料中按125mg/kg添加。

【注意事项】①本品具有扬尘性，应避免与皮肤、眼睛等接触及吸入。②组成为2:1的碱式碳酸铜为天蓝色的粉状结晶。如在空气中长时间放置，会吸湿并放出部分CO_2，慢慢变成1:1型碱式碳酸铜。

碱 式 氯 化 铜

碱式氯化铜（TBCC），也称为氧氯化铜、王铜，是美国1992年开发的一种饲料添加剂，其现在已经为全美饲养动物提供25%以上的铜，已获得美国FDA认证，并在美国和加拿大各州注册。

【性状】本品为绿色结晶，不溶于水，溶于酸和氨水。不潮解，在空气中十分稳定。

【药代动力学】本品在胃肠道吸收，吸收的铜与血浆蛋白疏松地结合，并分布到全身各组织，少量的铜随胆汁到肠腔，可重新吸收，再被机体利用。

【作用】铜参与血红素的合成和红细胞的成熟及成骨过程、毛发和皮毛的色素沉着和角质化过程，在畜禽体内作为几种重要酶的成分而发挥作用。

【用途】用作畜禽饲料的铜源添加剂。本品具有不吸湿结块，流动性好，不氧化破坏饲料中的脂肪和维生素，生物利用率高的优点，其生物学的有效性和安全性明显高于硫酸铜。①成本上，本品含量高，降低运输与贮存成本，生物学利用率高，降低添加成本。②饲料品质上，提高铜在饲料中分布的均匀性，不溶于水，不吸潮，减少对饲料养分，如维生素、油脂的破坏，可提高饲料品质。③生产性能上，改善畜禽增重和饲料转化效率，同时抗菌效果比硫酸铜好，对球虫和白色念珠菌的抑制效应更高，对球虫的损害达151%。④环境保护上，目前畜禽饲料为了达到促生长要求及养殖户盲目要求粪便黑的效果，在饲料中添加高铜（由硫酸铜提供）。由于硫酸铜的高溶解性，铜的大量添加和排泄加重了铜对环境的污染。本品粪便中的可溶性铜含量降低15%以上。符合畜牧业可持续发展政策，故在畜牧生产中用本品替代硫酸铜，既经济实惠，又符合环保要求，为畜牧业的可持续发展找到了一个解决的办法，具有广阔的应用前景。

【制剂】碱式氯化铜，铜含量（Cu）≥58%，酸不溶物≤0.2%，铅（Pb）≤0.001%，砷（As）%≤0.002%，镉（Cd）≤0.000 2%，水分≤0.2%。

【用法与用量】低浓度的本品替代高浓度的硫酸铜，可起到同样的促生长效果。用于改善增重，饲料中添加188mg/kg的本品和250mg/kg的硫酸铜效果一致。

【注意事项】①贮存于阴凉、通风处。②与其他化学品分开存放。

蛋 白 铜

蛋白铜又称为蛋白螯合铜或蛋白有机铜，是由可溶有机金属铜与蛋白经过独特工艺螯合而成。铜离子被封闭在螯合物的螯环内，较为稳定，极大地降低氧化破坏作用；避开了消化道内大量矿物质与非矿物质的拮抗作用；提高了铜在消化道内的稳定性和肠道吸收率，改善其生物利用率和贮存方式，从而在时间和物质形式 2 个角度保证机体的高峰需求，铜的生理生化功能得到充分发挥。

【性状】本品为淡绿色粉末，无臭。微溶于水，不溶于乙醇、乙醚、氯仿。

【药代动力学】以螯合小肽形式进入小肠，以小肽方式直接被吸收，不易饱和，速度快，生物利用率高。

【作用】

1. 肽与铜协同杀菌 对霉菌有抑制作用，小肽与铜双效促生长。

2. 抗氧化 小肽铜的吸收率是无机铜的数倍，少量添加即可维持高剂量铜离子的正面生物效应。

3. 抑制作用 抑制缺铜引起的并发症，同时抑制高铜过度饱和对微粒体和其他蛋白质的损伤及对其他功能的干扰。

4. 激活作用 可激活酶群，增强免疫，无竞争拮抗。小肽铜以寡肽形式独立运输铜离子到达特定靶组织。可自由通过胎盘屏障。

【用途】蛋白铜是营养性饲料添加剂，可满足畜禽对铜元素的需要。

【制剂】10%蛋白铜：氨基酸总和＞25%，有机铜≥10%，水分≤5%，粗蛋白≥30%，铅≤10mg/kg，砷≤5mg/kg。

【用法与用量】猪，在全价料中按 0.025～0.1mg/kg 添加；肉鸡、蛋鸡，全价料按 0.025～0.5mg/kg 添加；奶牛、肉牛，全价料按 0.025～0.2mg/kg 添加。

【注意事项】密封并贮存于干燥环境中。

酵 母 铜

酵母铜又称为富铜酵母或高铜酵母。酵母铜是选用对畜禽无害的有益酵母，在含铜的培养基中发酵培养，使无机态铜结合成有机铜，再分离出酵母并洗净细胞表面吸附的无机铜，经浓缩和喷雾干燥的方式精制而成。与硫酸铜相比，酵母铜能显著提高肝脏铜含量，说明酵母铜具有较高的吸收率和利用率，故采用生物发酵技术制成的酵母铜，可以代替无机铜，减少铜的毒副作用。

【性状】本品为褐色粉末，具有标准酵母的风味。

【作用】铜是畜禽机体多种金属酶的组成成分，直接参与体内能量和物质代谢。铜参与维持铁的正常代谢，催化铁参与血红蛋白的合成，促进生长早期红细胞的成熟。铜还参与畜禽的成骨过程，并与线粒体的胶原代谢和黑色素生成有密切关系。此外，适量的铜离子浓度还能激活胃蛋白酶，提高畜禽的消化机能。

【用途】可作为铜的补充剂。

【制剂】饲料级酵母铜：参照《饲料酵母》（QB/T 1940—1994）提出技术标准，其中细胞数≥270 亿个/g，粗蛋白≥45％，水分≤8％，灰分≤8％，铅<10mg/kg，砷<10mg/kg，沙门氏菌不得检出。

【用法与用量】饲料级酵母铜，预稀释后添加到饲料中，并混合均匀，推荐使用量为 50～100mg/kg。

【注意事项】①本品易霉变，为保持产品新鲜，建议添加防霉剂。②贮存于阴凉、通风、干燥处。

氨基酸铜络合物

氨基酸铜络合物（氨基酸来源于水解植物蛋白）由复合氨基酸与铜通过配位键结合而成。

【性状】本品为浅绿色粉末。

【药代动力学】理论上认为，氨基酸铜络合物与无机铜的吸收机制不同，具有较高的吸收效率。通过氨基酸的途径胞饮方式吸收，减少与其他微量元素的竞争拮抗。

【作用】同时提供微量元素铜和有效的氨基酸。提高母畜繁殖性能和利用年限；增加胎儿和仔畜活力；提高免疫力、抗应激能力；改善造血功能，提高生长速度，降低发病率与死亡率，改善饲料报酬。

【用途】作为饲料添加剂，有效补充铜元素。

【制剂】氨基酸铜络合物：铜≥15％，氨基酸≥25％，砷≤10mg/kg，铅≤20mg/kg，镉≤20mg/kg，水分≤5.0％，细度 40 目。

【用法与用量】在全价料中添加，妊娠母猪及哺乳母猪 50～200mg/kg，仔猪 200～650mg/kg，育肥猪 150mg/kg，禽 150mg/kg。反刍家畜 850g/d。

【注意事项】密封贮存于干燥处。

甘 氨 酸 铜

甘氨酸铜又称为氨基醋酸铜、氨基乙酸铜、双甘氨酸铜。

【性状】本品为墨绿色粉末。不溶于烃类、醚类和酮类，微溶于乙醇，溶于水。由铜盐与甘氨酸作用而制得。

【药代动力学】甘氨酸是所有氨基酸中分子量最小的氨基酸，从理论上讲，由甘氨酸与 Cu^{2+} 形成的甘氨酸铜络合物或螯合物，相对于所有其他氨基酸铜络合物或螯合物，更易穿透畜禽小肠上皮黏膜细胞而被完整吸收利用，吸收的铜与血浆蛋白疏松地结合，并分布到各种组织。肝脏是畜禽体内铜贮存的主要器官。铜可以透过猪的血脑屏障而进入脑中。体内少量铜随胆汁到肠腔，可重新吸收，再被机体利用。

【作用】本品可通过反刍家畜的瘤胃而不影响其功能，也是水产动物营养优秀铜源。低剂量具有和高铜类似的促生长效果；因剂量降低及更小的金属味，使饲料整体适口性更好，提高了采食量和免疫抗病能力。①改善畜禽骨骼生长和发育，促进酶的功能。②在体内可发挥含铜酶的作用，有效地清除体内自由基，防止脂质过氧化，提高畜禽抗应激能力，增强机体功能。③发挥抗生素和防霉剂的抗菌、杀菌作用，对肠炎、皮肤病、贫血病有较好的防治效果。

【用途】甘氨酸铜作为第 3 代微量元素添加剂，用于预防铜缺乏症。饲料中添加甘氨酸铜，用于提高机体蛋氨酸和铜的生物利用率；提高畜禽的免疫力和抗应激能力，改善畜禽的健康状况，促进畜禽生长，改善繁殖性能。用于反刍家畜，可提供更多的过瘤胃氨基酸和铜离子，提高奶牛的泌乳性能。

【制剂】

1. 甘氨酸铜缓释注射液 Cu^{2+} 含量为 100mg/10mL。

2. 10%饲料级甘氨酸铜 氨基酸含量≥25%，Cu≥10%，Pb≤0.002%，As≤0.000 5%。

【用法与用量】①甘氨酸铜缓释注射液，皮下注射，牛 400mg，羊 150mg，羊每年 1 次，年轻牛 4 个月 1 次，成年牛 6 个月 1 次。②甘氨酸铜添加剂（以 Cu^{2+} 计），哺乳仔猪按 50～70mg/kg 配合饲料；育肥猪按 30～50mg/kg 配合饲料；母猪按 20～40mg/kg 配合饲料。

【注意事项】开封后应尽快使用，以免变质。

蛋 氨 酸 铜

【性状】本品为蓝色或浅蓝色粉末，具有蛋氨酸铜特有的气味，不溶于乙醇、乙醚和氯仿。

【药代动力学】本品通过氨基酸胞饮式吸收。

【作用】本品为氨基酸螯合物，具备无机铜所不具有的诸多优点，属于第 3 代饲料添加剂。

1. 稳定性好 本品化学性能稳定，加入饲料中不会破坏各种不同类型的维生素，也不会催化饲料中油脂的氧化反应，更利于提高预混料及全价料产品的质量。

2. 胞饮式吸收 本品通过氨基酸胞饮式吸收，缓解微量元素之间吸收时的竞争拮抗，可提高铜离子和其他微量元素的吸收利用率。

3. 拮抗及协同作用 对维生素、抗生素等活性成分影响较小，可减少与其他微量元素的拮抗，提高畜禽抗应激能力。与抗生素有协同促生长作用，可提高饲料报酬。

4. 补充铜及蛋氨酸的双重作用 同时提供铜元素和平衡有效的氨基酸，有效缓解和治疗畜禽的缺铜症状。

5. 改善畜禽生长性能，增强畜禽免疫功能 具有生物效应高、无毒、无刺激性、适口性好、改善畜禽生长性能、增强畜禽免疫功能等特性。试验表明，在使用添加本品的饲料后，畜禽生长速度加快、繁殖力提高、饲料转化效率改善，表现为皮毛光亮、皮肤红润、肉色鲜红、精液品质高、性成熟早等。

【用途】蛋氨酸铜是一种新型饲料添加剂，稳定性好，可替代硫酸铜作为畜禽体内铜的补充剂。用于反刍家畜，可以避免瘤胃的降解作用，维持繁殖机能，改善生长。用于猪，可以增强肉中超氧化物歧化酶（SOD）活性，改善肉质，提高饲料效率，促生长，协同铁增强造血功能。用于家禽，可以改善饲料效率，提高增重和产蛋率。

【制剂】蛋氨酸铜：铜含量≥15%、蛋氨酸含量≥34.7%、含水量≤5%、砷（As）≤4mg/kg，铅（Pb）≤15mg/kg。

【用法与用量】混饲，各种畜禽在饲料中添加量为：反刍家畜 250mg/kg，猪 150～300mg/kg，家禽 150～250mg/kg。

【注意事项】①应贮存于通风、干燥处。②运输过程中应防潮、防高温、防止包装破损，禁止与有毒有害物质混运。

三、锰

锰是毒性较小的一种微量元素，在畜禽机体内有重要营养作用。锰的生物学作用主要有：①多种酶的组成成分及激活剂，锰是精氨酸酶、脯氨酸酶、丙酮酸羧化酶、RNA 聚合酶、超氧化物歧化酶的组成成分，又是磷酸化酶、醛缩酶、半乳糖基转移酶的激活剂，与蛋白质生物合成、生长发育有密切关系。骨基质黏多糖的形成需要硫酸软骨素，而硫酸软骨素的形成需要锰。锰为丙酮酸羧化酶的成分，影响糖代谢，能促进脂肪酸和胆固醇的形成，影响脂肪的代谢。②造血、卟啉合成、改善机体对铜的利用。③锰具有抗衰老、抗肿瘤作用。

锰主要通过呼吸道和胃肠道吸收，皮肤吸收甚微。由于在胃液中锰的溶解度很低，吸收极少，经口食入的锰只有 3%～4% 被吸收，故畜禽每千克体重的锰含量仅占 2～3mg，与其他元素相比要少得多。锰在血液中，以 2 价的形式与血液中 β_1-球蛋白结合成不牢固的结合物，分布到全身，特别是在富有线粒体的肝脏、肾脏、胰腺、心脏、肺脏、脑的细胞中较多。随着时间的延长，体内蓄积的锰可以重新分布，在脑、毛发、骨骼中锰逐渐相应增加；后期脑中含锰量甚至可以超过肝脏的存积量，多在豆状核和小脑。锰大多经胆囊分泌，随粪便缓慢排出，尿中排出少量，唾液、乳汁、汗腺排出微量。

锰的缺乏或过多，均可引起畜禽一系列代谢紊乱，功能失调，生长发育不良，繁殖机能减退，生产性能和畜产品质量下降，对疾病的抵抗力降低，甚至发生地方性疾病而造成大批死亡，故应确定畜禽对锰的营养需要量。各种畜禽对锰的营养需要量（以体重计）是：肉牛 10mg/kg，奶牛 18mg/kg；绵羊 20～40mg/kg，山羊 20～40mg/kg；猪 20mg/kg；雏鸡 55mg/kg，育成鸡 25mg/kg，产蛋鸡 25mg/kg，种用母鸡 33mg/kg；雏鸭 40mg/kg，育成鸭 40mg/kg，种鸭 25mg/kg。家禽对锰的耐受力最强，最高可达 2 000mg/kg。牛、羊次之，可达 1 000mg/kg。猪最敏感，耐受力不能超过 400mg/kg。

欧盟发布的 2017/1490 号条例，批准氯化锰、二氧化锰、一水硫酸锰、氨基酸水合物螯合锰、水解蛋白螯合锰、甘氨酸水合物螯合锰、三水氯化锰等作为动物饲料添加剂。按照此条例的要求，以上 7 种锰化合物在添加剂类别组属于"营养添加剂"，在功能组类别属于"微量元素"，不能用于畜禽饮用水，将其用于饲料时，在水分含量 12% 的饲料中的添加限量为畜禽饲料 150mg/kg。此条例还规定，在 2018 年 3 月 11 日之前，按照原来规定生产和标注的饲料，锰化合物可以继续使用至库存用完。

硫 酸 锰

【性状】无水硫酸锰是近白色的正交晶系结晶。一水硫酸锰为浅红色结晶性粉末，易溶于水，不溶于乙醇。四水硫酸锰是半透明的淡玫瑰红色晶体。

【药代动力学】锰的吸收主要在十二指肠。畜禽对锰的吸收很少，平均为 2%～5%，成年反刍家畜可吸收 10%～18%。锰在吸收过程中常与铁、钴竞争吸收位点。饲料中过量的钙、磷和铁可降低锰的吸收。家畜处于妊娠期及家禽患球虫病时，对锰的吸收增加。锰在体内的含量较低，含锰量为 0.4～0.5mg/kg，在骨骼、肾脏、肝脏、胰腺含量较高，肌肉中含量较低。骨骼中锰含量占机体总锰量的 25%，血锰浓度为 5～10μg/mL。血清中的锰与 β-球蛋白结合，向其他各组织器官运输、贮存。体内的锰主要通过胆汁、胰液和十二指肠及空肠的分泌进入肠腔中，最后通过粪便排出。

【作用】主要存在于垂体、肝脏、胰腺和骨骼的线粒体中，为多种酶的组成部分。锰参与体内的造血过程，促进细胞内脂肪的氧化作用，可防止动脉粥样硬化。锰缺乏时可引起生长迟缓、骨质疏松和运动失常等。体内硫酸软骨素的形成需要锰，硫酸软骨素是形成骨基质黏多糖的重要成分。

【用途】主要用作饲料补充剂，防治锰缺乏症。

【制剂】一水硫酸锰（$MnSO_4 \cdot H_2O$）含量 ≥98%，锰（Mn）≥31.8%。

【用法与用量】混饲，饲料中硫酸锰的添加量：牛、羊 100～200mg/kg，猪 30～60mg/kg，肉鸡 250～350mg/kg，蛋鸡 150～250mg/kg，鸭 150～250mg/kg，鹅 200mg/kg。犬，口服，一次量为 100～200mg，1 次/d。

【注意事项】①本品如果饲喂过量，可引起畜禽生长受阻，对纤维的消耗能力降低，抑制体内铁的代谢导致缺铁性贫血，还影响钙、磷的利用，引发佝偻病或骨软症，故使用镁制剂应注意掌握用量，以免镁中毒。②目前市场上饲料级硫酸锰品种众多，质量良莠不齐，应选择使用纯度高、各项指标均符合国家标准，价格合理的产品。

碳 酸 锰

碳酸锰又称为碳酸亚锰，是 2 价锰的碳酸盐。

【性状】本品为玫瑰色三角晶系菱面体或无定形亮白棕色粉末。几乎不溶于水。溶于稀无机酸，微溶于普通有机酸盐，不溶于液氨。在干燥空气中稳定，潮湿时易氧化，形成三氧化二锰而逐渐变为黑色，受热时分解放出 CO_2，与水共沸时即水解。在沸腾的氢氧化钾中，生成氢氧化锰。

【药代动力学】碳酸锰主要在十二指肠吸收。在血液中，锰与血浆蛋白疏松结合，并进入细胞线粒体和细胞核中。主要经胆汁排出，胰液、汗液及尿液排出少量。

【作用】参与畜禽骨骼的生长发育及脂肪和碳水化合物的代谢，对畜禽的繁殖也有一定的影响。锰被吸收后，输送到机体内的各个器官。胰腺、胆囊、肾脏、肝脏及骨骼中锰的沉积水平随着饲料中锰水平的增加成线性增加，表明这些器官组织易富集锰。缺锰可导致饲料转化率降低，生长速度减慢，生殖机能紊乱或者抑制。

【用途】防治锰缺乏症。

【制剂】饲料级碳酸锰（$MnCO_3$）含锰量（Mn）≥44%。

【用法与用量】猪采食高钙、高磷饲料时，对锰的吸收明显减少，猪不易发生缺锰症状。猪对锰的耐受力较低。家禽的锰营养需要量受品种、锰的生物学利用率和环境等因素的影响。春冬季节，应特别注意鸡对锰的需要量。将碳酸锰逐级稀释混于饲料中使用，一般用量不应超过 0.5%。

【注意事项】①本品是重要的锰补充剂，饲料中添加使用要严格控制用量，以免发生锰中毒。②饲料中钙、铁含量高，会阻碍锰的吸收。饲料中钙或钙、磷含量高时，锰与钙作用形成不溶性化合物而影响利用率。锰与锌、铜及肠内蛋白质结合影响吸收率。为满足需要，故须提高饲料中锰的含量。

氯 化 锰

氯化锰又称为氯化亚锰、二氯化锰。根据外观形状可分为颗粒或球形无水氯化锰和粉状无水氯化锰。

【性状】水合氯化锰为玫瑰色单斜晶体，易溶于水，溶于醇，不溶于醚。有吸水性，易潮解，106℃时失去1分子结晶水，198℃时失去全部结晶水而成无水物。无水氯化锰为桃红色结晶，易溶于水，溶于醇，不溶于醚。有潮解性。

【药代动力学】锰的吸收和排泄取决于天然螯合物的生成与否，特别是与胆汁盐的结合状况。食入的锰在消化道内被溶解或分解，在消化道各段均可以被吸收，其中以十二指肠吸收能力为最强。锰经肠腔表皮细胞摄入，然后通过黏膜细胞转入体内。锰以游离形式与蛋白质结合成复合物转运到肝脏，而化学态锰与转铁蛋白结合进入循环，被肝外细胞摄取。锰经肠壁和胆汁排至肠内，通过胆汁从粪便排出，排入肠内的一部分锰被重新吸收，再进入体内锰循环。锰在体内循环几次后排出体外。当胆汁排泄受阻或锰负荷过重时，锰还可通过十二指肠、空肠作为辅助途径排出。哺乳家畜和家禽对锰的吸收率很低，前者为1%～4%，而后者仅为1%～3%。其原因在于植物性饲料中的锰是以离子状态存在的，其中部分参与形成螯合物，从而很难吸收。

【作用】

1. 构成和激活多种酶 含锰元素的酶有精氨酸酶、含锰超氧化物歧化酶、RNA多聚酶和丙酮酸羧化酶等。被锰激活的酶很多，有碱性磷酸酶、羧化酶、异柠檬酸脱氢酶、精氨酸酶等。因此，锰对糖、蛋白质、氨基酸、脂肪、核酸代谢及细胞呼吸、氧化还原反应等均有十分重要的作用。

2. 促进骨的形成与发育 锰参与硫酸软骨素合成，缺锰时，软骨成骨作用受阻，骨质受损，骨质变疏松。

3. 维护繁殖功能 缺锰时，动物发情周期紊乱，初生动物体重降低，死亡率增高；雄性动物生殖器官发育不良。

【用途】用作饲料补充剂，防治锰缺乏症。

【制剂】饲料级氯化锰含量（以 $MnCl_2 \cdot 4H_2O$ 计）≥98%，重金属（以 Pb 计）≤0.001%，砷（以 As 计）≤0.000 3%，5%水溶液的 pH4.0～6.0。

【用法与用量】预稀释后添加于饲料中并混合均匀。推荐用量（以每千克饲料中的 Mn计），仔猪15～30mg，生长猪5～15mg，产蛋鸡20mg，育成鸡30～60mg，雏鸡、肉用仔鸡60～110mg，奶牛40mg，肉牛10～20mg，羊20～40mg。

【注意事项】①超量添加本品会引起锰中毒。②本品应贮存于阴凉、通风、干燥处。

磷 酸 氢 锰

磷酸氢锰又称为一水磷酸氢锰或次磷酸锰一水化合物。

【性状】本品为白色或肉白色结晶，易溶于水，吸湿性较强，不溶于乙醇。

【药代动力学】锰在可小肠全部吸收。锰的吸收是一种迅速的可饱和过程，可能是通过一种高亲和性、低容量的主动运输系统和一个不饱和的简单扩散作用完成的。锰的吸收机制有可能包括2个步骤，首先是从肠腔摄取，然后是跨过黏膜细胞输送，2个动力过程同时进行。在吸收过程中锰、铁与钴竞争相同的吸收部位，三者中任何一个数量高都会抑制另外2个的吸收。锰仅有微量经尿液排出，其他经肠道排出，吸收的锰经肠道的排出非常快。

【作用】锰在体内一部分作为金属酶的组成成分，一部分作为酶的激活剂起作用。

【用途】用于饲料添加剂，防治锰缺乏症。

【制剂】磷酸氢锰：一水磷酸氢锰≥95％，总含水量≤10％，铁≤0.01％，pH 2～4。

【用法与用量】在全价料中添加。

【注意事项】密闭贮存于阴凉处。

蛋 白 锰

蛋白锰又称为蛋白螯合锰或蛋白有机锰。

【性状】本品为淡黄色粉末。

【药代动力学】蛋白锰在肠道中以胞饮的方式被完整吸收。

【作用】锰主要参与机体脂肪、蛋白质等多种代谢，具有特殊的促脂肪动员作用，促进机体对脂肪的利用，抗氧化并有抗脂肪变性的功能，预混及吸收时维护维生素活性。锰的吸收率是无机锰的20～25倍以上。维持锰离子的正面生物效应。激活酶群，发挥锰的生物效应和促生长的潜力。增加眼肌面积，提高瘦肉率。提高繁殖能力，预防产后瘫痪、睾丸退化和精子卵子退化。降低软破蛋、无壳蛋产生的概率。此外，还有杀菌和防霉的作用。

【用途】饲料添加剂，可用于防治畜禽锰缺乏症。

【制剂】饲料级蛋白锰：粗蛋白≥30％，氨基酸总和＞25％，有机锰≥20％，铅≤10mg/kg，砷≤5mg/kg，水分≤5％。

【用法与用量】预稀释后，添加于全价料中并混合均匀。奶牛、肉牛100～200mg/kg，乳猪400～500mg/kg，母猪500～600mg/kg，生长猪200～400mg/kg，肉鸡、蛋鸡200～250mg/kg。

【注意事项】贮存于阴凉、通风、干燥处。

酵 母 锰

酵母锰又称为富锰酵母或高锰酵母。选用对畜禽无害的有益酵母，在含锰的培养基中发酵培养，使无机态锰与酵母结合生成有机锰，再分离出酵母并洗净细胞膜表面吸附的无机锰，经浓缩和喷雾干燥的方式精制而成。酵母锰的生物利用率高于硫酸锰，且具有较好的促生产性能，是目前高效、安全、营养全面的补锰制剂。

【性状】本品为淡褐色粉状，具有标准酵母的风味。

【作用】锰是畜禽发育代谢过程中不可缺少的微量元素，参与细胞核组织中氧化还原和磷酸化过程。锰是畜禽机体多种酶的辅助因子和激活剂，对维持脑功能有重要的作用。与钙、磷、碳水化合物、脂肪、蛋白质的代谢有关，并参与形成硫酸软骨素。具有抗氧化与抗衰老，保护细胞膜结构免受过氧化物的损害，提高红细胞的携氧能力，提高畜禽的机体免疫力，解毒、排毒等作用。

【用途】饲料添加剂，用于防治畜禽锰缺乏症。

【制剂】酵母锰：锰20～50g/kg，粗蛋白40％～52％，干燥失重≤8％，灰分≤8％，灼烧残渣≤3％，铅≤2mg/kg，砷≤2mg/kg，沙门氏菌不得检出。

【用法与用量】预稀释后，添加于饲料中并混合均匀。酵母锰的推荐用量为50～100mg/kg。

【注意事项】①应置于阴凉、干燥、通风处密封贮存。②本品易霉变，为保持产品新鲜，需添加防霉剂。

蛋氨酸锰络（螯）合物

蛋氨酸锰络（螯）合物又称为蛋氨酸络合锰、蛋氨酸螯合锰。

【性状】 蛋氨酸锰络（螯）合物（摩尔比为 1∶1）为白色或类白色粉末，易溶于水，略有蛋氨酸特有气味。

【药代动力学】 蛋氨酸锰络（螯）合物进入机体后，按不同组织和酶系统对氨基酸的需要，将蛋氨酸螯合的锰元素直接运输到特定的靶组织和酶系统中，通过靶组织和酶的作用释放出锰元素，以满足机体的需要，省去了吸收无机态锰元素所需的生化过程，从而提高了锰元素的利用率。

【作用】 提高饲料报酬率，促进畜禽的生长，提高繁殖性能。生物利用率高，不与纤维素、植酸等形成阻碍吸收的复合物，不与消化道中的矿物质产生拮抗作用，可通过反刍家畜的瘤胃增强机体的免疫功能，提高对疾病的抵抗能力。降低家禽的腿病发生率。

【用途】 用于饲料添加剂，可同时补充锰和蛋氨酸，有效防治锰缺乏症。

【制剂】 蛋氨酸锰络（螯）合物：技术指标见 GB 22489—2017，其中蛋氨酸≥40%，有机态锰≥15%，总砷≤0.000 5%，铅≤0.000 5%，镉≤0.000 5%。

【用法与用量】 预稀释后添加于饲料中，并混合均匀。反刍家畜 0.4～0.6mg/kg，猪 0.3～0.4mg/kg。

【注意事项】 贮存于阴凉、干燥、避光处。禁止与有毒有害物质混贮。

氨基酸锰络合物

氨基酸锰络合物（氨基酸来源于水解植物蛋白）由锰与氨基酸以 1∶1 的比例结合形成的具有五元环共价键的有机微量元素。

【性状】 本品为淡黄色至黄色粉末，具有特有的气味。

【作用】 氨基酸锰络合物是多数酶的必需组成部分或激活剂，维持酶的正常活性，促进动物性腺发育、内分泌功能和骨骼生长发育，改善蛋壳质量，促进伤口复原。

【用途】 防治锰缺乏症。本品有较高的生物可利用率，可迅速被肠道吸收利用，是目前最有效的锰元素添加剂。

【制剂】 氨基酸锰络合物：锰≥8%，氨基酸含量≥19.15%。

【用法与用量】 在全价配合饲料中添加，建议用量，猪为 500mg/kg，蛋鸡、肉鸡、火鸡均为 500mg/kg。马每天饲喂 2 500mg/匹，奶牛、肉牛每天 2 500mg/头，羊每天 500mg/头。

【注意事项】 必须贮存于清洁干燥处。

四、锌

锌存在于畜禽的所有组织和器官中，主要存在骨骼、肌肉、肝脏、肾脏和皮肤中。锌是畜禽必需的微量元素，它以锌酶的形式参与新陈代谢的全过程，并参与某些激素的合成或影响其活性的发挥，对生长发育具有十分重要的作用。由于其在体内有广泛的生理生化功能，故被称为生命元素，锌是体内 40 多种金属酶的组成成分，200 多种酶的激活因子，参与核酸和蛋白质合成、能量代谢、氧化还原、细胞免疫和体液免疫过程。锌具有促进舌黏膜味蕾细胞的迅速再生、增强食欲的功效。饲料中的锌大多数以结合态存在，主要与蛋白质（或氨基酸）、核酸或植酸结合。锌必须从这些化合物中释放出来，才能被组织器官吸收。

锌可增强畜禽的免疫能力，促使免疫器官正常生长发育，保持免疫器官正常的形态、构造和功能，故锌又称为免疫因子。锌可以加速创伤、溃疡及手术创口的愈合，用锌治疗胃肠溃疡有较好的效果。锌可以促进毛皮生长，毛皮的完整性及羽毛的生长，调节性激素的分泌，维持卵巢的正常功能，促进母畜繁殖，增加公畜精子质量、数量和活性，提高精子和卵子的受精力；影响味觉素的合成、味蕾的结构及功能，可影响味觉和食欲。缺锌时，会导致体内物质代谢紊乱，影响畜禽的生长、免疫等。

高锌主要应用在幼龄畜禽饲料中。早期断奶仔猪饲料中添加高锌可减少仔猪下痢，提高日增重，改善饲料报酬。饲料中常用的锌源为硫酸锌和氧化锌，它们在畜禽体内吸收利用率偏低。碱式氯化锌可显著提高饲料中锌的利用率，表现出良好的促生长效果和抗腹泻作用。

畜禽缺锌会出现生长发育受阻，食欲低下，皮肤角化，生殖能力低下等症状，可影响骨质的形成、软骨原始细胞的分裂及软骨细胞的成熟和分化，进而影响骨的矿化及成骨潜能的激活。缺锌时，家禽出现骨短粗症，仔猪股骨生长减弱，变小，骨强度减弱。

锌的毒性比较小。一般认为，禽对高锌耐受力更强，许多国家将饲喂高锌作为强制母禽换羽的有效措施之一。近年来，由于锌制剂广泛应用于农业和畜牧业生产，以及锌对水土的污染，在生产实际中也见有畜禽锌中毒的报道。

锌一般以有机或无机化合物的形式被畜禽吸收。小肠是锌吸收的主要部位，胃和大肠几乎不吸收锌。锌的净吸收与体内平衡调节有关，在高锌摄取时，实际吸收的降低和代谢排放到肠腔内的锌增加，两者均保证了体内锌的相对稳定，这也是畜禽较少发生锌中毒的主要原因。但在畜禽实际生产和试验条件下，仍然发生锌中毒症，这是因为畜禽机体摄入锌超过一定量后，自身调节机制不能控制组织中锌的浓度，导致中毒症的发生。

畜禽对锌的需求量因畜禽种属不同差异较大，同时，饲料中锌的含量应根据饲料、环境等生产实际情况，适当调整其需要量。畜禽对饲料中锌元素的需要量为：牛 50～100mg/kg，羊 50～60mg/kg，猪 50～80mg/kg，禽 50～60mg/kg。畜禽对高锌的耐受力较强，且其耐受力主要取决于饲料的性质和状态，最大耐受量分别为：马、牛 500mg/kg，绵羊 300mg/kg，猪 1 000mg/kg，兔 500mg/ kg，家禽 1 000mg/kg。在猪饲料中添加锌 1g/kg，对猪无副作用，添加至 4.8g/kg 时，可致猪生长减慢、僵硬关节周围出血。牛羊对锌的耐受性差，可能与锌损害瘤胃内的微生物有关。常用的锌制剂有硫酸锌、碳酸锌、氯化锌、氧化锌和蛋氨酸锌等，其中氯化锌和氧化锌生物学效应比较接近，蛋氨酸锌的利用率高于无机锌。

硫 酸 锌

硫酸锌又称为锌矾、皓矾。

【性状】本品为无色透明的棱柱状或细针状结晶，或颗粒性结晶性粉末。无臭，味涩，有风化性。极易溶于水，易溶于甘油，不溶于乙醇。

【药代动力学】硫酸锌在胃内吸收较少，主要在十二指肠部位吸收，进入血液后绝大部分与血清蛋白结合。主要通过粪便排出，微量通过尿液、汗液、皮肤脱屑及脱落的毛发排出。

【作用】锌参与蛋白质的合成和利用，是碳酸酐酶、碱性磷酸酶、乳酸脱氢酶等的组成成分，决定酶的特异性。是维持皮肤、黏膜的正常结构与功能、促进伤口愈合的必要因素。

【用途】主要用于防治锌缺乏症；外用可作为黏膜的收敛和消炎药；也可作为犬、猫的催吐剂。

【制剂】①硫酸锌溶液，0.1%～0.5%，1%。②硫酸锌片，25mg/片。③含锌食盐或锌丸制剂，锌含量为250～500mg/kg。

【用法与用量】0.1%～0.5%硫酸锌溶液，对黏膜有收敛作用。口服1%硫酸锌溶液可刺激胃黏膜，反射性地引发呕吐。硫酸锌片，口服，牛0.05～0.1g/d，马驹0.2～0.5g/d，猪、羊0.05～0.1g/d，犬每千克体重0.2～0.3mg/d，禽类0.05～0.1g/d。在干混合饲料中加入硫酸锌0.2g/kg用于补锌。含锌食盐，牛羊可自由舔食。

【注意事项】①锌摄入量过多，可影响蛋白质的代谢和钙的吸收，并导致钙缺乏症。②与铝、钙、锶、硼砂、碳酸盐和氢氧化物（碱）、蛋白银及鞣酸等配伍禁忌。锌盐与青霉胺共用可使后者作用减弱。③消化道溃疡患畜禁用。

碳 酸 锌

碳酸锌又称为菱锌矿、碳酸锌盐。

【性状】本品为白色细微无定形粉末，无味。不溶于水和醇。微溶于氨。能溶于稀酸和氢氧化钠中。

【药代动力学】基本同硫酸锌。

【作用】锌为体内许多酶的重要组成成分，具有促进生长发育、改善味觉等作用。

【用途】在饲料中添加碳酸锌用于补锌。还可用作皮肤保护剂，作为中度的防腐、收敛、保护剂，主要用于治疗皮肤炎症或表面创伤。

【制剂】炉甘石，含碳酸锌，含锌52.1%。

【用法与用量】饲料中锌的需求量为：犊牛10～15mg/kg，母猪100mg/kg，仔猪40～50mg/kg，羔羊18～33mg/kg，禽类25～40mg/kg。

1. 猪缺锌症 碳酸锌，肌内注射，2～4mg/kg，1次/d，连续使用10d，1个疗程即可见效。口服碳酸锌0.2～0.5g/头，对皮肤角化不全和因锌缺乏引起的皮肤损伤，数日后即可见效，经过数周治疗，损伤可完全恢复，饲料中加入0.02%碳酸锌，对本病兼有治疗和预防作用。为保证饲料中有足够的锌，按饲养标准的补锌量每千克饲料添加碳酸锌180mg，具有预防效果。

2. 牛缺锌症 口服，3月龄犊牛0.5g，成年牛2～4g，1次/周。

【注意事项】①口服时，应注意其含量不得超过0.1%，否则，可能引起锌中毒。②保证饲料中含锌量的同时，适当限制钙的水平，钙与锌的比例保持在100∶1。

氧 化 锌

氧化锌是一种白色颜料，俗称锌白，因生产的氧化锌以99.7%含量的为主，俗称997（99.7）氧化锌，又称为锌氧粉。近年来，市场上陆续推出包被氧化锌、活性氧化锌及进口氧化锌等产品，目的为降低锌源的药理性剂量。

【性状】本品为白色或淡黄色细粉末，无臭，无味，不溶于水和乙醇，遇空气会吸收CO_2而变质。

【药代动力学】氧化锌主要通过小肠吸收进入血液，可吸收摄入量的 5%～40%。植酸与锌形成不溶、难吸收的植酸盐，降低了锌的吸收；而乙二胺四乙酸（EDTA）同植酸竞争性地与锌结合，形成容易吸收的化合物，促进锌的吸收。血锌与血浆蛋白结合后，运送到全身的各种组织，以前列腺和眼睛的脉络膜中含锌最多，其次是肝脏、肾脏、肌肉、心脏、胰腺和皮肤。胰液排出的锌与肠道内未被吸收的锌，一起通过粪便排出。经尿液排出的锌占很小一部分，但饲喂乙二胺四乙酸可加速锌经尿液排出。

【作用】本品具有较弱的收敛及抗菌作用，与油脂中的游离脂肪酸生成油酸锌及脂酸锌，对皮肤起保护作用；可通过毛囊吸收到细胞内，促进核酸和核蛋白的合成，参与细胞的能量代谢，起到促进组织修复的作用。

【用途】用于补充锌。氧化锌为干性粉状锌源，在饲料中稳定性好，不含水，不结块，不变性，便于饲料加工和长期贮存。对饲料中维生素影响小。氧化锌作为锌源，比其他锌源更易被畜禽吸收，补锌效果好。纳米氧化锌作为一种纳米材料，具有高效的生物学活性、吸收率高、抗氧化能力强、安全稳定等特性，是目前比较理想的锌源，在饲料中替代高锌，既解决畜禽对锌的需求量，也减少对环境的污染。

本品可抗菌抑菌，改善畜禽的生产性能。与其他锌源相比，单位锌的成本明显降低，添加量相当于一水硫酸锌的 44%，七水硫酸锌的 28%。在生产实践中，高剂量的氧化锌在控制哺乳仔猪腹泻方面起到了抗生素等无法实现的效果，减少了抗生素在哺乳仔猪料中的添加，已成为控制断奶仔猪腹泻，促进仔猪生长的最经济有效的手段。通过试验，使用氧化锌对京白蛋鸡进行强制换羽，其休产期为 18d，第 56 天则换羽基本结束，比常规的饥饿法强制换羽 60d 缩短了 4d，而比自然换羽缩短了 60d，所采取的措施对蛋鸡的要求不高，换羽后死亡率低，且换羽整齐，停产和恢复产蛋都比较快；产蛋率比不经过强制换羽的蛋鸡多 8%～12%，蛋的破损减少 1%～2%，体重比换羽前增加 5%，容易达到强制换羽的各项指标，且安全可靠。

此外，氧化锌还用于治疗畜禽急性皮炎、湿疹、溃疡、创伤等。

【制剂】

1. 氧化锌软膏 锌华油，含氧化锌、植物油，规格为 50%，外用于烧伤、烫伤、湿疹、疮疹及皮炎等，2～3 次/d；皮肤药膏，含氧化锌、磺胺等。

2. 饲料级氧化锌 相对其他品种的氧化锌，本品在指标上有特殊要求，其氧化锌含量不能低于 95%，锌含量不能低于 76.3%，其中铅含量≤0.002%、镉含量≤0.000 8%、砷含量≤0.000 5%，而细度（通过 150 目试验筛）≥98%。

3. 纳米氧化锌 纯度＞95%。

【用法与用量】原农业部第 2625 号公告规定，自 2018 年 7 月 1 日起，仔猪断奶后前 2 周配合饲料中氧化锌形式的锌添加量，由以前的不超过 2 250mg/kg 更改为不超过 1 600mg/kg。仔猪（体重≤25kg）配合饲料中锌元素的最高限量为 110mg/kg，但在仔猪断奶后前 2 周特定阶段，允许在此基础上使用氧化锌或碱式氯化锌 1 600mg/kg（以锌元素计）。饲料企业生产仔猪断奶后前 2 周特定阶段配合饲料时，如在含锌 110mg/kg 基础上使用氧化锌或碱式氯化锌，应在标签显著位置标明"本品仅限于仔猪断奶后前 2 周使用"，未标明但实际含量超过 110mg/kg 或者已标明但实际含量超过 1 600mg/kg 的，按照超量使用饲料添加剂进行处理。

自 20 世纪 80 年代发现高剂量氧化锌在哺乳仔猪上应用，具有抗腹泻、促生长效果以来，高锌方案（Zn≥2 250mg/kg）一直是饲料企业优选的哺乳仔猪抗腹泻方案。大量研究及实际应用效果证明，高剂量氧化锌在配合饲料中只有添加到 1 800mg/kg 才具有一定的抗腹泻效果。新规范出台后，锌的限量调整到 1 600mg/kg，氧化锌抗腹泻效果将不复存在，势必促使饲料及养殖企业寻找新的替代方案。

纳米氧化锌作为饲料添加剂，为畜禽补锌，降低料肉比，建议添加量为 0.03％。本品具有锌离子、原子氧和光催化三重抗菌功能，具有杀灭细菌、病毒的光谱性，由于其海绵状多孔微结构而具有缓释长效性。用于治疗畜禽腹泻、禽病等，建议按其日粮量的 0.3％拌料。

【注意事项】①使用高剂量氧化锌预防仔猪腹泻，可影响其他微量元素的吸收，导致铜、铁吸收不平衡，降低其他营养素的作用，生长性能欠佳。②外用时，对于橡皮膏过敏及皮肤糜烂、混合感染的患畜禁用。同时，不宜大面积使用，也不能密封包扎使用。

碱 式 氯 化 锌

【性状】本品为白色粉末状，极难溶于水，不易潮解，在酸性条件下溶解，化学性质稳定。与氧化锌、硫酸锌比较，具有良好的适口性，安全无毒，产品中重金属含量低，质量稳定，不结块，流动性好。

【药代动力学】本品仅在呈酸性的胃内溶解一部分，更多的是以分子状态进入小肠及大肠内而不被溶解，消化道内的 Zn^{2+} 浓度不会偏高，不会产生耐药性，效果持久稳定。

【作用】碱式氯化锌是一种药理性添加剂，具有抑菌、防腹泻作用，维护肠道菌群平衡。仔猪断奶后，所采食的饲料由液态转变为固态，肠绒毛及肠上皮细胞受到严重损伤。本品可通过影响胰岛素、锌指蛋白等生物活性物质的合成和水平，促进核酸与蛋白质代谢；另一方面，通过锌指蛋白促进肠绒毛和肠上皮细胞增生、分裂加快，快速修复因断奶应激所造成的肠道黏膜及绒毛损伤，有效治疗因断奶应激造成的胃肠道溃疡。

1. 锌源添加剂 具有广泛的营养功能，常被称为生命元素。

2. 生物利用率更高 研究表明，碱式氯化锌相对生物学效应高，通过添加较低的用量即可达到良好的饲喂效果，同时吸收利用率提高，更多的锌进入体内参与多种酶的合成与激活。以硫酸锌的生物学效应为 100％计，碱式氯化锌高达 122％，而氧化锌仅为 46％。在饲喂断奶仔猪的试验中，碱式氯化锌组与氧化锌组进行比较，日采食量增加了 10.4％，生长速度提高了 14.1％，料肉比降低了 3.2％。

3. 改善皮毛、促进生长 碱式氯化锌含有氯元素，氯含量为 12.8％，仅在呈酸性的胃内溶解一部分，更多的是以分子状态进入小肠和大肠内而不被溶解，消化道内的锌离子浓度不会偏高，不会产生耐药性，效果持久稳定。同时，也不会造成饲料中的氯离子偏高而影响离子平衡。相对来说，生物学效应高，添加本品的饲料使用 21d，甚至 30d 均不会出现类似氧化锌作为高锌锌源时的被毛粗长、皮肤苍白、猪只瘦弱、生长抑制等副作用。

4. 提高饲料的适口性 本品不溶于水和唾液，对味蕾无刺激，是一种无味的粉末，不会产生影响适口性的物质，比氧化锌、硫酸锌有较好的口感，且化学性质稳定，对维生素和其他矿物质无破坏作用，不会对饲料的适口性产生不良影响。有关试验证实，添加本品的饲料，猪只的采食量比添加氧化锌和硫酸锌的采食量要高。

5. 稳定性好 不会与空气中的 CO_2 发生反应，也不会潮解。氧化锌在空气中吸收 CO_2

发生化学变化。本品只溶于酸，不会与饲料中其他营养成分发生反应，是一种非常稳定的饲料添加剂。

6. 部分代替抗生素 本品添加一定量可控制仔猪的腹泻，还可增强抗菌药物的效果。与抗生素有协同作用，无配伍禁忌。生产中，与抗生素配合使用，可适当减少抗菌药物的用量，同样有较好的抗腹泻疗效，可部分取代抗菌药物的作用。

7. 减少对环境的污染 与氧化锌相比，本品利用效率更高，添加剂量更少，排出量更低，对环境的污染和畜禽产品的质量影响相对更小。

【用途】用作锌的补充剂。

1. 用于促进畜禽生长 改善饲料转化率，充分满足畜禽对锌的营养需要。

2. 防治仔猪腹泻 本品具有广谱抗菌和收敛作用，可抑制有害细菌的生长和繁殖，减少细菌毒素的产生；收敛肠上皮细胞，减少细胞渗出和液体分泌，修复肠黏膜；促进肠平滑肌和肛门括约肌收缩，减缓肠道蠕动和粪便排出，增加水分在肠道的重吸收，起到控制腹泻的作用。对营养性及细菌性腹泻均有防治作用。

【制剂】饲料级碱式氯化锌含量为58%。

【用法与用量】碱式氯化锌是一种高效抗腹泻的锌源，其药理性剂量明显低于氧化锌，将其列入高锌目录也说明其是农业部认可的药理性锌源。大量的研究及应用证明：配合饲料中添加1 250～1 500mg/kg的碱式氯化锌，具有很好的、稳定的抗腹泻、促生长效果。用于断奶仔猪，在断奶早期能起到促进生长、提高采食量及改善饲料报酬的作用。

碱式氯化锌优点：①完全可以替代氧化锌在断奶仔猪中的药理水平添加，可按氧化锌用量的65%添加。②添加本品（Zn 1 200～1 500mg/kg）替代高氧化锌（Zn 2 000～3 500mg/kg）在断奶仔猪中使用，可以克服高氧化锌在断奶后期（3～4周）所带来的皮肤苍白、毛发粗乱的毒副作用。③同氧化锌一样，可显著促进早期断奶仔猪的生长和减少仔猪腹泻的发生。④作为生长促进剂，使用较低水平的本品即可改善增重和提高饲料转化率。⑤体外试验证明，碱式氯化锌是中性盐，比硫酸锌和氧化锌具有更好的抗菌活性，比氯化锌、硫酸锌和氧化锌的适口性更好，氧化性小，对饲料中维生素、胆碱和油脂的破坏少。

【注意事项】①过量添加，对仔猪生长不具有促进作用，还会造成环境污染。②使用时应注意，只有分子状态的碱式氯化锌才能发挥促生长、抗腹泻作用，因其仅在呈酸性的胃内溶解一部分，更多的是以分子状态进入小肠和大肠内而不被溶解，故抗腹泻效果更显著。

富 马 酸 锌

富马酸锌为新一代有机锌，由富马酸与锌离子结合形成的有机锌源饲料添加剂，是一种安全、高效的有机酸锌环状螯合结构，性质稳定，锌含量高，吸收效率高，克服了无机锌的使用缺陷，不与其他微量元素产生拮抗作用。

【性状】本品为白色结晶性粉末，流散性好。

【药代动力学】富马酸锌中的富马酸根离子可参与三羧酸循环，形成ATP供机体代谢所需，可作为碳架合成氨基酸，并进一步合成蛋白质。在消化道内稳定存在，不与纤维素、植酸等形成阻碍吸收的复合物，能更有效的被吸收，并转化成有生化功能的形式。

【作用】

1. 促进畜禽生长 富马酸锌可提高畜禽机体内酶的活性，提高饲料报酬，肠道吸收率相当于无机锌的 3～5 倍，与其他金属元素无拮抗。可促进畜禽的生长，使畜禽毛色光亮、皮肤油润。

2. 提高繁殖性能　提高种畜禽的精子数量和质量；提高种禽产蛋率、受精率和孵化率及使用年限。

3. 其他作用　激活、增强畜禽机体免疫力及抗应激能力；有效预防母猪蹄裂；提高哺乳仔猪初生重、生长速度和免疫力。富马酸锌与抗生素还具有协同作用。

【用途】添加到饲料中，可防霉、抑菌、提高饲料利用率和畜禽生产性能，同时具有无刺激、吸收快等特点，属于一种性能优良的畜禽补锌强化剂。

【制剂】饲料级富马酸锌：富马酸锌≥98.0％，锌≥30.7％，总砷≤0.000 5％，铅盐≤0.005％，镉≤0.003％，水分≤1.5％。

【用法与用量】预稀释后，添加于全价饲料中，并混合均匀。反刍家畜 100～200mg/kg，哺乳仔猪 200～300mg/kg，中大猪 100～200mg/kg，泌乳母猪 150～300mg/kg，妊娠后期母猪 100～200mg/kg，家禽 150～250mg/kg。

【注意事项】贮存于阴凉、干燥、避光处。

乙　酸　锌

乙酸锌又称为醋酸锌或二水乙酸锌，是一种有机酸锌，其在饲料中应用可发挥乙酸和锌的双重功效，是未来锌制剂及乙酸制剂的重要发展方向。

【性状】本品为白色单斜片状晶体，具有珍珠光泽，微带醋酸味。加热至 100℃失去结晶水成无水物。溶于水和醇，水溶液呈酸性。

【作用】

1. 提高乳脂率　乙酸在瘤胃中被吸收，直接参与乳脂合成，乳房组织可利用乙酸合成 C_4～C_{16} 的饱和脂肪酸。对高产奶牛添加乙酸锌后，其中的乙酸成分可起到显著提高乳脂率的作用。

2. 杀灭霉菌作用　乙酸锌在饲料中使用，可节省防霉剂及酸化剂的使用。乙酸锌有效酸值为 70％，远远高于丙酸钙的 50％，乙酸锌在溶解后可释放 2 个乙酸分子，乙酸分子对于霉菌具有独特的杀灭能力。

3. 其他作用　乙酸锌还可用作家禽的辅助饲料，可促进饲料的消化。

【用途】饲料添加剂，可用于畜禽锌的补充剂。

【制剂】饲料级乙酸锌：乙酸锌含量 99％。

【用法与用量】在饲料中添加乙酸锌，奶牛 300mg/kg。

【注意事项】置于干燥、阴凉处贮存。

丙　酸　锌

【性状】本品为白色或灰白色流动性粉末，无臭或带轻微丙酸气味，极易溶于水，易溶于乙醇。在湿空气中易分解出丙酸。含量 99％以上。

【作用】丙酸锌是畜禽比较好的补锌和具有杀菌功能的产品。其生物学利用率是硫酸锌的 120 倍，可明显改善畜禽的食欲，增加采食量，降低料肉比，显著增强其免疫功能，提高抗应激能力，维护肠道的微生态平衡，减少消化道疾病的发生率。

【用途】作为饲料添加剂，用于防治锌缺乏症。

【制剂】丙酸锌：含量（以干基计）≥96.0%，水不溶物≤0.3%，水分（120℃，2h）≤9.5%，砷≤0.0003%，铅≤0.001%，氟化物（F）≤0.003%，铁≤0.005%。

【用法与用量】在全价配合饲料中添加。断奶仔猪150～300mg/kg，妊娠、哺乳母猪100～200mg/kg，家禽50～100mg/kg。

【注意事项】贮存于阴凉、干燥和通风处，不得与有毒化学品混合贮存。

乳 酸 锌

乳酸锌又称为α-羟基丙酸锌，由乳酸溶液与氧化锌粉末反应，经冷却结晶、过滤、分离、洗涤制成。或由乳酸钙与硫酸锌反应，经过滤、洗涤、干燥制成。乳酸锌是一种性能优良、效果理想的锌质饲料添加剂，对幼龄畜禽的生长发育有重要的作用，吸收效果比无机锌好。与传统的无机锌（如硫酸锌或氧化锌）相比，乳酸锌化学性质稳定，并且吸收利用率高。

【性状】本品为白色结晶或粉末，无臭。易溶于水，微溶于乙醇。

【药代动力学】乳酸锌在畜禽消化道内以锌离子形式，主要通过小肠吸收。相对于小肠而言，胃对锌的吸收较少。关于有机锌吸收机理的2种假说：第一，有机锌进入畜禽消化道以后，可直接到达小肠刷状缘，且在吸收位点处发生水解，释放出锌离子，并通过肠上皮细胞吸收入血。第二，有机锌也可能是以类似二肽的形式完整吸收入血，代谢后的锌主要经胆汁、胰液和肠液从粪便中排出，且粪便中的锌大部分来自饲料中未被吸收的外源锌。此外，少量的内源锌还可通过尿液、汗液、脱落毛发、乳汁、精液等途径排出。

【作用】

1. 提高免疫力和抗应激能力　在反刍家畜中，降低牛奶中体细胞数和奶牛乳房炎患病率。增加蹄部健康，防止蹄裂，减少腐蹄病的发生等。减轻蛋鸡、肉鸡炎热和饲料性应激，预防鸡啄羽症发生。

2. 改善种用畜禽的繁殖能力　提高母猪受胎率、公畜的精液品质和种禽孵化率。皮毛及羽毛饱满光亮、鸡冠鲜红、提前鸡性成熟。提高蛋壳品质、增加蛋壳厚度，改善蛋壳颜色，降低破蛋率，同时提高禽蛋中锌的含量。

【用途】作为饲料添加剂。乳酸锌具有促进畜禽生长、增强免疫功能、维持皮肤健康和改善胴体品质等营养生理作用。乳酸锌中的乳酸盐没有刺激性气味，能提高饲料的适口性，明显促进消化道中有益菌的生长，还可提供畜禽所需的能量。在畜禽生产中，乳酸锌作为一种有机锌营养性添加剂，具有广阔的应用前景。

【制剂】饲料级乳酸锌，其中2价锌21.5%～22.5%，乳酸盐≥58.7%，干燥失重≤0.5%，砷≤0.003%，铅≤0.001%，铬<0.001%。

【用法与用量】在全价饲料中添加。牛150～200mg/kg，仔猪250～350mg/kg，中大猪200mg/kg，妊娠、哺乳母猪300～450mg/kg，蛋（种）禽200～250mg/kg，肉禽150～200mg/kg。

【注意事项】①严禁直接饲喂畜禽，需按推荐用量在饲料中混合均匀后使用。②贮存在通风、干燥处。开袋后及时使用，如未用完，需扎紧袋口。

蛋 白 锌

蛋白锌又称为蛋白螯合锌或蛋白有机锌。饲料中的纤维素、植酸和草酸影响无机微量元素的吸收，对蛋白锌的影响则很少。锌的吸收率是无机锌的数倍。

【性状】本品为淡黄色粉末。

【药代动力学】蛋白锌在肠道中以胞饮方式被完整吸收，锌离子不需要与载体蛋白结合，不会发生吸收的竞争。

【作用】锌是畜禽生命活动中所必需的元素，参与一系列生理过程，是多种酶的成分；可促进蛋白质的合成，激活及调节酶功能；抗氧化，预混及吸收时维护维生素活性；改善味觉，提高采食量，减少仔猪下痢；改善畜禽精子质量和活力，促进繁殖；对霉菌有抑制作用，增加免疫力；促进毛皮生长与完整性，促进生长，改善料肉比。

【用途】蛋白锌是营养性饲料添加剂，可满足各种畜禽对锌元素的需要。

【制剂】饲料级蛋白锌：粗蛋白≥30%，氨基酸>25%，有机锌≥20%，铅≤0.001%，砷≤0.000 5%，水分≤5%。

【用法与用量】预稀释后添加于饲料中，并混合均匀。奶牛、肉牛 0.1～0.8mg/kg，乳猪 0.3～0.4mg/kg，母猪 0.25～0.4mg/kg，生长猪 0.2～0.4mg/kg，肉鸡、蛋鸡 0.1～0.2mg/kg。

【注意事项】密封并贮存于干燥处。

酵 母 锌

酵母锌是指在培养酵母的过程中加入锌元素，通过酵母在生长过程中对锌元素的吸收和转化，使锌与酵母体内的蛋白质和多糖有机结合，消除对畜禽机体的毒副作用及肠胃刺激，使锌更高效、更安全地被吸收利用，生物利用度 70%以上。

【性状】本品为淡黄色粉末，具有标准酵母的风味。

【药代动力学】酵母锌具有不同于无机锌盐的特殊的吸收机理，具有良好的化学稳定性和生物稳定性，在胃肠道内锌离子不易离解出来，受饲料中植酸、钙、纤维素、磷酸盐等影响较小，有利于胃肠道的吸收。据研究认为，酵母锌通过氨基酸或小肽的途径，以胞饮方式被吸收，具有吸收速度快，不易饱和的特点。由于畜禽体内不同的组织和酶系统对某种氨基酸的需要比例和数量不一样，故通过氨基酸的运输和吸收，增加将相应的锌元素运输到各特定组织和酶系统中的机会。

【作用】

1. 双重营养作用　酵母锌既具有微量元素营养的生物学效应，又可降低无机盐所表现的毒性，改变机体的吸收和利用。其次，酵母作为补充锌的载体，酵母中的蛋白质含量可达40%～50%，必需氨基酸含量丰富、配比合理，酵母是极好的 B 族维生素来源，天然的酵母香味，适口性好，易于吸收，减少抗营养因子。此外，酵母细胞含有 α-淀粉酶、蛋白酶、半纤维素酶、磷酸酶类等。

2. 增强免疫力　锌具有刺激 B 细胞作用，诱导 B 细胞分泌免疫球蛋白，提高 B 细胞的免疫功能，增强免疫力。

3. 促进生长　改善食欲、促进消化吸收，提高个体重量及饲料转化率，改善畜禽胴体品质，促进畜禽的生长。

4. 增强生殖能力　酵母锌可提高前列腺液及精子中锌的水平。

【用途】用作饲料补充剂，防治畜禽的锌缺乏症。

【制剂】富锌酵母含胞内有机锌≥50g/kg。

【用法与用量】预稀释后，添加于饲料中，并混合均匀。肉牛 600mg/kg，奶牛 800mg/kg，猪 840～2 300mg/kg，肉鸡 1 080～2 400mg/kg。

【注意事项】贮存于阴凉、干燥及通风处。

甘 氨 酸 锌

甘氨酸锌又称为 4-甲苯基硫脲或对甲基苯基硫脲。甘氨酸锌克服了乳酸锌、葡萄糖酸锌等第 2 代营养强化剂生物利用率低的缺点，以其独特的分子结构，将畜禽体内的必需氨基酸和微量元素有机地结合起来，符合机体吸收的机制和特点，在服用 15min 内进入肠黏膜而被快速吸收；同时，与体内的钙、铁等微量元素不发生拮抗作用，进而提高了锌的吸收率，这是目前国内外所有其他补锌制品所不可比的。据报道，氨基酸螯合锌的生物利用度比普通锌盐高 200%～300%，比甲基吡啶锌高 200%。

【性状】本品为白色粉状物，无味，290℃熔化并分解，微溶于水，不溶于乙醇，稳定性好。

【药代动力学】螯合物中的甘氨酸对锌离子起保护作用，可防止锌离子在肠道变成不溶解的化合物，故具有较高的吸收率和生物利用率。甘氨酸锌的生物利用率高，其原因可能是金属元素锌与甘氨酸形成螯合物后，分子内电荷趋于中性，可在消化道内维持良好的稳定性，受其他无机离子或拮抗物的影响较小，不易与其他物质结合形成不溶性化合物或被吸附于不溶性胶体上。

氨基酸螯合物吸收的 2 种假说阐述了甘氨酸锌比无机锌具有更高的生物学利用率的原因。甘氨酸锌在肠道中以胞饮方式被完整吸收，金属离子不需要与载体蛋白结合，不会发生吸收的竞争。

【作用】本品可补充畜禽所需微量元素锌，预防皮肤角化不全等缺锌症；促进骨骼和皮毛正常生长；提高繁殖性能，增强免疫力；提高畜禽成活率，促进生长，提高饲料转化率。无毒副作用，与无机微量元素相比，具有生物利用率高、吸收速度快和化学稳定性好等优点。无机态的锌是阴阳离子间形成离子键结构，而螯合物的锌离子不仅和氨基酸形成配位键，而且与其羧基构成离子键形成五元环或六元环，锌离子被封闭在螯环内，较为稳定，而且氨基酸锌的分子内部电荷趋于中性，形成了稳定性的化学结构。

【用途】甘氨酸锌为补锌的第 3 代产品，广泛应用于防治畜禽锌缺乏症。

【制剂】甘氨酸锌在预混料中具有较好的稳定性，对维生素 E 和维生素 C 破坏作用明显小于无机盐。甘氨酸锌≥95.0%，锌≥21.0%，总甘氨酸≥22.0%，游离甘氨酸≤1.50%，粒度≥95.0%，干燥失重≤5.0%。

【用法与用量】在全价料中的用量，猪、牛、羊、家禽 0.2～0.5mg/kg。

【注意事项】贮存于通风、干燥、无污染、无有害物质处。

氨基酸锌络合物

氨基酸锌络合物（氨基酸来源于水解植物蛋白）又名氨基酸螯合锌。氨基酸锌络合物是第 3 代微量元素添加剂，由锌离子与氨基酸按一定的物质量比形成的共价化合物，它是一类具有独特环状结构的螯合物，集氨基酸与锌元素于一体，是一种类似畜禽体内吸收形式和生物功能形式的锌元素添加剂。化学结构稳定，不易与其他物质结合成不溶性化合物或被吸附在不溶性胶体上。

【性状】 本品为白色结晶性粉末。

【药代动力学】 氨基酸锌络合物在小肠中的吸收与无机锌的吸收机制不同，多数研究认为，氨基酸锌络合物以类似于小肽或氨基酸的形式吸收进入血浆。锌离子以共价键与氨基酸的配位体络合，氨基酸锌络合物以整体的形式穿过黏膜细胞膜、黏膜细胞和基底细胞膜进入血液，位于五元环或六元环中心的锌离子可直接通过小肠绒毛刷状缘，以胞饮形式吸收，避免了一些理化因素的干扰，使锌离子得到更有效地吸收。

【作用】 生物学效应高，不仅吸收快，而且可减少生化过程，节约体内能量消耗，改善畜禽生长性能，提高免疫应答反应、促进畜禽细胞和体液免疫力，对某些肠炎、皮炎、痢疾和贫血也有治疗作用。在接种、去势、气温过高或变换饲料等应激条件下抗应激的效果明显。

【用途】 作为饲料添加剂，满足畜禽对锌元素的需求。

【制剂】 复合氨基酸锌：锌≥15%，氨基酸≥25%，砷≤0.001%，铅≤0.002%，镉≤0.002%，水分≤5%。

【用法与用量】 在全价料中添加，妊娠母猪及哺乳母猪150～450mg/kg，仔猪及育肥猪150～450mg/kg，禽150～450mg/kg，每头反刍家畜每天2.0g。

【注意事项】 密封贮存于干燥处。

蛋 氨 酸 锌

蛋氨酸锌又称为蛋氨酸螯合锌、蛋氨酸有机锌，是蛋氨酸的锌盐，由蛋氨酸和锌螯合而成的一种饲料添加剂，可作为畜禽微量元素锌的补充剂。

【性状】 本品为白色或类白色粉末，流动性好，均匀无结块，具有蛋氨酸的特殊香味。不溶于水和乙醇，可溶于稀酸和稀碱中，具有良好的化学稳定性和生化稳定性。

【药代动力学】 蛋氨酸锌是蛋氨酸和锌的络合物，它具有抵制瘤胃微生物降解的作用。与氧化锌相比，蛋氨酸锌中的锌具有相似的吸收率，但吸收后代谢率不同，以至于从尿中的排出量更低，血浆锌的下降速度更慢。

【作用】 传统饲养中，畜禽饲料中的锌是以无机盐的形式提供的。近年来，添加有机锌和螯合锌的应用日益广泛。许多报道证实，添加蛋氨酸锌可改进畜禽生长、繁殖和健康状况，并具有促进舌黏膜味蕾细胞迅速增生，调节食欲，抑制肠道某些有害细菌，延长食物在消化道的停留时间，提高消化系统分泌机能及组织细胞中酶的活性等作用。蛋氨酸锌的吸收率为普通无机锌的2～4倍，且蛋氨酸本身也是高级营养物质，可在吸收蛋氨酸的同时也吸收锌。

【用途】 本品被广泛用于饲料预混料、全价料、水产料中。作为营养性添加剂，本品较无机锌吸收率高数倍，对畜禽机体可实现锌和蛋氨酸的双重补充。在生产条件下，蛋氨酸锌还具有硬化蹄面和减少蹄病的作用。

1. 对肉牛的影响 在肉牛饲料中添加本品，可提高肉牛的健康状况和生产水平。

2. 对猪的影响 在育肥猪饲料中添加本品，平均日增重可提高9.7%，饲料利用率提高3.3%，屠宰率和瘦肉率均有所提高。

3. 对鸡的影响　在集约化生产条件下，本品可提高鸡的免疫功能，饲喂蛋氨酸锌的 120 日龄火鸡，饲料转化率、死亡率、脚畸形率等均得到了较好改善。饲喂 45 日龄肉鸡，其饲料转化率、胸肉量、骨灰分含量及皮肤损伤也有明显改善。

4. 对肉兔的影响　在肉兔的饲料中添加本品，可满足其对锌的需求，在体内吸收锌的同时，蛋氨酸也被吸收，可促进肉兔的生长发育，有明显的增重效果。本品的添加量以 50mg/kg 左右为宜。另据报道，锌是保持单核吞噬细胞最佳活性所必需的元素，可影响肉兔的细胞间接防御体系，提高免疫功能，起到防病的作用。

【制剂】蛋氨酸锌，氨基酸≥40%，蛋氨酸≥35%，有机态锌（Zn）≥15%。

【用法与用量】预稀释后添加于饲料中，并混合均匀。蛋氨酸锌的用量（以 Zn 计）为：仔猪 70～120mg/kg，生长猪 35～110mg/kg，后备妊娠母猪 40～70mg/kg，肉禽 40～50mg/kg，蛋禽 30～50mg/kg。

【注意事项】①本品超量添加会引起锌中毒。②锌与钙、铜、铁等元素存在拮抗作用，饲料中这些元素含量较高时，应适当增加锌的用量。

五、钴

钴是反刍家畜必需的微量元素之一，利用率为 16%～60%，瘤胃内微生物可利用摄入的钴合成维生素 B_{12}。缺钴时，血清中维生素 B_{12} 的含量降低，从而造成食欲减退、生长缓慢、贫血、消瘦、肝脏脂肪变性、脾脏含铁血黄素沉着。非反刍家畜对外源钴的利用率相对不高，马为 15%～20%、猪为 5%～10%，禽类为 3%～7%，但大肠微生物合成维生素 B_{12} 也需要钴。

钴在畜禽体内含量极低，主要分布在肝脏、肾脏、脾脏和骨骼中，主要经肾脏排出。钴和铁具有共同的肠道黏膜转运途径，两者可竞争性抑制作用，高铁会抑制钴的吸收。可作为饲料钴源的物质有氯化钴、碳酸钴、硫酸钴（含 1 个或 7 个结晶水）、乙酸钴、氧化钴等。这些钴源都可以被畜禽很好地利用，但由于其加工性能与价格的原因，碳酸钴、硫酸钴应用最为广泛，其次是氯化钴，三者生物学效应接近。目前，我国在饲料中主要添加氯化钴。

氯　化　钴

【性状】本品为深红色单斜晶系结晶。在室温下稳定，遇热变成蓝色，在潮湿空气中放冷又变为红色。易溶于水，溶于乙醇、丙酮和乙醚。无水氯化钴含钴量为 45.4%，含氯为 54.6%。

【药代动力学】口服小剂量钴会有 25% 以上由胃肠吸收。注射钴后，约有 60% 通过尿液排出，仅少量出现在胆汁和粪便中，4d 后保留在体内的不到 5%，其中 1/2 在肝脏内。

【作用】钴是维生素 B_{12} 的必需组成成分，可诱使畜禽的红细胞增加。钴可刺激红细胞生成素产生，刺激骨髓的造血功能，有抗贫血作用，曾用于治疗各类型贫血，但疗效不佳。另外，钴还是核苷酸还原酶的组成成分，参与脱氧核糖核酸的生物合成和氨基酸代谢。钴缺乏时，血清维生素 B_{12} 降低，引起畜禽出现食欲减退、生长减慢、贫血、肝脏脂肪变性、消瘦和腹泻等症状。

【用途】口服钴制剂，可消除钴缺乏症。仅用于部分再生障碍性贫血及因肾病引起贫血的辅助治疗，现已少用。也可用于肾性贫血。

【制剂】氯化钴片，20mg/片，40mg/片；氯化钴粉剂。

【用法与用量】治疗量，口服，一次量，牛 500mg，犊牛 200mg，羊 100mg，羔羊 50mg，犬 40mg，猫 30mg。预防量，一次量，牛 25mg，犊牛 10mg，羊 5mg，羔羊 2.5mg，犬 2mg，猫 1.5mg。直接混于饲料或配成水溶液给予。

【注意事项】钴摄入量过多可导致红细胞增多症。

<h2 style="text-align:center">碳 酸 钴</h2>

【性状】本品为血青色粉末，不溶于水。可溶于酸。加热 400℃开始分解，并放出 CO_2。在空气中或弱氧化剂存在时，逐渐氧化成碳酸高钴。

【药代动力学】口服的钴 80%通过粪便排出，10%经乳汁排出。注射的钴主要经尿液排出，少量经胆汁和小肠黏膜分泌排出。

【作用】钴对红细胞生成作用的机制是影响肾脏释放促红细胞生成素，或通过刺激胍循环。畜禽在供给钴后，可使血管扩张，这是由于肾释放舒缓肌肽。动物试验结果显示，甲状腺素的合成可能需要钴，钴可以拮抗碘缺乏产生的影响。钴是维生素 B_{12} 的必需组成成分，刺激骨髓的造血功能，有抗贫血作用。另外，钴也是核苷酸还原酶的组成成分，参与脱氧核糖核酸的生物合成和氨基酸代谢。

【用途】用于钴缺乏症。本品可被畜禽很好地利用，因其不易吸湿，稳定，与其他微量活性成分配伍性好，具有良好的加工特性，耐长期贮存，故应用最为广泛。

【制剂】碳酸钴饲料添加剂，含钴 47%。

【用法与用量】反刍家畜补充钴的途径主要有：①使用含钴的饲料添加剂。②在牧场施用含钴化肥。③或以舔食含钴盐块的形式补充舍饲或放牧的牛或绵羊。④许多地方还采取口服或灌服钴盐溶液的方法，如果剂量足够，完全可防治畜禽缺钴，但必须经常性地口服或灌服，工作量大也不方便，而使用钴丸可克服这些缺点，即用碳酸钴和研细的铁粉制成致密的小弹丸（一般牛为 20g，绵羊为 5g），用弹丸枪送进食管中，并使弹丸停留在胃中，这些弹丸不断地向瘤胃液中补充钴以满足需要。在应用中，个别牛羊会通过反刍将弹丸排出，部分钴弹丸表面被磷酸钙覆盖，影响了钴的释放利用效果。碳酸钴饲料添加剂，口服，一次量，成年牛 30mg，犊牛 20mg，绵羊 3mg，羔羊 2mg，1 次/d。

【注意事项】①吸入碳酸钴，有时会出现支气管哮喘。②研磨钴化物能引起急性皮炎，有时皮肤表面形成溃疡。应做好个人防护，以保护皮肤。③金属钴和氧化钴的最高容许浓度为 $0.5mg/m^3$。

<h2 style="text-align:center">硫 酸 钴</h2>

【性状】含 1 个结晶水的硫酸钴为青色粉末，溶于水，但不吸湿，吸水性不超过 3%，使用方便，逐渐取代 7 个结晶水的硫酸钴。含 7 个结晶水的硫酸钴为具有光泽、无臭、暗红色透明结晶或桃红色砂状结晶，由于其易吸湿返潮结块，影响加工产品质量，故应用时需脱水处理。饲料级硫酸钴外观带棕黄色的红色结晶体或粉红色粉末，1%、2%、5%稀释粉为浅红灰色粉末。

【药代动力学】同碳酸钴。

【作用】钴是维生素 B_{12} 的必需组成成分，能刺激骨髓的造血功能，有抗贫血作用。另外，钴还是核苷酸还原酶的组成成分，参与脱氧核糖核酸的生物合成和氨基酸代谢。

【用途】饲料生产中钴源的补充剂,用于饲料添加剂和钴盐。

【制剂】①硫酸钴丸,含钴98%。②含钴盐砖,含钴0.1%,含量≥98%。

【用法与用量】治疗,口服,羊1mg/d/只,连用7d,间隔2周后再用1次,或每周1次,7mg/次。预防,将含钴98%的硫酸钴丸投入瘤胃内,牛20g,羊5g,但对60日龄以内的犊牛和羔羊效果不明显,或用含钴0.1%的盐砖,让牛羊自由舔食,常年供给,或在饲料中添加钴,牛饲料中钴含量在0.06mg/kg,羊0.07mg/kg,可有效地预防钴缺乏症。

【注意事项】①畜禽饲料中添加硫酸钴应以稀释品形式添加。②贮存于阴凉、干燥处。③不得与有毒有害物质共贮。

乙 酸 钴

乙酸钴又称为醋酸钴、草酸钴或乙酸亚钴。

【性状】本品为紫红色结晶性粉末,易潮解,15℃时在100g乙醇中的溶解度为1.49g,在乙醇中呈蓝色溶液。溶于醋酸,不溶于苯。当加热至140℃时,失去全部结晶水。

【作用】补充畜禽所需钴元素,提高采食量,促进生长。

【用途】用于畜禽的钴补充剂,添加到饲料中可满足畜禽对钴的需要。

【制剂】饲料级乙酸钴含乙酸钴98%。

【用法与用量】给反刍家畜补钴的方法主要有以下几种:①在牧草中追施或喷施乙酸钴,可长期满足需要。②在补充料、食盐或饮水中添加乙酸钴。③经常性地灌服乙酸钴溶液。④以钴丸的形式补钴。⑤在驱虫剂中添加乙酸钴。

对反刍家畜,很难精确地估计出钴的最低需要量,因为它受到牧草中钴含量的季节性变化、采食牧草的土壤污染等不定因素的影响。其钴的需要量为0.07~0.2mg/kg。饲养标准中,妊娠、泌乳母猪钴的需要量分别为1.5mg/kg和0.5mg/kg;断奶仔猪0.7mg/kg。肉仔鸡钴需要量,在生长期与育肥期均为0.4mg/kg。

【注意事项】①各种畜禽对钴的耐受力都比较强,达10mg/kg。饲料钴超过需要量的300倍可产生中毒反应。②应贮存在阴凉、干燥和通风处。

六、钼

钼是畜禽所必需的微量元素之一,广泛存在于土壤、水、空气、植物及畜禽组织中。钼最早是作为一种有毒元素被动物学家认识的,钼中毒可使放牧羊产生剧烈腹泻和被毛褪色,称之为Teart病(钼中毒)。

钼主要是依赖于钼酶(黄嘌呤氧化酶、醛氧化酶和亚硫酸盐氧化酶)参与畜禽机体代谢,发挥生物学功能。钼的生物学作用:

1. 钼和酶的关系 钼是构成黄嘌呤氧化酶、醛氧化酶、亚硫酸盐氧化酶等氧化酶的组成成分,可解除有害醛类的毒性,能降低龋齿的发病率。

2. 钼与铁、铜的关系 参与电子的传递、铁从铁蛋白的释放及铁的运输。钼与铜之间有拮抗作用。畜禽主要从饲料或饮水中摄取钼,其含量差异很大。

3. 钼的抗癌作用 缺钼地区食管癌发病率高,钼构成亚硝酸还原酶(植物),降低环境中亚硝酸含量,减少致癌物亚硝胺的生成。

4. 钼与心血管疾病的关系 洋地黄类施用钼肥可提高产量及强心苷疗效。

5. 高钼与痛风的关系 高钼地区痛风的发病率高，可能与黄嘌呤氧化酶活性增高、尿酸生成增多有关。

<h2 style="text-align:center">钼 酸 铵</h2>

【性状】本品为白色或淡绿色晶体，溶于水、酸和碱，不溶于醇。加热至 90℃ 时失去 1 个结晶水，190℃ 时分解成氨、水和三氧化钼。放置空气中易风化，失去一部分氨。

【药代动力学】反刍家畜和非反刍动物对钼的代谢存在明显的差异。反刍家畜主要在瘤胃吸收钼，小肠也具有吸收钼的能力，在消化道内的吸收过程较为缓慢，这主要是钼作为反刍家畜消化道微生物的生长因子，为微生物吸收而相对较长时间地滞留在消化道中，吸收的钼少量进入胆汁，而进入血液的钼则变成一种高度透析的阳离子参与体循环，并进入其他组织器官中。吸收的钼主要在骨骼、皮肤、被毛和肌肉等组织器官中贮存，其他组织器官中贮存量极少。反刍家畜吸收的钼主要通过粪便排出。非反刍动物整个小肠均具有吸收钼的能力，十二指肠更易吸收钼，吸收的钼较反刍动物更易在肝脏中沉积，吸收的钼大部分通过尿液排出。若钼的剂量较大，少量钼经胆汁排出，形成肝肠循环，在维持畜禽体内钼平衡方面起着一定的调节作用。

【作用】钼是 7 种重要微量营养元素之一，畜禽必需的微量元素，是畜禽体内肝脏、肠道中黄嘌呤氧化酶、醛类氧化酶的基本成分之一，也是亚硫酸肝素氧化酶的基本成分。钼的生物化学功能均通过各种钼酶的活性来表现，含钼的酶在碳、硫、氮循环的基础代谢中起催化作用。钼酶存在于所有的生物体内，参与蛋白质、含硫氨基酸和核酸的代谢。钼对尿结石的形成有强烈抑制作用。

1. 促生长 钼可提高饲料利用率，促进畜禽的生长。

2. 提高繁殖性能、生产性能及成活率 钼与铜之间在代谢上存在明显的拮抗作用。钼与其他微量元素的拮抗和协同作用可缓解其他微量元素缺乏或降低其毒性，对畜禽，特别是对反刍家畜的健康和生产相当重要。

【用途】防治畜禽钼缺乏症和治疗铜中毒。

【制剂】饲料级钼酸铵，含量 99%。

【用法与用量】牛的钼最高安全水平是 5mg/kg，当饲料中钼水平补充到 2.4mg/kg 时，可显著促进反刍家畜的生长。经试验，肉鸡补钼组的增重均高于对照组，鸡群添加钼 5～7mg/kg 饲料的肉鸡增重比对照组提高 12.5%，增重效果极其显著。一般饲料中含铜量为 8～11mg/kg，含钼量 1～3mg/kg，当饲料中的钼铜比例为 6∶1～10∶1 时，不论饲料钼的含量有多高，均不会引起畜禽钼中毒和钼缺乏，适宜剂量的钼是机体吸收铜所必需的。

【注意事项】①过量的钼可引起不良反应。②铜与钼有明显的拮抗作用，饲料中铜过量会使钼的吸收量减少，尿中排出量增加。相反，当钼含量高时，会使铜的作用率降低，导致畜禽铜缺乏，钼缺乏会促进铜中毒。③饲料中的硫水平也影响钼的代谢，硫酸盐会减少钼在肠道中的吸收和钼在组织中的蓄积，这可能是由于 MoO_4^{2-} 与 SO_4^{2-} 在消化道吸收过程中，相互竞争载体系统，导致竞争性吸收抑制造成的。

七、铬

铬和畜禽机体必需的微量元素之一。其中 Cr^{3+} 是对畜禽有益的元素，而 Cr^{6+} 是有毒的。

体内铬不足时的主要表现为蛋白质、脂肪和糖代谢过程的失调，生长速度、生产力、生活力降低，铬不足可降低畜禽对葡萄糖的耐受量。

市场上，无机铬产品种类较多，主要是将氯化铬与奶粉混合，或与其他微量元素，如碘、锌、硒、镁等混合而生产的产品，存在一些无法克服的问题，如吸收率低，一般都低于10%，无生物活性，需要转化成有生物活性的葡萄糖耐量因子铬，才有调节代谢的作用。商品有机铬有 3 种形式：吡啶甲酸铬、烟酸铬和富铬酵母。

吡 啶 甲 酸 铬

吡啶甲酸铬又称为吡啶羧酸铬、甲基吡啶铬，由铬离子与 3 个吡啶甲酸分子形成稳定的络合物。

【性状】本品为玫瑰红色结晶，微溶于水，溶于稀酸溶液。

【药代动力学】主要在空肠中被吸收，大部分通过尿液排出，一小部分铬通过毛发、汗腺和胆汁排出。

【作用】铬是畜禽必需的微量元素之一，是畜禽葡萄糖耐量因子中的活性成分，含 Cr^{3+} 的复合物为胰岛素增强剂，可增强胰岛素活性，促进胰岛素与细胞受体的结合，改善畜禽机体的糖代谢，进而刺激组织对葡萄糖的摄取。铬还参与蛋白质的合成、核酸及脂肪的代谢。本品稳定性强，具有脂溶性，可顺利通过细胞膜直接作用于组织细胞，是较易被畜禽吸收的有机铬。

【用途】预防和改善糖尿病患畜的乏力、多尿、口渴等症状，防止糖尿病合并症的发生。提高瘦肉比例，降低胴体脂肪含量；提高抗应激能力，增强机体的免疫功能；改善饲料报酬，促进畜禽的生长发育；提高母猪的产仔数；降低仔猪的死亡率。

【制剂】吡啶甲酸铬以预混剂形式添加，有效有机铬含量为 0.2% 或 0.1%。

【用法与用量】在全价料中添加吡啶甲酸铬 100～200mg/kg。

【注意事项】①本品在体内进行安全性试验，除静脉注射途径外，未见毒性报道。②在体外研究上，超量添加本品＞0.6mmol/L 时，可能出现细胞毒性和 DNA 毒性。其毒性作用与其代谢途径密切相关，但作用机理尚不完全清楚。

烟 酸 铬

【性状】本品为灰蓝色粉末，常温下稳定，微溶于水，易溶于稀酸，不溶于乙醇，其中铬为 3 价。

【药代动力学】烟酸铬主要在空肠中被吸收，而十二指肠和回肠对铬的吸收相对较弱。研究表明，无机铬在畜禽胃肠道中很难被吸收，吸收率仅为 0.4%～3%；有机铬的吸收率远高于无机铬，可达 10%～25%。铬被吸收以后，经过肾小球的滤过作用，主要通过尿液排出体外或者结合到低分子有机转运蛋白上，还有一小部分铬通过毛发、汗腺和胆汁排泄。

【作用】铬是葡萄糖耐量因子的重要活性成分，含 3 价铬的复合物为胰岛素增强剂，促进胰岛素与细胞受体的结合。促进畜禽的生长发育。促进蛋白质的合成和糖、脂肪的代谢，降低机体脂肪含量，提高瘦肉比例，显著改善肉质。具有生物活性的 3 价铬可增强畜禽免疫力，提高抗应激能力，减少疾病。还可促进性腺发育，促进卵细胞发育，提高排卵质量和繁殖性能。

【用途】原农业部第 2045 号公告批准烟酸铬为饲料添加剂。在畜牧生产中，可用于降低背膘厚度，提高瘦肉比例；提高母猪产仔数、活仔数、改善繁殖性能；提高种鸡的受精率、产蛋率和产蛋质量，降低次蛋比例；提高抗应激能力，增强机体免疫功能；改善饲料报酬，促进畜禽的生长发育。

【制剂】烟酸铬无毒、无残留，是一种经济、高效、优质的混合型饲料添加剂，主要成分为烟酸（以干基计）84%～88.5%，铬（以干基计）2.3%～13%，6 价铬≤0.001%，重金属（以 Pb 计）≤0.001%；总砷≤0.000 5%。

【用法与用量】以预混剂形式添加，预混剂中有效有机铬含量为 0.1% 或 0.2%。拌料（以每千克全价料计），母猪 80～150mg；体重 30kg 以上的育肥猪及种猪 100～200mg。

【注意事项】①本品不允许单独饲喂，需与饲料或其他原料预混稀释，逐级混合均匀。②应存放于阴凉、干燥处。

丙 酸 铬

丙酸铬为固体，是丙酸同铬生成的络合物。

【性状】本品为墨绿色粉末状固体，易溶于水。

【药代动力学】铬主要在小肠中部被吸收，其次是十二指肠和回肠。在小肠内的铬属于被动转运，铬与其他分子形成配合物的能力很强，其在小肠内的吸收机制可能是铬和小分子结合，形成配合物通过肠壁，继而转运到机体的各个部位，而未被吸收的铬一部分通过粪便排出体外，另一部分则在肝脏中合成葡萄糖耐量因子，转运到血液中，协同胰岛素参与机体的各种代谢活动，最终随尿液排出。

【作用】铬的生物学功能主要以 3 价铬离子构成葡萄糖耐量因子协助胰岛素发挥作用，进而影响糖、脂类、蛋白质和核酸代谢等生物功能。铬作为葡萄糖耐量因子的重要组成成分，具有促进胰岛素与受体结合，增强胰岛素功能的作用，从而促进了葡萄糖向细胞膜的输送和转运，降低血糖。降低脂肪在动物体内的沉积，影响脂肪和胆固醇在动物肝脏内的合成与清除，促进脂肪的重分配，降低血清甘油三酯和总胆固醇的含量，提高血清中高密度脂蛋白胆固醇。3 价铬可增强机体免疫功能和抗应激能力，并可刺激机体的造血功能。

【用途】丙酸铬作为葡萄糖代谢的调控因子之一，越来越受重视。生产中添加丙酸铬可提高畜禽的生产性能、增强免疫力、提高繁殖性能及改善胴体品质等，可减少抗生素类饲料添加剂的用量，提高畜禽产品的安全性。同时，在减缓环境、营养、生理等应激因素所带来畜禽生产性能负面影响方面的功能也日益重要。

【制剂】饲料添加剂丙酸铬：丙酸铬≥2.1%，Cr^{3+}≥0.4%。

【用法与用量】反刍家畜有机铬的适宜添加量为 0.2～0.8mg/kg。在奶牛精补料中的推荐添加量为 0.05～0.1mg/kg。猪饲料中添加 0.2mg/kg 丙酸铬。

【注意事项】丙酸铬饲喂过量，可导致畜禽产品中的铬残留。故在畜禽的不同阶段，根据不同铬源形式的生物利用率及耐受量不同，在生产实践中应谨慎添加。

蛋 氨 酸 铬

蛋氨酸铬又称为 DL -蛋氨酸铬，蛋氨酸铬是由 3 价铬离子和 DL -蛋氨酸组成的化合物。蛋氨酸铬作为一种氨基酸螯合铬，在酸碱性条件下均稳定，可借助氨基酸的吸收途径而被吸收，吸收利用率高，避免了其他有机铬的缺陷。

【性状】本品为紫红色结晶性粉末，微溶于水，微溶于乙醇，流动性良好。

【药代动力学】无机铬在畜禽体内的吸收率很低，仅为 0.4%～3%，有机铬吸收率为 10%～25%。铁干扰铬的吸收，3 价铬的转运依赖运铁蛋白，当铁浓度高时，铁与铬竞争在运铁蛋白上的结合点。锌与铬在肠道有相同代谢途径，锌可抑制无机铬的吸收，钒酸盐通过呼吸的线粒体抑制铬的摄入。

蛋氨酸铬中的铬以 3 价的形式存在，铬进入血液后，通过血液促进胰岛素水平来提高葡萄糖及饲料中能量的利用效率，促进组织氨基酸的吸收和蛋白质的合成，抑制脂肪分解和降低血脂水平，从而满足妊娠母猪胎儿的营养需求和哺乳期的乳中养分需要。

【作用】蛋氨酸铬的主要作用为在应激状态下，可降低发病率和死亡率，增强畜禽抗应激能力（高温、运输、早期断奶、转群等应激）。提高畜禽的生产性能和瘦肉率。借助氨基酸途径直接吸收，缓解矿物质之间的拮抗竞争作用，充分满足畜禽对铬的营养需求，激活体内多种酶的活性，增强机体免疫机能。

【用途】饲料中添加蛋氨酸铬，改善母猪的繁殖性能，缩短母猪发情间隔期，提高仔猪成活率和仔猪窝重，提高断奶仔猪体重。改善胴体品质，提高瘦肉率和抗应激能力。可提高种禽的产蛋率和孵化率。提高畜禽采食量，促进生长，改善饲料报酬。

【制剂】饲料级蛋氨酸铬：铬≥3%，蛋氨酸≥25%，总砷≤0.005%，铅≤0.002%，水分≤5%。

【用法与用量】在全价料中添加蛋氨酸铬，猪 50～100mg/kg，家禽 100～200mg/kg，反刍家畜每头每天 100～400mg。

【注意事项】严格控制用量，防止因过量增加肉、蛋、奶等产品中的铬残留。

富 铬 酵 母

富铬酵母又称为酵母铬，是在培养酵母的过程中加入无机铬，通过酵母在生长过程中对铬的自主吸收和转化，降低铬的毒性，使铬能够被畜禽更高效、更安全地吸收利用。

【性状】本品为黄色或淡黄色，细度均匀的粉末或粒度均匀的颗粒，无杂质，具有酵母的特殊气味。

【药代动力学】铬主要是在空肠中被吸收，经过肾小球的滤过作用，主要通过尿液排出或者结合到低分子有机转运蛋白上，还有一小部分铬通过毛发、汗腺和胆汁排出体外。

【作用】富铬酵母作为必需微量元素铬的生物活性制剂，不仅具有良好的降血糖、降血脂的效果，还可避免无机铬盐的毒性，调节机体糖、脂类和蛋白质代谢，是一种安全、高效的铬补充剂。富铬酵母与无机铬相比，具有生物活性及吸收率高、补铬效果好的优点。从酵母中分离出来的铬配合物主要由 3 价铬、烟酸、谷氨酸、甘氨酸和含硫氨基酸等组成，这些成分合成的铬配合物具有良好的生物活性，是目前最有效的补铬剂。

在饲料中添加本品，可提高肉牛和肉鸡的生长速度；降低牛血清皮质醇浓度，提高免疫球蛋白含量和抗体滴度，对产奶有利；改善肉用畜禽的胴体品质，增加羔羊的氮存留，提高火鸡的胸肉产量，促进畜禽的肌肉增长和体脂减少，使猪胴体眼肌面积增大，瘦肉率提高，脂肪厚度减少及血清脂肪含量下降。在抗应激、增强免疫力、提高饲料利用率和瘦肉率方面效果均比较显著。

【用途】富集微量元素的功能酵母，其自身含有丰富的营养成分，很适合作为饲料添加剂在畜牧业中应用，作为饲料中铬营养素强化的原料。铬可提高畜禽的抗应激能力，影响免疫反应。作为饲料添加剂，铬可提高饲料的利用率，促进生长，提高胴体品质，提高繁殖性能。在饲料中添加酵母铬制剂，降低无机铬对畜禽机体的危害，提高机体中肌蛋白合成过程中所需的各种酶蛋白的含量，促进肌蛋白合成，提高瘦肉率，降低脂肪沉积，改善畜禽肌肉品质。提高蛋鸡的产蛋率，降低鸡蛋胆固醇含量，促进肉鸡生长，降低胸肌脂肪含量。

【制剂】富铬酵母中铬含量最高可达 2.5g/kg，通常为 1g/kg 或 2g/kg 左右，其蛋白质含量为 40%，富含完整的 B 族维生素和多种矿物质。

【用法与用量】拌料，投入比例视产品需要和原料铬含量而定，具体参见产品说明书。

【注意事项】富铬酵母的毒性远低于三氯化铬。

八、镍

在畜禽的饲养过程中，一般不会发生镍中毒现象，镍对家禽几乎没有毒性，其原因可能是镍在其体内的存留量极少，而排泄量较大。畜禽可调节镍在体内的平衡，其中肾脏的调节能力最强。饲喂过量镍会发生中毒，对肾脏的危害最大。泌乳奶牛饲料中镍含量为 250mg/kg 时，对健康和泌乳作用无不良影响；当饲料中镍含量达 500～1 000mg/kg 时，其采食量会大幅度降低。0～4 周龄仔鸡饲料中加 500mg/kg 的镍时，可抑制生长，造成肾脏内的镍浓度增加，日增重下降 40%；镍含量达 1 100mg/kg 时，可致严重贫血，死亡率达 69%。

【性状】本品为银白色重金属，硬而有延展性，并具有铁磁性的金属元素，具有高度磨光和抗腐蚀性。溶于硝酸后，呈绿色。

【药代动力学】随饲料进入消化道中的镍不易被吸收。通常情况下，镍的吸收程度仅占摄入量的 1%～10%，即使摄入量很高也是如此。进入血液后的镍与血浆 α-球蛋白结合参与转运，通过血液循环到达机体各组织器官而发挥作用，而后经尿液以小分子络合物的形式排出体外。镍主要通过呼吸道、口腔、表皮和胃肠 4 种途径吸收。研究表明，除胚胎组织外，其他组织都不能有效地贮存镍。镍可顺利地通过胚盘组织，进入胚胎的镍较平稳，不会很快地下降。未被吸收的大部分镍，通过粪便排出，少量经汗液、尿液排出。镍在汗液中的含量仅次于粪便中，排汗增多时，镍的排出量增多。

【作用】

1. 参与牛羊消化代谢的调节 牛羊瘤胃微生物需要镍合成尿素酶，从而降解尿素中氮供细菌利用，合成菌体蛋白；同时镍可提高瘤胃脲酶的活性，改变瘤胃发酵的类型，影响瘤胃微生物的种群繁殖。含镍量为 60μg/kg 的饲料用于羔羊，其瘤胃内脲酶活性非常低，每千克饲料添加 5mg 镍后，脲酶活性提高 8 倍以上，并且可增加体重。

2. 调节核酸和蛋白质代谢 镍进入细胞后，主要集中在 DNA 和 RNA 中，与核酸的磷脂和碱基结合，可提高 DNA、RNA 和核糖体结构的稳定性，从而影响 DNA 和 RNA 的复制及其他蛋白的合成。适量的镍可促进 DNA 和 RNA 发挥其正常生理功能，但过量会使 RNA 复制失真，DNA 受到损伤，引起突变，甚至导致癌变。

3. 作为体内多种酶的结构成分和活化因子 镍可以促使精氨酸酶、酪氨酸酶、脱氧核糖核酸酶、乙酸辅酶 A 合成酶、葡萄糖磷酸变位酶、糖解酶、脂肪酶和胃蛋白酶的活性升高。缺镍时，肝脏中的 α-淀粉酶、苹果酸脱氢酶及葡萄糖-6-磷酸脱氢酶、脱氧核糖核酸酶、谷草转氨酶和谷丙转氨酶的活性降低，影响氨基酸的代谢。

4. 参与体内激素的调节 通过试验发现，给牛饲喂高剂量（中毒量）镍，牛的外观很像犊牛，这说明镍可能与垂体生长激素的释放有关。镍参与促甲状腺素、胰岛素、催乳素、胰高血糖素等激素的分泌和释放。镍含量升高促进上述激素的分泌与释放，含量下降在一定程度上又抑制了其分泌与释放。

5. 与体内矿物质代谢密切相关 镍在畜禽体内参与多种常量元素和微量元素的代谢，与多种矿物质元素发生相互作用，其中影响最大的是铁、铜和锌。铁与镍既相互协同又相互拮抗。缺镍的大鼠对铁的吸收较差，红细胞减少，血红素和红细胞容量降低，甚至引起贫血。在缺镍的大鼠饲料中，补充 5mg/kg 的铁，可预防缺血和贫血，但红细胞、白细胞都相应增多；严重缺铁时，补镍大鼠生长更慢，死亡率更高。给缺铜的大鼠补镍，其生长速度加快，红细胞比容和血红蛋白浓度提高。长时间连续补镍可加剧缺铜症，红细胞比容、血红蛋白、血浆碱性磷酸酶降低，血浆胆固醇升高，生长缓慢。镍与锌之间的相互作用是非竞争性的，镍过量或不足并不直接影响锌的功能，只是明显改变畜禽体内锌的分布，缺镍导致组织中锌浓度降低。镍可部分缓解某些缺锌症状，如白细胞数量的减少，红细胞比容增加，血红蛋白浓度的升高和红细胞数增加等。缺镍还可影响骨骼中的钙、磷和镁的代谢，抑制骨骼的正常生长发育。镍可能在一定程度上代替钙参与神经细胞和骨骼肌兴奋收缩过程，这可能是镍与细胞膜的结合能力比钙强的缘故。

6. 刺激造血 镍可促进哺乳动物的造血功能，增强红细胞的再生作用。在凝血过程中，镍在一定程度上稳定了易变因子。通过试验给大鼠补充氯化镍 100mg/kg，可使其体重、食欲增加，红细胞和白细胞增生旺盛，红细胞比容有所增加。镍具有类似钴的造血活性，而且镍的变化也与钴在贫血治疗过程的变化相似。

7. 参与膜结构的完整和代谢 缺镍时，膜结构遭到破坏，可产生组织出血。此外，镍还明显影响色素代谢及垂体功能。

【用途】镍缺乏症的补充剂。

【制剂】甘氨酸镍，饲料添加剂。

【用法与用量】目前，对镍需要量的研究还不系统，最小需要量尚未确定。一般来说，牛羊较其他动物需要量高，饲料中需镍量约为 1mg/kg。妊娠猪需镍量为 1.4mg/kg，哺乳猪为 0.6mg/kg，初生仔猪为 0.12～0.16mg/kg。家禽镍最小需要量为 0.05～0.08mg/kg。

【注意事项】饲喂过量镍会发生中毒，镍中毒对肾脏的危害最大。

九、钒

钒是畜禽正常生长可能必需的矿物质元素之一，钒有多种价态，具有生物学意义的是 4 价钒和 5 价钒。2 价钒盐一般都是紫色的，3 价钒盐是绿色的，4 价钒盐是浅蓝色的，而五氧化二钒常是红色的。4 价钒为氧钒基阳离子，易与蛋白质结合形成复合物，而防止被氧化。5 价钒为氧钒基阳离子，易与其他生物物质结合形成复合物。在许多生化过程中，钒酸根能与磷酸根竞争，或取代磷酸根。钒酸盐可以被维生素 C、谷胱甘肽或还原型辅酶 I 还原。

偏 钒 酸 铵

偏钒酸铵又称为钒酸铵、偏钒、二缩原钒酸铵和氧化钒铵。

【性状】本品为白色结晶性粉末，微溶于冷水，溶于热水及稀氨水。在空气中灼烧时变成五氧化二钒，有毒。

【药代动力学】摄入的钒只有少部分被吸收，吸收的钒一般不足摄入量的5%，大部分通过粪便排出。摄入的钒在小肠与低分子量物质形成复合物，然后在血液中与血浆内的转铁蛋白结合，血钒很快被运送到全身各组织。吸收入体内的钒80%～90%由尿液排出，也可通过胆汁排出。钒在畜禽体内含量极低，体内总量不足1mg。主要分布于内脏，尤其是肝脏、肾脏及甲状腺等部位，骨组织中含量也较高。钒在胃肠的吸收率仅为5%，其吸收部位主要在上消化道。此外，环境中的钒可经皮肤和肺吸收入体内。血液中约95%的钒以离子状态（VO^{2+}）与转铁蛋白结合而输送，故钒与铁在体内可相互影响。

【作用】钒可调节Na－K－ATP酶、磷酰转移酶、腺苷酸环化酶、蛋白激酶类的辅助因子，与体内激素、蛋白质、脂类的代谢关系密切。可能存在以下作用：防止因过热而疲劳和中暑，促进骨骼及牙齿生长，协助脂肪代谢的正常化，预防心脏病突发，协助神经和肌肉的正常运作。

【用途】在牛和猪的饲料中加入微量的偏钒酸铵，可增加饮食量，脂肪层加厚。

【制剂】偏钒酸铵含量≥99%。

【用法与用量】牛、羊等反刍家畜对钒的最高耐受量为50mg/kg。为维持家禽的生长，饲料中钒的供给量应保持在0.05～0.5mg/kg，当鸡饲料中钒的含量达到3mg/kg时，鸡增重明显加快。在每千克鸡饲料中添加30mg钒时，对于鸡的产蛋量和采食量没有影响。每日给家兔饲喂钒0.3～0.5mg/kg，40d后发现网织红细胞明显增多，停用钒后，网织红细胞迅速恢复正常，而红细胞仍缓慢增加。

【注意事项】①饲喂过量，畜禽可出现生长缓慢、腹泻和死亡。②贮存于阴凉、干燥、通风处。③专人保管，分装和搬运作业要注意个人防护。

正 钒 酸 钠

【性状】本品为浅白色透明针状或六角棱状晶体，颜色与结晶水相关，在空气中易风化，失水后呈白色。极易溶于水，溶液呈碱性，不溶于醇。

【药代动力学】钒主要通过口腔、呼吸道、表皮吸收和胃肠外给药等途径进入体内。畜禽对钒的吸收比较快。给大鼠注射钒，发现钒在5～10min内进入血液，30min后在肝脏、肾脏、脾脏、肺脏、肠道、肌肉、骨骼、甲状腺、脑及心肌等组织内发现有钒，在6h以内钒的浓度达到最高峰，第2天仅在血中有少量钒。通过饮食摄取的钒，主要通过肠道排出。静脉注射的钒，则主要通过肾脏排出。

【作用】本品可防止胆固醇蓄积，降低过高的血糖，防止龋齿，参与红细胞的生成。钒酸盐具有胰岛素样作用，可降低患糖尿病动物的血糖，而对正常动物血糖水平无明显影响。

【用途】防治畜禽钒缺乏症。

【制剂】正钒酸钠，纯度≥90%。

【用法与用量】鸡饲喂每千克含钒30～35μg的饲料后，可刺激机体造血功能，红细胞比容明显增加。关于畜禽对钒的需要量的研究少见报道。饲料钒水平如高于安全水平，将难以保证畜禽健康和生产性能的正常发挥。据报道，将仔鸡饲料中钒水平从30μg/kg提高到3mg/kg时，仔鸡表现出明显的生长反应。通过综合考虑钒对仔鸡的致毒作用，饲料中钒的安全水平初定值为：仔鸡 5mg/kg，产蛋鸡为 10mg/kg。绵羊对钒耐受能力稍强，饲料中钒的安全水平可至 20mg/kg。

【注意事项】①金属钒的毒性很低，钒化合物（钒盐）对畜禽具有毒性，其毒性随化合物的原子价增加和溶解度的增大而增加，可引起呼吸系统、神经系统、胃肠和皮肤的改变。②铁对转铁蛋白和铁蛋白的饱和作用，使钒与 2 种蛋白质的结合降低，从而影响钒在体内的转运。③铬、铁、铌与钒配合使用，可缓解中毒现象。④饲料中维生素 C 和乙二胺四乙酸（EDTA）可以阻止钒的毒性作用，维生素 C 可使毒性强的 5 价钒还原为低价钒，EDTA 与钒形成络合物从而干扰钒的吸收和代谢。

十、锡

畜禽体内含有少量的锡，锡是维持机体健康必不可少的元素之一，畜禽对锡的摄入量过多或过少均可影响机体的正常生理功能。锡的主要生理功能包括：可促进蛋白质及核酸的反应，促进机体的生长发育，催化氧化还原反应，增强体内环境的稳定性等。

目前，锡已被公认为机体生命活动中所必需的微量元素之一。锡与多数微量元素不同，在畜禽体内与蛋白质及脂肪形成稳固的联系，锡的有机化合物在代谢过程中具有较高度的生物学活性。体内锡的缺乏或超量均可严重影响机体的生长发育，特别是幼龄畜禽，长期的锡缺乏将会出现侏儒症。

氯 化 亚 锡

氯化亚锡又称为二水氯化亚锡。

【性状】本品为无色结晶，易溶于水、乙醇和冰醋酸。在中性水溶液中易分解产生沉淀，在酸性水溶液中有很强的还原性，与碱作用时则会生成水与氯化物沉淀。

【药代动力学】锡主要经胃肠道和呼吸道吸收，无机锡在胃肠道中吸收率很低，其吸收率与阴离子的形式和氢化态有关系的。锡化合物的类型与锡的排泄途径有一定的关系，无机锡的分布主要在软组织中，通过血液再运送到其他各组织中，吸收的无机锡大部分通过尿液排出，少部分可通过胆汁排出体外，没有被吸收的无机锡，则主要通过粪便排出。有机锡在畜禽体内的吸收量非常少，主要通过肝微粒体酶脱烷基的代谢转化，其中大部分是通过消化道及肾脏排出，主要是通过线粒体发挥毒性作用，畜禽体内的有机锡化合物会逐渐失去有机基团转变为其他的锡化合物。

【作用】锡与黄色酶活性有关，并参与黄激素酶的生物反应，从而加强体内环境的稳定性等。目前，已有文献报道，锡化合物具有抗肿瘤的作用，如对结肠癌、乳腺癌、肺癌等都有一定的抑制肿瘤细胞活性的功能。同时，锡还具有促进组织创伤的愈合及生长的功能，并参与机体的能量代谢。

【用途】用于锡缺乏症。

【制剂】饲料级氯化亚锡，含量为 99％。

【用法与用量】目前关于锡及其化合物对畜禽毒性的报道较少，缺乏足够的数据支持，我国还没有制定出饲料中锡的允许量标准。有研究表明，在含锡不足的饲料中，加入锡 0.5mg/kg、1.0mg/kg 或 2.0mg/kg（以干物质计），试验动物增重、增高达 50％～60％。

【注意事项】在饲料中添加过量的氯化亚锡，对雏鸡的生长发育会造成一定的影响，通过临床观察发现，高锡组雏鸡的采食量、体重、肝脏绝对重量及脏器指数都显著降低，故应严格控制使用剂量。

十一、氟

氟广泛存在于自然界中，空气、水源、土壤和动植物体内都含有氟。自然界中氟主要以萤石、冰晶石及氟磷灰石存在。氟是畜禽必需的微量元素之一，适量的氟可防止血管钙化，对牙齿和骨的形成与结构均有重要功能。

氟是一种具有毒性的元素。在我国，地方性氟中毒从1930年开始就有报道，摄入氟过量可出现氟斑牙和氟骨症。当喂给含氟不足的饲料时，增重降低，牙齿发生色素沉着，每千克饲料干物质添加氟量1～2.5mg时，体重增加17%～30%，齿色正常。成年动物缺氟时，可产生骨疏松症和龋齿，氟类制剂能预防这些疾病。

氟 化 钙

氟化钙一般是碳酸钙与氢氟酸作用或用浓盐酸或氢氟酸反复处理萤石粉制备。

【性状】 本品为无色结晶或白色粉末，难溶于水，微溶于无机酸，与热的浓硫酸作用生成氢氟酸。

【药代动力学】 畜禽可通过呼吸、饮水、饲料而摄入氟。氟的吸收部位主要在胃和小肠，氟几乎是唯一在胃中吸收的元素，大肠则很少吸收氟。氟不但吸收率高，而且吸收速度很快。经口摄入的氟随即进入胃和小肠，几分钟内便开始吸收，10min进入血液，30min约吸收50%，60min血液中氟达到高峰，90min氟可全部被吸收。畜禽体内的氟通过尿液、粪便、汗液等途径排出，尿液排出总量的75%，粪便排出12.6%～19.5%，汗液排出7%～10%。只有微量的氟可通过毛发、指甲和乳腺排出，产蛋家禽可将氟排入蛋中。另外，氟可顺利通过胎盘向胎儿转移。

【作用】

1. 促进再矿化 增强抗龋力的关键是增加牙釉质表面的氟浓度，使氟离子能与牙釉质中的羟磷灰石发生反应，取代磷灰石结晶的羟离子，而形成难溶于水的氟磷灰石，增强抗酸强力。

2. 抑酶作用 氟化物是有效的抗酶剂，氟可通过牙体组织向外或通过唾液向内等途径进入菌斑，抑制糖酵解为有机酸的酶，从而减少有机酸的形成，牙齿硬组织的脱矿被中止，使龋病的患病率相应降低。

3. 抑制致龋细菌的生长及综合多糖的作用 龋病的发生与黏附在牙面的细菌有密切关系。一定浓度的氟化物可抑制致龋链球菌细胞内多糖的贮存。细胞内多糖是细菌的营养物质，它的缺乏会影响细菌的代谢、生长与繁殖。氟化物还有抑制致龋链球菌综合细胞外多糖的作用，细胞外多糖是细菌聚集并黏附在牙面上形成菌斑的基质。细胞外多糖缺乏会阻碍细菌在牙面上的黏附。

【用途】 添加在饲料中。痕量的氟可预防龋齿，若水中的氟含量<0.5mg/L，龋齿发病率可达70%～90%，故痕量的氟有利于预防龋齿。

【制剂】 氟化钙。

【用法与用量】 畜禽对氟的耐受量受其种类、品种、年龄、氟化物类型等多种因素影响。

鸡对氟的耐受量较大，其次为猪、牛。青年动物对氟比成年动物敏感，动物处于生长换牙、哺乳期较敏感。根据动物的最大耐受量及对全国各地饲料原料和配合饲料中氟含量的普查结果，我国于 1991 年发布了饲料原料及配合饲料中的氟允许量。饲料配合料氟允许量，肉用仔猪、生长鸡配合饲料≤250mg/kg，产蛋鸡配合饲料≤350mg/kg，猪配合饲料≤100mg/kg。卫生标准饮水，含氟化钙 1～1.5mg/kg。各种畜禽对饲料中氟的最大耐受量：雏鸡 200～400mg/kg，产蛋鸡 500～700mg/kg，火鸡 300～400mg/kg，猪 100～200mg/kg，绵羊 70～100mg/kg，青年奶牛 30mg/kg，成年奶牛 30～50mg/kg，育肥牛 100mg/kg，繁殖牛 30mg/kg。

【注意事项】氟化合物对人体有害，少量的氟（150mg 以内）就能引发一系列的病痛，大量氟化物进入体内会引起急性中毒。

十二、碘

碘是生命必需的微量元素之一，它参与甲状腺激素的合成，与大脑组织和机体发育直接相关，畜禽碘缺乏会引起一系列的新陈代谢紊乱，造成甲状腺肿大、克汀病等。在饲料中添加高剂量的无机碘，畜禽通过吸收转化为有机碘，从而提高食物中的碘含量，是畜禽机体补充碘的最好途径。饲料中常添加的碘源是碘化钾，易溶于水并可被畜禽充分吸收，但其稳定性较差、易潮解、结块，长期暴露在空气中容易被氧化而释放出碘，与一些微量元素添加剂，如铜盐、亚硒酸盐等混合会发生分解。用碘化钾和其他矿物质制成的饲料预混剂存放 4 个月，碘的损失率在 70％以上，在原料不干或潮湿环境下 1～8 周内损失率可达 50％以上，游离出的碘对维生素、抗生素和其他药物产生威胁。常用的碘制剂按照作用可分供口服的饲料营养碘和外用灭菌消毒的碘制消毒剂，前者主要有碘化钾、碘化钠、碘酸钾和碘酸钙，其中碘化钾、碘化钠可以被畜禽充分吸收利用，但在空气中易被氧化，造成碘的挥发。后者主要有碘酊、浓碘酊、碘溶液、碘甘油、碘仿、聚维酮碘、碘伏、复合碘溶液等。

碘

【性状】本品为灰黑色或蓝黑色、有金属光泽的片状结晶或块状物，质重、脆；有特臭；在常温中能挥发。本品在乙醇、乙醚或二硫化碳中易溶，在氯仿中溶解，在四氯化碳中略溶，在水中几乎不溶；在碘化钾或碘化钠的水溶液中溶解。

【药代动力学】本品在胃肠道内吸收迅速而完全，在血液中，碘以无机碘离子形式存在，由肠道吸收的碘约 30％被甲状腺摄取，其余主要通过肾脏排出，少量的碘经乳汁和粪便排出，极少量由皮肤与呼吸排出。碘可通过胎盘到达胎儿体内，影响胎儿甲状腺功能。

【作用】碘为合成甲状腺激素的原料之一，缺碘可引起甲状腺激素合成不足、甲状腺机能减退、甲状腺代偿性肿大。小剂量碘剂可作为供碘原料以合成甲状腺素，大剂量碘剂有抗甲状腺作用，包括抑制甲状腺素的释放、抑制甲状腺素的合成，减少增生甲状腺的血液供应。碘制剂外用有消毒杀菌、杀病毒和杀霉菌的作用，消毒作用无选择性，对所有的各种微生物的有效浓度大致相同，杀菌作用则在碱性和有机物存在时减弱。

【用途】可作为碘的补充剂；用于畜禽皮肤及术部消毒。

【制剂】

1. 碘酊 含碘 2％、氯化钾 1.5％，加水适量，以 50％乙醇配制。为红棕色的澄清液体。

2. 碘溶液　含碘 2％、氯化钾 2.5％的水溶液。

【用法与用量】作为碘的补充剂或饮水消毒，在 1L 水中加入 2％碘酊 5～6 滴，可杀死水中的致病菌和原虫，一般 15min 后即可饮用。

【注意事项】①对碘过敏的畜禽禁用。②配制碘溶液时，如碘化物过量，可使游离碘变为过碘化物，反而导致碘失去杀菌作用。③存放时间过久，颜色变淡（碘可在室温下升华），应测定碘含量。

碘 化 钾

【性状】本品为无色透明结晶或白色结晶性粉末；无臭，味咸、带苦；微有引湿性。极易溶解于水中，水溶液呈中性反应，在乙醇中溶解。

【药代动力学】口服本品后，由胃肠黏膜直接吸收入血液，在血液中以无机碘离子形式存在。甲状腺对碘有特殊亲和力，比其他组织的吸碘能力强数百倍。每日生理摄入量的碘有 50％由甲状腺摄取，其余 50％在体内分布。主要通过尿液排出，一部分也出现在唾液、泪液、胆汁及乳汁中。

【作用】补碘药。小剂量碘可作为碘原料，用于合成甲状腺素，纠正垂体促甲状腺激素分泌过盛，使因缺碘而肿大的甲状腺缩小。大剂量碘有抗甲状腺作用，暂时控制甲状腺功能亢进症，对抗垂体的促甲状腺激素作用，促甲状腺组织缩小、变硬及血管减少，以利于手术。也可以改善突眼症状，减慢心率，降低代谢率。口服对胃黏膜有刺激作用可反射地增加支气管分泌。

【用途】常用于防治地方性甲状腺肿，还用于治疗慢性或亚急性支气管炎；静脉注射可用于治疗牛的放线菌病；5％碘化钾溶液静脉注射治疗牛、羊角膜翳，也有很好的效果。作为助溶剂，用于配制碘酊和复方碘溶液，并可使制剂性质稳定。

【制剂】碘化钾片，10mg/片。

【用法与用量】碘化钾片，口服，一次量，马、牛 2～10g，猪、羊 2～5g，犬 0.2～1g，猫 0.1～0.2g，鸡 0.05～0.1g，2～3 次/d。静脉注射，2 月龄犊牛 0.5～7.5g/次，育成牛 1～1.25mg/次，1 次/d，连用 3d。

【注意事项】①碘化钾在酸性溶液中能析出游离碘。②与甘汞混合后能生成金属汞和碘化汞，使毒性增强。③碘化钾溶液遇生物碱能产生沉淀。④肝、肾功能不全患畜慎用。⑤长期服用可发生口腔、咽喉部烧灼感，口内有铜腥味，停药可消失。甚至发生碘中毒现象。⑥诱发甲状腺功能紊乱，过敏患畜禁用。孕畜避免摄入过量碘，哺乳期不能服用。

碘 化 钠

碘化钠又称为无水碘化钠、超干碘化钠。本品按干燥品计算，含碘化钠不得少于 99.0％。

【性状】本品为无色结晶或白色结晶性粉末，无臭，味咸、微苦；有引湿性，在潮湿空气中易变成棕色。在水中极易溶解，在乙醇中溶解。

【药代动力学】在正常情况下，口服碘化钠后 3～6min，即开始被胃肠道吸收，1h 后可吸收 75％，3h 以后则几乎全部被吸收。碘（^{131}I）被吸收后进入血液内，10％～25％被甲状腺摄取，甲状腺内碘量约占全身总碘量的 20％。甲状腺内碘的有效半衰期为 7.6d。口服后，未被甲状腺摄取的碘（^{131}I）经尿液排出。

【作用】碘是甲状腺合成甲状腺素的主要原料，因而碘化钠能被甲状腺滤泡上皮摄取和浓聚，摄取量及合成甲状腺激素的速度与甲状腺功能有关。

【用途】补碘药。用于治疗甲状腺肿。在临床上也用作祛痰剂和利尿剂。

【制剂】碘化钠，12.5％灭菌溶液。

【用法与用量】12.5％碘化钠溶液，空腹口服，并同时灌服 50～150mL 温开水。

【注意事项】①毒性大，不宜静脉注射。②肝、肾功能不全及碘过敏者禁用，用前应做碘过敏试验。

碘　酸　钾

碘酸钾又称为金碘。我国从 1989 年起规定食盐中不加碘化钾，改加碘酸钾，用于矫正碘缺乏症。和碘化钾比较，碘酸钾是离子晶体，沸点高，不具挥发性，化学性质更为稳定，在空气中或遇光不会被氧化，且保存期更长的碘强化剂。

【性状】本品为无色或白色结晶或粉末，无色单斜结晶，一酸合物（$KIO_3 \cdot HIO_3$）和二酸合物（$KIO_3 \cdot 2HIO_3$）均为无色单斜晶体，无臭。能溶于水和碘化钾水溶液、稀硫酸，不溶于乙醇和液氨。

【药代动力学】口服的碘在胃肠道中可迅速被吸收进入血液，在胃中能吸收小部分，主要在肠道内，尤其是小肠内被吸收。碘酸钾是一种氧化剂，首先被还原为碘离子后，才能被机体利用合成甲状腺激素，浓集在甲状腺的碘离子浓度为血清的 20～40 倍，用于合成甲状腺激素，约占机体含碘量的 20％，剩余的大部分碘通过尿液排出，也有少量经粪便排出。畜禽每日摄入的碘量与排出的碘量相近，处于平衡状态。由于大量的饲料中含有含硫基的化合物，故碘酸钾加到饲料中后，会迅速被饲料中所含有的还原物质还原成碘化盐，大大减少机体内碘量，降低了其氧化性对机体产生的不安全性。

【作用】碘通过参与形成甲状腺素而影响体内的物质与能量代谢，从而影响生长发育及许多组织系统。甲状腺素是畜禽生长、繁殖和泌乳必不可少的激素，能提高畜禽生长性能，促进机体健康。缺碘会导致畜禽新陈代谢紊乱、机体发生障碍、甲状腺肿大和黏液性水肿，影响神经功能和被毛色质及饲料的消化吸收，最终导致生长发育缓慢。

【用途】补碘剂。添加在食盐中，称为碘盐，用于补充碘，预防碘缺乏症。作为碘的补充剂，广泛应用于牛、羊、猪、家禽、犬、猫、毛皮动物等。将碘化钾添加到牛、羊饲料中，可提高产奶量，防止母畜发情异常、不排卵，促进黄体素分泌，增强其繁殖性能，提高受孕率并减少胎盘滞留现象。添加到猪饲料中，可防止其甲状腺增生肿大，生长受阻，皮肤干燥，毛发脆，性腺及性器官发育异常，改善母猪发情无规律，妊娠后易流产或死胎；可提高公猪的精液品质，加速其性器官的成熟。添加到家禽饲料中，可防止家禽甲状腺代偿性肿大，增强其代谢机制，促进其生长发育，提高母鸡的产蛋量并改善蛋壳质量。

【制剂】碘酸钾，纯度 98％。

1. 碘酸钾片　0.3mg（含碘 177.9μg），0.4mg（含碘 237.2μg）。

2. 碘酸钾饲料预混剂　含碘 59.3％，含钾 18.3％。

【用法与用量】在畜禽配合饲料中的推荐添加量（以碘元素计）：牛 0.25～0.8mg/kg，

猪 0.14mg/kg，羊 0.1～2.0mg/kg，家禽 0.1～1.0mg/kg。

【注意事项】碘酸钾作为饲料添加剂已有百年历史，但其安全性问题仍然存在争议。近年来，一些文献报道了不同剂量的碘酸钾对畜禽机体会造成不同的影响，大剂量摄入可能会对机体的一些组织器官造成损害，但按照国家规定的添加范围内的碘酸钾是安全的，无遗传毒性和致癌性。

碘 酸 钙

碘酸钙不存在氧化问题，有很好的稳定性，且生物利用率较高，加工特性和安全性都很稳定，是优良的饲料碘源添加剂，纯度97%，含碘量63.1%。

【性状】本品为白色结晶或粉末，无臭味。微溶于水，不溶于醇，溶于硝酸。

【药代动力学】本品在胃肠道内吸收迅速而完全。在血液中，碘以无机碘离子形式存在，由肠道吸收的碘10%～25%被甲状腺摄取，其余主要经肾脏排出，少量通过乳汁及粪便排出，极少量经皮肤与呼吸排出。还可通过胎盘屏障进入到胎儿体内，进一步影响胎儿的甲状腺功能。

【作用】碘酸钙的生物利用率高，在饲料中添加需求量的数十倍，不会像碘化钾那样对生产性能产生负影响，反而会提高产蛋率、繁殖率，促进畜禽的良好发育，为人们提供高碘食物，如高碘蛋、高碘牛奶等，是饲料添加剂的理想碘源。

【用途】碘酸钙有很好的流动性，有利于加工且对金属无腐蚀性，是美国食品药品管理局（FDA）确定的"公认安全级"食品及饲料添加剂。我国也已制定了饲料级碘酸钙强制性标准（HG/T 2418—2011）。碘酸钙可用作畜禽饲料的碘源，用于生产饲料添加剂或预混料，可培育医疗保健高碘蛋，提高蛋鸡产蛋率；提高奶牛的产奶量。

饲料中碘酸钙含量达 15mg/kg 时，蛋鸡日产蛋量增加 4%，料蛋比下降 5%；达100mg/kg 时，产蛋量增加 7%，料蛋比下降 8%；再高时产蛋量不变，料蛋比也趋于不变，说明当碘量达到 100mg/kg 后，再加量则不起作用。对蛋鸡来说，碘元素的最大添加量为100mg/kg，饲喂高碘饲料的鸡产下的蛋含碘量也高。育肥猪每千克饲料中添加 200mg 碘酸钾，可提高日增重和饲料利用率，还可缩短母猪的发情期，由此可见，高剂量的碘酸钙有提高繁殖力的功效。

1. 高剂量有促生长作用 畜禽对饲料中碘的需要量（推荐量）：猪 0.2mg/kg，牛0.1mg/kg，鸡 0.3～0.35mg/kg，最多不超过 1mg/kg；对饲料中碘的最大耐受量，猪为400～800mg/kg，牛为 50～100mg/kg，家禽为 300mg/kg，即碘的安全应用范围是很宽的。据报道，在推荐量的碘量下，仅能满足甲状腺机能的正常活动，不能满足不同天气环境下畜禽良好发育的需要和生产性能的发挥，并发现在饲料中加 10mg/kg 以上的碘酸钙可提高产蛋率、繁殖率，促进畜禽的健康发育。以含碘 0.4mg/kg 的配合料为对照组，试验组在对照组饲料基础上添加不同量的碘酸钙，喂养蛋鸡 5 个月后，试验结果为添加碘酸钙 15～100mg/kg，可使产蛋率提高 4.3%～7.0%，料蛋比下降 4.9%～7.9%。如在同样条件下，用碘化钾增加饲料中的碘，则会适得其反，产蛋率下降。在市售饲料中添加 200mg/kg 碘酸钙，猪增重率提高 2%，料肉比降低 2.6%。

2. 生产高碘蛋的理想碘源 高碘蛋生产是碘酸钙应用的另一突破，现已证明高碘蛋不仅具有促进新陈代谢、增强免疫力的良好保健作用，而且对造成人类死亡的 3 大杀手（血管病、癌症和糖尿病），均具有相当的医用效果。高碘蛋的另一特点是，无机碘通过家禽机体后变成了有机碘，生成了碘代氨基酸（主要是碘代组氨酸和碘代酪氨酸）。当饲料中碘酸钙添加量达到 230mg/kg 时，蛋中的碘代氨基酸可超过 7mg/kg，长期食用有很好的保健、食疗效果。在饲料中添加高剂量的碘酸钙 100～300mg/kg（以 150～250mg/kg 为好），饲喂蛋鸡可生产高碘蛋。普通鸡蛋含碘 6～30μg/枚，而高碘蛋可达 500μg/枚。

3. 用作饲料防霉剂 以碘酸钙、丙酸钙为活性成分，海带粉或米糠粉为分散剂，配制成的饲料防霉剂，作用显著，防霉期长，防霉剂本身还兼有营养剂的功效，用量适当（5％～10％）无毒无害。

【制剂】碘酸钙饲料预混剂含碘酸钙≥95％。

【用法与用量】饲料中碘酸钙用量：牛 30～200mg/kg，羊 20～100mg/kg，猪、鸡 20～120mg/kg。如在饲料中按 150～250mg/kg 的比例添加碘酸钙，搅拌均匀后饲喂产蛋鸡，即可产出高碘蛋。用 92％海藻物、4％碘酸钙、4％丙酸钙组方，使用时按 8％的比例添加到饲料中，除防霉效果好外，最大特点是增加了海藻物中各种微量元素，如钙、铁、锌、碘、铜等，使饲料中的微量元素更丰富。

【注意事项】①在畜禽饲料中应以稀释品形式添加。②应贮存于阴凉、干燥处，不得与有毒有害物质共贮。

十三、硒

硒是畜禽生长发育所必需的微量元素之一，它参与营养、代谢、繁殖、免疫及临床保健。硒的这些功能发挥，是由在正常生理 pH 下起氧化还原催化剂的硒蛋白，如硒代半胱氨酸所引起的。随着一些在结构上或功能上与硒紧密相关的生物大分子（硒蛋白）的发现，证明了硒具有广泛的生物功能，迄今已发现并分离到 14 种硒蛋白。

（一）硒的生物学作用

1. 硒是谷胱甘肽过氧化物酶（GSH-Px）的必需组成成分 每摩尔的酶含有 4mmol 的硒。通过 GSH-Px 的作用，在清除自由基、分解过多的 H_2O_2、减少过氧化物、保护细胞膜、保护细胞敏感分子（DNA、RNA）中占有重要地位。

2. 参与辅酶 A 和辅酶 Q 的合成 促进 α-酮酸脱氢酶系的活性，在三羧酸循环及呼吸链电子传递过程中发挥重要作用。

3. 硒与视力和神经传导有密切关系 虹膜及晶状体含硒丰富，视网膜的视力与含硒量有关。硒在视网膜、运动终板中可能起着整流器及蓄电器的作用。

4. 拮抗某些有毒元素及物质的毒性 硒可在体内外降低汞、镉、铊、砷等的毒性作用。

5. 增强免疫功能 刺激免疫球蛋白及抗体的产生，增强机体对疾病的抵抗力。

6. 硒与心血管结构和功能的关系 硒可防止镉引起的试验性高血压，并可防止冠心病及心肌梗死。硒参与保护细胞膜的稳定性及正常通透性，抑制脂质的过氧化反应，消除自由基的毒害作用，从而保护心肌的正常结构、代谢和功能。给予亚硒酸钠 0.5～1mg/周，可有效地防治克山病。

7. 调节脂溶性维生素的代谢 通过调节脂溶性维生素的代谢，促进维生素 A、维生素 C、维生素 E、维生素 K 的代谢。

8. 硒的抗肿瘤作用 许多报道表明，结肠癌、乳腺癌、前列腺癌、直肠癌及白血病等的死亡率与其居住地区土壤中硒含量、日摄取量及血硒水平呈逆相关关系。通过动物致癌试验观察，硒对动物的试验性皮肤癌、肝癌、结肠癌、乳癌、肺癌等均有显著的抑制作用，且此种抑癌效果还受饲料中维生素 A、维生素 C、维生素 E 等含量的影响。关于硒化合物的抗癌作用机制尚未完全阐明，可能与硒能抑制致癌物质的致突变性、或改变致癌物的代谢、或通过抗氧化作用而抗癌。据报道，硒化合物能促进肝癌细胞及白血病细胞的再分化，通过促分化而抗癌。

（二）硒的吸收与代谢

硒在畜禽体内的吸收、滞留、分布及排泄的形式、数量与途径，因饲料中硒的含量、化学形式以及干扰素的种类和水平而异，且有机硒的生物利用率大于无机硒，植物性饲料硒的生物利用率大于动物性的。硒主要在十二指肠吸收，吸收后硒与血浆蛋白结合，运送到组织中。在组织中，硒主要以硒代胱氨酸和硒代蛋氨酸的形式存在，并被结合进入红细胞、白细胞、肌红蛋白、核蛋白、肌球蛋白以及细胞色素 C、醛缩酶等中。组织中的硒很不稳定，主要通过肺呼吸、粪便、尿液等途径损失。各途径排出硒的比例取决于饲喂形式及组织中硒的含量。

（三）硒在畜禽机体的含量与分布

畜禽机体硒的含量一般为每千克体重 $20\sim25\mu g$。畜禽机体所有组织和细胞均含有硒，但各组织中的分布不同。机体硒含量与饲料中硒的含量有明显的线性关系；在饲料中硒含量正常的条件下，机体组织中硒含量分布按肾脏、肝脏、胰腺、脾脏、心脏、骨骼、肌肉、脂肪为顺序，依次递减。

亚 硒 酸 钠

【性状】本品为白色结晶。在空气中稳定，易溶于水，不溶于乙醇。本品理论上含硒量为 45.7%。

【药代动力学】口服的硒主要在十二指肠吸收，少量在小肠其他部位吸收。瘤胃中的微生物可以将无机硒转化为硒代蛋氨酸和硒代胱氨酸，经十二指肠吸收。单胃动物和反刍家畜硒的吸收率有所差距，单胃动物的净吸收率为 85%，反刍家畜的净吸收率为 35%，其中猪口服亚硒酸钠的生物利用度可达 77%，而绵羊仅为 29%。进入血液的硒与血浆蛋白结合，以硒代蛋氨酸和硒代胱氨酸的形式贮存，然后运送到全身各个组织，其中在肾脏、肝脏的浓度最高。硒还可以通过胎盘进入到胎儿体内，绝大部分硒由粪便、尿液和乳汁排出体外，少量的硒经呼吸道、胆汁和胰液排出。其中，口服亚硒酸钠经肝脏甲基化形成二甲硒从呼吸道排出；从消化道吸收的硒，40% 通过肾脏排出；由非肠道给药的硒，70% 通过肾脏排出。

【作用】亚硒酸钠主要有以下功能：

1. 抗氧化　硒是谷胱甘肽过氧化物酶的组成成分，参与所有过氧化物的还原反应，能防止细胞膜和组织免受过氧化物的损害。

2. 参与辅酶 Q 的合成　辅酶 Q 在呼吸链中起递氢作用，参与 ATP 的生成。

3. 维持正常生长　硒蛋白是肌肉组织的正常成分，缺乏时可发生白肌病样的严重肌肉损害，以及心脏、肝脏和脾脏的萎缩或坏死。

4. 维持精细胞的结构和功能　缺硒可导致睾丸曲细精管发育不良，精子减少。

此外，可降低汞、铅、银等重金属的毒性，增强机体免疫力。

【用途】主要用于防治幼畜白肌病和雏鸡渗出性素质等，如与维生素 E 联用，效果更好。在饲料中添加亚硒酸钠，可提高各种营养物质利用率，治疗急性出血性肝坏死、白肌病、桑葚性心脏病，急性循环障碍等，还可提高繁殖能力。可提高禽类产蛋率、孵化率和育雏率，治疗渗出性素质、肌肉营养性病变和胰腺营养性萎缩。

【制剂】

1. 亚硒酸钠注射液 为亚硒酸钠的灭菌水溶液，含量为 0.1%。1mL：1mg；5mL：5mg。

2. 亚硒酸钠预混剂 常用 1% 预混剂，约含硒 0.45g。

【用法与用量】①亚硒酸钠注射液，肌内注射，一次量，马、牛 30～50mg，马驹、犊牛 5～8mg，羔羊、仔猪 1～2mg，犬、猫 0.5～3mg，间隔给药，1 次/d。②亚硒酸钠预混剂，混饲，畜禽每千克饲料 0.2～0.4mg。饮水，家禽 1mg 混于 100mL 水中。

【注意事项】①皮下或肌内注射有局部刺激性。②硒毒性较大，猪单次口服亚硒酸钠的最小致死剂量（以体重计）为 17mg/kg；羔羊一次口服 10mg 亚硒酸钠将引起精神抑制、共济失调、呼吸困难、频尿、发绀、瞳孔扩大、膨胀和死亡，病理损伤包括水肿、充血和坏死，可涉及许多系统，严重可致死亡。③在补硒的同时添加维生素 E，防治效果更好。④牛、羊、猪的休药期为 28d（暂定）。

亚硒酸钠-维生素 E

【性状】本品为乳白色乳状液体，含维生素 E 与亚硒酸钠，均应为标示量的 90%～110%。

【药代动力学】口服的硒主要在十二指肠吸收，少量在小肠其他部位吸收，进入血液的硒与血浆蛋白结合，以硒代蛋氨酸和硒代胱氨酸的形式贮存，然后运送到全身各个组织，硒还可通过胎盘进入到胎儿体内。绝大部分硒由粪便、尿液和乳汁排出体外，少量的硒经呼吸道、胆汁和胰液排出。口服的维生素 E 在小肠内与胆汁等一起形成微胶粒状态，通过肠系膜淋巴结和胸导管而被动转运到体循环，在血中以脂蛋白为载体进行转运，大多数被肝脏和脂肪组织摄取并贮存，主要分布在心脏、肝脏、肾脏、肺脏、脾脏和皮肤组织。维生素 E 可从血液中转运到乳汁中，但很难透过胎盘屏障，主要是通过粪便排出。单胃动物口服易吸收，反刍家畜吸收率较低。

【作用】本品为微量元素硒和维生素 E 的补充剂，是畜禽体内不可缺少的微量元素和维生素。维生素 E 是一种抗氧化剂，具有保护细胞膜的完整性、促进性腺发育、提高受孕和防止流产的作用，可提高畜禽的抵抗力及增强抗应激能力，并能维持幼畜生长，促进精子生成。两者对抗氧化作用有协同作用，硒可加强维生素 E 的抗氧化作用，联合使用防治效果更好。本品与维生素 A 同服可防止后者的氧化，增强维生素 A 的作用。

【用途】硒及维生素 E 补充剂。临床用于治疗幼畜白肌病、鸡渗出性素质和猪营养性肝坏死等疾病。本品可提高畜禽抵抗力，抗应激能力，促进生长发育、提高繁殖力及防治维生素 E 和硒缺乏引起的疾病。

1. 缓解应激 减缓畜禽因运输、高温、寒冷、转群、预防注射等引起的应激反应，提高畜禽的机体抵抗力，促使患畜（禽）的体质迅速恢复。

2. 提高种畜禽的繁殖力 加速性器官发育、受孕、提高种畜禽受精率和产蛋率。

3. 治疗白肌病和维生素 E 缺乏症 对白肌病、肌萎缩，以及因维生素 E 引发的不育症、鸡渗出性素质等，有较好的治疗作用。

4. 防治仔猪水肿病 发病后全群投药，对因缺硒引起的仔猪水肿病有良好的防治作用。

【制剂】

1. 亚硒酸钠-维生素 E 注射液 为 0.1％亚硒酸钠和 5％维生素 E 的复方灭菌溶液，规格 10mL，含亚硒酸钠 10mg，维生素 E 500mg。

2. 亚硒酸钠-维生素 E 预混剂 规格 1kg，含亚硒酸钠 400mg、维生素 E（100％）5 000mg 及碳酸钙适量。

【用法与用量】

1. 亚硒酸钠-维生素 E 注射液 肌内注射，一次量，马、牛 10～30mL，马驹、犊牛 5～8mL，猪 5～20mL，羔羊、仔猪 3～5mL，犬、猫 1～2mL，间隔给药，1 次/d。有临床症状的，间隔 7～10d 再注射 1 次。马、牛 30～50mL，猪、羊 4～6mL，直接灌服，或按治疗量 10mL 混于 1L 水中，预防量减半，自由饮用。家禽 1 200 倍稀释饮水用，鸡、鸭 0.2mL，雏鸡、雏鸭酌减。

2. 亚硒酸钠-维生素 E 预混剂 混饲，畜禽每千克饲料 0.5～1mg，休药期：猪 3d，鸡 3d。

【注意事项】 ①硫、砷可影响畜禽对硒的吸收和代谢。硒和铜在畜禽体内存在着相互拮抗效应，可诱发饲喂低硒饲料的畜禽出现硒缺乏症。②大剂量维生素 E 可延迟缺铁性贫血患畜铁的治疗效应。液状石蜡、新霉素能减少维生素 E 的吸收。③硒毒性较大，超量肌内注射可导致畜禽中毒，严重可致死亡。偶尔可引起死亡、流产或早产等过敏反应，可立即注射肾上腺素或抗组胺药物治疗。急性硒中毒可用二巯基丙醇解毒。④皮下或肌内注射有局部刺激性，注射剂量超过 5mL 时，应分点注射。

富 硒 酵 母

富硒酵母是利用酵母开发出来的一种有机硒源，它是通过硒富集在生长酵母的细胞蛋白结构内生产的，富硒酵母已证明远比无机硒安全、稳定、易吸收、有效且污染少，并具有多方面的保健功能，在畜牧业和渔业生产的应用日趋广泛。

【性状】 本品为淡黄色或淡黄棕色的颗粒或粉末，有酵母的特殊味，味微苦、无异臭，置显微镜下检视，多数细胞呈圆形、卵圆柱形、圆柱形或集结成块。

【药代动力学】 富硒酵母以氨基酸的主动运输途径被吸收，直接转化成各种硒蛋白发挥功效。亚硒酸钠以离子的被动扩散途径被吸收，先转化为硒化物，再转化成各种硒蛋白发挥功效。富硒酵母更多的是贮存在体内，形成硒的储备库。亚硒酸钠更多的是以排泄物的形式排出体外。富硒酵母中硒代蛋氨酸主要整合到机体蛋白质组织中，一部分转化为硒化氢，再合成功能性硒蛋白，发挥硒的基本功能，如抗氧化等。另外，约 40％的其他形式硒（硒代蛋氨酸、硒代胱氨酸、硒代半胱氨酸、硒甲基半胱氨酸等）用于合成机体功能性硒蛋白，发挥硒的抗氧化基本功能。硫元素比硒元素更稳定，故硒代蛋氨酸稳定性比蛋氨酸稍差，硒代蛋氨酸及其类似物在转运和贮存过程中较易分解。

【作用】 富硒酵母是天然生物硒和酵母蛋白的有机结合体，它属于优质的有机硒源，吸收率高，在满足畜禽对硒的生理需求后，还可在其体内贮存，避免短期内再次缺硒。相对来说，有机硒更适合于畜禽，能被更好地吸收和利用。富硒酵母通过生物转化与氨基酸有效结合，在畜禽体内的存在方式是硒代蛋氨酸。

1. 提高硒的利用率及其在机体内的沉积 充分发挥硒的保健和促生长作用，提高硒在畜禽机体组织器官的沉积。

2. 改善繁殖性能 提高种畜的精子活力；降低初生幼畜死亡率；对奶牛可减少配种次数和降低胎衣不下发生率。

3. 提高肉品品质 提高肉的系水率和瘦肉率，延长货架期；降低肌肉滴水损失，减少 PSE 肉的产生；提高肌红蛋白、肌苷酸含量和肌肉红色色度。

4. 增强免疫力 提高抗病能力和抗应激能力。长期补富硒酵母能降低乳房炎、腹水症等疾病的发病率。

5. 对毒性微量元素的拮抗和减弱作用 硒可拮抗和减弱机体内砷、汞、铬等微量元素的毒性。

6. 协同作用 硒和维生素 E 有协同的生理作用，可减少维生素 E 用量。

【用途】补硒剂。富硒酵母用于低硒的肿瘤、肝病等患畜（禽）或其他低硒引起的疾病。用于减少母猪的返情率，缩短发情间隔时间；提高公猪精子活力，有效延长种公猪使用年限。提高仔猪活力，增加抗应激能力，对中大猪降低肌肉滴水损失，减少 PSE 肉的产生；提高肌肉红色色度。可以缓解霉菌毒素对畜禽机体的氧化损伤和肝功能损伤。母猪使用富硒酵母，哺乳仔猪可不需要补硒，避免注射补硒针剂对仔猪的应激。

【制剂】富硒酵母片（粉）为啤酒酵母在含有一定量亚硒酸盐中培养，得到的未经提取的干燥菌体，蛋白质不得少于 40%，总硒含量为 0.1%～0.25%，有机硒含量占总硒含量的 97% 以上。

【用法与用量】富硒酵母必须以预混剂的形式添加，当全部取代亚硒酸钠时，推荐全价料用量为 0.3mg/kg。如果饲料中已含有亚硒酸钠，建议添加量为 0.1～0.3mg/kg。硒酵母片，一次量，口服，犬、猫 100～200μg（以含硒量计），1～2 次/d。家禽硒的添加量与锰添加量相关。

【注意事项】①饲料中总硒含量不能超过 0.5mg/kg，应以预混剂的形式添加，过多使用会对肝脏有所损害，会导致蹄甲变形、毛发脱落。②置于阴凉、干燥处贮存，保质期为 1 年。

十四、硅

硅也是极为常见的一种元素，极少以单质的形式在自然界出现，而是以复杂的硅酸盐或二氧化硅，广泛存在于岩石、砂砾、尘土之中。

现已证明，在骨骼钙化的早期阶段，骨组织内有大量硅的沉积。在骨组织成熟过程中，硅的含量明显减少而钙含量显著增加。硅在骨组织形成及胶原合成、成熟和稳定过程中发挥重要作用，胶原是骨组织有机骨基质的基本物质。硅主要集中在成骨细胞线粒体内。大量的硅存在于同透明质酸、软骨素、角质蛋白和磺基水杨酸形成的硅复合物中。硅是一种非常安全的物质，本身不与免疫系统反应，也不会被细胞吞噬，更不会滋生细菌或与化学物质发生反应。

饲料中缺少硅可使畜禽生长迟缓，皮肤失去光泽。动物试验结果显示，用不含硅的饲料饲喂雏鸡，缺硅症状加剧，生长强度降低，器官萎缩，足和冠苍白，喙弯曲，骨直径减小，皮灰层变薄以及头骨外形改变。

二 氧 化 硅

二氧化硅具有卓越的物理惰性、化学稳定性，且不在体内聚集，在饲料、医药中得到广泛应用。

【性状】 本品为白色疏松的粉末，无臭，无味。在水中不溶，在热的氢氧化钠溶液中溶解，在稀盐酸中不溶。

【药代动力学】 硅的吸收与其化合物类型有关。硅酸盐、二氧化硅、黏多糖中的有机结合硅进入消化道后，较易被肠壁吸收，再通过淋巴和血液到达全身组织。硅的吸收还受饲料中其他元素的影响。硅可以抑制锰的水平，故硅可以减轻锰中毒。血液中硅的含量较恒定，但受年龄、性别、内分泌活动等因素的影响。尿液中的硅可随摄入的多少而增减，起到调节体内硅平衡的作用。每日从尿液中排出的硅可达 9～12mg。

【作用】 其主要作用是补充畜禽缺乏的硅，还可以使粉剂抗结块、助流（使粉剂流动性更好）。作为助流抗结块剂用的二氧化硅相对粒径较小，添加量较低；作为载体用的二氧化硅相对粒径较大且能达到 60％以上的吸附。

【用途】 二氧化硅可作为各种预混料和微量元素矿物质料的助流抗结块剂，又可作为载体应用在维生素添加剂中。

二氧化硅作为抗结块剂之一，已列入原农业部《饲料添加剂品种目录》中，是重要的饲料添加剂。目前，我国还没有标准对于二氧化硅在饲料中的添加量进行严格限定。实际生产中，二氧化硅在饲料中的添加量极少，一般不超过 0.5％，企业在饲料产品中添加二氧化硅时，应确保畜禽使用后能够正常排出，不会被吸收。目前，还没有针对饲料级二氧化硅制定国家标准，部分地区根据 GB 25576—2010《食品添加剂 二氧化硅》拟定了地方标准，如 DB35/T1208—2011《饲料添加剂 二氧化硅》，该标准规定饲料添加剂二氧化硅的要求、试验方法、检测规则等。

【制剂】 饲料添加剂二氧化硅：二氧化硅≥96％。

【用法与用量】 饲料用二氧化硅抗结块剂可直接加入饲料中，一般不超过 0.5％。

【注意事项】 ①本品在运输过程中，应避免日晒、雨淋和受潮，保持包装的完整性，严禁与有毒有害的物品混装混运。②通风阴凉环境下贮存，在未开封密闭情况下，保质期为 1 年。

十五、硼

硼是一种稀有的非金属元素，在地壳中含量仅为 10mg/kg，但它对生物体却是非常重要的。近 20 年来，硼对畜禽的营养作用及其对矿物质元素的调节作用日益受到关注，虽然不能肯定它是畜禽机体的必需微量元素，但很多研究表明，硼是一种相当有活力的元素，是畜禽的重要营养成分，与骨代谢、矿物质代谢、脂质代谢、能量利用和免疫功能等有关。此外，有机硼（一种以碳为基础的重要活性分子的硼类似物）还具有抗骨质疏松、抗炎症、降血脂、抗肿瘤等功能。

硼广泛分布于畜禽的组织器官中，每克鲜重其含量为 0.05～0.06μg。骨骼、趾甲、毛发和牙齿则高出数倍。绵羊的各种器官中每克干组织含硼量为 0.7～3.0μg。甲状腺例外，含硼量为 25～30μg/g。正常牛奶含硼量为 0.5～1.0μg/g，豆粕（以湿重计）含硼量为 28mg/kg，禾谷类（以干重计）含硼量为 0.92mg/kg。

硼在维持畜禽健康和预防营养失调方面发挥着至关重要的作用。硼缺乏可导致畜禽免疫功能低下及骨质疏松症的高发，会增加死亡风险。硼过量则会导致多种动物的细胞损伤和毒性。研究表明，饲料中添加硼后，奶牛的肝脏代谢有显著改变，可增强骨密度、加快伤口愈合和促进胚胎发育。此外，硼对多种矿物质和酶的代谢具有潜在影响。

（一）硼与矿物质

硼与氟、镁、钙、磷等矿物质有关。试验证明，硼是畜禽氟中毒的重要解毒剂，在畜禽体内可与氟形成稳定的络合物四氟化硼，并以和氟相同的途径参与体内代谢，毒性较氟小，且易随尿液排出，减轻和延缓骨的氟积累，纠正过量的钙、磷平衡失调。硼缺乏时可加剧镁缺乏所致的生长抑制症状，在肉用仔鸡血红蛋白和血浆碱性磷酸酶上，硼与镁也存在相互作用。硼可提高钙、镁、磷的利用率。

（二）硼与维生素

试验证明，鸡饲喂 $0.3mg/kg$ 的低硼饲料，可影响机体维生素 D_3 的分泌，血浆碱性磷酸酶活性增高。当饲料中维生素 D_3 含量为 $2\,500IU/kg$ 和 $125IU/kg$ 时，添加硼可使 32 日龄的肉用仔鸡体重分别增加 11% 和 38%。给维生素 D_3 不足的雏鸡的饲料中添加硼 $1.4mg/kg$ 显著增加了血浆 25-羟胆钙化醇和 1,25-双羟胆钙化醇的浓度。

（三）硼与氨基酸、蛋白质代谢

动物试验表明，缺硼组与富硼组相比，尿素氮、肌酐显著升高。当饲料中铜和镁足够时，缺硼组尿中羟脯氨酸的排出显著降低，这些含氮物的变化，显示硼能影响蛋白质或氨基酸代谢。

（四）硼与酶

硼可在有些酶反应中起辅助因子的作用，而不是酶分子的结构成分。硼可以竞争性抑制两类酶：一类是需要有吡啶或黄素核苷酸的氧化还原酶，如乙醇脱氢酶、黄嘌呤脱氢酶和细胞色素 b_5 还原酶，硼酸盐与这些酶竞争 DNA 或黄素。另一类被硼酸盐抑制的酶是酶活性部位上结合有硼酸盐和硼酸衍生物的酶，如胰凝乳蛋白酶、枯草杆菌蛋白酶、甘油醛-3-磷酸脱氢酶，从而影响动物代谢和呼吸过程。硼酸还能与肾上腺素、儿茶酚胺结合，使其丧失活性。

硼 酸 钠

【性状】本品为无色至灰色、白色晶体或粉末。硼酸钠存在 3 种形式的化合物，分别是四硼酸钠、十水盐硼酸钠、五水盐硼酸钠。四硼酸钠为无色粉末。十水盐硼酸钠为无色单斜晶系柱状结晶，易风化，溶于水，不溶于乙醇，溶于甘油，水溶液呈弱碱性。五水盐硼酸钠为无色立方或六方晶系晶体，有吸湿性，在空气中可吸收水分而成为十水合物，易溶于水。

【药代动力学】饲料中的硼，无论是硼酸钠还是硼酸，90% 以上被机体吸收，进入体内的硼广泛分布在全身各组织，主要贮存在脑、肝脏、肾脏、脂肪和骨组织中，硼有积蓄作用，骨灰中硼含量最高。大部分通过尿液排出，乳汁也可排出少量硼。收集 24h 犬的尿液，回收尿液中硼占摄入量的 40%。兔和豚鼠饲喂硼酸钠后 48h，70% 以上从尿液排出，120h 后则 80% 以上已排出。给予禁食大鼠 $20\mu g$ 硼，3h 肝硼浓度达到高峰，24h 内恢复正常同位素比率。服硼后 72h 内，尿液中硼的回收率达 95%，粪便回收率 4%，基本上完全吸收。

【作用】硼是维持骨的健康和钙、磷、镁正常代谢所需要的微量元素之一，对防止钙质流失、预防骨质疏松症具有功效，硼的缺乏会加重维生素 D 的缺乏；另一方面，硼也有助于提高睾丸甾酮分泌量，强化肌肉，是种畜禽不可缺少的营养素。硼还有改善脑功能，提高反应能力的作用。

硼的生理功能还未完全确定，存在 2 种假说解释。一种假说是，硼是一种代谢调节因子，通过竞争性抑制一些关键酶的反应来控制许多代谢途径。另一种假说是，硼具有维持细胞膜功能稳定的作用，可通过调整调节性阴离子或阳离子的跨膜信号或运动，来影响膜对激素和其他调节物质的反应。

【用途】作为饲料添加剂。在饲料中添加硼，可提高钙、磷的代谢，提高胫骨灰分含量，增强蛋鸡胫骨剪切力、应力和冲击韧性。硼与钙、维生素 D_3 对肉用仔鸡的骨骼发育有相互作用，可促进骨骼发育，降低佝偻病的发病率。

在临床上，也用于治疗鸡喉气管炎、山羊传染性脓疱病、猪支原体肺炎、牛慢性黏液性子宫内膜炎。

【制剂】硼酸钠。

【用法与用量】在缺乏钙和磷的饲料中，添加硼酸钠 30mg/kg 和 60mg/kg，可提高肉用仔鸡的增重，补充硼可缓解仔鸡因镁缺乏导致的异常。每千克饲料中添加 40mg 硼，可改善由钙缺乏引起的病理状态。在猪饲料中分别添加硼 5mg/kg 和 15mg/kg，可加快生长速度，提高骨强度，但对钙、磷代谢无显著影响。

【注意事项】①高剂量的硼可对畜禽的生长发育及代谢产生不利影响，一次大量摄入硼会引起急性中毒。②长期暴露在高硼环境下会导致体内硼过剩，进而影响发育和生殖功能等。

除了以上阐述的矿物质元素外，还有一些已知的矿物质元素对畜禽机体健康也有很好的作用。随着科学技术的进步，有可能发现更多对畜禽健康有益的矿物质元素。目前，一些矿物质元素的作用已经得到证实，只是尚未广为人知，如锗，具有抗氧化作用。关于铅、汞、钨的生理作用也应引起注意，它们同样参与畜禽体内的新陈代谢，已查明饲料中钨含量增加至 $14\mu g/kg$ 时，组织呼吸酶（琥珀酸脱氢酶和细胞色素氧化酶）活性增加及生长加速，当添加高剂量钨时，会降低呼吸链酶的活性和畜禽的生长强度，个别情况下可出现死亡。由于体内有钼和钨的总运输系统，钨过量将抑制钼的吸收并急剧地降低黄嘌呤氧化酶的特殊金属酶的活性，雏鸡饲料中钨过量时，可引起生长强度降低并导致死亡。

应当看到，饲料中添加过量的氟、砷、铅、硒、钼、汞及其他微量元素，可造成畜禽中毒。其他不合理的使用，同样会引起中毒，其特点是当某一种微量元素过剩时，出现其他必需微量元素的不足。同样数量的微量元素因条件不一，对机体产生不同影响，这取决于动物类型、品种、年龄、微量元素和其他营养物质在消耗过程中的相互关系、吸收和运送、元素的化学形式、饲喂方法和消耗水平等。

目前，在生态环境日趋恶化的今天，人们越来越关注毒性危险元素（如砷、氟、铅、汞等）的原料或饲料添加剂，随畜禽排泄物进入环境后的降解、转化、迁移、归趋以及对环境生物造成的影响，矿物质导致的环境污染问题，已逐渐成为有关研究的重点，消除大工业城市和重要交通运输线污染环境的重金属对畜禽的毒害作用有着十分重要的意义。

第四章 维生素缺乏症与中毒

第一节 维生素缺乏症

维生素及其前体存在于大多数动植物性饲料中,有些维生素还可由畜禽本身或寄生于畜禽消化道的细菌合成,一般不易发生维生素缺乏症。但在日常饲养管理过程中,需要注意各种维生素的平衡问题,如果只注重蛋白质、能量等营养物质的供给,忽视某种维生素的长期缺乏,或饲料中的维生素或其前体遭到破坏,体内合成、转化和吸收发生障碍,机体消耗和需要量增加,而此时又没有得到及时补充,造成体内维生素不足或缺乏,就会引起一系列营养代谢病,称为维生素缺乏症,包括单一维生素和多种维生素缺乏症。维生素缺乏可影响畜禽的生长发育,甚至对泌乳和繁殖等造成影响。同时,还会并发其他疾病,如维生素 E 缺乏可能并发心血管病、贫血等;维生素 D 缺乏症可能并发幼畜运动功能障碍,严重者可导致关节松弛;维生素 K 缺乏症可能并发颅内压增高和神经系统症状等。

一、维生素 A 缺乏症

维生素 A 缺乏症是指畜禽因维生素 A 或胡萝卜素供应不足或消化道吸收障碍所引起的,以夜盲、眼球干燥、鳞状皮肤、蹄甲缺损、繁殖机能丧失、瘫痪、惊厥、生长受阻、消瘦、体重下降等为临床特征的一种营养代谢性疾病。其病理变化主要以脑脊髓液压升高、上皮组织角质化、骨骼形成缺陷和胚胎发育障碍为主。各种畜禽均可发生,但以犊牛、雏禽、仔猪等多见。

【病因】维生素 A 只存在于动物性饲料内;在植物性饲料中,则以维生素 A 的前体——胡萝卜素(维生素 A 原)的形式存在,后者在肠壁被吸收后,在肝脏内转化为维生素 A。维生素 A 缺乏的原因有以下几种:

1. 饲料中维生素 A 添加量不足 目前,畜牧生产中使用的是多种维生素添加剂,由于种类、规格以及饲料中的添加量不同,常出现维生素 A 添加不足或因多种维生素添加剂质量不稳定而导致维生素 A 的实际生物有效性降低,引起饲料中维生素 A 不足或缺乏。

2. 饲料中胡萝卜素和维生素 A 被破坏 如饲料贮存时间过长、发霉变质、被雨淋和长期日光曝晒,可使胡萝卜素的损失达 $70\% \sim 80\%$。作物施氮肥过多,亚硝酸盐和硝酸盐含量增高,氧化破坏胡萝卜素和维生素 A。

3. 肝胆疾病和慢性消化道疾病 胆汁是维生素 A 和胡萝卜素在小肠内被吸收的必需物质,肝脏是维生素 A 贮存和转化的主要器官。当肝、胆和消化道发生疾病时,可使维生素 A 和胡萝卜素的吸收、转换和贮存出现障碍;慢性消化道疾病可使维生素 A 流失、吸收不足。

4. 对抗物存在 氯化萘是维生素 A 的对抗物,可干扰维生素 A 的代谢。当畜禽误食含有氯化萘的饲料后,可引起畜禽氯化萘慢性中毒,使畜禽血浆维生素 A 水平降低。

5. 其他因素 饲料中蛋白质、中性脂肪、维生素 E 不足或缺乏以及胃肠道酸度过高时，均可影响维生素 A 和胡萝卜素的吸收和利用。维生素 E 缺乏时，维生素 A 因失去保护而易被氧化、失效，造成维生素 A 不足或缺乏。

【发病机理】维生素 A 是维持眼结膜、泪腺、呼吸道、消化道、泌尿生殖道、汗腺、皮脂腺等黏膜上皮细胞正常生理功能所必需的物质，能保持上皮组织的完整性；可促进体内氧化还原过程和结缔组织中黏多糖的合成，维持细胞膜和细胞器（如线粒体、溶酶体等）生物膜结构的完整性和正常的通透性；可影响水解酶的释放，间接地调节糖和脂肪的代谢和甲状腺素、肾上腺激素的功能。

当维生素 A 缺乏时，细胞代谢受阻，上皮组织干燥和角质化，功能障碍，机体的防御机能降低，易通过黏膜感染而罹患传染病；泪腺上皮受损时，泪腺的分泌少而发生干眼病；性器官受损时，可引起生殖机能障碍；泌尿道上皮角质化可致内脏型痛风。

维生素 A 是构成视觉细胞内感光物质的成分。视网膜中有 2 种感光细胞，一种是视杆细胞，另一种为视锥细胞，前者感受弱光，而后者感受强光。视杆细胞之所以感受弱光（即在傍晚或暗光处视物起作用），是因为其内有感光物质—视紫红质，它是由维生素 A 的衍生物顺视黄醛与蛋白质结合而成的。当维生素 A 缺乏时，视杆细胞不能合成足够的视紫红质，畜禽出现在暗光、黄昏和夜间视物不清的现象，称为夜盲症，严重者可导致失明。

维生素 A 能维持成骨细胞和破骨细胞的正常功能，为骨骼的正常代谢所必需。当其缺乏时，黏多糖的合成受阻，成骨细胞和破骨细胞的相互关系紊乱，影响骨骼的生长发育，导致长骨和椎骨变形或畸形，椎骨受损同时可压迫中枢神经。

胎儿生长期间各器官形成都需要维生素 A 参与，当母源维生素 A 缺乏时，胎儿会出现先天性硬脑膜增厚、视小管收缩、视神经缺血性坏死和视盘水肿，导致夜盲；也可能出现先天性视网膜异常，枕骨和蝶骨增厚，前颅骨和顶颅骨凸起，导致大脑受压，脑侧室扩大，脑脊髓液压升高等。

【临床症状】各种畜禽维生素 A 缺乏时，会有相似症候，但不同畜禽的组织器官对维生素 A 缺乏的反应有异，故在临床症状上会有一些差异。主要表现如下：

1. 视力障碍 畜禽在傍晚、黄昏等暗光下表现为视力障碍，行动迟缓或碰撞障碍物，看不清物体，其中犊牛最易发生。畜禽血液中维生素 A 浓度降低，表现出的最早临床症状之一就是夜盲症。夜盲症是畜禽维生素 A 缺乏的一个重要临床诊断指标。

2. 角膜角质化或流泪 维生素 A 的缺乏会导致具有分泌和覆盖功能的上皮细胞发生萎缩，因为分泌细胞不能在未分化的上皮细胞中发育，并逐渐被没有分泌能力的复层角质化上皮细胞所替代，这些上皮组织的变异可导致眼球干燥和角膜病变等症状。眼球干燥仅发生于犊牛，表现为角膜增厚及视物不清，其他畜禽可见从眼中流出稀薄的浆液性或黏液性分泌物，随后出现角膜角质化、增厚、晦暗不清，甚至出现溃疡和羞明。家禽表现为流泪，眼中流出水样或乳样渗出物，眼睑内有干酪样物质聚集，常将上下眼睑黏在一起，角膜混浊不透明，严重者角膜软化或穿孔，半失明或全失明。眼球干燥可继发结膜炎、角膜炎、角膜溃疡和穿孔。

3. 皮肤病变 牛维生素 A 缺乏时，可见皮肤上大量沉积糠麸样皮垢，马属动物皮肤表现为大量干燥的纵向裂纹和鳞状体。猪的被皮粗糙、干燥、蓬乱、鬃毛爆裂等。家禽口腔和食道黏膜分布有许多黄白色小结节或覆盖一层白色的豆腐渣样薄膜，剥离后黏膜完整，并无出血、溃疡现象。

4. 繁殖性能下降 维生素 A 缺乏是繁殖性能降低的主要原因之一，维生素 A 缺乏会引起蛋白质合成减少，矿物质利用受阻，内分泌功能紊乱，导致畜禽生长发育障碍，生产性能降低。雄性家畜虽能保持性欲，但生精小管的生精上皮细胞变性退化，正常有活力的精子生成减少，睾丸明显小于正常。一般母畜受精不受影响，子宫上皮组织角质化，但胎盘退化导致流产、产死胎或弱仔、胎儿畸形，易发生胎衣滞留。

5. 先天性缺陷 常见于犊牛和仔猪。犊牛出现以夜盲、瞳孔扩大、眼球震颤、虚弱和共济失调为特征的先天性临床症状。仔猪可出现完全无眼或小眼，先天性眼球病变，水晶体和视网膜变性，水晶体前后的间质组织增生等。其他先天性缺陷还包括腭裂、兔唇、后肢畸形、皮下包囊、肾脏异位、心脏缺损、膈疝、雄性生殖器发育不全、梗阻性脑积水、脊髓疝等。

6. 神经症状 常见于犊牛维生素 A 缺乏症，是维生素 A 缺乏病理变化的特征指标，它比视力变化更为敏感。当维生素 A 摄入量低于所需量的 50% 时，脑脊髓液压升高。这是由于蛛网膜的组织渗透性降低，硬脑脊髓膜的组织基质增厚，减少了脑脊髓液的吸收。故患有维生素 A 缺乏症的犊牛脑脊髓液压升高，剧烈运动时可导致脑脊髓液压进一步升高，并出现痉挛、昏厥。由外周神经根损伤导致的骨骼肌麻痹或瘫痪和由颅内压增加所致的惊厥或痉挛，以及神经管受压所致的失明，这些症状在任何年龄段的畜禽均可出现，以生长期畜禽多发。

7. 骨骼异常和生长缓慢 维生素 A 是维持成骨细胞和破骨细胞正常定位和活性所必需。当维生素 A 缺乏时，骨骼成型过程中的骨皮质内钙盐沉积过度，破坏了软骨内骨骼的生长和成型，导致骨骼生长不协调，影响继续正常生长发育。一般情况下，单一的维生素 A 缺乏，一般不会导致明显的生长缓慢，只是在蛋白质和其他能量物质严重缺乏时，导致维生素 A 的相对缺乏才表现出瘦弱，体重下降。

8. 免疫机能下降 维生素 A 缺乏的畜禽，其机体上皮组织完整性遭到破坏，导致机体免疫力下降，对细菌、病毒、立克次氏体和寄生虫感染的敏感性增加。维生素 A 缺乏的程度，常常决定着传染病的易感性，维生素 A 缺乏越严重，对传染病的易感性越高。维生素 A 缺乏导致黏膜上皮完整性受损，腺体萎缩，极易发生鼻炎、支气管炎、肺炎、肠炎等疾病。

【诊断】根据饲养管理情况、病史和临床症状可做出初步诊断。当出现维生素 A 缺乏的特征性临床症状，如夜盲、干眼症，以及呼吸道、消化道、泌尿生殖道等的特征性病理变化，一般可做出诊断。眼部有明显症状的，详细进行问诊，结合饲喂史，并伴有慢性消化系统或消耗性疾病史，诊断并不困难，因维生素 A 缺乏时常有合并症，故凡是表现营养不良、慢性腹泻、有畏光、眨眼的病畜，均应仔细检查眼部。

1. 实验室确诊 需检测血浆和肝脏维生素 A 含量，此方法较为可靠。当血浆维生素 A 含量低于 $18\mu g/dL$ 时，则发生维生素 A 缺乏，随后出现夜盲症。健康牛血浆维生素 A 含量为 $25\sim60\mu g/dL$，猪为 $23\sim29\mu g/dL$，羊为 $45.1\mu g/dL$。当肝脏贮存的维生素 A 耗尽后，血浆维生素 A 含量才开始下降。组织学检查主要是眼底、结膜涂片检查。维生素 A 缺乏的病牛视网膜绿毯部由正常的绿色或橙黄色变为苍白色；结膜涂片检查可发现角质上皮细胞数目增多。

2. 鉴别诊断 诊断中，要与眼结膜干燥症鉴别，眼结膜干燥症表现为结膜表面干燥、暗淡无光，易成皱褶，甚至粗如皮肤，结膜血管呈蓝色，角膜干燥混浊，知觉迟钝。

（1）牛 ①牛惊厥抽搐型维生素 A 缺乏症应与脑灰质软化症、低镁血症、铅中毒和狂犬病等进行鉴别。脑灰质软化症是发生于犊牛或成年牛的一种硫胺应答性疾病，由于过量吸取水中和草中的硫酸盐所致，临床症状表现为突然发生失明、大脑受挤压和阵发性抽搐，主要发生于饲喂谷类饲料的畜禽。低镁血症主要发生于寒冷大风时放牧的哺乳奶牛，临床表现为感觉过敏、急躁、阵发性抽搐、视力正常、心动过速和心音增强等。铅中毒在所有年龄段的畜禽均可发生，以春季放牧的犊牛中最易患病，临床表现为失明、阵发性抽搐、下颌咀嚼有力、大脑受挤压和快速死亡。狂犬病以奇特的神经异常行为、渐进性麻痹、共济失调、躺卧、流涎、吞咽障碍、视力正常和4～7d 内死亡为特征，所有年龄段的动物均可发生。②牛眼疾型维生素 A 缺乏症应注意与以中枢性失明为特征的疾病（如脑灰质软化症、铅中毒、脑膜脑炎）和以末梢性失明为特征的疾病（如眼病所致的双侧眼炎）等进行鉴别。③牛体况下降、生长停滞、生产性能低下是常见的临床症状，并不局限于维生素 A 缺乏症，应注意对原发病的诊断。

（2）猪 ①猪惊厥抽搐型维生素 A 缺乏症应与食盐中毒、伪狂犬病、病毒性脑脊髓炎和有机砷中毒等进行鉴别。②猪麻痹型维生素 A 缺乏症应与脊椎体脓肿所致的脊索挤压等进行鉴别。③母源性维生素 A 缺乏是仔猪先天性维生素 A 缺乏的最普遍的原因，最终确诊还须结合病理变化、饲料分析和血浆维生素 A 含量的测定。

【防治】

1. 预防 在日常饲养管理中，应注意饲料的配合和饲料中维生素、胡萝卜素的含量，特别是在青绿饲料缺乏的季节。维生素 A 对光和氧敏感，易遭破坏，一般以稳定性好的维生素 A 棕榈酸酯作为添加剂。青干草收获时要调制、保管好，防止雨淋、曝晒和发霉变质，放置时间不宜过长，尽量减少维生素 A 与矿物质接触的时间。不要生喂豆类及饼渣。要及时治疗肝胆和慢性消化道疾病。

（1）保证维生素 A 的日维持量 畜禽维生素 A 的日需要量（以体重计）是 40IU/kg，这是机体的最小日维持需要量。在实际饲料配方中，维生素 A 的日添加量在日维持量的基础上增加 50%～100%；在妊娠、哺乳和快速生长时期，维生素 A 的日添加量通常增加 50%～75%。各种畜禽的维生素 A 添加量，还应根据早期维生素的摄入量及饲料中维生素 A 的量而定，其添加量为 0～110IU/kg（1IU 维生素 A 相当于 0.3μg 视黄醇的活性；5～8μg 的 β-胡萝卜素相同于 1μg 视黄醇的活性）。为满足各种畜禽的生产需要，某些畜禽所需的维生素 A 的日维持量（以体重计）必须保证，马劳役期 20～30IU/kg，生长期 40IU/kg，妊娠期和哺乳期 50IU/kg；犊牛断奶和生长期 40IU/kg，维持期、妊娠期、哺乳期和高能量饲料育肥期 80IU/kg；猪生长期、妊娠期 40～50IU/kg，哺乳期 70～80IU/kg；羊生长期、妊娠早期和育肥期 30～40IU/kg，妊娠后期和哺乳期 70～80IU/kg。

（2）饲料中添加 大多数情况下，饲料中添加维生素 A 是最经济的方法。饲喂全价饲料的猪、育肥牛和奶牛，维生素 A 和蛋白质一起直接添加在全价饲料中，维生素 A 添加量为日维持量的 10～15 倍，有利于肝脏贮存。

（3）注射 维生素 A 注射液，每隔 50～60d，按 3 000～6 000IU/kg 的剂量，肌内注射。为保证初乳中维生素 A 的含量，在分娩前 30d 对怀孕母牛再注射 1 次，不宜超过产前

40～45d。应注意不加选择地大量使用维生素 A，易导致奶中的维生素 A 含量增加，具有潜在性的致胎儿畸形等危害。

（4）口服　在干旱季节，虚弱的牛口服维生素 A 药丸，每千克体重 2.8mg，可有效地提高牛奶中维生素 A 含量。

2. 治疗　立即进行对因治疗，增喂胡萝卜、青苜蓿，增补畜禽肝脏，也可口服鱼肝油，并增加复合维生素饲喂量。立即用日需要量 10～20 倍的维生素 A 进行治疗，即每千克体重 440IU 的用量添加在饲料中。对于群体发病的鸡，在饲料中按 2 000～5 000IU/kg 添加维生素 A，或按每千克体重 1 200IU 的治疗量进行皮下注射。对急性病例，疗效迅速且完全，对慢性病例的疗效视病情而定。对于脊髓液压增高所致的犊牛惊厥抽搐型维生素 A 缺乏症，经治疗后 48h 基本恢复正常；而对于牛眼疾型维生素 A 缺乏症，出现眼睛失明，则治疗效果差，为了减少经济损失，建议尽早淘汰。

二、维生素 D 缺乏症

维生素 D 缺乏症是指由于机体维生素 D 摄入或生成不足而引起的钙、磷吸收和代谢障碍，以食欲不振、生长阻滞、骨骼病变，幼年畜禽发生佝偻病，成年畜禽发生骨软病和纤维性骨营养不良为主要临床特征的一种营养代谢病。各种畜禽均可发生，但幼龄畜禽较多发。

维生素 D（钙化醇）是具有抗佝偻病活性的脂溶性类固醇衍生物，维生素 D_2 和维生素 D_3 对畜禽有营养意义，但维生素 D_2 的活性低，仅为维生素 D_3 的 1/30～1/20。维生素 D_3 比维生素 A 和维生素 E 稳定，维生素 D_4 和维生素 D_5 天然存在于某些鱼油中。畜禽的维生素 D 主要来源于内源性维生素 D（维生素 D_3）和外源性维生素 D（维生素 D_2）。维生素 D_3（胆钙化醇）是由哺乳动物皮肤中的维生素 D 的前体物质（7-脱氢胆固醇）在紫外线照射下形成的。维生素 D_2（麦角钙化醇）主要是由植物中的麦角固醇经紫外线照射后而产生，商品性的维生素 D_2 是由紫外线照射酵母而产生的。

【病因】畜禽长期舍饲，缺乏阳光照射，同时饲料中形成维生素 D 的前体物质缺乏，是引起畜禽机体维生素 D 缺乏的根本原因。

1. 缺乏紫外线照射　常发于饲养在高纬度牧场的家畜，高纬度牧场冬天太阳与水平面角度<30°时，波长较短的紫外线折射回大气，皮肤内 7-脱氢胆固醇酶不能被激活，对于放牧家畜维生素 D 的光生物合成比饲料来源更重要。另外，光照不足受影响较大的是黑皮肤家畜（尤其是猪和某些品种的牛）、毛皮较厚的家畜（尤其是绵羊）、快速生长的家畜和长期舍饲的家畜等。

2. 饲料维生素 D 缺乏　天然的维生素 D 有 2 种活性形式，即维生素 D_2 和维生素 D_3。常用的鱼粉、血粉、谷物、油饼、糠麸等饲料中维生素 D 含量很少，如饲料中维生素 D 添加量不足则易导致畜禽发病。生长期植物的叶子在阳光照射下，可产生抗佝偻病潜力的麦角钙化醇，即维生素 D_2。饲草加工方法不同，则维生素 D_2 的含量也发生变化，如收割的草料长期暴露于阳光下，则其抗佝偻病潜力明显增加。反之，草料快速制干技术会损失大量维生素 D，地窖贮存的新鲜草料中维生素 D 含量也非常少。如长期饲喂幼嫩青草或未被阳光照射而风干的青草，则易导致畜禽发生维生素 D 缺乏症。动物性饲料中，以鱼肝油中维生素 D_3 的含量最丰富，其次为牛奶、肝脏及蛋黄。如饲喂缺乏富含维生素 D_3 的动物性饲料，则易发生维生素 D 缺乏症。目前饲料中的维生素 D_3 主要是由动物固醇经工业分离和照射而取得的，称为 D-活性动物固醇。对家禽来说，维生素 D_2 的生物活性仅为维生素 D_3 的 1/10～1/5，故在家禽饲料中应添加维生素 D_3，才能有效防止雏禽佝偻病。

3. 抗维生素 D 因子的存在　在青绿饲料中大量存在的胡萝卜素具有抗维生素 D 作用，因维生素 A 与维生素 D 可发生拮抗作用，当饲料中维生素 A 或胡萝卜素含量过高时，可干扰和阻碍维生素 D 的吸收，故采食青绿饲料（包括谷类作物）的放牧幼畜对佝偻病最易感，尤其是在冬季幼畜最敏感。在饲料中过量添加维生素 A 时，可导致犊牛骨骼的生长速度明显减慢。

4. 饲料中钙磷总量不足或比例失调　饲料中钙磷比例适宜，维生素 D 的需要量就减少，反之，维生素 D 的需要量会增加。如果钙磷比例不平衡，即使轻微的维生素 D 缺乏，也会导致畜禽发生严重的维生素 D 缺乏症。但当钙磷比例正常时，同样轻微的维生素 D 缺乏则不会导致发病。家畜饲料中钙磷比例的正常范围为 1：1～2：1，家禽饲料中钙磷比例一般为 2：1、产蛋期为 5：1～6：1。

5. 饲料中其他矿物质和营养物质比例失调　饲料中锰、锌、铁等矿物质含量过高，可抑制畜禽对钙的吸收；饲料中含过多的脂肪酸和草酸，也会抑制畜禽对钙的吸收。

6. 母源性维生素 D 缺乏　当母源性维生素 D 缺乏时，幼龄家畜可发生先天性维生素 D 缺乏症。分娩前，给母猪补充维生素 D_3，新生仔猪可以通过乳汁或通过胎盘获得维生素 D_3。

7. 胃肠道疾病　小肠存在胆汁和脂肪时，维生素 D 易吸收，如胃肠功能长期发生紊乱、消化吸收功能出现障碍，可影响脂溶性维生素 D 吸收，导致维生素 D 缺乏症的发生。

8. 肝、肾疾病　维生素 D 本身并不具备生物活性或生物活性非常低，必须经过肝脏转变成 25-羟胆钙化醇，再经肾脏皮质转变成 1,25-二羟胆钙化醇，被血液送到肠道和骨骼等靶器官，才能发挥其对钙磷代谢的调节作用。当畜禽患有肝、肾疾病时，维生素 D_3 羟化作用受到影响，肾脏不能转化 1,25-二羟胆钙化醇，致使钙磷吸收降低，骨骼钙化下降，矿物质从肾脏中过量流失。

9. 维生素 D 的需求量增加　畜禽在一些特殊的生理阶段，对维生素 D 的需求量比平时要高，如幼龄畜禽的生长发育阶段，特别是母畜的妊娠和泌乳阶段、蛋鸡产蛋高峰期等，对维生素 D 的需求量增加，如未及时补充足够的维生素 D，则易发生维生素 D 缺乏症。

【发病机理】维生素 D 在肝脏和肾脏作用下产生活性物质 1,25-二羟胆钙化醇，1,25-二羟胆钙化醇不仅可以促进骨骼钙化，还在调节磷酸盐吸收和排泄中发挥作用。维生素 D 及其活性代谢物与降钙素、甲状旁腺激素共同参与机体钙磷代谢的调节，稳定了血液钙磷浓度及钙磷在骨组织的沉积和溶出。

小肠内的钙不能直接透过小肠上皮细胞膜进入细胞内，需要钙结合蛋白和钙 ATP 酶的协助。1,25-二羟胆钙化醇在小肠上皮细胞的细胞核内推动信使核糖核酸的转录，促进钙结合蛋白和钙 ATP 酶的合成，促进小肠对钙的主动吸收。钙离子主动转运形成的电化学梯度，导致磷酸根离子被动弥散和吸收，间接增加磷的吸收。1,25-二羟胆钙化醇直接促进肾小管对磷的重吸收，也可促进肾小管黏膜合成钙结合蛋白，提高血钙和血磷的含量。维生素 D 调节成骨细胞和破骨细胞的活动，促进新生骨基质的钙磷沉积及骨组织不断更新，保持血钙的稳定。

当维生素 D 不足或缺乏时，降低了小肠对钙、磷的吸收和运输能力，血液中的钙磷含量也相应降低。低血钙引起肌肉-神经兴奋性增高，导致肌肉抽搐或痉挛，血液中的钙含量下降可引起甲状旁腺分泌增加，致使破骨细胞活性增强，使骨盐溶出。同时抑制肾小管对磷的重吸收，造成尿磷增多，血磷减少，导致血液中沉积的钙磷减少，致使钙磷不能在骨生长区的基质中沉积，使原来已经形成的骨骼脱钙，引起骨骼病变。幼龄畜禽因成骨作用受阻而发生佝偻病，成年畜禽因骨不断溶解而发生骨软症。母鸡产蛋初期表现蛋壳不坚，破蛋率高，严重时形成软壳蛋，产蛋率和孵化率显著降低。

维生素 D 可提高饲料利用率和热能。当维生素 D 缺乏时，代谢率下降，生长率和生产性能降低。此外，维生素 D 可对免疫系统起作用，单细胞局部产生 1,25-二羟胆钙化醇，对免疫功能十分重要，尤其是对分娩时的奶牛。

【临床症状】维生素 D 缺乏症的病程较为缓慢，一般需 30～90d 才出现明显症状。

1. 幼龄畜禽 表现为佝偻病，病初表现为发育迟缓，精神不振，消化不良，异嗜癖，喜卧而不愿站立，站立时肢体交叉或向外展开，甚至跛行。仔猪表现为嗜睡，步态不稳，突然卧地和短时间痉挛等神经症状。骨的形态发生变化，管状骨和扁平骨变形，关节肿胀，骨端粗厚，尤其是肋骨和肋软骨连接处出现念珠状物。四肢管骨松软，站立时两前肢腕关节向外侧凸出而呈 O 型或两后肢跗关节内收而呈"八"字形。牙齿排列不整、松动、齿质不坚。雏禽通常在 14～21 日龄发病，最早则在 10 日龄出现明显症状。除了生长缓慢、羽毛生长不良外，主要表现为以骨骼软弱为特征的佝偻病。其喙、腿骨与爪变软且易弯曲，骨质变脆而容易骨折，脊椎骨与肋骨连接处肿大，行走时两腿无力，躯体摇摆，常以跗关节着地式蹲伏。

2. 成年畜禽 表现为骨软症，最先出现消化紊乱、异嗜癖、消瘦，被毛粗乱无光，随着病程的发展出现跛行，后肢无力，步态拖拉，腰荐下凹或脊柱上凸，后肢呈 X 型，喜卧，不愿站立；肋骨与肋软骨连接处肿胀，尾椎椎体萎缩，易骨折，肌腱附着不良，易脱离。产蛋家禽一般在缺乏维生素 D 60～90d 后才出现临床症状，主要表现为产薄壳蛋和软壳蛋，随后产蛋量减少，同时孵化率明显下降。病重家禽呈现企鹅样蹲坐姿势，家禽的喙、爪及龙骨变软，胸骨弯曲，胸骨与脊椎骨连接处向内凹陷。

【诊断】可通过畜禽年龄、饲养管理条件、临床症状等做出初步诊断。测定血清钙磷的含量、碱性磷酸酶活性、维生素 D 或其活性代谢产物的含量，并结合骨骼 X 线检查结果（骨化中心与骺线间距离加宽，骨骺线模糊不清呈毛刷状，纹理不清，骨干末端凹陷或呈杯状，骨干内有许多分散不齐的钙化区，骨质疏松等），能够早期确诊或监测维生素 D 缺乏症。维生素 D 缺乏最初表现出低磷血症，随后 30～60d 出现低钙血症，血浆碱性磷酸酶活性及骨钙素的含量升高。肉牛血清钙正常含量为 10.8mg/dL，血清磷含量为 6.3mg/dL，碱性磷酸酶活性为 2.75IU。当舍饲肉牛发生维生素 D 缺乏时，血清钙含量下降至 8.7mg/dL，血清磷含量降低至 4.3mg/dL，碱性磷酸酶活性升高至 5.7IU。

【防治】

1. 预防 对于舍饲畜禽，首先应保证足够的日光照射，或定期用紫外线灯照射，距离为 1～1.5m，照射 5～15min。其次应保证饲料中钙、磷供给量，调整好钙、磷比例，并饲喂富含维生素 D 的饲料。①经饲料添加预防。畜禽饲料中维生素 D 的添加量，猪 220IU/kg，蛋鸡 500IU/kg，生长期鸡 200IU/kg，火鸡 900IU/kg，鸭 220IU/kg。对于草食家畜，日晒干草是维生素 D 的最佳来源，其维生素 D 含量高于青绿饲料。②经注射预防。维生素 D 注射的推荐剂量是每千克体重 11 000IU，可在 90～180d 内维持足够的维生素 D 水平。反刍家畜肌内注射维生素 D_2 油剂（钙化醇），将保证其在 90～180d 内不患此病。体重 50kg 左右的空怀绵羊按 6 000IU/kg 肌内注射维生素 D，可持续 90d 维持足够浓度的维生素 D_3，注射维生素 D_3 所产生的组织和血浆中的维生素 D_3 含量比口服要高，且静脉注射所产生的血浆维生素 D_3 含量又比肌内注射要高。可通过给妊娠母羊注射维生素 D，来提高羔羊的维生素 D 含量，但应选择好注射时间，确保母羊在产羔时维生素 D 处于最佳水平。给妊娠母羊肌内注射 30 万 IU 的维生素 D_3，可在产羔前 60d 为母羊和新生羔羊提供一个较高含量的维生素 D，以预防季节性维生素 D_3 的缺乏。③经口服预防。给予成年绵羊 20 倍的推荐剂量，16 周内没有明显的病理性钙化发生。可每日每千克体重口服 30～45IU 的剂量；为了发挥长期效果，也可大剂量口服维生素 D，给羔羊一次性使用 200 万 IU 的维生素 D，在 60d 内可有效地预防此病的发生。

2. 治疗 针对病因，加强饲养管理，调整饲料配方，饲喂富含维生素 D 的饲料，增加舍外运动及阳光照射时间，积极治疗原发病。对于病情较重的畜禽还需要药物治疗：

（1）口服鱼肝油 马、牛 20～40mL，马驹、犊牛 5～10mL，猪、羊 10～20mL，仔猪、羔羊 1～3mL，家禽 0.5～1mL。

（2）维生素 AD 注射液 马、牛 5～10mL，马驹、犊牛 2～4mL，仔猪、羔羊 0.5～1mL，肌内注射。

（3）维丁胶钙注射液 牛、马 2 万～8 万 IU，猪、羊 0.5 万～2 万 IU，肌内注射。

（4）维生素 D_3 注射液 以体重计，成年家畜 1 500～3 000IU/kg，幼龄家畜 1 000～1 500IU/kg，肌内注射。

（5）饲料添加剂混饲 家禽可在饲料中添加骨粉或脱氟磷酸氢钙，比正常量增加 0.5～1 倍。同时，增加维生素 A、维生素 D、维生素 C 等复合维生素的用量，连续饲喂 14d 以上。有条件的禽场可让家禽多晒太阳，保证幼禽每日日光照射 15～50min，可有效地预防佝偻病的发生。对于产蛋家禽还应增加石粉、贝壳粉等。补钙的同时注意钙、磷比例，如饲料中钙多磷少，则在补钙的同时要重点补磷，以磷酸氢钙、过磷酸钙等较为适宜；如饲料中磷多钙少，则主要补钙。最适钙、磷、维生素 D 的比例为雏鸡 0.6：0.9：0.55，产蛋鸡为 (3.0～3.5)：0.40：0.45。

此外，对因患有胃肠、肝肾疾病而影响维生素 D 吸收和代谢的畜禽，及时进行病因治疗。同时，注意饲料中其他脂溶性维生素的含量。当机体处于维生素 A 过量或中毒状态时，不能使用维生素 AD 制剂，应使用单独的维生素 D 制剂。

三、维生素 E 缺乏症

维生素 E 缺乏症是指畜禽因体内维生素 E 缺乏或不足而引起的骨骼肌、心肌、肝脏组织变性、坏死，临床上以幼龄畜禽营养不良及成年畜禽繁殖障碍为特征的一种营养代谢病。主要发生于幼龄畜禽，一般雏鸡和雏鸭为 21～49 日龄，羔羊为 5～30 日龄，犊牛为 90 日龄以内，猪为 180 日龄以内。

【病因】维生素 E 缺乏症的发生与饲料中缺乏维生素 E 和缺硒有关。

1. 维生素 E 缺乏 饲料中缺乏维生素 E 或加工贮存不当造成饲料中维生素 E 破坏，或长期饲喂含有不饱和脂肪酸（亚油酸、花生四烯酸）的动物性饲料。饲喂已酸败的脂肪类、霉变的饲料和腐败的鱼粉等，导致维生素 E 被氧化和损耗，均可引起本病。饲料中含硫氨基酸、微量元素缺乏或维生素 A 含量过高，可促使本病的发生。畜禽在快速生长期、妊娠哺乳期、产蛋高峰期和应激状态下等特定时期，对维生素 E 的需求量增加，如不及时补充维生素 E，可导致维生素 E 缺乏症的发生。

2. 缺硒 由于饲料中缺硒，可间接发生维生素 E 缺乏症。①由于土壤中缺硒，致使某些有较强吸收硒能力的禾本科和豆科植物缺硒，畜禽食用了这类植物饲料后，可能发生缺硒。②土壤中不缺乏硒，但某些植物对硒吸收能力较差，如某些草类、萝卜等，使植物本身缺硒。③某些重金属、药物通过与硒络合而诱发硒缺乏。

【发病机理】维生素 E 和含硒酶都有抗氧化和抗自由基作用。谷胱甘肽过氧化物酶是一种含硒酶，其效力比维生素 E 高。不饱和脂肪酸易氧化，在氧化过程中不断形成过氧化物和自由基。自由基可引起细胞膜的过氧化作用与蛋白质分子的损伤，从而引起细胞损伤。在此过程中，维生素 E 被大量消耗，造成维生素 E 缺乏。

当维生素 E 缺乏时，细胞膜受到自由基的损害，细胞膜维持离子梯度的能力降低或丧失，钙离子从细胞外腔隙向内流入，对钙敏感的肌原纤维为了将钙离子转移到线粒体内需要消耗大量能量，结果使线粒体积聚高达正常量 50 倍的钙，并使能量系统耗空，线粒体超载发展为钙诱发的肌原纤维收缩亢进与肌纤维变性。

体内抗自由基的保护作用由维生素 E、抗坏血酸、β-胡萝卜素等清除剂和谷胱甘肽过氧化物酶完成。自由基和清除剂两者在发生作用过程中被消耗；谷胱甘肽系统正常情况下能连续不断地更新。在细胞水平上维生素 E 和谷胱甘肽系统的抗自由基机制类似，但也可独立地起作用，即维生素 E 在细胞内和细胞外起作用，而谷胱甘肽系统只在细胞内起作用。

【临床症状】畜禽维生素 E 缺乏症的主要症状包括：骨骼肌疾病所致的姿势异常及运动功能障碍；顽固性腹泻或下痢为主的消化功能紊乱；心肌疾病造成的心率加快、心律不齐及心功能不全；以幼禽多见的神经机能紊乱，尤其是脑软化引起明显的神经症状；繁殖机能障碍；全身孱弱，发育不良，消瘦，贫血，可视黏膜苍白、黄染，雏鸡和仔猪见有渗出性素质。不同畜禽及不同年龄的个体，各有其特征性的临床表现。

1. 马属动物 马驹腹泻，成年马出现肌红蛋白尿、运动障碍及臀部肌肉肿胀。

2. 牛 多发于 4～6 周龄犊牛，也可见于较大的牛，大多数为肉牛。犊牛表现为典型的白肌病症候群。运动障碍，步态强拘，喜卧，站立困难，臀背部肌肉僵硬。消化紊乱，伴有顽固性腹泻。心率加快，心律不齐或呼吸困难，有的犊牛卧地、呼吸衰竭与迅速死亡。3～4月龄以上者可能有肌红蛋白尿。成年母牛胎衣不下，泌乳量下降。

3. 绵羊 维生素 E 缺乏常见营养性肌病，又称为白肌病、僵羔病。本病最早可发生于2～6 周龄的春羔羊，4～8 月龄断奶羔羊也可发病。本病可先天性发生，但不常见。母羊妊娠率降低或不孕，有的出现肌红蛋白尿。在一些地区，硒和维生素 E 不能互相取代；在另一些地区添加维生素 E 或硒可迅速治愈。

4. 猪 维生素 E 缺乏有 3 种临床表现，即白肌病、桑葚心病与营养性肝病，后两者不常见。猪白肌病最常侵犯 6～20 周龄仔猪。除饲料缺乏维生素 E 外，某些矿物质，如铜、镉、钒、钴、磷与锌等，以某种方式与硒结合或阻止硒参与保护性活动，导致对硒需求量增加 2 倍以上，但补充维生素 E 可减轻症状。仔猪表现为消化紊乱并伴有顽固性腹泻，腹下水肿，运动障碍明显，站立困难，甚至出现犬坐姿势，步态不稳，后躯摇摆，心跳加快，节律不齐，肝实质病变严重的可伴有皮下、黏膜黄疸。育肥猪常出现脂肪炎，表现为黄膘病或黄脂症，成年猪有时排肌红蛋白尿。急性病例常在剧烈运动、驱赶过程中突然跃起、尖叫而发生猝死，多见于1~2月龄患桑葚心的病猪，外表健康，但可于几分钟内突然抽搐、跳跃同时嚎叫而死亡。慢性病例呈明显的繁殖功能障碍，母猪屡配不孕，妊娠母猪早产、流产、死胎，产仔多孱弱。

5. 家禽 维生素 E 缺乏可引起脑软化、渗出性素质、白肌病。此外，还可引起胰腺萎缩、生殖机能紊乱等。蛋鸡营养不良，产蛋量下降，孵化率低下。雏鸭运动障碍明显，食欲减少，排稀便，贫血，喙由正常的黄色变为灰白色，个别鸭出现视力减退或失明。

【诊断】根据发病特点（幼龄、地区性、群发性），结合临床症状（运动障碍、心脏衰竭、渗出性素质、神经机能紊乱）、特征性病理变化（骨骼肌、心肌、肝脏、胃肠道、生殖器官见有典型的营养不良病变，雏禽脑膜水肿、脑软化），参考病史即可初步确诊。对初步确诊的病例及幼龄畜禽不明原因的群发性、顽固性、反复发作的腹泻等，均可进行维生素 E 结合补硒治疗性诊断。

畜禽血液和肝中维生素 E 的含量是反映体内维生素 E 状况的良好指标。据报道，正常放牧牛和羊的肝脏中维生素 E（α-生育酚）平均值分别为 20mg/kg 和 6mg/kg，范围分别为 6.0~53mg/kg 和 1.8~17mg/kg，低于 5mg/kg 和 2mg/kg 时可能发生缺乏。对于牛和羊，血清中维生素 E 水平在 2mg/L 为临界值，低于此可能发生缺乏症。然而，如果饲料中有充足的硒，且不饱和脂肪酸含量较低，则畜禽对低血清维生素 E 水平无明显反应。

通过测定血清维生素 E 平均值诊断，正常值为 1mg/dL，0.5~0.7mg/dL 为不足，血清维生素 E<0.5mg/dL 为缺乏；维生素 E/胆固醇<2.2 有诊断价值；测定红细胞溶血试验，红细胞与 2%~2.4%双氧水保温 3h 后，溶血率>5%为维生素 E 缺乏。

为进一步确诊，查明病因，可测定土壤、饲料、血液、组织或被毛的含硒量。

【防治】

1. 预防 加强饲养管理，给予富含维生素 E 的饲料，注意维生素 E 和不饱和脂肪酸的比例。避免使用劣质霉变的饲料，长期贮存的谷物和饲料应添加抗氧化剂。缺维生素 E 的地区，妊娠母畜在分娩前 30~60d 和幼畜出生后，分别应用维生素 E 和硒制剂进行预防注射，或幼龄畜禽出生后 10d，补给维生素 E，持续 90d。也可将亚硒酸钠维生素 E 制剂添加于饲料、饮水中进行预防。另外，从食物链的源头上采取对土壤、作物牧草喷施硒肥的措施，可有效地提高玉米等作物、牧草的含硒量。

2. 治疗 将维生素 E 混入饲料或饮水中，或肌内注射维生素 E 制剂，配合使用亚硒酸钠。如有胰腺疾病和慢性脂肪吸收不良，维生素 E 的用量应相对增加。醋酸生育酚注射液，成年牛、羊剂量为每千克体重 5~20mg，犊牛 0.5~1.5g/头，羔羊 0.1~0.5g/头，成年猪 1.0g/头，仔猪 0.1~0.5g/头，肌内注射。配合 0.1%亚硒酸钠注射液，犊牛 5mL，羔羊 2~3mL，成年猪 10~20mL，仔猪 1~2mL，成年鸡、鸭 1mL，雏鸡、鸭 0.3~0.5mL，肌内注射，间隔 1~3d 注射 1 次。或亚硒酸钠维生素 E 注射液，马驹、犊牛 5~8mL，羔羊、仔猪 1~2mL，肌内注射。

四、维生素 K 缺乏症

维生素 K 缺乏症是由于畜禽体内维生素 K 缺乏或不足引起的，以凝血酶原和凝血因子减少，血液凝固过程发生障碍，凝血时间延长，易于出血为主要特征的一种营养代谢性疾病。鸡最容易发生维生素 K 缺乏症。

【病因】维生素 K 广泛地存在于绿色植物中，也可通过腐败肉质中的细菌或家禽消化道中的微生物合成，故正常饲喂的畜禽很少发生维生素 K 缺乏症。在日常饲养管理中，维生素 K 缺乏常见于以下几种原因：

1. 饲料中维生素 K 缺乏 维生素 K_1 主要存在于绿色植物中，鱼粉、骨粉等动物性饲料中也有一定的含量，其他饲料中含量比较低。维生素 K_2 主要由微生物合成，家禽的肠道虽然能合成一定量的维生素 K_2，但远远不能满足其需要，尤其是生长高峰期、产蛋期及刚孵出来的家禽对维生素 K 需要量比成年家禽要高，特别是刚孵出来的雏鸡，凝血酶原比成年鸡低 40% 以上，均可引起维生素 K 缺乏症。饲料受日光长时间照射，造成其中大量维生素 K 丧失。另外，发霉变质饲料中，霉菌产生的毒素对维生素 K 具有很大的抑制作用。长期给马属动物饲喂晒干发白的干草，易发生维生素 K 缺乏症。按 NRC 标准，猪、犬需要量为每千克饲料 50～150mg；家禽各生理阶段维生素 K 需要量为每千克饲料 0.5mg。

2. 拮抗因子存在 在日常养殖中，饲料中常添加维生素 K_3 以保证维生素 K 的营养需求。维生素 K_3 是一种人工合成、结构简单的甲萘醌，生物学效价比自然界存在的维生素 K_2 高 3 倍多，但维生素 K_3 极易被日光破坏。当混合饲料中含有与维生素 K 化学结构相似的拮抗物质—双香豆素时，双香豆素可通过对酶的竞争，抑制、降低维生素 K 的活性。草木樨中毒、某些霉变饲料中的霉菌毒素等也能抑制维生素 K 的活性。另外，饲料中其他脂溶性维生素含量过高时，也可影响维生素 K 的吸收，造成维生素 K 缺乏。

3. 抗生素等药物的添加 饲料中长期过量添加广谱抗生素、磺胺类药物或抗球虫药时，可抑制肠道微生物合成维生素 K，引起维生素 K 缺乏。

4. 肝、胆及肠道疾病 当畜禽患有肝胆疾病及球虫病、腹泻、胃肠道疾病时，肠壁吸收功能出现障碍或胆汁缺乏，致使脂肪消化吸收发生障碍，影响维生素 K 吸收，减少了畜禽对维生素 K 的摄入量而导致维生素 K 缺乏症。

【发病机理】维生素 K 是一种必需维生素，凝血因子 Ⅱ、Ⅶ、Ⅸ 和 Ⅹ 蛋白在肝脏先以一种非活性形式的前体出现，然后在维生素 K 作用下，促使凝血因子前体中某些谷氨酸残基羧化成 γ-羧基谷氨酸残基，凝血因子通过此过程转化为活性蛋白，并参与血液凝固。当维生素 K 缺乏时，虽然畜禽仍然能够合成凝血因子前体，但以非活性形式存在，这种非活性的凝血蛋白前体要转化为具有生物活性，则必须依赖维生素 K 的参与。在维生素 K 缺乏情况下，凝血时间延长，出现皮下、肌肉或肠道出血。

草木樨中毒时，需要用维生素 K 解毒。这是由于华法林（灭鼠灵主要成分）和被霉菌感染后的草木樨含有有毒的双香豆素，双香豆素是维生素 K 拮抗剂，在肝脏抑制维生素 K 由环氧化物向氢醌型转化，从而阻止维生素 K 利用，影响含有谷氨酸残基的凝血因子 Ⅱ、Ⅶ、Ⅸ、Ⅹ 的羧化作用，使这些因子停留于无凝血活性的前体阶段，从而影响凝血过程，凝血机制发生障碍，导致血液凝固时间延长，先是皮下或体腔出血，后则发展到体内外出血。此发病机制与华法林中毒相似。

【临床症状】

1. 雏鸡 通常雏鸡发生维生素 K 缺乏的病例最为多见。雏鸡饲料中缺乏维生素 K，一般在 14～21d 可出现症状，主要是血液凝固时间延长和出血。正常情况下凝血时间为

17～20s，当维生素 K 缺乏时，凝血时间可延长至 5～6min 或更长，病鸡轻微擦伤或其他损伤就可导致流血致死。病情严重程度与出血情况有关，有些病鸡在胸部、翅膀、腿部、腹膜及皮下和胃肠道都有出血的紫色斑点，有些出血持续时间长或大面积出血的病鸡，鸡冠、肉髯、皮肤干燥苍白，肠道出血严重的则发生腹泻，致使病鸡严重贫血，常蜷缩在一起，雏鸡发抖，不久死亡。

2. 仔猪　仔猪维生素 K 缺乏表现为敏感、贫血、厌食、衰弱和凝血时间延长。

3. 犬、猫　犬、猫发生维生素 K 缺乏时，主要表现为食欲减退、呼吸困难、贫血、水肿，心跳加快，鼻出血，粪便带血，伤口和溃疡面难以愈合。

【诊断】根据饲养管理状况、饲料分析、临床症状和出血病变可做出初步诊断。测定饲料、血液和肝脏中维生素 K 含量，血液凝固时间，凝血酶原含量可以确诊。

【防治】

1. 预防　给予畜禽富含维生素 K 的饲料，如添加富含维生素 K_1 的青绿饲料、鱼粉、肝脏等可预防本病，连用 3～5d。在饲料中添加维生素 K 制剂，如雏鸡饲料中添加维生素 K_3 1～2mg/kg。合理控制广谱抗生素、磺胺类药物与某些抗球虫药的使用时间及剂量。及时治疗胃肠道及肝胆疾病。

2. 治疗　查明病因，调整饲料配方。

（1）饲料中添加维生素 K　不能提供富含维生素 K 的饲料时，可在饲料中添加含维生素 K 的添加剂，或添加维生素 K_3 3～8mg/kg。

（2）皮下或肌内注射　维生素 K_1 或维生素 K_3 注射液，猪 10～30mg/头，鸡 1～2mg/只，皮下或肌内注射，连用 3～5d。

用维生素 K 治疗时，一般在用药 4～6h 后可使血液凝固恢复正常，连用 3～5d。同时可给予钙剂治疗，配合制止出血，疗效更好。对于有吸收障碍的畜禽，口服维生素 K 时，需同时服用胆盐。

五、维生素 B_1 缺乏症

维生素 B_1 缺乏症也称为硫胺素缺乏症或多发性神经炎，是指体内硫胺素缺乏或不足所引起的大量丙酮酸蓄积，以致神经机能障碍，以角弓反张和趾屈肌麻痹为主要临床特征的一种营养代谢病。雏禽、仔猪、犊牛、羔羊等幼龄畜禽多发，马和肉牛也有发生。

【病因】一般情况下，饲料中维生素 B_1 含量充足，无需大量补充，在禾谷类种子外胚层、胚体中维生素 B_1 含量较高，其加工副产品糠麸及饲料酵母中含量也较高。反刍家畜瘤胃及马属动物盲肠内微生物可合成维生素 B_1。畜禽发生维生素 B_1 缺乏症主要病因有以下几种：

1. 饲料中维生素 B_1 缺乏　由于畜禽饲喂了过多精料，或饲喂缺乏维生素 B_1 的青绿饲料、酵母、麸皮、米糠等，如仅给雏鸡饲喂精大米，可发生多发性神经炎。另外，处于发芽阶段的种子维生素 B_1 含量较低，长期饲喂也容易发生维生素 B_1 缺乏症。

2. 维生素 B_1 在加工过程被破坏　维生素 B_1 具有水溶性，且不耐高温，故饲料在加工过程中被浸泡、蒸煮、加热、碱化处理等，均可导致维生素 B_1 的大量损失。

3. 慢性疾病或特定生理阶段　畜禽慢性腹泻、肠道寄生虫病等可降低维生素 B_1 在小肠的吸收；肝功能有损害时，也干扰维生素 B_1 在体内的利用。在特定的生理阶段，如甲状腺功能亢进、应激、感染、高温、剧烈运动、妊娠、泌乳等条件下，均可增加机体对维生素 B_1 的需求，容易造成维生素 B_1 相对缺乏。幼龄家畜，如犊牛、羔羊、马驹等，胃肠道尚未健全和在某些特定条件下也可引起缺乏。

4. 拮抗因子存在 已知的维生素 B_1 拮抗因子有 2 种：即合成的结构类似物和天然的抗硫胺素化合物。合成的结构类似物有吡啶硫胺、羟基硫胺，它们能竞争性抑制硫胺素。天然抗硫胺素化合物是硫胺素酶Ⅰ、Ⅱ，硫胺素酶Ⅰ广泛存在于新鲜鱼、虾、蚌肉、软体动物内脏、蕨类植物及硫胺分解杆菌中；硫胺素酶Ⅱ主要存在于肠道细菌中。如畜禽大量采食含有蕨类植物、球虫抑制剂（氨丙啉）、鱼、虾、真菌的饲料，可发生维生素 B_1 缺乏症。另外，棉籽饼和菜籽饼中抗硫胺素因子含量高，油菜籽中的抗硫胺素因子为甲基芥酸酯，木棉籽中的抗硫胺素因子为 3，5 - 二甲基水杨酸。

5. 发酵饲料及蛋白质饲料不足 给肉牛长期过量饲喂富含碳水化合物的精料，造成糖类过剩，导致维生素 B_1 合成发生障碍，可引起脑灰质软化而呈现神经症状。

【发病机理】维生素 B_1 以辅酶形式参与糖的分解代谢，有保护神经系统作用，还能促进胃肠蠕动，增加食欲。维生素 B_1 作为机体许多细胞酶的辅酶，其活性形式为焦磷酸硫胺素（TPP），参与糖代谢过程中丙酮酸的氧化脱羧反应。如体内缺少维生素 B_1，丙酮酸氧化脱羧不能进行，进而丙酮酸不能进入三羧酸循环，氧化产能终止，导致能量供给不足，从而影响神经组织、心脏和肌肉的功能。在此过程中，神经组织受害最为严重，主要由于神经组织所需能量靠糖氧化供给，故畜禽表现为心脏功能不足、运动失调、搐搦、强直痉挛、角弓反张、外周神经麻痹等明显的神经症状。

维生素 B_1 缺乏影响碳水化合物、蛋白质和脂肪代谢，因为这 3 种营养物质的代谢和转换都要通过三羧酸循环，其中丙酮酸、草酰琥珀酸是三羧酸循环的组成部分，而维生素 B_1 参与两者的氧化脱羧基反应，故维生素 B_1 缺乏可引起以碳水化合物代谢障碍为主，同时伴有蛋白质和脂肪代谢障碍的综合征。

缺乏维生素 B_1 对消化功能也有影响，维生素 B_1 能抑制胆碱酯酶活性，减少乙酰胆碱的水解。当维生素 B_1 缺乏时，胆碱酯酶的活性异常增高，乙酰胆碱被水解，导致胆碱能神经兴奋传导障碍，而不能发挥增强胃肠蠕动、腺体分泌及对消化系统和骨骼肌的正常调节作用，故维生素 B_1 缺乏引起的多发性神经炎，常伴有消化不良、食欲不振、消瘦、骨骼肌收缩无力等症状。

【临床症状】各种畜禽维生素 B_1 缺乏症状基本相同，主要表现为食欲下降、生长缓慢、多发性神经炎等。雏鸡较易发病，且症状明显，病情严重，死亡率高。临床症状因患病畜禽的种类和年龄不同而有一定差异。

1. 家禽 雏禽对维生素 B_1 缺乏十分敏感，饲料中维生素 B_1 缺乏 10d 左右，即可出现明显临床症状，主要呈多发性神经炎症状。雏鸡发病时双腿挛缩于腹下，头颈后仰呈典型的"观星"姿势，头向背后极度弯曲呈角弓反张状。由于腿麻痹不能站立和行走，病鸡以跗关节和尾部着地，蹲坐或倒地侧卧，头部向后仰，严重的衰竭死亡。成年鸡发病缓慢，维生素 B_1 缺乏约 21d 后出现临床症状。病初食欲减退，生长变慢，羽毛松乱无光泽，腿软无力，步态不稳，鸡冠呈蓝紫色。病程越长神经症状越明显，开始从趾屈肌麻痹，接着腿、翅膀和颈部肌肉明显出现麻痹，严重的衰竭死亡。有些病鸡表现为贫血、腹泻等，体温降至 35.5℃，最后衰竭而死。病鸭常出现头歪向一侧，或仰头转圈等阵发性神经症状。随着病情发展，发作次数增多，并逐渐严重，全身抽搐或呈角弓反张而死亡。

2. 猪 猪多因饲喂蕨类植物、鱼虾或在海滩上散放，食入的这类食物拮抗了维生素 B_1 的吸收，表现为呕吐，腹泻，呼吸困难，心力衰竭，黏膜发绀，后肢跛行，四肢肌肉萎缩，运步不稳，严重时痉挛、抽搐、瘫痪，最后陷于麻痹状态直至死亡。

3. 犬、猫 犬多因食熟肉而发病；猫因吃生鱼而发病。猫对维生素 B_1 的需要量大于犬。主要表现为厌食，平衡失调，惊厥，头向腹侧弯，知觉过敏，瞳孔扩大，运动神经麻痹，四肢瘫痪，最后呈半昏迷，四肢强直死亡。

4. 马 因采食蕨类植物而发病。病马衰弱无力，心动过速且节律不齐，因咽麻痹而吞咽困难，共济失调，阵发痉挛、惊厥，最后昏迷死亡。

5. 反刍家畜 成年反刍家畜因瘤胃可合成维生素 B_1 而不易发生此病，犊牛和羔羊主要因母源性维生素 B_1 缺乏或瘤胃机能不健全不能合成维生素 B_1 而发病。病畜因脑灰质软化而出现神经症状，起初表现为兴奋、转圈、无目的地奔跑，厌食，共济失调，站立不稳，严重腹泻和脱水；进一步表现为痉挛、四肢抽搐呈惊厥状，倒地后牙关紧闭，眼球震颤，角弓反张，最后呈强直性痉挛，昏迷死亡。

【诊断】根据饲养管理情况、发病日龄、多发性外周神经炎的特征性症状和病理变化（雏鸡皮肤呈广泛性水肿，生殖器官萎缩，犬猫对称性脑灰质软化症）即可做出初步诊断。也可用治疗性诊断的方法来确诊，每日给予足量的维生素 B_1 后，可见显著疗效。测定血液中维生素 B_1 和丙酮酸的含量、脑脊液中细胞数有助于确诊。血清学检查，血清维生素 B_1 含量从正常的 $80\sim100\mu g/L$ 降至 $25\sim30\mu g/L$；血液丙酮酸从 $20\sim30\mu g/L$ 升高至 $60\sim80\mu g/L$；脑脊液中细胞数量由正常的 $0\sim3$ 个/mL 增加到 $25\sim100$ 个/mL。

维生素 B_1 的氧化产物-硫色素具有蓝色荧光，其荧光强度与维生素 B_1 含量呈正比，故可用荧光定量法测定畜禽的血、尿、组织和饲料中维生素 B_1 含量，来确诊和监测畜禽的维生素 B_1 是否缺乏。

本病应与雏鸡的传染性脑脊髓炎相区别。传染性脑脊髓炎常发生于雏鸡，成年鸡一般不发病，表现为头颈震颤，晶状体震颤。

【防治】

1. 预防 加强饲养管理，提供富含维生素 B_1 的全价饲料。控制抗生素等药物的用量及使用时间。防止饲料中含有分解维生素 B_1 的酶，生鱼应蒸煮后饲喂。根据机体需要，及时补充维生素 B_1。

2. 治疗 调整饲料中的维生素 B_1 的含量。对原发性维生素 B_1 缺乏症，放牧畜禽应立即给予富含维生素 B_1 的优质青草、发芽谷物、麸皮、米糠或酵母等。对幼畜和雏鸡应在饲料中添加维生素 B_1，用量为 $5\sim10mg/kg$；对犬、猫应增加肝、肉、乳供给。如饲料中添加了与维生素 B_1 拮抗的磺胺类药物或抗球虫药物（氨丙嘧啶）等，同时应增加维生素 B_1 供给量。目前最常用的治疗方法是应用复合维生素 B 防治本病。

如果畜禽维生素 B_1 严重缺乏，则应注射盐酸硫胺素液，按每千克体重 $0.25\sim0.5mg$ 的剂量，皮下注射或肌内注射，因维生素 B_1 代谢较快，每 3h 注射 1 次，连用 $3\sim4d$。也可口服维生素 B_1。犬、猫静脉注射维生素 B_1 一旦剂量稍大，会出现呼吸困难、全身松软、昏迷等中毒症状，故犬、猫应口服维生素 B_1。

六、维生素 B₂ 缺乏症

维生素 B₂ 缺乏症又称为核黄素缺乏症，是指核黄素供给缺乏或不足所致的黄素酶形成减少，生物氧化机能障碍，临床上以生长缓慢、皮炎、胃肠道及眼损伤，家禽被毛粗乱、趾爪蜷缩、飞节着地行走及坐骨神经肿大为主要特征的一种营养代谢病。本病多发于家禽和猪，偶见于反刍家畜。维生素 B₂ 缺乏多与其他 B 族维生素缺乏同时出现，尤以与烟酸缺乏关系密切。

【病因】由于植物性饲料和动物性蛋白中富含维生素 B₂，且畜禽消化道内微生物可以合成维生素 B₂，故一般不会发生维生素 B₂ 缺乏。畜禽发生维生素 B₂ 缺乏症主要病因有以下几种：

1. 摄入不足　长期饲喂维生素 B₂ 缺乏的饲料（如禾谷类饲料）、霉变或经热、碱和紫外线等处理过的饲料或高脂低蛋白饲料，可发生维生素 B₂ 缺乏症。

2. 吸收障碍　患有慢性腹泻、小肠病变等胃肠疾病，可致核黄素吸收不良。

3. 药物、金属等影响　某些广谱抗生素、精神药物、紫外线照射、许多金属及其他物质都可影响维生素 B₂ 的生物活性。

4. 特定生理阶段　在生长发育、妊娠、泌乳、高产育肥期、环境温度或高或低等特定条件下，易导致大量维生素 B₂ 被破坏或吸收、转化、利用发生障碍，需要量增加。

5. 排泄增加　负氮平衡（摄入氮小于排出氮）情况下，包括糖尿病，使用硼酸制剂或长期服用硫胺素、高热、禁食等情况下，可出现维生素 B₂ 排泄增加现象，导致维生素 B₂ 缺乏。

【发病机理】畜禽体内核黄素是许多酶系统的重要辅基组成成分，黄素腺嘌呤二核苷酸（某些氧化还原酶的辅酶）及黄素单核苷酸均为核黄素形成的辅基，它们与各种酶蛋白结合形成各种黄素蛋白，参与体内蛋白质、脂肪、糖的代谢和氧化还原过程，并对中枢神经系统的营养、毛细血管的机能活动有重要影响，同时可影响上皮和黏膜的完整性。核黄素是畜禽生长发育、组织修复过程中必需的，如机体缺乏核黄素，细胞内的氧化、还原作用减少，物质和能量代谢发生严重紊乱，可引起畜禽的上皮角质化（皮肤增厚）、角膜炎等。

【临床症状】

1. 家禽　常见雏鸡饲料缺乏核黄素，病程急且症状明显，常见于 14～28 日龄的雏鸡，最早见于 7 日龄的雏鸡。临床表现为羽毛蓬乱，绒毛稀少，腹泻，生长缓慢，消瘦，衰弱等症状，最典型的特征是趾爪向内蜷曲，两腿瘫痪，腿部肌肉萎缩，以跗关节着地，展开翅膀以维持身体平衡。发病雏鸡虽食欲尚好，但因采食受限以至饥饿或被踩死。成年鸡症状不明显，后期可见腿部叉开、瘫痪。出现产蛋量下降，蛋白稀薄，孵化率降低。核黄素含量对胚胎发育和孵化很重要，种蛋内核黄素耗尽后，鸡胚就会死亡。死胚颈部弯曲，躯体短小，关节变形，水肿，最典型的症状是死胚皮肤出现结节状绒毛，这是由于绒毛不能撑破羽毛鞘所致。

2. 猪　生长缓慢，腹泻，皮肤粗糙呈鳞状脱屑或脂溢性皮炎，被毛粗乱无光，鬃毛脱落。眼结膜及眼睑肿胀，严重者发生白内障，失明。跛行，步态不稳，严重者四肢轻度瘫痪。妊娠母猪流产或早产，所产仔猪不久死亡或体弱、无毛、腹泻、前肢水肿、运步受限、卧地不起。

3. 牛 通常发病的为犊牛，表现为厌食，生长发育不良，腹泻，脱毛。口角、唇、颊、舌黏膜发炎，流涎，流泪，有时呈现全身性痉挛等神经症状。成年牛很少发病。

4. 犬、猫 皮肤出现红斑，伴有水肿，皮屑增多，后肢肌肉虚弱，平衡失调，惊厥。

【诊断】根据饲料分析、发病特征及临床症状可做出初步诊断，最后通过测定血液和尿液中维生素 B_2 含量来确诊。当血液中维生素 B_2 含量低于 $0.039\,9\mu mol/L$ 时，可发生维生素 B_2 缺乏症。

【防治】

1. 预防 注意控制抗生素的剂量和使用时间。避免饲料过度蒸煮，以免破坏维生素 B_2。饲料中可添加维生素 B_2 含量较高的蔬菜、酵母粉、鱼粉、肉粉等，必要时可补充复合维生素 B 制剂。

2. 治疗 ①首先应调整饲料配方，增加富含维生素 B_2 的饲料，或补给复合维生素 B 添加剂。饲料中维生素 B_2 添加量为：雏禽 4mg/kg，育成禽 2mg/kg，种禽 5～6mg/kg；犊牛 30～50mg/头；仔猪 5～6mg/头，成年猪 50～70mg/头；犬每千克体重 5mg，猫每千克体重 8mg。或饲喂酵母，仔猪 10～20g/头，育成猪 30～60g/头，2 次/d，连用 7～14d。②维生素 B_2 注射液，用量为每千克体重 0.1～0.2mg，皮下注射或肌内注射，10d 为 1 个疗程。③复合维生素 B 注射液，肌内注射，一次量，马、牛 10～20mL，羊 2～6mL，犬、猫 0.5～1mL，1 次/d，连用 7～14d。

七、烟酸缺乏症

烟酸缺乏症是指因畜禽体内烟酸缺乏或不足所引起的辅酶Ⅰ和辅酶Ⅱ合成减少，生物氧化过程的递氢机能障碍，以皮肤、黏膜和消化道炎症，被毛粗乱，下痢，跗关节肿大，神经症状等为主要临床特征的一种营养代谢病。本病多发生于雏禽和猪，反刍家畜及成年禽极少发生。

【病因】烟酸广泛存在动植物饲料中，肉、鱼、蛋、奶、全麦粉、蔬菜、酵母、米糠中烟酸含量较高，玉米中烟酸及其前体色氨酸含量较低。引起烟酸缺乏的病因有：

1. 摄入不足 常见于长期饲喂烟酸或色氨酸缺乏的饲料，如以玉米为主的饲料，因为玉米所含烟酸大部分是结合型，未经分解释放不能为机体所利用。玉米蛋白质缺乏色氨酸，系烟酸前体。或饲料中维生素 B_6 缺乏，可影响烟酸的合成。

2. 拮抗成分 饲料中含过量烟酸拮抗成分，如 3-吡啶磺酸、磺胺吡啶、吲哚 3-乙酸、三乙酸吡啶、亮氨酸等，均可影响烟酸吸收。

3. 药物干扰 常见的异烟肼及磺胺类药物或长期大量服用广谱抗生素等，使胃肠道内微生物受到抑制，微生物合成烟酸量减少。

4. 某些特定条件影响 畜禽在应激状态、生长及高产期、疾病（热性疾病、寄生虫病、腹泻或消化道、肝和胰等机能障碍），营养消耗增多，或影响营养物质吸收，并且能影响其在畜禽体内的合成代谢，可引发本病。

【发病机理】烟酸在畜禽体内主要以辅酶Ⅰ和辅酶Ⅱ的形式参与机体氧化还原的递氢过程，在畜禽能量利用以及脂肪、蛋白质和碳水化合物的合成与分解方面起着重要的作用。烟酸还可促进铁的吸收和血细胞生成，维持皮肤的正常生理功能和消化液分泌，提高中枢神经兴奋性，扩张末梢血管及降低血清胆固醇含量等。烟酸缺乏可导致脂肪、蛋白质和碳水化合物代谢障碍，表现为腹泻、糙皮、痴呆等。

【临床症状】

1. 家禽 多发于雏禽，表现为采食量减少，生长发育缓慢，羽毛稀少，口腔黏膜发炎，消化不良和下痢。特有症状为跗关节肿大、增生、发炎，腿骨短粗、弯曲，呈 O 型腿。成年鸭的腿呈弓形弯曲，严重时能致残。

2. 猪 食欲减退，消化不良，严重腹泻，口腔溃疡，肠道有坏死、溃疡以至出血性病变。皮肤鳞屑脱落增多，皮毛粗糙。后肢瘫痪，平衡失调，严重者四肢麻痹。

3. 犬、猫 典型的临床症状是"黑舌病"，先舌部颜色变红，继之蓝色素沉着，形成黑舌，并分泌有臭味的黏性唾液，口腔溃疡，腹泻。精子生成减少，活力下降。神经反射紊乱、麻痹和瘫痪。严重者可发生脱水、酸中毒、贫血。

【诊断】根据饲养管理情况、发病经过、特征症状可做出诊断。本病应与锰或胆碱缺乏引起的骨短粗症相区分，区别在于患病动物的跟腱极少滑脱。

【防治】

1. 预防 提供富含烟酸的饲料，如啤酒酵母、米糠、麸皮、豆类、鱼粉等饲料。也可在饲料中直接添加烟酸。当畜禽处于应激状态，生长、高产期，患热性疾病、寄生虫病、腹泻或消化道等机能障碍时，应增加烟酸供给量，同时配合添加胆碱或色氨酸进行预防。

2. 治疗 ①口服烟酸片，病畜以体重计算用量，分别为猪 $0.6 \sim 1.0$ mg/kg，犬、猫 0.25 mg/kg。鸡 $30 \sim 40$ mg/只，或在饲料中添加 $10 \sim 20$ mg/kg 的烟酸，对症状较轻的病禽见效较快，但对已出现骨短粗症和跗关节严重肿大的病例则不可逆转。②烟酸注射液，肌内注射，家禽 0.1 mL/只，1 次/d，连用 3d。如伴有肝脏疾病时，可配合应用胆碱或蛋氨酸进行治疗。

八、胆碱缺乏症

胆碱缺乏症又称为维生素 B_4 缺乏症，是指畜禽体内因胆碱缺乏或不足引起的脂肪代谢障碍，以脂肪肝或脂肪肝综合征、生长缓慢、消化不良、运动障碍、腿骨短粗等为临床特征的一种营养代谢病。常见于仔猪、雏禽和营养状况良好的产蛋鸡等。

【病因】胆碱广泛存在于自然界，鱼粉、骨粉等动物性饲料，青绿植物以及饼粕中含有较丰富的胆碱。在日常饲养管理中，胆碱缺乏常见于以下几种原因：

1. 自体合成不足 雏禽肝脏合成胆碱的能力尚不完善，对胆碱需要量大，如饲料中添加不足，或长期饲喂含胆碱少的饲料，如玉米等，容易造成胆碱缺乏。

2. 饲料中缺乏某些营养物质 饲料中维生素 B_{12}、维生素 C、微量元素锰的缺乏，蛋氨酸、丝氨酸和叶酸等缺乏时，由于它们参与胆碱合成，会引起体内胆碱合成减少，进而引起胆碱缺乏。

3. 饲料中营养物质的相互抑制 饲料中维生素 B_1、烟酸过多与胱氨酸增多，抑制胆碱合成。

4. 某些药物影响 长期使用磺胺类药物和抗生素可抑制胆碱合成，造成胆碱缺乏症。

【发病机理】胆碱是卵磷脂及乙酰胆碱等的组成成分，属于抗脂肪肝维生素。胆碱作为卵磷脂的组成成分与脂肪代谢密切相关，一旦体内胆碱缺乏，肝脏内卵磷脂不足，肝脏内脂肪酸氧化利用受阻，影响肝脂蛋白形成，导致肝内脂肪不能转运出肝外而积聚于肝细胞内，致使肝细胞被破坏,从而形成脂肪肝,肝功能受到影响。胆碱作为乙酰胆碱的组成成分,对神经冲动的传导具有重要作用,当胆碱缺乏时,畜禽表现精神沉郁,食欲减退,生长发育受阻。胆碱在体内提供甲基,参与蛋氨酸、肾上腺素、甲基烟酰胺合成;胆碱还能促进肝糖原合成与贮存,是肠道分泌和蠕动机能强有力的刺激原。

【临床症状】

1. 家禽 雏鸡胆碱缺乏症除生长不良外,最明显的症状是胫骨短粗病和脱腱症。胫骨短粗病的特征最初表现为跗关节点状出血和轻度肿大,接着发展到胫跗关节,由于跗骨进一步扭曲则会变弯或呈弓形,与胫骨不成直线。出现这种情况时,双腿不能支持体重,关节软骨变形或关节软骨移位,腓肠肌腱脱出(脱腱症)。青年鸡极易发生脂肪肝和卵黄性腹膜炎,成年鸡产蛋量下降,孵化率降低,脂肪酸含量增高,母鸡明显高于公鸡,往往因肝破裂而发生急性内出血突然死亡。病情发展呈渐进性,肥胖家禽发病率高。

2. 猪 仔猪表现为衰弱,生长发育缓慢,被毛粗乱。共济失调,腿短且关节屈曲不全,运步不协调。成年猪表现为脂肪肝,消化不良,衰弱乏力,跗关节肿胀并有压痛,共济失调,死亡率较高。母猪采食量减少,受胎率和产仔率降低。

【诊断】根据病史、临床症状、病理变化(如脂肪肝,胫骨、跗骨发育不全)及饲料中胆碱含量测定等可进行诊断,应注意与营养性肝营养不良和锰缺乏症进行区别。

【防治】

1. 预防 供给胆碱丰富的全价饲料,并供给充足的蛋氨酸、丝氨酸、维生素 B_{12} 等。在饲料中加入氯化胆碱粉剂,一般为 50% 的预混剂,混饲,雏鸡 1 200mg/kg,蛋鸡 1 000mg/kg,肉鸡 900mg/kg,鸭 800mg/kg,鹅 100mg/kg。

2. 治疗 氯化胆碱,混饲,一般畜禽 1 000mg/kg,连用 10d。每天每只鸡 100~200mg,口服,连用 7~14d,同时提高饲料中蛋氨酸、叶酸、维生素 B_{12}、肌醇、维生素 C 补给量,可提高疗效。鸡群中已经出现脂肪肝病变、运步不协调、关节肿大等症状,可在饲料中添加氯化胆碱 1 000mg/kg、肌醇 1 000mg/kg、维生素 E 10IU/kg,连续饲喂数日。雏鸡胆碱缺乏症,如果在出现严重的骨短粗病症状之前被发现,通过在饲料中添加满足需要量的胆碱可治愈缺乏症。必须注意,患胆碱缺乏症的雏鸡,一旦发生腱滑脱,其损害是不可恢复的。

九、泛酸缺乏症

泛酸缺乏症是指畜禽体内泛酸缺乏或不足所致的辅酶 A 合成减少,碳水化合物、脂肪、蛋白质代谢障碍,以生长缓慢、皮炎、神经症状、消化功能障碍、被毛发育不全和脱落为主要临床特征的一种营养代谢病。家禽较家畜易发病,主要以鸡和猪多发,犊牛一般不易发。

【病因】

1. 摄入不足 泛酸广泛存在于动植物饲料中,但玉米和蚕豆中含量较少,畜禽的胃肠道可以合成。畜禽长期饲喂低泛酸饲料,如玉米—豆粕型饲料,或在过热、过酸或过碱条件下加工的饲料则会导致泛酸缺乏。如母鸡缺乏维生素 B_{12} 时,其后代泛酸的需要量比普通雏鸡要高。

2. 特定条件影响 机体长期处于应激状态、高产、生长阶段,畜禽对泛酸的需要量增加，如不及时补充，则导致泛酸缺乏症的发生。

【发病机理】泛酸是合成辅酶A的原料，以乙酰辅酶A的形式参与营养代谢，与草酰乙酸结合形成柠檬酸，进入三羧酸循环。乙酰辅酶A与胆碱结合形成乙酰胆碱，影响植物性神经的机能，进而调控心肌、平滑肌、消化腺、汗腺和部分内分泌腺的活动。乙酰辅酶A是胆固醇和类固醇激素的前体，可在脂肪酸、丙酮酸、α-酮戊二酸的氧化及乙酰化作用等酶反应过程中发挥作用，故泛酸缺乏可导致碳水化合物、脂肪和蛋白质代谢障碍，乙酰胆碱合成减少，肝脏乙酰化解毒作用减弱，肾上腺皮质激素合成及造血功能障碍等一系列临床变化。

【临床症状】

1. 家禽 雏鸡生长迟滞、发育缓慢；头部羽毛脱落、羽毛粗糙卷曲、质脆；趾间和脚底皮肤发炎并脱落，有时可见脚部皮肤增生角化并有赘生物，严重的甚至发生跟腱滑脱而死亡；眼睑常被黏液渗出物黏着；口角、泄殖腔周围有痂皮，口腔内有脓样物质。种鸡产蛋量基本正常，但孵化率显著下降，孵化期最后2～3d胚胎死亡率增加，鸡胚瘦小，皮下出血和严重水肿，肝脏发生脂肪变性；孵出的雏鸡体重不足、衰弱，在孵出的最初24h死亡率达50%。

2. 猪 主要表现为外周神经和脊索神经发生变性。典型症状为后腿踏步高抬腿，呈"正步"或"鹅步"姿态；被毛稀疏，严重者伴有皮肤溃疡或呈鳞片状脱落；眼鼻周围痂状皮炎，斑块状脱毛，毛色素减退。母猪因子宫发育不良，导致胎儿发育异常，卵巢萎缩。

3. 牛、马 被毛粗糙易脱落，生长发育受阻，常继发肺炎及肾皮质机能不全。

4. 犬、猫 食欲减退，发生低糖血症、低氯血症和氮质血症，有时会出现惊厥、昏迷。

【诊断】根据饲养管理情况、饲料分析、临床症状及病理变化（肝肿大，脾轻微萎缩，肾稍肿大。沿脊髓向后至荐部各节段脊髓神经和髓磷脂纤维呈髓磷脂变性）可做出诊断。雏鸡泛酸缺乏症和生物素缺乏症不易区分。生物素缺乏症时，常有饲料中加入了未经煮熟的蛋清的病史。

【防治】

1. 预防 啤酒酵母中含泛酸最多，可在饲料中添加酵母片，或在饲料中补充泛酸，均可预防泛酸缺乏症。饲料中泛酸补充量为：猪生长期11～13.2mg/kg，妊娠和泌乳期13.2～16.5mg/kg；1～7日龄雏鸡6～10mg/kg，肉仔鸡6.5～8.0mg/kg，产蛋鸡15mg/kg。在饲料中补充泛酸，需注意泛酸极不稳定，易受潮分解，在与饲料混合时，需要用其钙盐。饲喂新鲜青绿饲料、肝粉、苜蓿粉或脱脂乳等富含泛酸的饲料，也可预防本病的发生。

2. 治疗 发病轻者，在饲料中添加10～20mg/kg泛酸钙即可康复。病情严重者，泛酸钙注射液，猪每千克体重0.1mg，鸡15mg/只，肌内注射，1～2次/d，连用2～3d。同时，补充维生素B_{12}效果更好。对泛酸缺乏的母鸡所孵出的雏鸡，虽然极度衰弱，但立即腹腔注射200mg泛酸，可收到明显疗效，否则，不易存活。

十、维生素 B_6 缺乏症

维生素B_6缺乏症是指畜禽因体内的吡哆醇、吡哆醛或吡哆胺缺乏或不足所引起的转氨酶和脱羧酶合成受阻、蛋白质代谢障碍，以生长发育不良、皮炎、癫痫样抽搐、贫血、骨短粗病等为临床症状的一种营养代谢病。雏禽、幼龄反刍家畜和猪多发，但单纯性维生素 B_6 缺乏症很少发生。

【病因】维生素 B_6 在酵母菌、肝脏、谷粒、肉、鱼、蛋、豆类及花生中含量较多。一般情况下，畜禽胃肠道微生物可合成维生素 B_6，故畜禽一般不会发生维生素 B_6 缺乏症。但是，当饲料中的维生素 B_6 因加工、精炼、蒸煮或低温贮存、碱性或中性溶液、紫外线照射等受到破坏，或饲料中含有巯基化合物、氨基脲、羟胺、亚麻素等维生素 B_6 拮抗剂，可影响维生素 B_6 的吸收和利用。或饲料中蛋白质含量升高、氨基酸不平衡，生长、高产及应激等因素，造成畜禽对维生素 B_6 的需要量增加，均可导致维生素 B_6 缺乏。

【发病机理】维生素 B_6 参与氨基酸的转氨基反应，对体内蛋白质代谢有着重要影响。肝脏是维生素 B_6 代谢的主要器官，并将其转化为活性形式（吡哆醛-5'-磷酸盐）释放出来进入血液循环。磷酸吡哆醛或磷酸吡哆胺是转氨酶的辅酶，也是某些氨基酸脱羧酶及半胱氨酸脱硫酶等的辅酶。谷氨酸脱去羧基生成的 γ-氨基丁酸，与中枢神经系统的抑制过程关系密切。当维生素 B_6 缺乏时，γ-氨基丁酸生成减少，导致中枢神经系统兴奋性异常增高，畜禽表现为抽搐等特征性神经症状。畜禽育肥时，特别需要维生素 B_6，如缺乏将影响其育肥、增重等生产性能。

【临床症状】维生素 B_6 缺乏症的临床症状主要有以下 3 个方面，一是抽搐，幼畜多发，局部或全身性抽搐，胃肠不适等症状。二是出现周围神经炎。三是皮炎和贫血，口角炎、舌炎，眼周、鼻周以及口周皮脂溢性疾病等。

1. 家禽 维生素 B_6 缺乏主要引起蛋白质和脂肪代谢障碍，血红蛋白合成受阻以及神经系统损害，导致家禽生长发育受阻，引起贫血和神经组织变性，出现生长不良、贫血及特征性神经症状。雏鸡主要表现为神经症状，异常兴奋，无目的奔跑，拍翅膀，头下垂，继而出现全身性痉挛，运动失调，身体向一侧偏倒，头颈和腿脚抽搐，最后衰竭死亡。育成鸡表现为食欲不振，生长迟缓，羽毛粗糙，干枯蓬乱，鸡冠苍白，贫血。成年鸡食欲不振，消瘦，产蛋下降，孵化率低，贫血，鸡冠和肉髯下垂，卵巢和睾丸萎缩，最后死亡。成年鸭表现为贫血苍白，一般无神经症状。

2. 猪 仔猪表现为周期性癫痫样抽搐，小细胞低色素性贫血，食欲减退，呕吐，腹泻，被毛粗乱，皮肤结痂，眼周围有黄色分泌物。

3. 犬 对于刚断奶的幼犬，维生素 B_6 急性缺乏会导致厌食、体重下降，重者在血液成分未改变之前死亡；对于更大一些的犬或成年犬，表现为抽搐、肌肉痉挛和幼红细胞低色素性贫血。

4. 犊牛 表现为厌食，生长发育受阻，被毛粗乱，掉毛，异形红细胞增多性贫血，严重者出现致死性癫痫症状。

【诊断】根据病史、临床症状，结合测定血浆中吡哆醛（PL）、磷酸吡哆醛（PLP）、总维生素 B_6 或尿中 4-吡哆酸含量可初步诊断，必要时可以进行色氨酸负荷试验、蛋氨酸负荷试验和红细胞转氨酶活性测定。

测定血浆维生素 B_6 含量<40nmol/L 时为缺乏，或测定维生素 B_6 的代谢产物，最常用的是测定血浆中的 5-磷酸吡哆醛（PLP），它与组织中维生素 B_6 含量的相关性好，但对摄入量的反应缓慢，约 10d 才能达到稳定状态，是评价维生素 B_6 是否缺乏的最好指标，以血

浆 PLP>20nmol/L 为正常。但在评价时应考虑影响 PLP 含量的各种因素，当蛋白质摄入增加、碱性磷酸酶活性升高等都可使 PLP 含量下降。

本病与维生素 E 缺乏所致的脑软化症有相似症状，其区别在于患本病的雏鸡在神经症状发作时运动更为激烈，并可导致衰竭而死。

【防治】

1. 预防 调整饲料中蛋白质含量，在饲料中添加糠麸、酵母等含维生素 B₆ 丰富的饲料。各种畜禽饲料中，维生素 B₆ 的适宜添加量为雏鸡 6.2～8.2mg/kg，青年鸡 4.5mg/kg，鸭 4.5mg/kg，鹅 3.0mg/kg，猪 1mg/kg。以体重计，犬、猫维生素 B₆ 需要量为 3～6mg/kg，幼犬或幼猫为 8mg/kg。

2. 治疗 病情轻微者，口服或饲料添加维生素 B₆，病情严重者需肌内注射维生素 B₆。急性病例，可肌内或皮下注射维生素 B₆ 或复合维生素 B 注射液。慢性病例，可在饲料中添加维生素 B₆ 单体或饲喂复合 B 族维生素添加剂。

十一、生物素缺乏症

生物素缺乏症又称为维生素 H 缺乏症、维生素 B₇ 缺乏症或辅酶 R 缺乏症，是指畜禽因生物素缺乏或不足引起的碳水化合物、脂肪、蛋白质代谢障碍，以皮炎、脱毛和蹄壳裂开等为主要临床特征的一种营养性代谢病。主要发生于鸡、猪、犬、猫、犊牛和羔羊。胃肠功能良好的成年反刍家畜和马属动物一般不会发生本病。

【病因】生物素广泛存在于动植物饲料中，如豆类、玉米胚芽、肝脏、肾脏、卵黄等中。反刍家畜瘤胃，马属动物盲肠、大肠内的细菌可合成生物素，自然情况下发病很少。发病主要原因有以下 3 点：

1. 吸收少、利用率低 猪、鸡肠道微生物合成的生物素不能被机体吸收，大多随粪便排出，而大麦、麸皮、燕麦等饲料中的生物素利用率仅为 10%～30%，故造成畜禽生物素缺乏。

2. 饲喂不当 如给犬、猫饲喂生鸡蛋，生鸡蛋中含有生物素拮抗物—抗生物素蛋白—卵白素，长期将生鸡蛋混合在饲料中，引起生物素缺乏。

3. 药物影响 长期使用磺胺类药物或抗生素，导致肠道微生物合成的生物素减少而缺乏。

【发病机理】生物素与酶结合参与体内二氧化碳的固定和羧化过程，参与体内的重要代谢过程，如丙酮酸羧化而转变为草酰乙酸，乙酰辅酶 A 羧化为丙二酰辅酶 A 等碳水化合物及脂肪代谢。生物素能与蛋白质结合成促生物素酶，参与碳水化合物和蛋白质的互变，碳水化合物及蛋白质转化为脂肪的过程，生物素还可影响骨骼发育、羽毛色素的形成及抗体的生成等，故畜禽机体缺乏生物素，在临床上会出现相应症状。

【临床症状】

1. 鸡 雏鸡食欲减退，羽毛干燥变脆，逐渐衰弱，发育缓慢，趾爪、喙和眼周围皮肤发炎，有时表现出胫骨短粗症。鸡脚底粗糙、结痂，有时裂开出血。趾爪坏死、脱落。脚和腿上部皮肤干燥，嘴角出现损伤，眼睑肿胀，分泌炎性渗出物。7～21 日龄的肉仔鸡易发生脂肪肝肾综合征，21～28 日龄雏鸡易发生猝死综合征，最早可发生于 7 日龄的雏鸡，表现突然扇动翅膀，尖叫后几秒钟即倒地仰卧而死。病鸡嗜睡、麻痹。种鸡产蛋率下降，所产种蛋的孵化率低，胚胎死亡率以孵化第 7 天最高，其次是在孵化的最后 3d，胚胎和雏鸡先天性胫骨短粗，共济失调，骨骼畸形。

2. 猪 耳、颈、肩、尾部皮肤炎症，脱毛，蹄底、蹄壳出现裂缝，口腔黏膜炎症、溃疡。集约化养猪场中蹄损伤的猪占 50%，母猪产仔数减少。

3. 犬、猫 多由饲喂生鸡蛋而发病，表现为皮肤炎症、骨骼变化。无目的地行走，后肢痉挛和进行性瘫痪。

4. 反刍家畜 脂溢性皮炎，皮肤出血，脱毛，后肢麻痹。

【诊断】根据饲养管理状况、临床症状，结合测定血液和饲料中生物素的含量进行诊断，必要时可进行治疗性诊断。本病多与其他代谢障碍、维生素缺乏症伴发，应注意诊断原发病。

【防治】

1. 预防 给予富含生物素且生物利用率高的饲料，如黄豆粉、玉米粉、鱼粉、酵母等。也可在饲料中添加生物素，猪 350~500μg/kg，鸡 100~150μg/kg。

2. 治疗 在饲料中直接添加生物素，治疗量按照预防量加倍使用，并同时添加其他维生素。

十二、叶酸缺乏症

叶酸缺乏症又称为维生素 B_{11} 缺乏症或维生素 M 缺乏症，是指畜禽体内因叶酸缺乏或不足引起的核酸和核蛋白代谢障碍，以生长缓慢、皮肤色素沉着、口腔炎、巨幼红细胞性贫血、繁殖功能低下为主要临床特征的一种营养代谢性疾病。家禽、猪和幼龄反刍家畜多发。

【病因】

1. 叶酸供给不足 叶酸广泛存在于植物绿叶中，属于抗贫血因子。此外，叶酸还存在于豆类及畜禽产品中。反刍家畜瘤胃和马属动物盲肠能合成足够的叶酸，猪和家禽胃肠道能够合成部分叶酸，畜禽一般不易发生叶酸缺乏。但长期饲喂绿叶植物含量低的饲料或以叶酸含量较低的谷物性饲料为主，长期饲喂低蛋白质饲料，特别是赖氨酸和蛋氨酸缺乏的饲料，或过度煮熟的饲料，均易发生叶酸缺乏症。

2. 机体需要量增加 妊娠期、哺乳期、畜禽幼龄期等特殊时期，畜禽机体对叶酸需要量增加，易发生叶酸缺乏症。

3. 疾病因素 长期患有消化道疾病、贫血、寄生虫感染、剥脱性皮炎等，叶酸消耗量增加，易引起叶酸缺乏症。

4. 药物因素 长期使用磺胺类药物或广谱抗生素造成肠道菌群失调，可引起叶酸缺乏症。

【发病机理】叶酸由蝶啶、对氨基苯甲酸和 L-谷氨酸组成，也叫蝶酰多谷氨酸。饲料中绝大部分叶酸以蝶酰多谷氨酸形式存在，在体内水解成谷氨酸和自由型叶酸。自由型叶酸先还原成二氢叶酸，然后再生成具有生物活性的四氢叶酸，四氢叶酸在体内参与嘌呤核苷酸和嘧啶核苷酸的合成和转化。叶酸在核酸合成（核糖核酸、脱氧核糖核酸）中起重要的作用。叶酸有助于蛋白质代谢，并与维生素 B_{12} 共同促进红细胞生成和成熟，是制造红细胞不可缺少的物质。畜禽缺乏叶酸时，正常的核酸代谢和细胞繁殖所需的核蛋白形成受到影响，导致细胞生长受阻，组织退化。胸腺嘧啶脱氧核糖核酸合成减少，使幼稚红细胞 DNA 合成受阻，红细胞分裂增殖速度下降，导致畜禽血细胞发育成熟发生障碍，造成巨幼红细胞性贫血症和白细胞减少症，畜禽生长发育缓慢，出现皮肤粗糙、脱毛、消化紊乱、口腔炎等临床症状。同时，叶酸缺乏的畜禽易患肺炎和胃肠炎。

【临床症状】

1. 家禽 雏鸡食欲减退，生长变慢，羽毛易折断，有色羽毛褪色，出现典型的巨幼红细胞性贫血和白细胞减少症。种鸡产蛋量下降，孵化率降低，胚胎畸形，死亡率高。死亡的鸡胚喙部变形，胫跗骨弯曲。

2. 猪 仔猪发病多，食欲减退，皮肤粗糙，皮肤黏膜苍白，秃毛，生长缓慢，衰弱无力，腹泻，发生巨幼红细胞性贫血症，白细胞和血小板减少。母猪受胎率和泌乳量下降。易患肺炎和胃肠炎。

3. 犬、猫 类似维生素 B_{12} 缺乏症，表现为厌食，贫血，幼仔发生脑水肿，外周血液可见红细胞的母细胞和髓母细胞。

【诊断】单纯的叶酸缺乏临床较少见，也不容易诊断，往往与维生素 B_{12} 和蛋白质缺乏伴发。一般需要结合病史、饲养管理状况、血液学检查（巨幼红细胞性贫血、白细胞减少），临床治疗性试验进行确诊。

【防治】

1. 预防 避免单一使用玉米作为饲料，应搭配一定量的豆饼、酵母、亚麻籽饼或肝粉等富含叶酸的饲料。也可直接在饲料中添加叶酸制剂进行预防，雏鸡和育成鸡 $0.6 \sim 2.0 mg/kg$，蛋鸡 $0.12 \sim 0.42 mg/kg$，肉鸡 $0.3 \sim 1.0 mg/kg$。以体重计，犬、猫 $0.3 \sim 0.4 mg/kg$，马 $10 mg/kg$。

2. 治疗 症状较轻的畜禽，可在饲料中添加叶酸 $5 mg/kg$。病重畜禽使用叶酸制剂，猪每千克体重 $0.1 \sim 0.2 mg$，2 次/d，口服；或 1 次/d，肌内注射，连用 $5 \sim 10 d$。家禽，口服叶酸制剂，$10 \sim 150 \mu g$/只，或肌内注射叶酸制剂，$50 \sim 100 \mu g$/只，1 次/d，连用 7d。同时配合维生素 B_{12}、维生素 C 进行治疗，疗效更好。

十三、维生素 B_{12} 缺乏症

维生素 B_{12} 缺乏症是指畜禽体内维生素 B_{12}（钴胺素）缺乏或不足所引起的核酸合成受阻、物质代谢紊乱、造血机能及繁殖机能障碍，以巨幼红细胞性贫血为主要临床特征的一种营养代谢性疾病。本病与维生素 B_{11} 缺乏症很相似，维生素 B_{12} 缺乏症与钴、铁缺乏有关，多为地区性发生，以猪、禽和犊牛多发，其他动物发病率较低。

【病因】

1. 摄入不足 畜禽蛋白质饲料中维生素 B_{12} 含量丰富，而植物性饲料中几乎不含维生素 B_{12}。大多数畜禽机体可在胃肠道微生物的作用下，利用微量元素钴和蛋氨酸合成维生素 B_{12}，但家禽体内合成维生素 B_{12} 的能力较差，必须从饲料中补充。长期饲喂维生素 B_{12} 含量较低的植物性饲料，或钴、蛋氨酸缺乏或不足的饲料可引起家禽维生素 B_{12} 缺乏。

2. 吸收异常 畜禽患有胃炎，胃幽门部形成的氨基多肽酶分泌不足，未能促使维生素 B_{12} 进入黏膜的细胞吸收；由于维生素 B_{12} 仅在回肠中被吸收，当局限性回肠炎、肠炎时，也能造成维生素 B_{12} 的吸收不良。此外，患有肝脏疾病、内源因子缺乏或维生素 B_{12} 在肠道内停留时间过短（不足 3h）引起的吸收障碍。

3. 先天性维生素 B_{12} 转运及代谢异常　维生素 B_{12} 腺苷合成异常、甲基维生素 B_{12} 合成异常等，均可引起维生素 B_{12} 转运及代谢障碍。

4. 其他因素　大剂量维生素 C 可导致饲料中维生素 B_{12} 利用率下降，不适当的补给叶酸可诱导或加重维生素 B_{12} 缺乏。长期使用广谱抗生素导致胃肠道微生物种群受到抑制或破坏，或因品种、年龄、饲料中蛋白质过量等导致机体对维生素 B_{12} 需要量增加，均可导致维生素 B_{12} 缺乏。

【发病机理】维生素 B_{12} 是 B 族维生素中迄今为止发现最晚的一种。维生素 B_{12} 的主要生理功能是参与制造骨髓红细胞，防止恶性贫血，防止大脑神经受到破坏。维生素 B_{12} 在肝脏中转化为具有高度代谢活性的甲基钴胺而参与氨基酸、胆碱、核酸的生物合成，并对造血、内分泌神经系统和肝脏机能具有重大影响。当机体维生素 B_{12} 缺乏时，胸腺嘧啶核苷酸减少，DNA 合成速度减慢，而细胞内尿嘧啶脱氧核苷酸和脱氧三磷酸尿苷增多。胸腺嘧啶脱氧核苷三磷酸减少，使尿嘧啶掺入 DNA，使 DNA 呈片段状，DNA 复制减慢，核分裂时间延长，故细胞核比正常大，核染色质呈疏松网状，缺乏浓集现象，而细胞质内 RNA 及蛋白质合成无明显障碍。随着核分裂延迟和合成量增多，形成胞体巨大，核浆发育不同步，核染色质疏松，所谓"老浆幼核"改变的巨型血细胞。巨型改变以幼红细胞最显著，称为巨幼红细胞。该巨幼红细胞易在骨髓内破坏，出现无效性红细胞生成，最终导致红细胞数量不足，出现巨幼红细胞性贫血和白细胞减少症；血浆蛋白含量下降，肝脏中脱氢酶、细胞色素氧化酶、转甲基酶、核糖核酸酶等酶活性减弱，神经系统受损。故患病畜禽出现生长发育受阻，可视黏膜苍白，皮肤湿疹，神经兴奋性增高，触觉敏感，共济失调等症状，易发肺炎和胃肠炎等疾病。

【临床症状】

1. 家禽　雏鸡表现为食欲减退，生长变慢，饲料利用率降低。鸡冠、肉髯、肌肉苍白，血液稀薄，发生脂肪肝，大量死亡。单纯性维生素 B_{12} 缺乏的生长鸡，未见有特征性症状。如饲料中同时缺少胆碱、蛋氨酸，则可出现骨短粗症。成年鸡产蛋量下降，蛋小而轻，孵化率降低，多在孵化 17d 左右大量死亡。鸡胚腿肌萎缩，有出血点，骨短粗、卵黄囊、心脏和肺脏等胚胎内脏均有弥散性出血，脂肪肝，心脏扩大且形态异常，甲状腺肿大。孵出的雏鸡弱小，多畸形。

2. 猪　生长停滞，皮肤粗糙，背部有湿疹样皮炎。应激性增加，运动障碍，后腿软弱或麻痹，卧地不起。消化不良、厌食、异嗜、腹泻，多有肺炎等继发感染。舌头肉芽瘤组织增生和肿大，发生巨幼红细胞性贫血。母猪繁殖机能障碍，产仔数减少，仔猪活力减弱，生后不久死亡。母猪还表现为流产、死胎、胎儿畸形。

3. 牛　犊牛表现食欲减退，生长缓慢，共济失调，行走摇摆，黏膜苍白，皮肤被毛糙乱，肌肉迟缓无力。成年牛很少发病。

4. 犬、猫　食欲减退，生长停滞，贫血，幼仔脑水肿，发生巨母红细胞性贫血。

【诊断】根据饲养管理状况、临床症状可做出初步诊断，确诊需检测血液和肝脏中维生素 B_{12} 含量和尿中甲基丙二酸含量，重要指标是血液检查是否出现巨幼红细胞。①血清维生素 B_{12} 浓度低于 $100pg/mL$，即可诊断为维生素 B_{12} 缺乏（正常值为 $100\sim300pg/mL$）。②尿中甲基丙二酸测定，维生素 B_{12} 缺乏时，由于特殊的代谢障碍，尿中甲基丙二酸排出量增多，但是叶酸缺乏时并不增加，故可区分维生素 B_{12} 缺乏和叶酸缺乏。③治疗性试验是临床最早采用、最简便的一种诊断手段，在不具备上述各种检查条件时，可采用此办法。用维生素 B_{12} 治疗后，巨幼红细胞转变成正常形态的红细胞，即可判断为维生素 B_{12} 缺乏。

【防治】

1. 预防 供给富含维生素 B_{12} 的饲料，如全乳、鱼粉、肉屑、肝粉和酵母等，同时喂给氯化钴，保证为畜禽提供足够的维生素 B_{12} 和微量元素钴。饲料中维生素 B_{12} 12～20μg/kg，钴 12μg/kg，可满足猪、鸡的生长发育和生产等需要。在种鸡日粮中每吨加入 4mg 维生素 B_{12}，能保持较高的孵化率，并使孵出的雏鸡体内贮存足够的维生素 B_{12}，预防出壳后数周内不发生维生素 B_{12} 缺乏。给每只母鸡肌内注射 2μg 维生素 B_{12}，可使其所产蛋的孵化率在 7d 内从 15％提高到 80％，将结晶维生素 B_{12} 注入缺乏维生素 B_{12} 的种蛋内，孵化率及初雏的生长率均有所提高。对缺钴地区的牧地，应适当施用钴肥。

2. 治疗 ①维生素 B_{12} 注射液，马 1～2mg，猪、羊 0.3～0.4mg，仔猪 20～30μg，犬 100μg，鸡 2～4μg，每日或隔日肌内注射 1 次。②在饲料中添加氰钴胺或羟钴胺，猪 300～400μg/kg，雏鸡 15～27μg/kg，蛋鸡 7μg/kg，肉鸡 1～7μg/kg，鸭 10μg/kg。犬、猫每千克体重 0.2～0.3mg。反刍家畜不需补充维生素 B_{12}，口服钴制剂即可。③当维生素 B_{12} 严重缺乏时，除补充维生素 B_{12} 以外，还应给予葡萄糖铁钴注射液、叶酸和维生素 C 等制剂。

十四、维生素 C 缺乏症

维生素 C 缺乏症又称为坏血病，是指畜禽体内因维生素 C 缺乏或不足所引起的胶原和黏多糖合成障碍及抗氧化能力下降，以皮肤、内脏器官出血，贫血，齿龈溃疡、坏死，关节肿胀和抗病力下降为临床特征的一种营养代谢性疾病。幼龄畜禽主要表现为骨骼发育障碍，肢体肿痛，假性瘫痪，皮下出血。成年畜禽表现为齿龈肿胀、出血，皮下有淤血点，关节及肌肉疼痛，毛囊角化等。

【病因】维生素 C 广泛存在于青绿饲料、胡萝卜和新鲜乳汁中，大多数畜禽可自己合成，故畜禽较少发生维生素 C 缺乏症。但长期饲喂维生素 C 缺乏的饲料，或加工处理不当，如过度曝晒、高温蒸煮、贮存过久、发霉变质的饲料，或畜禽患胃肠或肝脏疾病、某些感染、传染病、热性病、应激等，或畜禽出生后 10～20d 内不能合成维生素 C，而母乳中维生素 C 缺乏或不足等，均可造成维生素 C 缺乏。

【发病机理】维生素 C 是作用很强的还原剂，在体内被可逆性氧化和还原，因而在细胞内起氧化还原作用。维生素 C 与苯丙氨酸和酪氨酸代谢有关。作为还原剂，维生素 C 可激活前胶原脯氨酸和赖氨酸羟化为前胶原羟基脯氨酸和羟基赖氨酸的酶类。维生素 C 能保护叶酸还原酶，这种酶可使叶酸转变为亚叶酸，并有助于从食物内的叶酸结合物中释出游离叶酸。维生素 C 可促进铁吸收，机体如缺乏维生素 C，可导致胶原合成发生障碍，再生能力降低。骨髓、牙齿及毛细血管壁间质形成不良，骨、牙齿易折断或脱落。创口溃疡不易愈合，毛细血管通透性增大，皮下、肌肉、胃肠道黏膜易出血。铁的转化、吸收发生障碍，引起贫血。抗体生成和网状内皮系统机能减弱，畜禽对疾病的易感性增强，极易继发感染性疾病。

【临床症状】畜禽发生维生素 C 缺乏症时，在皮肤、皮下结缔组织、腱、肌肉、骨膜、肋骨关节、骨髓和四肢关节出血，并引起疼痛和肿胀，有时发生鼻、胃和肠出血。通常可见到齿龈肿胀出血，牙齿松动易于脱落，且在齿龈、颊、舌、咽等处形成溃疡，并发低色素性贫血。

1. 家禽 生长缓慢，产蛋量下降，产薄壳蛋。

2. 猪　妊娠猪可导致胚胎死亡、仔猪脐带出血、发育障碍等。出现特征的鼻出血、精神萎靡、不愿走动、关节肿胀、疼痛，一般在断奶后 14～21d 发病。仔猪患病也与遗传因素有关。育肥猪表现重症出血性素质，皮肤黏膜出血、坏死，皮肤出血部位的鬃毛软化、易脱落等。生长缓慢，常发贫血和出血，轻微的刺激、骚动均可以引起出血，这些部位和毛囊部出现暗红色斑，甚至皮肤成斑纹状。口腔黏膜出血并有血斑，齿龈更加明显，严重的可形成溃疡、坏死性口炎，从口腔流出大量酸臭唾液，出现咀嚼、吞咽障碍，病情严重的关节肿胀，胸骨变形和运动障碍等骨骼病变，病猪极度衰弱，常由于组织器官的出血和细菌感染而死亡。

3. 马　临床少见，易于疲劳，使役和运动均可使心跳、呼吸加快。贫血和出血素质不明显。

4. 牛羊　犊牛多发，耳周围毛囊角化过度，表皮剥脱形成蜡样结痂，脱毛严重，秃毛区域可蔓延至肩胛及背部；四肢关节明显增粗、疼痛，运动障碍。成年牛表现为皮炎或结痂性皮肤病，齿龈多发生化脓性炎症，奶牛产奶量下降，易继发酮病。羊较少发生，且症状不明显，一般为消瘦，虚弱，消化机能障碍，齿龈肿胀出血，牙齿松动，易于脱落。

5. 犬　贫血和口腔炎，吃食、咀嚼、吞咽困难。有的犬鼻、胃肠出血，血尿、关节疼痛，但很少肿胀。由于胸骨和四肢疼痛，运动受阻。病情严重的，侧卧于地并慢慢伸展四肢，有的可发生后肢麻痹。

【诊断】根据病史、临床症状（出血性素质）及血尿和乳中维生素 C 含量的测定等进行综合判断。血浆中维生素 C 的测定，反映维生素 C 的摄入情况；尿液中维生素 C 的测定，反映维生素 C 的排出量，综合 2 个结果可反映维生素 C 的体内贮存情况。空腹血浆中维生素 C 含量的评价标准（2，4 -二硝基苯肼比色法），每 100mL 血浆中维生素 C 含量＜0.3mg 为不足，0.3～0.8mg 为适中，0.8～1.4mg 为充裕，1.4mg 为饱和。测定 24h 尿液中维生素 C 含量，评价标准（2，4 -二硝基苯肼比色法），每 100mL 尿液中维生素 C 含量＜6mg 为不足，6～12mg 为适中，＞12mg 为充裕。

【防治】

1. 预防　加强饲养管理，保证饲料全价营养，供给富含维生素 C 的饲料。饲料加工调制不可过久或用碱处理，青饲料不易贮存过久。加强妊娠猪饲养管理，仔猪断奶要适时，不宜过早。畜禽发生感染、应激、热性病、传染病时，应增加维生素 C 的用量，防止因消耗过多而引起相对缺乏。

2. 治疗　发现患病畜禽，立即调整饲料的组成，有食欲的畜禽应饲喂富含维生素 C 的新鲜青绿饲料、绿叶蔬菜等。对犬等食肉动物，供给鲜肉、肝脏或牛奶等。也可口服维生素 C 片，马 0.5～2g，猪、羊 0.5～1.0g，仔猪 0.1～0.2g，2 次/d，连用 7～14d。反刍家畜不宜口服，因维生素 C 在瘤胃内会被破坏，应采取注射给药方式。维生素 C 注射液，皮下注射或静脉注射，马、牛 1～3g，猪、羊 0.2～0.5g，犬 0.1～0.2g，1～2 次/d，连用 3～5d。如出现口腔溃疡，用 0.1％高锰酸钾溶液或 0.02％呋喃西林溶液或其他抗生素溶液清洗，在患处涂抹碘甘油或抗生素药膏等。

第二节　维生素中毒

维生素中毒是指当畜禽饲料中添加过量维生素，或医源性过量，或长期饲喂含维生素过多的饲料所发生的一种营养代谢性疾病。可分为脂溶性维生素中毒和水溶性维生素中毒。

由于水溶性维生素不在体内贮存，且易从体内排出，故水溶性维生素中毒较少发生。但长期服用或用量过大，在体内蓄积也会引起中毒。如维生素 B_1 中毒可导致畜禽神经过敏、抽搐、乏力、头痛、心律失常等。大于需要量 1 000 倍的剂量经非肠道途径使用盐酸硫胺素，可抑制呼吸中枢，造成呼吸困难、发绀、癫痫性惊厥。维生素 B_2 中毒可发生少尿等肾功能障碍。维生素 B_3 日摄入量 $>350\sim500mg/kg$（以体重计）时可中毒，导致皮肤发红、头痛、瘙痒和胃病，严重过量则会出现口腔溃疡、糖尿病和肝脏受损等病症。维生素 B_5 中毒可导致肝脏受损。维生素 B_6 中毒表现为严重的末梢神经炎，可引起抽搐。维生素 B_{12} 中毒可表现为神经兴奋、心前区疼痛和心悸等症状，对有心脏疾患的病畜应严格控制剂量。维生素 C 中毒可出现呕吐、腹痛、腹泻等症状，易形成泌尿系统结石。患有心脏疾病的病畜过量服用维生素 C，则易引起血小板聚集与血栓形成。

维生素 A、维生素 D、维生素 E、维生素 K 等脂溶性维生素，可以在体内贮存和蓄积，排泄又比较缓慢，故长时间、大剂量饲喂或一次超剂量饲喂后，容易引起脂溶性维生素中毒。

一、维生素 A 中毒

维生素 A 中毒是指畜禽采食过量维生素 A 所引起的，以骨骼发育障碍、生长缓慢、跛行、外生骨疣等为主要临床特征的一种营养代谢病。各年龄段畜禽均可发生。畜禽对维生素 A 的敏感性有个体差异，以及肝脏维生素 A 贮存量不同，中毒剂量有较大差异，长期大量使用维生素 A 可表现出较大毒性。胡萝卜素比较安全，即使大剂量长期使用也不易产生明显毒性。

【病因】导致维生素 A 中毒的病因主要有以下几种：

1. 长期饲喂维生素 A 含量过高的饲料 饲料中维生素 A 添加量超过正常需要量的 100 倍以上时，或长期使用富含维生素 A 的动物肝脏或鱼肝油作为主要饲料时，易发生维生素 A 中毒。

2. 医源性维生素 A 过多 在治疗维生素 A 缺乏症时，过量使用维生素 A 制剂所致。

【发病机理】维生素 A 过量可降低细胞膜和溶酶体膜的稳定性，细胞膜受损，使酶释放过多，引起肝、脑、皮肤和骨骼等组织病变，表现为骨皮质内成骨过度，骨的脆性增加，易发生骨折。此外，过量的维生素 A 可影响维生素 D、维生素 E、维生素 K 的正常吸收和代谢，造成这些维生素的相对缺乏。

【临床症状】畜禽一次误食大剂量的维生素 A，可于数日内出现急性中毒症状。表现为食欲减退、烦躁或嗜睡、颅内压增高、头围增大、共济失调、呕吐、皮炎瘙痒、视乳头水肿等。

1. 犊牛 长期过量使用维生素 A 制剂，引起牛角生长缓慢和脊髓液压降低。病牛表现为生长迟缓，跛行，第 3 趾骨外生骨疣，骨骺软骨消失。严重的表现为共济失调、局部麻痹。

2. 仔猪 大量饲喂维生素 A，导致大面积出血而突然死亡，妊娠早期过量使用维生素 A，可导致胎儿发育异常。

3. 犬、猫 长期喂食畜禽肝脏可引起慢性中毒。主要表现为倦怠，生长缓慢，喜卧，牙龈充血、出血，全身水肿，跛行，瘫痪，脊椎外生骨疣，从第 1 颈椎至第 2 胸椎之间有明显的关节桥形成，骨干及关节周围也有骨性增生等。

4. 青年鸡　表现为生长缓慢，骨骼变形，色素减少，死亡率升高。蛋鸡饲料中维生素 A 的适宜含量为 4 000IU/kg，当饲喂量超过饲养标准时，即可引起维生素 A 中毒，表现为精神抑郁或惊厥，采食量下降，严重时不吃食，羽毛脱落。

【诊断】根据病史调查、临床症状、X 线检查和血清维生素 A 含量的测定结果等进行诊断。

1. 具有维生素 A 用药史　一次应用维生素 A 超过 30 万 IU 可致急性中毒。长期超剂量服用维生素 A 可致慢性中毒。

2. 临床症状　急性中毒症状有恶心、呕吐、昏睡、颅内压增高等。慢性中毒症状有烦躁、食欲不振、瘙痒、口角皲裂、长骨疼痛。

3. 不当喂食　有长期喂食畜禽肝脏史。

4. X 线检查　X 线长骨平片，可见中段骨皮质增厚。

5. 血清维生素 A 含量增高　血清维生素 A 含量 $>3.5\mu mol/L$（$100\mu g/dL$）。

【防治】

1. 预防　严格按照饲养标准添加维生素 A 制剂，并混合均匀。同时，不能长期将富含维生素 A 的动物肝脏或鱼肝油作为主要饲料。此外，使用维生素 A 制剂治疗畜禽疾病时，应严格掌握剂量。

2. 治疗　主要是病因治疗。立即更换富含维生素 A 的饲料，减少维生素 A 添加量，中毒较轻者可逐渐恢复。中毒较重者，给予消炎止痛类药物，同时补充维生素 D、维生素 E、维生素 K 和复合维生素 B 等。对已出现关节骨性增生或外生骨疣，无法根治的病畜，应及早淘汰。维生素 A 可在体内蓄积，代谢缓慢，更换饲料后血液中维生素 A 含量可持续至数周后才能降为正常，但肝脏中维生素 A 可在数年内保持较高的含量。

二、维生素 D 中毒

维生素 D 中毒是指畜禽因饲料中维生素 D 添加过量或维生素 D 制剂用量过大所致，以高钙血症和软组织钙化等为临床特征的一种营养代谢性疾病。维生素 D_3 的毒性比维生素 D_2 高 10 倍，维生素 D 代谢产物的毒性比维生素 D 本身的毒性要高。

【病因】

1. 饲料中添加过量维生素 D　畜禽长期饲喂富含维生素 D 的饲料，由于维生素 D 在体内代谢缓慢，大量摄入造成体内的蓄积，可引起中毒。对大多数畜禽，饲喂 60d 以上时，维生素 D_3 的耐受量为畜禽需要量的 5～10 倍。短时间饲喂时，维生素 D_3 的最大耐受量为畜禽需要量的 100 倍左右。

2. 医源性疾病　在防治佝偻病时，过量使用维生素 D 制剂，如鱼肝油、维生素 D_2、维生素 D_3 和维丁胶钙等引起。

3. 长期大量饲喂肝脏等　犬、猫长期给予大量的猪肝和鱼肝油，即可发生中毒。

4. 饲料中钙、磷含量较高　当饲料中钙、磷含量较高时，可加重维生素 D 毒性，反之则可减轻其毒性。

【发病机理】肝脏无限制地将大量维生素 D 转变为 $25-(OH)D_3$，导致血浆 $25-(OH)D_3$

的含量升高，1,25-$(OH)_2D_3$ 的含量并无明显改变。高含量的 25-$(OH)D_3$ 有类似 1,25-$(OH)_2D_3$ 的作用，可促进肠道钙的吸收，引起骨钙的重吸收，致使血清钙和血清磷含量升高，最终导致软组织钙化和肾结石。软组织普遍钙化，包括肾脏、心脏、血管、关节、淋巴结、肺脏、甲状腺、结膜、皮肤等，使其正常的功能发生障碍。当摄入药物形式的 1,25-$(OH)_2D_3$ 时，由于能有效地绕过肾脏 25-$(OH)D_3$-1-羟化酶的生理调控作用，故可能发生维生素 D 中毒（出现高钙血症和软组织钙化）。

【临床症状】

1. 牛　食欲减退、呼吸困难、心动过速、心音增强、虚弱、卧地、偏颈、发热等。妊娠牛分娩前 30d 更易感，并在 14～21d 内表现出中毒症状。

2. 马　食欲减退、多尿、低渗尿、酸性尿、烦躁、饥渴，可能有明显的软组织钙化和肋骨骨折。

3. 猪　在饲喂过量维生素 D 的饲料 2d 后，表现为精神委顿、食欲不振、呕吐、腹泻、呼吸困难、衰弱等，严重者死亡。

4. 蛋鸡　食欲减退、腹泻、肾脏结石或死于尿毒症。

5. 犬　除医源性因素外，多在长期大量喂食畜禽肝脏数月后发生。心动过速、多尿、血尿或蛋白尿、烦躁，常发生高钙血症，肾、输尿管、膀胱、尿道结石等。

【诊断】根据畜禽饲喂或使用维生素 D 制剂的病史、临床症状、病理变化（软组织钙化、大血管壁和心内膜钙化和泌尿系统结石等）及实验室检验等确诊。畜禽维生素 D 中毒时，血钙和尿钙含量明显升高，血清维生素 D 含量及其活性代谢产物也明显升高，血清钙含量 2.88mmol/L 以上，血清磷含量 1.29～1.62mmol/L 以上，心电显示 Q-T 间期缩短和心律不齐。X 线检查骨骼有纤维性骨炎。

【防治】

1. 预防　正确使用并控制饲料中维生素 D 的添加量，防止因一次性补充维生素 D 用量过大造成中毒。犬、猫不能长期、大量饲喂猪肝和鱼肝油等。

2. 治疗　立即停止饲喂富含维生素 D 的饲料，或停止使用维生素 D 制剂，并给予低钙饲料，纠正电解质紊乱和补充血容量，使用利尿药物，促进钙通过尿液排出，使血钙恢复到正常水平，再使用糖皮质激素，如氢化强的松可抑制 1,25-$(OH)_2D_3$ 生成和阻止肠中钙运输，待血钙维持正常含量后，逐渐减少并停止使用糖皮质激素。同时，在饲料中添加维生素 A、维生素 E、维生素 K 制剂，降低维生素 D 的毒性。

三、维生素 E 中毒

维生素 E 中毒是指畜禽饲喂大量维生素 E 和硒元素及医源性维生素 E 过量引起的，以肌肉无力、脂肪代谢障碍等为主要临床特征的一种营养代谢病。在畜禽养殖生产中，维生素 E 中毒的情况并不多见。

【病因】主要原因是畜禽饲喂过量的维生素 E 和硒的饲料添加剂的饲料及医源性维生素 E 过量。

【发病机理】维生素 E 对维生素 K 有拮抗作用，畜禽长期过量饲喂维生素 E 可引起脑出血。中毒剂量的维生素 E 可成为促氧化剂，影响其他脂溶性维生素的吸收和功能。畜禽机体免疫功能下降，体内 T 淋巴细胞、B 淋巴细胞和单核-吞噬细胞系统功能低下，从而容易发生各种疾病。

【临床症状】畜禽食欲不振、肌肉无力、疲倦、头痛和腹泻。猪、犬还有呕吐症状。家畜乳腺癌及繁殖障碍。可能引起大出血。蛋鸡脂肪代谢障碍，导致过肥或中毒死亡。

【诊断】根据畜禽饲养管理情况、病史、临床症状和病理变化可做出初步判断。测定血清中维生素 E、硒、谷胱甘肽过氧化物酶含量，超过正常含量时即可确诊。

【防治】

1. 预防 饲料中添加维生素 E 时，要根据畜禽机体的需要，严格掌握用量，控制在安全范围内且混合均匀。防治畜禽白肌病、脑软化、渗出性素质等疾病时，要严格掌握维生素 E 制剂的使用剂量和使用时间，以免发生中毒。

2. 治疗 ①停止饲喂含维生素 E 和微量元素硒的饲料。②维生素 E 中毒的畜禽可饮用淡盐水，以促进维生素 E 的排出，或静脉注射生理盐水促进代谢。③采取保肝、止血等对症治疗。

四、维生素 K 中毒

维生素 K 中毒是指畜禽因饲喂含过量维生素 K 的饲料或过量使用医源性维生素 K 制剂所致，以溶血性贫血、高胆红素血症及黄疸等为主要临床特征的一种营养代谢病。

维生素 K 是一种产生凝血因子的脂溶性维生素，有饲料中的天然维生素维生素 K_1 或叶绿醌、畜禽机体产生的维生素 K_2（甲基萘醌类化合物）和人工合成的维生素 K_3 或甲基萘醌。目前，还不清楚大量服用天然维生素 K_1 是否会产生毒性作用，大剂量叶绿醌和甲基萘醌的毒性较小，畜禽按日需要量的 1 000 倍饲喂，未见不良反应，但人工合成的维生素 K_3 风险较大。

【病因】畜禽饲喂添加过量维生素 K 的饲料，或过量使用医源性维生素 K 制剂，造成维生素 K 中毒。

【发病机理】维生素 K 的活性形式是甲基萘醌，过量服用合成的甲基萘醌可伴有溶血性贫血和肝中毒。维生素 K 中毒可导致红细胞破裂，释放出细胞内色素，色素将皮肤染成黄色。中毒剂量的合成维生素 K，造成肝脏释放血细胞色素（胆红素）进入血液，而不是进入胆汁，从而发生黄疸。孕畜服用大剂量维生素 K，幼畜因肝脏酶系统发育尚不完善，造成新生幼畜黄疸，并抑制其生长发育。维生素 K 剂量过大时，损害肝脏，引起高尿酸血症，特别是严重肝细胞损害的病畜，可抑制凝血酶原合成，影响血液凝固。肌内注射大剂量维生素 K，可导致局部皮肤损害，甚至引起过敏反应。服用含维生素 K 量高的多种维生素，也影响口服抗凝剂的效果。

【临床症状】家畜表现为食欲不振、呕吐、腹泻，皮疹和瘙痒性斑块。新生幼畜早产、溶血性贫血、高胆红素血症及黄疸。对红细胞 6 -磷酸脱氢酶有缺陷的病畜可诱发急性溶血性贫血。大剂量维生素 K_1 或维生素 K_3 对肝功能不全病畜，可加重肝脏损害。犬主要表现为呕吐、卟啉尿（机体合成血红素的中间体）和蛋白尿。蛋鸡饲料中的维生素 K 过量时，因其刺激胃肠黏膜发炎，表现为食欲减退、腹泻，产蛋量明显下降，严重时停产。

【诊断】根据饲养管理情况、病史和临床症状可做出初步诊断。对疑似维生素 K 中毒的畜禽，采用 ELISA 法检测血清中维生素 K 含量。血清中维生素 K 正常值为 0.29～2.64nmol/L。

【防治】

1. 预防 根据畜禽机体的营养需要，严格控制饲料中维生素 K 的用量，并混合均匀。治疗维生素 K 缺乏症时，严格掌握维生素 K 制剂的用量，以免发生中毒。

2. 治疗 主要是进行对症治疗，如有严重溶血性贫血时，可选用：①输注新鲜血液。②应用肾上腺皮质激素。③如发生严重黄疸，或发生核黄疸，可实施换血疗法。

第五章 矿物质缺乏症与中毒

第一节 矿物质缺乏症

一、常量元素缺乏症

（一）钙、磷缺乏性疾病

佝 偻 病

佝偻病是幼龄畜禽维生素 D 缺乏或钙、磷代谢障碍所致的骨营养不良，临床上以消化紊乱、异嗜癖、跛行及骨骼变形等为特征。病理学特征主要为成骨细胞钙骨组织形成过多，软骨内骨化障碍和成骨组织的钙沉积减小，造成软骨肥大及骨筋增大的暂时钙化不全。本病多发生于冬、春季，夏、秋季也偶有发生。常见于犊牛、羔羊、仔猪和幼犬，幼龄畜禽发病常表现为佝偻病，以快速生长和刚断奶不久的幼畜发病率最高，也有个别是先天获得性的。成年畜禽发病表现为骨软症和骨质疏松症。

【病因】引起幼龄畜禽佝偻病的病因主要有以下 3 种：

1. 维生素 D 或光照不足 维生素 D 缺乏是其主要病因。饲料中维生素 D 供给不足及光照不足，可诱发幼龄畜禽佝偻病的发生。母畜长期采食未经太阳晒过的饲草，植物中的固醇（麦角固醇）不能转化为维生素 D_2，引起乳汁中的维生素 D 严重不足。如果仔猪缺乏阳光照射，则不能生成维生素 D_2 和维生素 D_3。

2. 钙、磷缺乏或比例失调 幼畜饲料中的钙磷比例应为（1～2）∶1，否则，会引起钙、磷的吸收障碍，发生本病。

3. 继发因素 除维生素 D 和钙、磷的影响因素外，佝偻病的发生还与微量元素铁、铜、锌、锰、硒等缺乏有关。长期的慢性消化道功能紊乱可继发本病，如腹泻、寄生虫病等，影响肠黏膜的吸收功能。或饲料组成中蛋白质（或脂肪）性饲料过多，其产物与钙形成不溶性钙盐，大量排出体外而缺钙。

【发病机理】维生素 D 在参与钙、磷代谢过程中起关键作用，不但可以调节钙、磷的代谢，促进肠壁对钙、磷的吸收，同时还可调节肾脏对钙、磷的排泄，控制骨骼中对钙、磷的贮存，改善在骨骼中的活动状态，进而影响畜禽骨骼和牙齿的正常发育。

【临床症状】各种畜禽佝偻病的临床症状基本相似：

1. 牛、羊 早期主要表现是食欲逐渐减退，消化不良造成粪便不成型，精神沉郁，然后出现舔舐地面、饲槽和被毛等异嗜癖现象。病畜喜欢卧地，不愿起立和运动。生长发育较慢或停滞，病牛表现为消瘦，下颌骨增厚和变软，出牙期延长，齿形不规则，齿质有坑洼不平，有沟，有色素等钙化不足的病症，容易磨损。病情严重的犊牛和羔羊，口腔闭合不全，舌突出于口外，流涎，饮食困难；关节肿胀易变形，快速生长的骨端增大，弓背，负重的长骨出现畸形而表现出跛行，严重的步态僵硬，甚至卧地不起；四肢骨骼发生变形，呈现明显的 O 型和 X 型，骨质松软、容易发生骨折，肋骨与肋软骨之间的结合处出现串珠状凸起。

2. 猪 生长猪表现后肢麻痹，因牙齿病变，常出现采食、咀嚼障碍。个别病猪出现贫血和腹泻，病程较长的易发生呼吸道和消化道感染。当血钙降低到一定程度时，出现神经过敏、痉挛和抽搐等神经症状。病初表现为食欲减退、消化不良，异嗜癖，发育停滞，消瘦，出牙延长、齿形不规则、齿质钙化不足，面骨、躯干骨和四肢骨变形，站立困难，四肢呈 X 型或 O 型，肋骨与肋软骨处呈串珠状，贫血。仔猪先天性佝偻病，生后衰弱无力，数日仍不能自行站立。辅助站立时，腰背拱起，四肢弯曲不能伸直。后天性佝偻病发病缓慢，早期呈现食欲减退、消化不良、精神沉郁，然后出现异嗜癖。仔猪腕部弯曲，以腕关节爬行，后肢则以跗关节着地。病期延长则骨骼软化、变形。硬腭肿胀、突出，口腔不能闭合影响采食、咀嚼。行动迟缓，发育停滞，逐渐消瘦。随病情发展，病猪喜卧，不愿站立和走动，强迫站立时，弓背、屈腿、痛苦呻吟。肋骨与肋软骨结合部肿大呈球状，肋骨平直，胸骨突出，长肢骨弯曲，呈弧形或外展呈 X 型。

3. 家禽 10～25 日龄多发，喙变形，易弯曲，俗称"橡皮喙"；胫、跗骨易弯曲，胸骨脊（龙骨）弯曲成 S 状；肋骨与肋软骨交界处和肋骨与胸椎连接处呈现球形膨大，排列成串珠状；腿软弱无力，常以飞节着地，关节增大，严重者瘫痪。X 线检查可见普遍性骨质疏松，骨质密度降低，骨皮质变薄，骨小梁稀疏、粗糙，甚至消失，负重的骨骼弯曲变形，骨干骺端膨大，呈杯口状凹陷，早期钙化带模糊不清，甚至消失。

4. 犬 早期症状出现饮食欲减退、消化不良、异嗜癖、精神不振、出牙较晚，毛色暗淡无光泽。随着病程发展，病犬生长发育停止、消瘦、跛行加重、骨骺肿大、负重的长骨变形、O 型腿或 X 型腿，重者卧地不起，全身骨骼变形、疼痛以至瘫痪，易发生骨折，在自行跳跃、玩耍或稍有外力作用时出现骨折。

5. 猫 3 月龄至 1 岁多发，患猫出现腰部凹陷，背部弓起，后肢瘫痪，颈部发硬及周身疼痛等症状。由于腰椎凹陷及骨盆变形，如压迫直肠可导致排便困难，甚至死亡。如及时治疗，大多数能治愈，但会留下腰椎永久性变形、母猫不能生育、老龄猫易便秘等后遗症。

【诊断】根据患病畜禽的发病日龄（佝偻病发生于幼龄动物，软骨症发生于成年动物）、饲养管理条件（饲料中维生素 D 缺乏或钙、磷不足，钙、磷比例不当，光照和户外运动不足等）、病程经过（慢性经过）、生长迟缓、异嗜癖、运动困难、牙齿变化（出牙期延长）、骨骼变形及治疗效果等，可做出初步诊断。

实验室检查，血清碱性磷酸酶升高，血清钙、磷水平依致病因子而定。如维生素 D 和磷两者均缺乏，则血磷含量低于 3mg/dL，血钙含量最后也降低。X 线检查，骨密度降低，长骨末端呈现"毛刷样"或"绒毛状"，骨骼变宽。必要时进行饲料成分分析等，即可确诊为佝偻病。

【防治】

1. 预防 根据母畜的生理和生产特点，科学调整饲料配方，合理调整饲料中钙、磷的比例，添加适量的钙质，如石粉、乳酸钙、沉降碳酸钙等，增加富含维生素 D 的饲料或鱼肝油。此外，也可将蛋壳粉和骨粉按 0.5% 的比例均匀拌到饲料中。同时，保证充足的光照和适当的运动。

2. 治疗　早发现，及时找出发病原因，依病情轻重，主要补充维生素 D 和钙磷制剂，对出现骨骼变形的病畜，及早矫正。

（1）补充维生素 D　常用鱼肝油、维生素 AD 注射液和维生素 D 胶性钙注射液。①鱼肝油，口服，马、牛 20～40mL，马驹、犊牛 5～10mL，猪、羊 10～20mL，仔猪、羔羊 1～3mL，犬 5～10mL，家禽 1～2mL，2 次/d，连用 7～14d。②维生素 AD 注射液，马、牛 5～10mL，马驹、犊牛、猪、羊 2～4mL，仔猪、羔羊 0.5～1mL，肌内注射，2 次/d，连用 3～4d。③维生素 D 胶性钙注射液，肌内注射或皮下注射，一次量，马、牛 5～20mL，猪、羊 2～4mL，犬 1～3mL，猫 0.5～1.5mL，2 次/d，连用 3～4d。

（2）补充钙磷　常用葡萄糖酸钙、维生素 D 胶性钙和磷酸二氢钠等。①10％葡萄糖酸钙注射液，静脉注射，一次量，马、牛 200～600mL，猪、羊 50～150mL，犬 5～20mL，猫 3～5mL，1～2 次/d，连用 3～4d。②10％～20％磷酸二氢钠注射液静脉注射，一次量，马 30～60g，牛 90g，猪、羊 5～10g，犬、猫 0.5～1g，2 次/d，连用 3～4d。③乳酸钙粉，口服，一次量，马、牛 10～30g，猪、羊 2～5g，犬 0.5～2g，猫 0.2～0.5g，2～3 次/d，连用 14d 以上。④磷酸氢钙粉，拌料，按饲料总量的 1％～3％比例添加。口服，一次量，马、牛 20～60g，猪、羊 2～6g，犬 0.5～2g，猫 0.5～1.5g，连用 14d 以上。

（3）绷带矫正　矫正患病犊牛骨骼变形，用夹板绷带或石膏绷带加以矫正，7～10d 1 个疗程，1～2 个疗程可拆除绷带。

此外，牛可灌服中药益智散加味（益智 8g、白术 8g、陈皮 8g、甘草 8g、焦三仙 5g、砂仁 4g、枳壳 8g、牡蛎 10g、补骨脂 10g、枸杞 10g、川芎 10g），中药同研为末，装瓶备用，10g/次，2 次/d，温水灌服，连用 3～5d。伴发消化不良的，给予健胃、助消化药。

骨　软　症

骨软症成年畜禽比较多发，是以骨质性脱钙，未钙化的骨基质过剩而导致骨质疏松的一种慢性疾病。临床上以消化紊乱、异嗜癖、跛行、骨质疏松及骨变形为特征。本病多发在干旱年份之后，发病缓慢，病程较长，可数周、数月不等，甚至 1 年以上，如早发现并及时治疗，多数可痊愈。对已发生骨骼变形的病例，虽可控制病情，但难以完全康复。

【病因】本病是因饲料内磷不足或缺乏所致。钙或磷吸收过多或不足，均可造成钙、磷代谢的负平衡，即排泄的钙、磷比摄取的多，造成血钙、血磷含量减少，导致骨组织中的矿物质代谢障碍，从而发生骨软化和骨质疏松性骨营养不良。

通常饲料（包括饮水）中的钙、磷含量不足，或钙、磷比例严重失调，以及维生素 D 缺乏等是本病发生的主要原因。在成年奶牛群，由于所处地区的土壤化学成分的不同，有的饲料低钙高磷，或高钙低磷，这种钙、磷比例严重失调是发生本病较为常见的病因。在成年反刍家畜的骨骼总矿物质中，钙占 36％，磷占 17％，其钙与磷的比例为 2∶1。根据骨骼组织中钙、磷的比例和饲料中钙与磷的比例基本上相适应的理论，饲料中的钙、磷比例以（1.5～2）∶1 较为适宜。

各种饲料中的钙、磷含量有显著差异，在饲料种类的选择和配合饲料时应予注意。含磷较多的饲料有麸皮、米糠、高粱、豆饼、棉籽饼和豆科作物籽实等。含钙较多的饲草有谷草、山茅草、碱草和秋白草等。含钙、磷都较多的饲草有青草、青干草和豆秸等。含钙、磷都较少的饲草有麦秸、麦糠和多汁饲料等。牛对钙、磷需求量的变化较大，空怀奶牛和非泌乳奶牛比妊娠和泌乳奶牛对钙、磷需求量要低，其吸收率也相应地降低，甚至多数随粪便排出。另外，牛的消化道疾病会影响钙、磷的吸收，当患有前胃疾病时，由于皱胃胃液中稀盐酸和肠液中的胆酸量减少或缺乏，使磷酸钙、碳酸钙的溶解度降低和吸收率下降，这是因为酸性溶液可使不溶性钙盐变为可溶性钙盐且易透过肠黏膜，而碱性溶液作用正好相反。瘤胃内微生物群可分解饲料中所含有的植酸、草酸，防止植酸或草酸与钙结合发生吸收障碍；但微生物群在发酵、分解纤维素、蛋白质和脂肪过程中产生的各种脂肪酸，在肠道内与钙结合形成不易被肠壁吸收的钙皂，最终也随粪便排出体外。铁、铅、锰、铝等元素能与磷酸盐形成不溶性盐类而影响磷的吸收率。在锰含量过多的情况下，也会阻碍钙的吸收。饲草在生长期间受日光（紫外线）照射不足时，降低其中麦角固醇含量。如果牛光照不足，影响牛皮肤颗粒层存有的 7-脱氢胆固醇形成维生素 D_3。活化型维生素 D 可提高肠壁对钙的吸收率，并间接地提高对磷的吸收率，其缺乏时血钙、血磷含量减少，必然发生骨营养不良性骨软症。

母猪妊娠期及哺乳期的饲料中钙含量不足，或饲料中钙磷比例不当、磷多钙少（如喂米糠、麦麸、酒糟过多或时间过长），母猪哺乳仔猪时间过长等，都可以引发本病。

【发病机理】以奶牛为例，正常奶牛体内血钙和血磷的含量是相对稳定的。常以血磷和血钙的乘积来表示，即血钙多时，血磷就少，而血钙低时，血磷就高。磷、钙供应不足、比例不当、磷钙消耗量大、高产奶牛肝功能低下，使维生素 D 不能正常羟化，血清 $1,25-(OH)_2D_3$ 含量降低，结果影响钙、磷的吸收和骨矿化不全。血钙下降，表现出神经兴奋性降低。为了维持血钙浓度的恒定，中枢神经系统反射的引起甲状旁腺机能加强，在蛋白分解酶的作用下，使骨骼脱钙，骨质疏松。管状骨许多间隙扩大，哈佛氏管的皮层界线不清，骨小梁消失，骨的外面呈齿形、粗糙。由于肾小管排磷加强，血磷由尿中排出，血磷下降，促使血钙、血磷的乘积低于生理的常数，所以，继续从骨骼中脱钙以维持其恒定。

骨组织结构中的化学成分主要是有机母质和无机盐类（骨盐），前者以胶原（纤维蛋白占 90%）为基础，还有糖的衍生物——黏多糖（硫酸软骨素）等，后者主要是钙、磷（类似羟磷石灰石）。牛机体中 99% 的钙和 85% 的磷都沉积在骨骼组织和牙齿中，其硬度是由无机盐类的含量决定的。无机盐类中的主要成分是钙和磷酸根形成的磷酸钙，约占骨骼无机盐类总量的 85%；其次为碳酸钙，约占骨骼无机盐类总量的 10%，故钙、磷代谢与骨骼自身生长发育及再生有着密切关系。饲料中的钙和磷主要在小肠前段吸收，经血液循环运送到骨骼和其他组织，以保证骨骼中钙、磷需求水平；同时，骨骼中的钙、磷也不断地进行分解（释放）进入血液中去，共同维持血液中钙、磷的动态平衡。如果饲料中钙、磷含量不足或小肠吸收钙、磷机能紊乱，则血液中钙、磷来源减少，运送到骨骼中的钙、磷也相应地减少。机体要维持血液中钙、磷含量的稳定性，以确保生命活动，必须动员骨骼中沉积的钙、磷进入血液中，使骨骼中的钙、磷大量释放，况且又不能得到补充（钙沉积），致使骨骼严重脱钙。脱钙的骨骼组织被未钙化的骨样组织或缺乏成骨细胞的纤维组织所取代，骨骼的正常结构发生改变，骨骼硬度、致密度、韧性和负荷能力等有所降低，出现一系列变化，如骨质疏松、脆软、变形、肿大、长骨弯曲和骨骼表面粗糙不平等病理变化。维生素 D 的作用是提高小肠组织细胞类脂膜对钙、磷的通透性，从而促进钙、磷在小肠内的溶解和吸收，使血液中钙、磷含量增多，有利于钙、磷沉积和骨化作用。但维生素 D 在动物机体内必须转化成活化型 1,25-二羟胆钙化醇后，才能发挥其应有的作用。维生素 D 先经肝脏羟化为 25-

羟胆钙化醇，再经肾脏进一步羟化为 1,25 -二羟胆钙化醇。肾脏合成 1,25 -二羟胆钙化醇的能力受血液中钙含量的影响极大。当血液中钙含量减少时，其合成能力加强；相反，当血液中钙含量增多时，其合成能力减弱（其调节途径及机制可参阅佝偻病的发病机理）。

【临床症状】

1. 牛、羊 出现慢性消化障碍症状和异嗜现象，如舔墙吃土，啃嚼石块，或舔食铁器、垫草、喝粪汤及尿水等异物。经常卧地不起，四肢强拘，运步不灵活，步行时常可听到肢体关节有破裂音，即"吱吱"声。出现不明原因的一肢或多肢跛行，或交替出现跛行。当脱钙时间持续，则见骨骼肿胀、变形、疼痛，表现为尾椎被吸收，最后 1～2 尾椎吸收消失，甚至多数尾椎排列不齐、变软或消失。人为屈曲尾尖，易弯曲，无疼痛；肋骨肿胀、畸形，肋软骨肿胀呈串珠样，似如"串糖葫芦"。髋关节吸收、消失。或有时食欲减少，产奶量下降明显，发情配种延迟等。蹄生长不良，磨灭不整，蹄变形，呈翻蜷状。严重者，两后肢跗关节以下向外倾斜，呈 X 型。典型的母牛还表现骨盆左右不对称，两后肢站立式交叉；腰部脊柱下凹，骨盆上下直径变小。当泌乳量高时，症状最明显。两后肢伸于后方，不愿行走，行走时，呈拖拽其两后肢状。蹄质变疏，呈石灰粉末状，跛行。

2. 马 根据病情轻重可分为轻症、重症和危重症 3 种类型。

（1）轻症 常不表现出骨软症的固有症状。这时常见食欲反常，到处乱嗅、乱舔，或吃一些平常不吃的脏东西。采食缓慢，咀嚼无力，食量减少。病马精神沉郁，不愿活动，站立时间短，喜欢躺卧。使役能力降低，迈步缓慢，在骑乘或使役时，常落后于同伴，不能胜任重活，稍事劳动，即大汗淋漓。

（2）重症 突出的表现是采食量比平时减少 1/2～2/3，对粗硬的饲料拒绝采食或咀嚼不烂，出现吐"草蛋"的现象。运动时大多出现跛行，严重的患肢不能触地，呈跳跃式前进。站立困难，四肢常频繁地交互负重，有时终日躺卧。头骨肿大，出现民间所说的"大头病"现象。下颌骨增厚，骨面粗糙不平，常见有指尖样的小骨疣。鼻骨增厚变形。因齿槽增厚变形，牙齿有时松动或脱落。骨质变软，脊椎骨变形弯曲，形成典型的凹背。肋骨与肋软骨交界处，有时形成串珠状肿胀。四肢骨端肿大，形成大关节。病马消化机能紊乱，肠音低沉，粪球干小，如继发肠炎，则出现下痢现象。严重的骨瘦如柴，可视黏膜苍白、黄染，血液稀薄，红细胞数和血红蛋白含量明显下降。呼吸、脉搏加快。

（3）危重型 病马卧地不起，如长期躺卧，易发生褥疮。食欲几乎废绝，消化能力降低，表现为腹泻，粪便恶臭。心脏衰弱，心跳加快，轻微活动（如人工辅助翻身）则心跳急剧增加，心律不齐，呼吸喘促。如救治不当，常因极度衰弱，或在褥疮的基础上继发败血症而死亡。

3. 猪 初期精神不振，食欲减退、消化不良，病猪常卧地，不愿起立和运动，异嗜癖，出现骨骼变化，临床表现为：

（1）脊柱变形 脊柱上凸呈弓背姿势，有的脊背凹凸不平似"驼峰"状，骨盆变形，耻骨多狭窄，分娩时易发生难产。

（2）胸廓畸形 胸廓扁平，肋骨与肋软骨连接处膨大或成钝圆形，有的呈串珠状凸起，由于膈肌牵引肋骨而凹陷，肋骨易折断。

（3）四肢变化 腕关节系部肿大明显，系部变软呈卧系，起卧行走困难，关节肿胀疼痛，跛行；卧多立少，站立肢体异常，后肢呈 X 型，前肢呈 O 型；强行运动时，步履蹒跚，常发出痛苦的叫声或呻吟声，有时出现突然倒地、痉挛等神经症状；有的猪跪卧采食，消化功能紊乱，消瘦，常并发其他疾病，如治疗不当或不及时可造成死亡。

（4）影响生殖功能　母猪常发生生产瘫痪，并发风湿病，不发情，不易受孕，产弱胎、死胎从而失去其种用价值。

4. 家禽　常见于产蛋鸡。产蛋鸡的钙代谢有其独特之处，蛋壳对钙的需求增加，饲料中钙、磷的比例可高达（4～6）∶1，血清钙比正常高2～3倍。同时在产蛋前10d左右，在长骨骨骼，如股骨、胫骨等骨髓腔中形成新型骨，是由该骨密质骨内膜的表面生长成交错的骨针形式，虽然骨髓可充满骨髓腔，但其避开了骨髓的造血系统和血管系统，大量血液供应可促进在蛋壳形成期间骨骼中钙等矿物质的动员，补充产蛋时钙的消耗。鸡在产蛋前骨骼的重量增加，就是骨髓形成的结果。产蛋鸡患本病主要见于产蛋高峰期和高产的鸡，最初表现为产薄壳蛋、软蛋，蛋壳质量下降，破损率增高，产蛋量急剧下降和停产，种蛋的孵化率降低。病鸡精神萎靡，采食量下降，鸡冠颜色淡，喜欢啄蛋壳，腿软弱无力，行走时一腿向前进，另一条腿负重，或啄食负重时，腿的负担加重，呈现弓状，产蛋努责时站立不稳，全身有不同程度的痉挛，蛋产出后呈现全身疲劳、鸡爪软绵、发抖，用手扶站不起，类似奶牛的生产瘫痪，10min后才可逐渐恢复。重症病例有时不能站立，或呈"三角"负重，重心向后偏移，行走时像企鹅状，群养时易被其他鸡踩死。

【诊断】可根据患病动物乏困无力，异嗜癖，四肢负重能力降低，无外科原因的跛行，骨骼变形，牙齿磨损等症状做出初步诊断，进一步通过X线检查、饲料分析和血液碱性磷酸酶活性测定等可确诊。注意应与肌肉风湿、氟中毒、慢性铅中毒、锰缺乏症、铜缺乏症及蹄叶炎等病类症鉴别诊断。

血清中的游离羟脯氨酸浓度在未出现临床症状和骨变形前已明显升高，可作为早期诊断的检测指标，这种方法敏感性高、特异性强、操作简便，已在临床推广应用。

饲草料中磷缺乏时，首先导致血磷含量下降，正常成年动物血磷含量为4.5～6mg/dL，青年动物为6～8mg/dL。

饲喂低磷饲料几周或几个月（产蛋鸡仅几日）时，血磷含量下降至2～3mg/dL；高产奶牛严重缺乏时血磷含量只有1～2mg/dL。一般认为，牛、羊血磷含量低于4.5mg/dL即可确诊为磷缺乏。低磷性骨软症病牛血磷含量由正常值4～8mg/dL降至2～4mg/dL；低钙性骨软症病牛血钙含量由正常值9～11mg/dL降至6～8mg/dL，也有少数病牛在正常范围内的。碱性磷酸酶活性升高。低磷性骨软症病牛可出现血红蛋白尿。乳汁酒精反应阳性（低钙性骨软症奶牛）。

产蛋鸡除蛋壳钙化阶段血钙含量下降外，基本维持在5.0～7.5mmol/L，明显高于未产蛋鸡和其他动物。

【防治】

1. 预防　定期检测血钙、血磷含量，结合畜禽用途及所处地区的具体情况，调整饲料中钙、磷比例为（1.5～2）∶1，满足畜禽在不同生理阶段对钙磷的需要量是预防本病的关键。同时，加强对畜禽的饲养管理，有条件的可适当运动，多晒太阳。奶牛可在临产前6～8周实行干奶，并饲喂脱氟磷酸盐岩，其中氟含量不超过0.01%。有些牛场对高产牛、老龄牛采取定期静脉注射钙制剂，预防效果较为理想。

2. 治疗　治宜补磷，促进钙、磷吸收。可根据发病原因的不同，灵活选择治疗方法。

外观已发生骨骼变形的病畜治疗效果不明显，应及时淘汰。

（1）饲料中高钙低磷　10%～20%磷酸二氢钠注射液，静脉注射，一次量，马 30～60g，牛 90g，猪、羊 5～10g，犬、猫 0.5～1g，2 次/d，连用 5～7d。

（2）饲料中低钙高磷　常用氯化钙和葡萄糖酸钙注射液。①10%氯化钙注射液，静脉注射，一次量，马、牛 5～15g，猪、羊 1～5g，犬 0.5～1g，猫 0.1～0.5g，2 次/d，连用 5～7d。②10%葡萄糖酸钙注射液，静脉注射，一次量，马、牛 20～60g，猪、羊 5～15g，犬 0.5～2g，猫 0.5～1.5g，2 次/d，连用 5～7d。

（3）饲料中钙、磷均缺乏　常用骨粉、脱氟磷酸氢钙、维生素 AD 油和维丁胶性钙注射液等，促进钙磷的吸收和成骨作用。①在饲料中按 2%～4%的比例添加骨粉。脱氟磷酸氢钙，口服，一次量，马、牛 20～60g，猪、羊 2～6g，犬 0.5～2g，猫 0.5～1.5g。②维生素 AD 油，口服，一次量，马、牛 20～60mL，猪、羊 10～15mL，犬 5～10mL，禽 1～2mL，2 次/d，连用 3～5d。③维丁胶性钙注射液，肌内注射，一次量，马、牛 5～20mL，猪、羊 2～4mL，犬 1～3mL，猫 0.5～1.5mL，2 次/d，连用 3～5d。

纤维性骨营养不良

纤维性骨营养不良是指因饲料中的钙缺乏或钙、磷比例不当，引起的成年畜禽骨组织进行性脱钙及柔软的细胞性纤维组织增生，骨基质逐渐被破坏、吸收，被增生的纤维组织所代替的一种代谢性疾病和慢性营养性骨病。本病以消化紊乱，异嗜癖，跛行，弓背，面骨和四肢关节增大，骨组织呈现进行性脱钙及软骨组织纤维性增生，进而骨体积增大而重量减轻，尤以面骨和长骨骨端显著等为特征。主要发生于马属动物，有时可见于牛、山羊和猪，但猪的典型病例少见。本病冬春发病率最高，夏秋发病率明显降低。

【病因】

1. 饲料中磷过剩而继发钙缺乏　马和猪是由于饲料中磷过剩而继发钙缺乏，故高磷低钙饲料是诱发本病的主要因素。理想的钙、磷比例，马是 1.2∶1，猪是（1.5～1.8）∶1。高磷低钙饲料危险性很大，试验表明，用钙、磷比例为 1∶2.9 或磷更多的饲料，不管摄入钙的总量如何，均可使马发病。马的饲料主要是稻草、麸皮和米糠，稻草（钙、磷比例为 0.37∶0.17）是一种钙、磷比例较为适当的粗饲料，但麸皮（钙、磷比例为 0.22∶1.09）和米糠（钙、磷比例为 0.08∶1.42）都是含磷比较高的精饲料。这种以麸皮或以米糠为主，或是以两者混合为主引起的马纤维性骨营养不良，如及时补充石粉，则症状减轻直至消失。

2. 钙磷饲喂量不足　磷的饲喂量并不多，但钙的饲喂量不足，或钙、磷饲喂量均不足也是发生纤维性骨营养不良的原因。

3. 影响钙的吸收　许多因素影响钙的吸收，如植物中含有过多的草酸、植酸或饲料中存在过量的脂肪，均可与钙结合成不溶性钙而影响钙的吸收。

【发病机理】当饲料中钙、磷不平衡时，食入的多量磷刺激甲状旁腺，引起甲状旁腺机能亢进，造成骨骼钙化不足及纤维发育异常，骨组织出现大量的多核破骨细胞和破骨细胞性巨细胞，以及薄片样骨组织消失，故头骨广泛地被破坏，骨样组织的骨小梁零乱地排列，通过钙化组织被吸收后所造成的间隙被结缔组织所填充，造成骨纤维化和增大。

【临床症状】

1. 马属动物　主要表现为消化紊乱，异嗜癖，跛行，弓背，面骨和四肢增大及尿液澄清、透明等症状。病马啃食木槽、树皮，由于消化紊乱，喜食食盐和精饲料，排出的粪球带有液体，粪球落地后立即破碎，含有大量未消化的粗糙渣滓，后期便秘，粪球干而硬。病初轻度跛行，然后逐渐加重。

由于跛行逐渐增剧，病马经常卧地，在地面打滚时不能以背为轴左右翻转身体。由于椎骨增生变大及引起背部疼痛，走路时弓背，转弯时呈现直腰，同时腹部收缩，后肢伸向腹下。胸廓扁平，跗关节增大，鼻甲骨隆起，严重者面部变成圆桶状外观。下颌骨肥厚，下颌支两端细而中央粗大、圆形，增大的中心通常位于第 2 对臼齿的相应部位，造成下颌间隙变狭窄，致使手指不易插进。由于下颌骨同时变得疏松，故白齿易活动、转位，在咀嚼硬的饲料时可使相对应的白齿陷入齿槽中，常呈现吐草现象。病马尿色澄清、透明，也是临床特征之一，当其病情开始好转时，尿色随之转入浑浊的乳白色或黄白色。

2. 牛、羊 圈养的牛和羊有时也有发病，主要表现骨质疏松，山羊也可发生"大头病"，表现颌骨膨大。骨骼畸形可能使康复动物发生顽固性便秘或难产。

3. 猪 骨损害及症状与马相似，严重病例不能站立和走路，肢扭曲，关节和面部增大。病情较轻的病例跛行，不愿站立，站立时疼痛，腿骨弯曲，但面骨及关节一般正常。病猪鼻侧、上颌部有明显的对称性水肿。整个面部膨大。触诊肿胀部坚实有硬感，没有压痕，没有痛感，没有潮红、发绀、发热等症状，疑似是骨质增生。用消毒的针头穿刺肿胀的面部，刺入很深也无血液及脓汁等流出；对病猪进行开口检查，发现下颌前端向口腔膨隆，硬腭向口腔拱起，采食和咀嚼障碍。病猪精神高度沉郁、食欲减少或废绝、呼吸受阻，不断发出鼻塞的鼾声，喜卧，强迫运动时，步伐短促、跛行。

4. 犬、猫 单纯饲喂肉食的犬和猫，主要表现为不愿活动，后躯跛行和运动失调。猫站立时爪偏斜，5～14 周后骨骼严重变形，呈犬坐姿势或后肢后伸，胸骨着地斜卧，骨质疏松，容易发生骨折。犬下颌骨疏松，牙齿变松甚至脱落，有的牙萎缩，牙根裸露。

【诊断】根据临床症状结合分析饲料中钙、磷和维生素 D 含量即可确诊。X 线检查也可为诊断提供依据。本病无明显的血液化学变化，严重者血清钙含量下降，磷含量、碱性磷酸酶活性升高和甲状旁腺素含量明显升高。

1. 特征性症状 消化紊乱，异嗜癖，跛行，弓背，面骨和四肢关节增大及尿液澄清、透明等。特征是骨骼变形，下颌骨肿胀，下颌间隙狭窄，运动障碍，额骨穿刺阳性。

2. 实验室检查 血钙、血磷含量均降低。轻症时，钙、磷虽不能从饲料中得到补充，但机体通过夺取骨质中沉积的钙、磷来调节血钙、血磷，不致引起血钙的降低。当病情严重，机体无力代偿时，血钙、血磷则降低。

3. 治疗性诊断 补充钙、磷、维生素 D_3 制剂，如病畜食欲基本恢复正常，精神有所好转，跛行减轻，说明本病按纤维性骨营养不良治疗有效。

4. 鉴别诊断 马纤维性骨营养不良的发生有一定的季节性，只要观察饲料配制比例和临床特征性症状，通常不难诊断，特别是一些典型病例。其他类似本病的疾病，一般是个别发生的，如风湿症、腱鞘炎、蹄病、外周神经麻痹及髂动脉栓塞、温和型肌红蛋白尿和硒缺乏症等引起跛行或运动失调的疾病，这些疾病可从病史和临床特征上做出区别，并且单纯使用钙剂治疗无良好效果。并应排除锰缺乏（骨短粗症）或泛酸缺乏（外周神经和脊髓神经变性引起的"鹅步"）。

此外，猪纤维性骨营养不良应与慢性关节炎型猪丹毒、冠尾线虫病、外伤性截瘫、慢性氟中毒以及青年小猪萎缩性鼻炎等鉴别诊断。

（1）风湿症　体温升高，而纤维素性骨营养不良病马体温无变化。肌肉风湿症病马活动性较大的肌群硬结、触诊疼痛，而本病无变化。额骨穿刺纤维性骨营养不良病马呈阳性，肌肉风湿症病马呈阴性。肌肉风湿症病马跛行随运动增加而减轻，水杨酸治疗有效。纤维性骨营养不良病马跛行随运动增加而增加，补充钙、磷、维生素 D_3 制剂有效。

（2）肢蹄病　引起跛行可从病史及临床症状上分析，单纯性跛行时，仅患肢跛行，患部疼痛。蹄叶炎虽四肢跛行，但无骨骼变形。

（3）外周神经麻痹　发病原因不同，外周神经麻痹是损伤或压迫引起的。主要症状是运动障碍，损伤的运动神经所支配的肌肉运动机能减弱或丧失，感觉机能障碍，用针刺皮肤时疼痛反应减弱或消失，如肌肉萎缩，肌肉凹陷等。

【防治】

1. 预防　加强饲养管理，减少饲料中的麸皮和米糠的用量，增加优质干草或青草，补充石粉。在饲料中添加钙和维生素 D 制剂等，注意调整饲料中钙、磷比例平衡至（1.5～2）∶1。马属动物饲料中的含钙量要略高于含磷量。猪补充钙剂要避免使用无机磷酸盐类。此外，可适当增加光照时间，使家畜表皮和皮肤组织中的维生素 D 原（7－脱氢胆固醇）转化成维生素 D_3，促进钙的吸收，从而预防本病的发生。

2. 治疗　调整饲料中的钙、磷、维生素 D 含量及比例，减少甲状旁腺激素的分泌。特别是要减少马属动物饲料中的麸皮、米糠等，增加优质干草或青草，饲料中添加石粉100～200g。

（1）使用钙制剂　发现病畜应立即使用钙制剂治疗。①10％葡萄糖酸钙注射液，静脉注射，一次量，马、牛 20～60g，猪、羊 5～15g，犬 0.5～2g，猫 0.5～1.5g，1～2 次/d，连用 3～5d。②乳酸钙粉剂，口服，一次量，马、牛 10～30g，猪、羊 2～5g，犬 0.5～2g，猫 0.2～0.5g，2～3 次/d，连用 5～7d。③碳酸钙粉剂，口服，一次量，马、牛 3～120g，猪、羊 3～10g，犬、猫 1～3g，2～3 次/d，连用 5～7d。

（2）促进钙盐吸收　维生素 AD 注射液，肌内注射，一次量，马、牛 5～10mL，马驹、犊牛、猪、羊 2～4mL，仔猪、羔羊 0.5～1mL，犬 0.2～2mL，猫 0.5mL，连用 3～5d。

（3）水杨酸钠和氯化钙疗法　马属动物还可用 10％水杨酸钠溶液和 5％氯化钙溶液，两者交替进行，第 1 天静脉注射 10％水杨酸钠 10～30g，第 2 天静脉注射 5％氯化钙，100mL/次，1 次/d，也可 2 种药各 50％，疗程 7～10d。当发现马尿液由原来的透明茶黄色转变成浑浊的黄白色，表明药物（包括补充石粉）治疗奏效。

犬、猫低血钙性痉挛

犬、猫低血钙性痉挛又称为犬猫分娩前后抽搐症、产后低血钙病、产后风、泌乳期惊厥症等，是以突然发病、高热、呼吸急促、肌肉强直性痉挛为特征的一种营养代谢性疾病。常见于产仔和哺乳幼犬只数多的小型、兴奋型的犬，大型犬和猫偶尔也有发病，多发生于产后1～4 周，在妊娠后期和分娩期较少见。

【病因】本病是一种以低血钙为主的代谢病，其发病机理十分复杂。钙、磷比例不适以及缺少适当的室外活动，均可导致本病的发生。妊娠及哺乳引起母犬（猫）血钙流失过多，动用储钙能力下降是本病的主要因素。

1. 钙供应不足 饲料单一，多数都是鸡肝、猪肝、脾脏加稀饭。营养缺乏，如只喂玉米面、瘦肉、鸡肝、火腿肠等含钙极少食物。短期不出现症状，如长期食用加上诱发因素，即可导致低血钙的发生。

2. 钙、磷比例不当 犬、猫饲粮中合理的钙、磷比应为（1.2～1.4）∶1，而瘦肉、鸡肝的钙、磷比分别为1∶34和1∶40。如果食物比较单一，极易造成机体的缺钙、脱钙。

3. 特殊的生长发育时期 幼犬（猫）处于生长高峰期钙需要量增多，妊娠期和哺乳期对钙的需求量增多，老龄犬对钙的吸收能力降低。

4. 低血钙现象 肠道疾病、寄生虫病等都会影响胃肠对钙的吸收功能，造成低血钙。如急性胰腺炎出现顽固性腹泻、肠炎、老龄犬因牙齿疾病而只喂肉食、口腔疾病、肝病及各种胃病等。

5. 维生素A中毒 维生素A过多，可影响维生素D的吸收，如经常食用鸡肝的犬多发。

6. 光照不足 光照不足会导致犬表皮和皮肤组织中的维生素D原（7-脱氢胆固醇）不能转化成维生素D_3，维生素D的长期缺乏可影响钙的吸收。

7. 诱因 更换环境、主人、饲粮，长途运输、在同群竞争中处于弱势、寒冷、恐惧、哺乳、手术等各种应激因素均可成为本病的诱因。此外，犬子宫内膜炎、腹膜炎、癌症及其他各种慢性疾病也可导致犬猫的血钙下降。

【发病机理】本病的发病机理尚不十分清楚。一般认为，缺钙是导致发病的主要原因。在怀孕过程，胎儿骨骼的形成和发育需要母体提供大量的钙，产后又随乳汁排出部分钙。犬、猫体内钙浓度下降，引发钙的代谢失衡，神经、肌肉兴奋性增高，导致肌肉强直性收缩，发生产后痉挛。钙的含量越低，痉挛症状越严重，造成低血钙而发生本病的概率越高。

【临床症状】主要发生第1胎至第2胎及产后阶段，根据病情的轻重缓急、长短可分为急性型和慢性型，但大多数为急性型。

1. 急性型 产后4周内发病，突然发作，恐惧不安，全身肌肉呈间歇性或强直性痉挛，有的四肢僵硬，或呈游泳状划动，张口喘气，口吐白沫。有的卧地不起，四肢抽搐，呼吸急促，频率在100～150次/min，舌被咬破出血，流涎不止。有的心悸亢进，体温升高（40～42℃），甚至高达42℃以上，如不及时补钙，多在1～2d后因窒息死亡。

2. 慢性型 食欲减少，不喜欢活动，后肢跳跃无力，步态僵硬，不安，呼吸频率逐渐增快，流涎。有的肌肉轻微震颤，张口喘气，厌食，嗜睡，个别伴有呕吐、腹泻，体温38～39.5℃。

【诊断】主要根据病史，结合临床症状进行初步诊断，确诊需要进行实验室检查，包括测定血钙含量。

1. 发病时间 发病集中在母犬（猫）的产后泌乳、哺乳旺盛期，发病较急。

2. 鉴别诊断 特征性的癫痫、肌肉僵直、抽搐症状及呼吸和运动障碍。体温检查普遍高于正常体温。本病是一种代谢病，可单独发作，或并发、继发于其他疾病。应调查清楚病史、发病时间及治疗史，注意与狂犬病（先是沉郁而后狂躁，并且体温比正常低得多）、破伤风、中暑等区别。结合临床症状和实验室检查结果进行鉴别诊断，排除犬瘟热、脑炎、有机磷中毒等神经性疾病。

3. 血钙测定 进一步确诊应作血清生化测定，如果血钙含量在7mg/dL以下，即可诊断为本病。

【防治】

1. 预防　改善饲养管理，合理调整饲料结构，改变饲料的单一性，给予钙、磷比例合适且营养均衡的饲料，可有效地预防本病的发生。在妊娠的中、后期，应加强室外运动，增加光照时间，促进维生素 D 的合成。对产仔多的母犬（猫），应母仔分开，定时哺乳，最好在 30～35d 断奶，减轻母犬（猫）的负担。定期驱虫，预防肠道疾病的发生，以防止发生钙的吸收发生障碍。

2. 治疗　发病的犬和猫，应以补充钙剂为主，兼顾对症治疗。

（1）补充钙剂　补钙量和补钙速度与犬、猫的病情、体质、体重和血钙下降指数相关。如体质好、病情急，体重 5kg 以上的，补钙量为 3～4g，滴速为 70～80 滴/min；如体质差、病情慢，体重 5kg 以内的，补钙量为 1～3g，滴速为 40～50 滴/min。对症状有缓解，症状未完全消失的病犬（猫），应继续补钙，同时追加补钙量，直至症状完全消失为止。为保证补钙效果及防止复发，可减少或暂缓哺乳。10％葡萄糖酸钙注射液，犬 10～40mL，猫 5～15mL，10％葡萄糖注射液适量，混合后，缓慢静脉注射，10～30min 即可缓解痉挛和呼吸急促的临床症状。

（2）对症治疗　①对出现持续性抽搐症状的犬猫，静脉注射 25％硫酸镁注射液 1～2g。如病情好转，可口服乳酸钙，剂量为每千克体重 500mg，配合使用维生素 D 500～1 000IU。②出现高磷血症的犬、猫，应慎重给予富含钙的制剂，防止发生软组织转移性钙化，特别是肾脏。低钙血症得到控制并好转后，需继续补充钙制剂，防止复发。犬猫使用氯化钙的危险性较大，在静脉注射时应予以高度重视，慎用或不用。

牛 运 输 搐 搦

牛运输搐搦是指妊娠后期的母牛经过长途运输后发生的疾病。临床特征是食欲废绝、昏迷和卧地不起，发病母牛多数死亡，从而造成一定的损失。凡妊娠后期母牛均能发病，无年龄差异，主要发生于妊娠 30d 以上营养良好的奶牛，早产后母牛预后多良好。产犊后的母牛、去势公牛也有发病报道，架子牛报道的很少。

【病因】机体的急性低血钙是发病的真正原因。长时间运输，路况差，造成站立疲劳，加之未饮水等造成机体代谢紊乱，各种不良条件的应激致使免疫力下降是发病的直接因素。如运输前喂食过饱，而在运输中长时间不饮、不喂；车厢狭小，运输中过挤，通风不良，过度闷热；运到目的地后任其自由饮水；天热时，汽车运输无车篷遮阳等，均可促使本病的发生。

【发病机理】在怀孕过程，胎儿骨骼的形成和发育从母体摄取大量的钙，长时间运输，路况差，造成站立疲劳，加之未饮水等造成机体代谢紊乱而诱发本病。钙浓度下降，钙的代谢失衡，引起神经肌肉兴奋性增高，导致肌肉强直性收缩，发生产后痉挛。其中钙的含量越低，痉挛表现越重，出现低血钙而发生本病。

【临床症状】牛在运输过程中或到达目的地后 24～48h 发病。病初呈现食欲不振，反刍次数明显减少，过度兴奋、不安、磨牙，或咬肌痉挛，口角流出泡沫状唾液。体温轻度升高，呼吸促迫，心脏搏动亢进，脉搏 100～150 次/min 以上。全身肌肉，特别是四肢肌肉群呈阵发性痉挛，喜卧不愿站立，后躯部分肌肉麻痹，趾关节强直，间歇性痉挛，强行驱赶站立后四肢无力，起立困难，行走不稳，跗关节僵硬，最后不能站立而被迫横卧。随着病程的发展，病牛食欲废绝，烦渴，可视黏膜发绀或潮红，鼻孔张开，呼吸次数增加，呼出气带有丙酮气味，瘤胃蠕动减弱甚至消失，并伴发瘤胃臌气，肛门和膀胱括约肌麻痹，不断排粪和尿淋漓，尿量减少而色黄。有的妊娠母牛阴门红肿，流出少量混浊黏液，尾根塌陷，直检胎儿在骨盆腔出口处为活胎，子宫颈口开张一指多，造成早产。病牛多迅速死亡，或卧地后2～3d死亡。

【诊断】根据发病情况、临床症状、运输情况、妊娠情况，结合实验室检查结果进行综合判断，可确诊为牛运输搐搦。同时要注意与产后瘫痪、酮病、破伤风、青草搐搦等鉴别。

1. 产后瘫痪 无运输病史，但与分娩有关系，多发生在产犊后48h内，体温下降至37℃，排粪、排尿停止，补充钙制剂后，症状消除较快，1～2d痊愈，完全能站立，如无其他并发症，病牛100%痊愈，很少发生死亡。

2. 酮病 发生于高产的泌乳牛，其主要原因是日粮不均衡，如蛋白质过高或过低，能量水平过低，病牛体温降低。静脉注射葡萄糖、碳酸氢钠后，症状会出现好转。病牛站立，食欲逐渐恢复，病程较长，死亡率低。

3. 破伤风 有近期创伤的病史，病牛耳竖立，尾僵硬而高抬，四肢僵硬而开展，呈"木牛状"，第三眼睑外出。体温42℃，听觉和触觉过敏，对外界刺激可引起肌肉强直和痉挛性收缩，创伤分泌物中能分离到破伤风杆菌。

4. 青草搐搦 是由过度放牧引起低镁血症所致，病牛感觉过敏，吼叫，狂奔。体温升高至40.0～40.5℃，血清镁含量降至1.2mg/dL以下。

【防治】

1. 预防 做好运输计划和运输过程中的一切准备工作，安排好车辆，准备好饲料和饮水。长途运输中，尽量减少冲撞和颠簸，在中途安排采食和饮水休息，仔细观察牛的精神、食欲和体温变化。到达目的地后24h内，将牛拴系在阴凉处，2～3d内限制饮水量和运动量。

2. 治疗 及早补钙、补镁是治疗的关键措施。使用钙、镁制剂，应遵循先糖、再钙、再糖、再镁的原则，缓慢静脉注射，并随时监测心脏功能。

（1）补充钙镁制剂 10%葡萄糖酸钙注射液，500～1 000mL，20%硫酸镁注射液，200～300mL，缓慢静脉注射，2次/d，连用3～5d。

（2）对症治疗 因病牛不同程度地存在脱水，在治疗中应大剂量补充等渗电解质溶液。5%葡萄糖生理盐水2 000～5 000mL，静脉注射。对表现兴奋和痉挛发作的病牛，可将水合氯醛30g溶于500mL水中，灌服或灌肠。或水合氯醛注射液，每千克体重0.08～0.12mg，静脉注射。如伴有体温升高，使用柴胡注射液30mL，肌内注射。

母马生产搐搦

母马生产搐搦又称为马产后钙痉挛症、哺乳期搐搦或强直症，是以低血钙和运动神经异常兴奋引起的肌肉强直性痉挛为特征的一种代谢性疾病。病马在产后和哺乳期30d内易发。

【病因】母马食欲下降，或饲料单一，钙磷配比不当，使钙的摄取量不足；过度劳役、出汗等造成体内的钙过多流失，导致血中钙骤然下降，而甲状旁腺又不能及时分泌甲状旁腺素，机体动员海绵状骨中的钙来补充血钙，从而引起神经、肌肉的兴奋性增高，横纹肌、平滑肌出现痉挛,严重者出现昏迷和麻痹。

【发病机理】本病的发生与甲状旁腺机能失调有关。在马妊娠后期胎儿迅速发育与产后大量的泌乳,致使血钙、血磷处于负平衡状态。

【临床症状】突然发病,体况一般良好。精神倦怠,后肢肌肉震颤,站立不稳。行走时步态僵硬,肌肉酸软无力,后躯摇摆;继而出现后肢麻木,病马常侧卧不起,后肢或四肢强直,不易屈曲,针刺四肢皮肤反射正常。听诊心动加快,心音弱;呼吸浅表,肠音高朗。体温正常,尚有饮、食欲。

【诊断】根据发病情况、临床症状及实验室检查结果综合判定。应注意与破伤风、产后风、腰椎损伤等病鉴别。

【防治】

1. 预防 调整饲料配方,保持钙、磷配比平衡,保证摄取充足的钙。加强运动,增加光照。

2. 治疗 及时补钙,在短期内可矫正钙的失调,刺激机体钙、磷代谢,调节机能的恢复,以适应体内对钙量增加的需求。①10%氯化钙注射液200~300mL,10%葡萄糖注射液250~500mL。②10%葡萄糖酸钙注射液250~500mL,静脉注射,1次/d,连用3d。③维丁胶性钙注射液15~20mL,肌内注射,2次/d,连用4d。对伴发低血镁的病马,可静脉注射25%硫酸镁注射液150~300mL。

同时配合口服镇肝息风汤,效果明显。镇肝息风汤(怀牛膝60g,生赭石60g,生龙骨45g,生牡蛎45g,生龟板45g,生杭芍45g,玄参45g,天冬45g,川楝子15g,生麦芽15g,茵陈15g,甘草15g),先将赭石、龙骨、牡蛎、龟板捣碎先煎,20min后再下其他药。候温去渣,口服,1剂/d,连用2~3剂。轻者也可用生龙骨、生牡蛎各60g,共末拌料自食或灌服,1次/d,连用4d。

生 产 瘫 痪

生产瘫痪又称为乳热、产后瘫痪或低钙血症,母畜在分娩前24h至产后72h内突然发生以轻瘫、昏迷和低钙血症为主要特征的一种代谢病。本病主要发生于奶牛、肉用牛、水牛、绵羊、山羊、犬和猫,母猪也有发生。

本病的发生与年龄、胎次、产奶量及品种有关。95%以上的病牛是5~9岁或3~7胎的高产奶牛(2~11胎均可发生),3胎以上奶牛的发病率比2胎奶牛高1倍,而头胎奶牛不发病,青年母牛很少发病。高产奶山羊多在2~5胎发病,头胎几乎不发病。母牛多在顺产后72h内发病,约占90%以上。分娩前和产后数日至数周的发病极少;成年母羊的发病与分娩关系不大,多在妊娠的最后1个月和泌乳的前6周发病;母猪多发生于第3~5胎,于产后不久或2~5d内发病,但也有在泌乳的高峰期,即产后21~40d发病;水牛多在产后16~60h内发病,且第2胎就可能发病。本病复发率很高,个别牛几乎每次分娩都可发生。

【病因】目前,病因尚不十分清楚。据报道,产后健康母牛的血钙浓度是2.15~2.78mmol/L,平均为2.5mmol/L,病牛则下降至0.75~1.94mmol/L,同时血磷和血镁含量也降低。所有母牛在分娩后血钙浓度都有不同程度的降低,但患病母牛降低更加显著。

分娩前后大量血钙进入初乳,血中流失的钙不能迅速得到补充,致使血钙急剧下降。血钙降低是各种反刍家畜生产瘫痪的共同特征。母牛在临近分娩,尤其是泌乳开始时,血钙含量下降，只是降低的幅度不大，且能通过调节机制自行恢复至正常水平。如血钙含量显著降低，钙平衡机制失调或延缓，血钙不能恢复到正常水平，即导致生产瘫痪。

怀孕后期钙摄入严重不足。干奶期奶牛每日摄入的钙低于 50g 时，本病的发病率很低，而增至 120g 时发病率升高，再增加钙的摄入量时发病率下降。这一结果与以往应限制钙摄入的认识是不一致的。研究表明，调控饲料中阴阳离子的含量，使妊娠后期奶牛处于轻度代谢性酸中毒状态，可控制本病的发生。

高钾、低镁饲料可加速低血钙发生。也有人通过调节干奶期饲料中的钾和镁的比率来预防本病。无论干奶期饲料中钙的水平如何，每日钾摄入量超过 156mg，生产瘫痪发病率升高。摄入钾过多可直接降低镁的吸收。镁缺乏的后果是甲状旁腺机能低下，血钙调节障碍。可采用测定每群中 10 头牛尿样中镁和肌酐的比率来评定牛群镁的营养状态，平均值低于1.0，指示镁不足。至于钾和镁的相互作用关系目前还不清楚。

此外，分娩应激和肠道吸收钙量减少；饲料钙、磷比例不当或缺乏，维生素 D 缺乏，饲养管理不当，产后护理不好，母畜年老体弱，运动缺乏等，也可发病。

【发病机理】目前认为引起血钙浓度降低的主要因素有以下几种，发生生产瘫痪可能是其中一种因素单独作用或几种因素共同作用的结果。

其一，怀孕末期饲料配合不当，特别是饲喂高钙饲料的母牛，血液中钙的浓度更高，刺激甲状腺的 C 细胞分泌降钙素增多，同时抑制甲状旁腺素的分泌，导致机体动用骨钙的能力降低。分娩后大量的血钙进入初乳中，体内钙丢失的速度超过了钙从小肠吸收和骨骼中钙动员的速度，血液中流失的钙得不到及时补充，致使血钙浓度急剧下降而发病。妊娠末期胎儿迅速增大，胎水增多，妊娠子宫占腹腔大部分空间，挤压胃肠器官，影响其活动，消化机能降低，致使从肠道吸收的钙量显著减少。

其二，分娩后腹内压突然降低，血液重新分配，内脏器官相对充血，同时血液大量进入乳房，引起脑组织的暂时性贫血。产后大量的血糖进入乳房合成乳糖，导致血糖降低，大脑皮层受到抑制，影响甲状旁腺的机能，使其分泌激素的功能减退，不能很快动员骨钙以维持血钙的正常水平。另外，怀孕后期胎儿生长发育，尤其是骨骼发育较快，导致母体骨骼中钙的贮存大量丧失，故在分娩时，骨骼中可动员的钙也大大减少，不能补充分娩时血钙的丧失。低血钙和大脑皮质的抑制过程互为因果而形成一个恶性的病理循环，从而促进本病的发生。

其三，本病也可能为一时性贫血所致的脑皮质缺氧、脑神经兴奋性降低的神经性疾病，而血钙降低则是脑缺氧的一种并发症。其根据是脑缺氧先表现为短暂的兴奋（临床上多观察不到）和随后的功能丧失，这与本病的症状发展过程相似。有些病例补钙后，临床症状并不见好转，而乳房送风却有较好的效果。乳房送风使乳房内的大量血液重新进入血液循环，从而使血压上升，改善了脑的血液循环，缓解了脑贫血。乳房送风的同时也可使血钙的浓度升高，两者是有关联的。

其四，本病很少发生于青年母牛，但随着年龄和胎次的增加，发病率也呈现上升趋势。其主要原因是产奶量随着胎次的增加而提高，相反骨骼中钙的动员却随之下降，分娩时雌激素分泌增加，可减少肠道对钙的吸收，抑制骨骼中钙的动员。

其五，饲料中蛋白质含量过多对本病的发生也有一定的促进作用。蛋白质分解的氨基酸可产生氨，使得瘤胃内 pH 升高，导致瘤胃内环境发生改变，B 族维生素的合成及瘤胃的消化代谢功能紊乱，过多的氨吸收后可直接抑制大脑的功能，并影响血液的酸碱平衡。

其六，生产瘫痪的病牛常并发血清镁含量降低，而镁在钙代谢的许多环节中具有调节作用。血液镁含量降低时，机体从骨骼中动员钙的能力降低。低血镁时，生产瘫痪的发生率高，特别是产前饲喂高钙饲料，以致分娩后血镁过低而妨碍机体从骨骼中动员钙，难以维持血钙水平，从而发生生产瘫痪。

【临床症状】

1. 牛　初期食欲不振，反应迟钝，嗜睡，体温不升高，耳末梢发凉，有的可见瞳孔散大。中期，后肢僵硬，站立时飞节挺直、不稳，两后肢频频交替负重，肌肉震颤，头部和四肢较为明显。有的磨牙，刺激头部时做伸舌动作，短时间的兴奋不安，感觉过敏，大量出汗。后期呈昏睡状态，卧地不起，出现轻瘫。先取伏卧姿势，头颈弯曲抵于胸腹壁，有时挣扎试图站起，而后取侧卧姿势，陷入昏迷状态，瞳孔散大，对光反应消失。体温低下，心音减弱，心率维持在 60～80 次/min，呼吸慢而浅表。鼻镜干燥，前胃弛缓，瘤胃臌气，瘤胃内容物反流，肛门松弛，肛门反射消失，排粪、排尿停止。如不及时治疗，往往因瘤胃臌气或吸入瘤胃内容物而死于呼吸衰竭。产前发病的，分娩阵缩停止，胎儿产出延迟。分娩后，子宫弛缓、复旧不全以至脱出。

2. 猪　产后瘫痪见于产后数小时至 5d 内，也有产后 15d 内发病的。病初表现为轻度不安，食欲减退，体温正常或偏低，随即发展为精神极度沉郁，食欲废绝，呈昏睡状态，长期卧地不能起立。后肢起立困难，检查局部无任何病理变化，知觉反射、呼吸、体温等均无明显变化，强行站立后步态不稳，并且后躯摇摆，最后至不能站立。反射减弱，乳少甚至完全无乳，有时病猪伏卧不让仔猪吃奶。如不能得到及时治疗则预后不良。

3. 羊　病初运步不稳，高跷步样，肌肉震颤。随后伏卧，头触地，四肢或聚于腹下或伸向后方。精神沉郁或昏睡，反射减弱。脉搏细速，呼吸加快。

【诊断】根据分娩前后数日内突然发生轻瘫、昏迷等特征性临床症状，结合血钙含量检查及用钙剂治疗效果，不难建立诊断。本病病程发展较快，如不及时治疗，则可使病情恶化，50%～60% 的病例在 12～48h 死亡。在分娩过程中或产后 6～8h 内发病的牛，病程发展更快，病情也较严重，个别病例在发病后数小时内死亡。如及时治疗，且治疗方法正确，90% 以上的病牛可以在 1～2d 内痊愈或好转，治疗越早，痊愈越快。如治疗后，病情反复，难以站立，则预后不良。在病程中病牛因挣扎等可引起骨折或创伤，也可继发异物性肺炎、瘤胃臌气等，在预后时也应注意。

1. 牛生产瘫痪诊断依据　①发病多为 3～6 胎的高产母牛。②多发生在分娩 3d 之内。③出现瘫痪。④发生低钙血症，血镁、血磷含量降低。但应注意与产后截瘫、麻痹性酮病进行鉴别诊断。产后截瘫是由于生产过程中腰臀部神经、关节、骨骼、韧带等受到机械性损伤而造成的后肢不能站立，瘫痪卧地，本病只有后肢症状，不出现神经症状、意识障碍和血钙含量降低等。麻痹性酮病主要发生在产奶高峰期，血、尿、乳中酮体含量升高，呼出气体有烂苹果味，血钙含量无明显变化。

2. 母猪生产瘫痪诊断依据　分娩后突然发病，知觉丧失，四肢瘫痪，不分品种、年龄、胎次及膘情。病猪血清钙含量为 7.6mg/dL［正常值为（10.11±1.08）mg/dL］，血清无机磷含量为 6.3mg/dL［正常值为（6.30±1.43）mg/dL］，血清镁含量为 1.3mg/dL（正常值为 1.55～2.16mg/dL），中性粒细胞、嗜酸性粒细胞和淋巴细胞均减少。结合临床症状及血清学检查结果可确诊。

【防治】

1. 预防 坚持预防为主，防重于治的原则。适当增加饲料中的麦麸、米糠等含磷较多的饲料。饲料中添加骨粉、蛋壳粉、碳酸钙、乳酸钙、磷酸氢钙、鱼肝油等。

（1）奶牛 在干奶期应避免摄入过多的钙，同时防止镁的摄入不足。分娩前 30d 将钙的摄入量控制在 30～40g/d，钙、磷比例保持在 （1.1～1.5）∶1，特别是在产前 14d 应注意饲料中钙、磷含量及比例，钙、磷的比例在 1∶1 以下，可刺激甲状旁腺素的分泌，减少降钙素的分泌，以提高钙的吸收和利用。在干奶期饲料中加入氯化铵、硫酸铵、硫酸钙、硫酸镁等盐类，但钙的含量不能低于 15g，可降低发病率。分娩前后，增加饲料中维生素 D 的供给，或在产前 2～8d，肌内注射维生素 D_3，适当地增加运动和光照。对有过本病发病史的牛，挤奶的时间要推迟 8～12h，并于产后注射钙制剂，或在饲料中添加镁盐、磷制剂，可预防血钙降低时抽搐的发生。

（2）母猪 改善饲养管理，补充矿物质，保持饲料中的钙、磷比例适当。怀孕母猪喂骨粉不少于 20g/d、食盐 20g/d，喂给易消化的、营养丰富的青饲料。同时，圈舍应保持干燥，通风良好，保证有充足的光照，适当增加运动，均有较好的预防作用。

2. 治疗 静脉注射钙制剂和乳房送风是治疗本病最有效的方法，同时可补充磷和镁等进行对症治疗。治疗越早，效果越好。

（1）补充钙剂 常用葡萄糖酸钙、硼葡萄糖酸钙和维丁胶性钙注射液。①10％葡萄糖酸钙注射液，静脉注射，一次量，马、牛 100～300mL，猪、羊 20～100mL，犬 5～10mL，猫 3～5mL。②硼葡萄糖酸钙溶液，口服，一次量，牛每千克体重 0.44～0.88mL。或硼葡萄糖酸钙注射液，静脉注射，一次量，牛每千克体重 10mg，5～10min 内注射完。③维丁胶性钙注射液，肌内注射或皮下注射，一次量，马、牛 5～20mL，猪、羊 2～4mL，犬 1～3mL，猫 0.5～1.5mL，2 次/d，连用 3～4d。

（2）补充磷和镁制剂 如果静脉注射钙制剂 3 次无效，可能与低磷酸盐血症和低镁血症有关，应立即注射磷酸二氢钠和硫酸镁治疗。①10％～20％磷酸二氢钠注射液，静脉注射，一次量，马 30～60g，牛 90g，猪、羊 5～10g，犬、猫 0.5～1g，2 次/d，连用 3～5d。②25％硫酸镁注射液，静脉注射，一次量，马、牛 10～25g，羊、猪 2.5～7.5g，犬、猫 1～2g，1 次/d，连用 3d。

（3）乳房送风 缓慢将乳导管插入乳头管内直至乳池内，先注入青霉素 160 万 IU，再连接乳房送风器或大容量注射器向乳房内注气，一般先下部乳区，后上部乳区。充气不足无治疗效果，充气过量则易使乳泡破裂。以用手轻叩呈鼓音为宜，然后用宽纱布轻轻包扎住乳头，经 1～2h 后解开。一般在注入空气后 0.5h，病牛即可恢复。对伴有瘤胃臌气等并发症的，同时进行对症治疗。

牛产后血红蛋白尿

牛产后血红蛋白尿是一种因缺乏微量元素磷而引起的，发生于高产奶牛的营养性代谢病。临床上以低磷酸盐血症、急性溶血性贫血和血红蛋白尿为特征。由于溶血而使红细胞大量破坏，奶牛尿液呈淡红色至紫红色，又称为红尿，病牛多伴有一定程度的贫血。在奶牛产后或寒冷季节发生，常发于产后 4d 至 4 周的 3～6 胎高产奶牛。本病发病急，病势发展迅速，如治疗不及时或误诊，病牛通常在 2～3d 死亡，病死率高达 50%。母牛发病较多，而公牛、肉牛、阉牛很少发生。役用黄牛发病率明显比水牛低。

【病因】引起牛尿液中血红蛋白增加的原因很多，如钩端螺旋体病、血液原虫病及中毒病等。

1. 饲料中微量元素磷的缺乏 与饲喂甜菜块根叶、青绿燕麦、多年生的黑麦草、埃及三叶草、苜蓿以及十字花科植物饲料有关。这些植物中含有一种二甲基二硫化物（S 甲基半胱氨酸二亚砜），可使红细胞中血红蛋白分子形成海-欧二氏小体（Heinz-Ehrlich），破坏红细胞引起血管内溶血性贫血。许多十字花科植物，如油菜等含磷较少，甜菜叶和青绿玉米含磷量最低，故大量饲喂这类饲料易发病。

2. 磷的排出量过多 饲料中磷缺乏，而又未能及时补充磷，与产后泌乳而增加磷脂排出有重要关系。母牛产后产奶量增加，导致磷的排出量过多，血液中磷的含量过低而引起低磷酸盐血症。

3. 铜缺乏 本病也可能与缺铜元素有关，铜为正常红细胞代谢所必需，由于产后大量泌乳，铜从体内大量丢失，当肝脏内铜储备空虚时，会发生巨细胞性低色素贫血。

4. 诱因 寒冷可能是本病的重要诱因，冬季本病的发生率比其他季节明显较多。

【发病机理】奶牛分娩后出现低磷血症，排出血红蛋白尿。一般产后 2～4 周发生，主要原因是饲料中磷含量低引起。无机磷是红细胞糖无氧酵解过程的一个必要因子，磷缺乏时红细胞的糖无氧酵解则不能正常进行，作为糖酵解正常产物的三磷酸腺苷及 2，3-二磷酸甘油酸均减少。而三磷酸腺苷在维持红细胞膜正常结构和功能上起着重要作用。三磷酸腺苷减少时，会造成红细胞膜通透性改变，红细胞发生变性、溶解。

【临床症状】本病多见于产后 2～4 周的高产奶牛，病牛排尿次数多而量少，色渐深，呈红色或酱油色。黏膜苍白，贫血程度随尿液的加深而加重。脉搏、体温一般无明显变化，粪便干硬，整个病程发展迅速，3～5d 后病牛高度衰竭，步行不稳，最后躺卧不起。重症病例常因贫血性缺氧而死亡。轻症病例于数日内尿色恢复正常，但需 3 周以上方可完全恢复。

1. 急性型 病牛在分娩后 7d 内发病，发病非常突然，精神不振，食欲降低，反刍减弱，行走蹒跚，周身乏力，尿液由淡粉色逐渐变为酱油色，最后卧地不起，饮食欲废绝，反刍停止。病牛体温降低，末梢冷凉，肌肉震颤。出汗，心跳快而弱，静脉压降低，瘤胃蠕动音弱乃至消失。可视黏膜重度苍白，如不及时治疗，病牛在发病后 2～3d 内死亡。

2. 慢性型 在泌乳高峰之后，妊娠中后期发病。病牛逐渐呈现消化功能减弱，消瘦，起卧较为困难，运步缓慢，周身乏力，泌乳量明显下降，乳汁稀薄。呼吸喘粗，心音亢进加速，可视黏膜逐渐苍白，尿液颜色逐渐加深乃至酱油样，病程可达 7～14d，如能及时确诊治疗，均可治愈。

【诊断】依据病史、临床症状（如红尿，可视黏膜苍白、黄染），结合低磷酸盐血症和磷制剂治疗有效，即可做出初步确诊。尿液检查不见红细胞，血液检查发现红细胞数、血红蛋白、红细胞比容降低，血清无机磷检查发现血磷降低，即可确诊为产后血红蛋白尿。

1. 实验室检查 ①红细胞由正常 500 万～600 万/mm³ 降至 100 万～200 万/mm³。②血红蛋白含量由 50%～70% 降至 20%～40%。③血清中无机磷由正常 7mmol/L 降至 3mmol/L。

2. 鉴别诊断 牛血红蛋白尿是因血磷过低而引起的红细胞大量溶解破坏，以机体迅速贫血、衰竭为主要变化。红尿是牛血红蛋白尿的重要特征之一。但红尿也见于血尿疾病（如肾炎、膀胱炎、卟啉尿），故应对血红蛋白尿和血尿做出鉴别诊断。另外，牛血红蛋白尿还可由其他溶血疾病所致，如细菌性血红蛋白尿病、巴贝斯虫病、钩端螺旋体病、慢性铜中毒、其他药物性红尿（酚噻嗪、大黄）、洋葱中毒等都应逐一排除。①酮病是因饲喂蛋白质、脂肪丰富的饲料，而碳水化合物和多汁饲料不足发生的，尿液有丙酮气味（烂苹果味）。②钩端螺旋体病属于传染病，可视黏膜黄染或贫血，血红蛋白尿时隐时现。③膀胱性血尿，因机体缺碘引起血尿，尿中出现红细胞。

【防治】

1. 预防　调整饲料中钙、磷比例，增加豆饼、麸皮、骨粉、脱氟磷酸钙等含磷量高的饲料，铜含量应保证满足牛不同生理阶段的需要。高产奶牛饲喂骨粉 $100\sim300g/d$，少喂甜菜渣、苜蓿及十字花科植物等含磷量低的饲料。牛产后或寒冷季节要加强管理，喂给全价饲料，做好防寒保暖，消除本病的诱发因素。对地方性低磷地区，可从食物链源头上采取土壤补磷措施，向土壤施磷胺和尿素，使饲料和牧草磷含量达到 $0.2\%\sim0.3\%$，预防母牛由低磷引起的低磷酸盐血症、血红蛋白尿症及骨软症。

2. 治疗　治疗原则是消除病因，纠正低磷酸盐血症，同时补充营养、促进红细胞的新生。

（1）补充磷制剂　病牛可直接补给磷制剂，常用磷酸二氢钠、磷酸钙、维丁胶性钙及骨粉等。①20%磷酸二氢钠溶液，静脉注射，每头牛 $300\sim500mL$，与20%安钠咖注射液 $10mL$ 混合，2次/d。一般在注射1～2次后，红尿可消失，重症病例可连续治疗3～5次。②3%次磷酸钙溶液 $1\,000mL$，静脉注射，1次/d，连用3d。③维丁胶性钙注射液 $20mL$，肌内注射，1次/d，连用3d。25%葡萄糖注射液 $1\,000mL$，静脉注射，1次/d，连用3d。④同时，骨粉，口服，$200\sim600g/d$，2次/d，连用7d以上。

（2）对症治疗　注意适当补充造血物质，如叶酸、铜、铁、维生素 B_{12} 等。恢复期病牛，可应用补血药物，中药可用熟地黄 $60g$、当归 $60g$、白芍 $45g$、川芎 $25g$、党参 $60g$、远志 $30g$、甘草 $15g$、大枣 $20g$，煎汁候温灌服。

笼养蛋鸡疲劳综合征

笼养蛋鸡疲劳综合征是由于笼养产蛋鸡钙、磷代谢障碍，缺乏运动等因素所致的骨质疏松症，是青年母鸡的一种营养紊乱性骨骼疾病。本病又叫笼养蛋鸡瘫痪或骨软化病，是笼养产蛋鸡骨骼疾病中最严重的疾病之一，也是现代化蛋鸡生产中最突出的代谢病，发病鸡大多是进笼不久的蛋鸡和高产蛋鸡。临床上以站立困难、骨骼变形和易发生骨折，软壳蛋增加，蛋的破损率增高为特征。

随着提高产蛋鸡饲料中钙的水平，本病的发生率与以前相比降低了许多，但所造成的产蛋鸡死淘率，在总死淘率中占的比例还很高。因饲料中维生素D、钙磷不足或比例失调，母鸡为了形成蛋壳而动用自身组织钙而引起。

【病因】各种原因造成的机体缺钙及发育不良是导致本病的直接原因。

1. 钙添加不及时　饲料中钙的添加太晚，已经开产的鸡体内的钙不能满足产蛋的需要，导致机体缺钙而发病。蛋鸡料用得太早，过高的钙影响甲状旁腺的机能，使其不能正常调节钙、磷代谢，导致鸡在开产后对钙的利用率降低，鸡群也会发病。

2. 钙、磷比例不当　由于产蛋鸡对钙、磷是按照一定比例吸收的，当钙、磷比例失当，不能被充分吸收，可影响钙在骨骼的沉积。

3. 维生素 D 添加不足　产蛋鸡缺乏维生素 D 时，肠道对钙、磷的吸收减少，血液中钙、磷浓度下降，钙、磷不能在骨骼中沉积，使成骨作用发生障碍，造成钙盐再溶解而发生瘫痪。如果饲料中缺乏维生素 D，即使含有充足的钙，产蛋鸡也不能充分的吸收。

4. 鸡群性成熟过早　由于鸡群开产过早，初产时鸡的生殖机能还没有发育完全。

5. 缺乏运动和光照不足　如育雏期、育成期笼养或上笼早、笼内密度过大、鸡的运动不足等，导致鸡的体质较弱而易发本病。由于缺乏光照，使鸡体内的维生素 D 含量减少，从而发生体内钙、磷代谢障碍。

6. 应激反应和诱因　高温、严寒、疾病、噪声、不合理的用药、光照和饲料突然改变等应激，均可造成产蛋鸡生理机能障碍，也常引起鸡群发病。炎热季节，产蛋鸡采食量减少而饲料中钙水平未相应增加，也会导致发病。寄生虫病、中毒、管理的原因以及遗传因素也能导致发病。

【发病机理】笼养蛋鸡疲劳综合征的发病机理目前还不十分明了，现在多认为本病与钙代谢有直接关系。如笼养蛋鸡在开产之前的饲料配方中贝壳粉含量偏高（超过 3%），产蛋鸡血液中的血钙浓度会逐渐升高，产蛋鸡此时尚未产蛋，高血钙就会刺激产蛋鸡的脑垂体分泌降钙素来降低血钙浓度。当产蛋鸡逐渐开始产蛋时，钙需求量迅速增加，为了维持血钙浓度，产蛋鸡除了从饲料中吸取钙质外，还必须动用骨骼中的钙质，从而导致蛋鸡出现缺钙现象。除了缺钙外，与鸡群的饲养管理不良也有一定关系，如鸡舍阴暗、鸡群光照不足，影响鸡体内维生素 D_3 的合成，从而影响鸡体肠道对钙的吸收，导致产蛋鸡出现缺钙软脚症状；鸡笼过于狭小和拥挤，易导致软脚病鸡被其他健康鸡踩踏致死；鸡舍内空气不流通、闷热也会导致初产蛋鸡处于应激状态。

【临床症状】本病多发生于炎热的夏季，高产蛋鸡在产蛋上升期至高峰期（140～210d）发病，产蛋高峰过后不再出现，产蛋上升快的鸡群多发。病鸡表现为颈、翅、腿软弱无力，任人摆布，站立困难，瘫倒在地，脱水。病初产蛋严重减少，产软壳蛋、薄壳蛋，蛋破损率增加，蛋清水样。食欲、精神、羽毛均无明显异常。易骨折，胸骨软、变形。

【诊断】根据病史和病鸡站立不稳，侧身躺卧或蹲伏，长骨脆、易折断，断端骨质变薄，骨腔扩大等临床症状，以及血清碱性磷酸酶活性升高等做出诊断。

【防治】

1. 预防　根据鸡不同的生长发育阶段（雏鸡、育成鸡、产蛋鸡），加强饲养管理，科学配制饲料，保证全价营养，使育成鸡性成熟时达到最佳的体重和体况。笼养高产蛋鸡饲料中钙的含量不低于 3.5%，饲料磷不低于 0.9%，并保证适宜的钙、磷比例。在饲料中添加维生素 D_3 2 000IU/kg 以上，让产蛋鸡充分吸收钙。笼养蛋鸡的密度不宜过大，应有一定的运动空间。育雏、育成期应及时分群，上笼不可过早，一般在 100d 左右上笼较适宜。同时，应增加光照时间。平时要做好血钙的监测，当发现产软壳蛋时，应做血钙的检测。对于血钙低的同群鸡，在饲料中添加 2%～3% 的粗颗粒碳酸钙，维生素 D_3 2 000IU/kg。

2. 治疗　发现病鸡，及时从笼中取出，单独饲养。应立即分析饲料配方，测算钙、磷含量。当饲料中的钙、磷含量低或钙、磷比例严重失调时，应将饲料中的钙含量提高到 3.5% 以上，钙、磷比为 2:1，并且在饲料中添加 2 000IU/kg 维生素 D_3，7d 为一疗程，连用 3 个疗程。同时，每只患病蛋鸡肌内注射维丁胶性钙注射液 1～2mL，1 次/d，连用 3～5d。对于多处骨折或没有治疗价值的病鸡，应及时淘汰。

鸡胫骨软骨发育不良

胫骨软骨发育不良是指发生在多种禽类的一种发展迅速，危害肉禽养殖业发展的最严重的骨骼疾病，以快速生长的肉鸡最为普遍，给肉鸡生产带来严重的经济损失。临床上以胫骨软骨发育异常，胫跗骨或跗趾骨近端生长板出现无血管的白色软骨楔为特征。在近干骺端有一锥形未钙化的软骨，可能是肉鸡软胶原蛋白合成速度超过了降解速度所致。常见于鸡与火鸡，小鸡在 1 周龄即可出现胫骨软骨症，至 3～4 月龄时会逐渐自愈。

【病因】发病原因十分复杂，其发生与遗传、饲料、饲养水平，钙、磷、镁、氯等含量及肉鸡体内阴阳离子失衡引起的酸碱代谢紊乱有关。生长过快、高磷、高氯、高硫、缺锌、维生素 D_3 缺乏、维生素 A 过多、含硫氨基酸过高、玫瑰红镰刀菌、二硫化四甲基秋兰姆、霉菌毒素、大量的棉籽饼和菜籽饼等均可诱发本病。饲料中添加钙、钠、钾、镁、维生素 C、生物素等可减轻本病的发生。

1. 钙、磷水平 饲料中钙、磷水平是影响胫骨软骨发育不良发生的主要营养因素。随着鸡饲料中钙与可利用磷的比例增加，胫骨软骨发育不良的发生率也会降低。高磷破坏了机体酸碱平衡，进而影响钙的代谢。

2. 镁、氯水平 饲料中氯的水平对胫骨软骨发育不良的发生影响显著。饲料中氯水平越高，胫骨软骨发育不良的发病率和严重程度越高，而镁的增加会使胫骨软骨发育不良发病率下降。且镁与氯的互相作用对胫骨软骨发育不良的严重程度有显著影响。调整其比例可减轻胫骨软骨发育不良的严重程度。高镁能降低胫骨灰分，增加血中镁和磷的含量，通过促进骨中钙、磷的沉积和钙化，或改变肉鸡体内的酸碱平衡来减少胫骨软骨发育不良的发生。

3. 铜、锌 铜是构成赖氨酸氧化酶的辅助因子，而这种酶对合成软骨起重要的作用；铜有促进血管生长的作用，铜缺乏时会破坏软骨的合成。尽管胫骨软骨发育不良与缺铜症极为相似，但目前尚不能证明胫骨软骨发育不良与铜代谢紊乱存在直接的因果关系。锌缺乏会引起骨端生长盘软骨细胞的紊乱，胫骨胶原酶是一种含锌的金属酶，它对肉鸡生长板软骨的胶原起着重要作用。锌缺乏时，此酶活力下降，骨胶原的合成和更新过程被破坏，使胫骨软骨发育不良的发病率增高。

4. 含硫氨基酸 饲料中过量的含硫氨基酸（为推荐量的 1.5 倍）可降低肉鸡体重、饲料转化率，增加胫骨长度，使胫骨软骨发育不良的发病率升高。这说明饲料类型是诱发胫骨软骨发育不良发生的一个非常重要的因素。含硫氨基酸对骨基质糖蛋白和骨胶蛋白正常形成是必需的，保持适宜的含硫氨基酸水平对肉鸡正常骨营养代谢、降低胫骨软骨发育不良的发生至关重要。

5. 生物素 肉仔鸡缺乏生物素将影响胫骨软骨的形成，在肉鸡饲料中添加生物素（150～300μg/kg），可有效防止肉鸡胫骨软骨发育不良的发生。

6. 胆碱 胆碱缺乏可引起骺软骨组织的病理变化，胆碱是家禽软骨组织中磷脂的构成成分，缺乏时将影响软骨代谢，添加胆碱对预防胫骨软骨发育不良的发生有较好的效果。

7. 维生素 D_3 与维生素 C 一般认为，维生素 D_3 代谢物在预防胫骨软骨发育不良的有效剂量为 10μg/kg。此外，维生素 C 在防止胫骨软骨发育不良发生中起着重要作用。维生素 D₃ 代谢物的产生是发生在肾脏的羟化过程，需要维生素 C 参与，青年鸡饲料中补充维生素 A 可促进维生素 D₃ 代谢物的产生，有助于软骨的钙化。

总之，调整饲料中营养成分的比例使之达到适宜的水平，对于防止胫骨软骨发育不良的发生起着十分重要的作用。

【发病机理】其发病机理十分复杂，目前还未完全阐明。尽管原因十分复杂，但最终引起骨骺进入软骨的血管闭塞，病变软骨缺乏血液供应，发生软骨退行性病变，或多种因素抑制了软骨细胞钙化形成骨基质，同时抑制血管在骨基质中形成，而软骨细胞会继续形成和分化，逐渐形成病变软骨区。在病禽病变区，存在部分软骨细胞自噬现象。

【临床症状】胫骨关节肿大，行走困难，随着症状严重程度增加，鸡常卧于笼内，活动量下降，严重者不能站立行走。采食受限，生长发育受影响，增重明显下降，种禽生殖性能和商品肉禽的肉品质均下降。这一非钙化的软骨栓使得鸡腿部的机械强度下降，甚至完全不能行走，直至死亡。

【诊断】根据典型的临床症状（病鸡步履艰难，呈共济失调症状，很快变得越来越严重，甚至只能依靠双翅的支持才能走动，临床症状严重的鸡，长骨常常发生弯曲，飞节发生扭曲），病理变化（胫关节纵切面上有一块白色透明的软骨栓，软骨栓内无血管），结合维生素 D 含量测定，如低于正常值即可确诊。

【防治】可通过遗传选育工作，降低鸡胫骨软骨发育不良的发病率。改善饲养管理，改变生产环境，降低饲养密度和生长速度，调整饲料中营养成分的比例使之达到适宜的水平，防止胫骨软骨发育不良的发生。降低饲料中能量水平或早期限饲，控制肉鸡生长速度。饲料中补充矿物质饲料和维生素 D，调整钙、磷比例，添加 1,25-二羟钙化醇等，单独或配合使用，同时增加紫外线照射。在肉鸡饲料中添加 150～300μg/kg 的生长素，或在含 0.75% 磷的饲料中添加沸石，可有效防止肉鸡胫骨软骨发育不良的发生。提高饲料中的钾、钠、镁、钙等阳离子含量，可减轻氯、磷、硫等阴离子过多引起的发病。在肉鸡 1～3 周龄时，在饲料中添加维生素 C 粉 0.15mg/kg。用碳酸氢钠取代饲料中部分氯化钠，可有效预防本病的发生。早期淘汰具有胫骨软骨发育不良遗传倾向的鸡只，以降低选育品种胫骨软骨发育不良的发生率。

胫骨软骨发育不良病鸡无治疗价值，应尽早淘汰处理。

（二）镁缺乏性疾病

犊牛低镁血症

犊牛低镁血症是指饲料中镁缺乏所致的一种以运动失调、角弓反张、惊厥为特征的代谢性疾病。用含镁量低的代乳品饲喂犊牛容易发生，也见于慢性腹泻。主要发生于 2～4 月龄完全依靠吃奶的犊牛，吃奶量最大且生长最快的犊牛最容易发病。冬季舍饲的犊牛在饲料缺乏时也容易发病。

【病因】血镁降低是本病的发病原因。在正常情况下，尽管牛乳中镁含量低，但由于犊牛的吸收能力好，仍能满足犊牛的生长需要。腹泻可降低镁在肠道内的吸收，采食饲料中的粗纤维物质可造成大量镁从粪便丢失，而且咀嚼粗纤维能刺激分泌大量的唾液，造成内源性镁丢失。许多犊牛低镁血症同时伴有低钙血症。

【发病机理】牛出生时血镁含量平均为 $2\sim2.5mg/dL$，在随后的 $2\sim3$ 个月降至 $0.8mg/dL$，血镁含量低于 $0.8mg/dL$ 则发生抽搐，低于 $0.6mg/dL$ 时则抽搐更严重。低钙血症可能是由低镁血症引起的，但其发生机理尚不清楚，低钙血症能促进低镁血症性抽搐的发生。

【临床症状】本病临床症状与泌乳搐搦非常相似。病初体温正常，脉搏加速，不断扇动耳朵，摇头，头向后仰或低垂。对各种刺激十分敏感，当人接近或抚摸犊牛时，眼睑出现颤动，并呈惊恐状，肌肉阵发性痉挛；随后出现头颈震颤，角弓反张、共济失调，感觉过敏，但不出现抽搐。随着病情加剧，病牛流涎，出现大肌肉震颤，蹬踢腹部，四肢强直，共济失调，跌倒，惊厥。在惊厥期间，牙关紧闭，呼吸暂停，四肢呈强直性或痉挛性运动，大小便失禁，脉搏加快，严重的病例在短时间内死亡。日龄较大的犊牛通常在抽搐发生后 $20\sim30min$ 死亡，较小的牛在抽搐后暂时恢复，随后再次发作。2 周龄左右的腹泻犊牛发病，即出现抽搐，并在 $30\sim60min$ 死亡。

【诊断】根据病史和临床症状可做出初步诊断。临床上要注意与急性铅中毒、破伤风、士的宁中毒、大脑皮质坏死、产气荚膜梭状芽孢杆菌病和维生素 A 缺乏引起的阵发性抽搐相鉴别。血镁含量低于 $0.8mg/dL$ 为严重的低镁血症，$0.6mg/dL$ 时即可表现明显的临床症状。大多数临床病例血钙含量低于正常。

【防治】

1. 预防 加强饲养管理，改善饲料结构，为怀孕母牛提供干草，有助于预防本病的发生。对于镁元素缺乏的地区，在对青绿牧草进行收割或是放牧之前，定期喷洒硫酸镁溶液，每公顷牧场需要喷洒 $20\sim30L$ 硫酸镁溶液。饮水中添加醋酸镁，每头牛 $20g/d$。犊牛出生后 $10\sim35d$，氧化镁 $1g/d$；$35\sim70d$，$2g/d$；$70\sim105d$，$3g/d$。在运用镁制剂的基础上，补充磷元素，因为镁制剂在一定程度上会影响磷的吸收。舍饲犊牛和完全依靠吃奶的犊牛，还应补充足够的矿物质和维生素 D。

2. 治疗 在饲料中补充镁制剂，防止血镁含量大幅度下降。氧化镁 $10\sim15g/d$，口服。10％硫酸镁注射液 100mL，皮下注射或静脉注射。出现惊厥或呼吸麻痹时，可使用镇静药，如盐酸二甲苯胺噻嗪注射液，肌内注射，每千克体重 $0.2\sim0.3mg$。

青 草 搐 搦

青草搐搦又称为青草蹒跚，是指反刍家畜放牧于幼嫩青草地或谷苗地之后不久而突发的一种高度致死性疾病。临床上以强直性和阵发性肌肉痉挛、惊厥、呼吸困难和急性死亡为特征，血镁含量下降，常伴有血钙含量下降。通常出现在早春放牧开始后的前 2 周内，也见于晚秋季节。施用了氮肥和钾肥的牧草危险性最高。发病率一般为 1％～3％，最高可达 7％，病死率为 50％～100％。青草搐搦多发生于泌乳母牛、犊牛和绵羊等反刍家畜，马青草搐搦的典型病例报道极少。

【病因】本病的发生与血镁含量降低有直接关系，而血镁含量降低又与牧草（或饲料）中镁含量低或存在干扰镁吸收的因素有关。

1. 牧草含镁量少 一般幼嫩多汁的青草含镁、钙、葡萄糖都比较少，而含钾、磷较多，大量采食易发生血镁不足可发生本病。牧草或饲料中的镁含量低，造成镁的摄入量不足，当镁含量低于 0.2％（干物质）时，在饲喂一段时间后，可引起本病的发生。另外，地区性土壤含镁量偏低，也多发本病，尤其在春季和夏季。成年反刍家畜对镁的平均吸收率为：干草

25%～30%、牧草和精饲料 13%～20%、混合饲料 20%～25%、添加硫酸镁的混合饲料 50%～59%。牛对贮存牧草中镁的吸收率要高于生长中的牧草，随着牧草的成熟，镁的吸收率增加。当牧草中钾与钙、镁的含量比为 2.2 时，钾可竞争性地抑制肠道对镁的吸收，并促进体内镁和钙的排泄，极易发生低血镁搐搦。牧草和饲料中含钾过多，抑制镁的吸收，可促进本病的发生。此外，饲料中过量的脂肪、钙、植酸、草酸、碳酸根离子都会影响镁在消化道内的吸收。

2. 与低钙有关 饲料中钙含量不足和血钙含量偏低，也可促进本病的发生。

3. 肾小管对镁的重吸收率降低 甲状旁腺功能降低或甲状腺功能亢进，都可导致肾小管对镁的重吸收率降低，造成血镁含量降低，可促进本病的发生。

【发病机理】畜禽机体的镁，约 70%沉积在骨骼中，29%在软组织中，1%存在于细胞外液。由于骨骼中的镁是以磷酸镁和碳酸镁的形式存在，很难进入到血液中，组织中仅有 4%的镁可以交换，体内镁的恒定依赖于镁的需要量与肠道吸收之间的动态平衡，当肠道吸收的镁低于需要量后，这种动态平衡即被破坏。牛血镁含量低于 0.33mmol/L 时，将出现血镁搐搦的临床症状。

由于镁是许多酶的辅助因子及激活剂，当缺镁时，一些重要酶的催化作用减弱，使机体内糖的有氧氧化受到影响，会严重影响细胞的能量代谢过程和能量的供给，进而引起一系列新陈代谢紊乱，严重时危及畜禽的生命。此外，缺镁可影响 DNA 和 RNA 的合成。脑脊液中镁含量的降低，是造成搐搦的重要因素。哺乳动物神经和肌肉的兴奋性与细胞外液中 Na^+ 与 K^+ 之和呈正比，而与 Ca^{2+}、Mg^{2+} 与 H^+ 之和呈反比。当血清镁和钙含量降低，特别是脑脊液镁含量降低时，神经兴奋性增加，表现为感觉过敏、兴奋、肌肉痉挛。

【临床症状】由于动物种类不同，临床症状有一定差异。

1. 牛 根据病程可分为最急性型、急性型、亚急性型和慢性型。

（1）最急性型 家畜常无明显的临床症状而突然死亡。

（2）急性型 病牛突然停止采食，兴奋不安，扇动耳朵，甩头、吼叫，奔跑，肌肉抽搐，行走时摇晃似醉，最终跌倒。四肢强直，尾及后肢僵硬，继而呈现阵发性惊厥（搐），惊厥时病牛竖耳，牙关紧闭，口吐白沫，眼球震颤，瞳孔散大，瞬膜外露，全身肌肉收缩强而快，针刺反应敏感。头弯向背侧，角弓反张，有的头挨地而卧，还有的呈青蛙状卧。体温升高，呼吸急促，脉搏增快，心悸，心音增强，甚至在 1m 外就可听到亢进的心音。通常于 30～60min 内来不及治疗而死亡。

（3）亚急性型 高产奶牛多发，病程 3～5d，食欲减退或废绝，产奶量下降，除表现急性病例的一些神经症状外，主要表现步态不稳，或轻度瘫痪。病牛常常保持站立姿势，频频眨眼，对响声敏感。行走时步样强拘或呈高跨步，肌肉震颤，后肢和尾轻度僵直。恐惧，面部表现如破伤风，四肢运动僵硬，痉挛性排尿和不断排粪。当受到强烈刺激或用针刺病牛时，可引起惊厥。

（4）慢性型 病牛呆滞、反应迟钝、食欲减退、瘤胃蠕动减弱，泌乳牛的产奶量处于低水平。经数周后，病牛出现步态跛跄、上唇、腹部及四肢肌肉震颤，感觉过敏。后期病牛感觉消失，最后瘫痪。

2. 马 早春季节由舍饲突然转为放牧，因贪青采食大量茂盛青草而突然发病。病马突然停止采食，迅速发病，精神兴奋，惊恐不安，对外界刺激极为敏感，轻轻地刺激即引起痉挛发作，表现为牙关紧闭，伸颈仰头，角弓反张，眼球震颤，瞬膜突出，达到遮盖眼球的程度，四肢及全身震颤，并出现阵发性的肌肉痉挛，和破伤风症状极其相似。心悸亢进，心动过速，不用听诊器即可听到心音。血镁含量低于 1.0mg/dL。

3. 羊 食欲减退，流涎，步态蹒跚，继而四肢和尾僵直，倒地，频频出现惊厥。在惊厥期间，流涎，牙关紧闭，全身肌肉收缩强烈，四肢划动，瞳孔散大，头向一侧或向后方弯曲呈 S 状。体温 38.5～40.0℃，呼吸急促，脉搏增快。当受到强烈刺激时，病羊呈现角弓反张，病程一般为 2～25d。

【诊断】根据病史和突然发病、兴奋不安、运动不协调、敏感、搐搦等临床症状，以及血镁、血钙和血钾的含量检查，脑脊液和尿液中镁含量的降低，可做出诊断。并应注意与破伤风、急性肌肉风湿、狂犬病、酮血症和生产瘫痪等病相鉴别。

【防治】

1. 预防 加强饲养管理，在精饲料中添加氧化镁或硫酸镁，牛 50～100g/d、羊 10～20g/d，或给牛投服镁丸（含镁 86%、铝 12%、铜 2%），在瘤胃内缓慢释放低剂量的镁可达 35d，可有效预防本病的发生。

初春或晚秋不宜过度放牧，对曾经发生过本病的母牛，要适当控制放牧时间。不要在施钾肥多、氮肥多的牧地放牧。如遇恶劣天气，应将牛及时赶入圈舍，并喂给干草，避免饥饿，夏季雨后所生的青草或谷苗不能让牛群采食，避免本病的发生。如草地缺镁，用 2% 硫酸镁溶液喷洒草地，间隔 2 周喷 1 次，或每公顷撒布研细的氧化镁 30kg，均可迅速提高牧草的含镁量。

2. 治疗 治疗原则是补镁，兼顾补钙，同时采取镇静等对症治疗。

（1）补镁兼顾补钙 使用镁制剂同时应用钙制剂，对反刍家畜青草搐搦具有良好的治疗效果。①牛用 25% 硫酸镁注射液 300～400mL，皮下注射，同时，缓慢静脉注射 25% 硼酸葡萄糖酸钙注射液 400～500mL，10% 葡萄糖注射液适量，2 次/d，连用 3～5d。②每头牛灌服焙烧后的磷镁矿 60～90g/d，以恢复肠道的镁水平。或口服氧化镁，牛 50～100g/d、羊 10～20g/d，连续用药 7d，然后逐渐减量停服。③30% 硫酸镁溶液进行灌肠，牛 200～400mL，羊 50～100mL。

（2）镇静解痉 出现痉挛时应镇静，使其安静后，再应用其他药物进行治疗。盐酸二甲苯胺噻嗪注射液，肌内注射，每千克体重 0.2～0.3mg。或溴化钙注射液，静脉注射，牛 2.5～5g。

（三）钾、钠代谢性疾病

高 钾 血 症

高钾血症是指畜禽血清钾浓度高于正常值，血清钾高于 5mmol/L 称为高钾血症，高于 6～7mmol/L 为中度高钾血症，高于 7mmol/L 为严重高钾血症。高钾血症常见于急性肾功能衰竭、尿道堵塞、肾上腺皮质机能减退等，严重者可引起心脏骤停而突然死亡。肾功能正常的病例，钾摄入增加很少引起高钾血症。血钾升高并不一定能反映全身总体钾的升高，在全身总体钾缺乏时，血清钾也可能升高，其他电解质可影响高钾血症的发生和发展，对高血钾的判定，必须在血清钾改变的基础上，结合心电图和病史加以判定。

【病因】高钾血症常见的病因主要有以下几种：

1. 细胞内外间的转移　细胞内钾外移见于输入不相合的血液或其他原因引起的严重溶血、缺氧、酸中毒及外伤所致的挤压综合征等。

2. 肾脏排泄减少　肾脏排钾减少见于肾功能衰竭引起的少尿和无尿期、肾上腺皮质机能减退、尿道堵塞、膀胱破裂、慢性肾功能衰竭末期、特发性胃肠炎（如沙门氏菌感染）、乳糜胸反复性抽吸渗出液等。

3. 医源性高钾血症　过量补钾、给予保钾性利尿剂、血管紧张素转换酶抑制剂等。摄入钾过多，如输入含钾溶液太快、太多、输入贮存过久的血液或大量使用青霉素钾盐等，均可引起血钾过高。

4. 假性高钾血症　如溶血（秋田犬）、血小板增多症、白细胞增多症、网织红细胞增多症等。假性高钾血症采血后发生溶血，或者全血贮存时间过长，钾从红细胞释入血浆或血清中。牛、马、猪和某些绵羊的红细胞中钾含量较高，钾释出可引起非常明显的高血钾，而犬、猫和某些绵羊的红细胞中钠含量较高，钾含量相对较低，轻度的溶血则不会引起血液中钾的改变。正常时，血液凝固也可释出钾，如有血小板或白细胞增多症，则钾释出增多，造成假性高血钾症，但此时仅有血清钾升高，血浆钾浓度不变。

【临床症状】常被原发病掩盖，主要表现为极度倦怠，肌肉无力，四肢末梢厥冷，腱反射消失，也可出现动作迟钝、嗜睡等中枢神经症状。心率减慢、室性期前收缩、房室传导阻滞、心室纤颤或心脏停搏。烦躁，出现吞咽、呼吸困难，心搏徐缓和心律紊乱。严重时出现松弛性四肢麻痹。犬、猫轻度至中度高钾血症通常无症状。随着高钾血症的恶化，出现全身性骨骼肌虚弱。最主要的临床表现是心源性的，它引起心肌兴奋性下降、心肌不应期增加并延缓传导，可导致心律紊乱、静脉炎、威胁生命。

【诊断】本病的临床症状无特殊性，常被原发病或尿毒症的症状所掩盖。可根据病史、临床症状、心电图检查、血常规检查、血清生化检查和尿液分析通常可找出病因，本病最常见病因是医源性的（多由静脉给予过多钾所致）。此外，还有肾功能不全（特别是急性少尿期、无尿性肾功能衰竭）、尿道堵塞（公猫）、泌尿道破裂所致的尿腹症和肾上腺皮质功能减退。

【防治】

1. 预防　在日常饲养管理中，应针对本病的发病原因，采取相应的预防措施。选择饲料原料时，应注意考虑含钾量。防止过量补钾，不饲喂含钾量太高的饲料。在治疗原发病时，必须控制钾制剂的使用。

2. 治疗　根据病畜的血钾浓度升高的程度和临床症状，确定有针对性的治疗方案，主要措施是纠正病因、解除酸中毒、降低血钾和对症治疗。对严重的高钾血症，立即进行治疗，以挽救生命。

（1）纠正病因　停用含钾的饲料和药物，减少钾的来源；供给高糖、高脂饲料，确保足够的热量，减少体内分解代谢所释放的钾等。对产生正常尿量，且血钾含量长期低于 7mmol/L 的无症状动物，不需要立即治疗，但应查明潜在的发病病因。

（2）纠正酸中毒　常用乳酸钠和碳酸氢钠注射液。①使用 11.2% 乳酸钠注射液治疗，注射前用 5% 葡萄糖注射液或生理盐水 5 倍量稀释后，静脉注射，马、牛 200～400mL，猪、羊 40～60mL，1～2 次/d。②5% 碳酸氢钠注射液，静脉注射，马、牛 15～50g，猪、羊 2～6g，犬 0.5～1.5g，2 次/d。危重的病畜心腔内注射 10～20mL，纠正酸中毒的同时，降低血钾的浓度。

（3）降低血钾 常用胰岛素、环钠树脂及排钾利尿类药物。①患犬可用 25％葡萄糖注射液 200mL，胰岛素 10～20IU，静脉注射，以促使钾由细胞外转入细胞内。②为排除体内多余的钾，可口服或灌肠阳离子交换树脂，如环钠树脂，20～40g/d，分 3 次使用，以促进排钾。③高血钾病程长的，及早使用排钾利尿类药物。速尿注射液，肌内注射或静脉注射，马、牛 0.5～1mg/kg，猪、羊 1～2mg/kg，1～2 次/d。利尿酸片剂（25mg/片），口服，马、牛 0.5～1mg/kg，猪、羊 0.5～1mg/kg，1～2 次/d。或双氢氯噻嗪片剂（25mg/片），口服，马、牛 0.5～2g，猪、羊 0.05～0.1g，1～2 次/d，连用 3～5d 后，再用需停药 1～2d。

（4）对症治疗 ①如血钾含量超过 7mmol/L，或心电图显示存在严重的心脏毒性（即心脏完全阻滞、室前收缩、心律失常），应及时采取措施恢复血钾的正常含量，逆转高钾血症所致的心脏毒性。静脉注射生理盐水适量，提高肾脏灌注量和钾的排出。或使用乳酸林格氏液适量。②5％～10％葡萄糖注射液，可刺激胰岛素的分泌，引起葡萄糖和钾进入细胞内。③反复静脉注射 10％葡萄糖酸钙注射液或 5％氯化钙注射液 5～10mL，解除高钾对心肌的有害作用，但不能降低血钾浓度。

低 钾 血 症

低钾血症是指畜禽血钾含量低于正常范围。临床上以血钾含量降低，全身骨骼肌松弛，异嗜癖，生产性能降低为特征。

本病与钾缺乏症是 2 个不同的概念，后者是指机体总钾量的不足，体钾缺乏时，血钾不一定降低，而低钾血症时也可能不伴有体钾的缺失，故根据血钾含量来判定体钾含量通常导致误诊。如静脉注射葡萄糖或胰岛素后，血钾含量显著降低，这是由于钾进入细胞以合成糖原，但体钾并不减少；如创伤或外科手术后血钾升高，体钾也并不增多。

【病因】

1. 摄入不足 钾摄入减少、细胞外的钾转移至细胞内、尿液或胃肠道排出的钾增多。在正常情况下，牛从饲料中获得的钾是能够满足机体需要的，但长期饲喂低钾土壤生长的牧草，可造成钾的摄入量不足，在应激或患病时，易发生本病。牛在长期患病时，造成食欲减退，如补充大量的葡萄糖或生理盐水而未能及时补充钾，则容易发生低钾血症。

2. 钾损失过多 常见于奶牛患急性胃肠炎等引起的严重腹泻，长期经胃肠道丢失大量的钾或剧烈呕吐、严重烧伤及各种组织发生创伤时，钾丢失过多；耕牛在夏季过度使役时，大量出汗易造成低钾血症；病牛长期服用利尿剂，如氯噻嗪、醋氮酰胺等药物；长期应用肾上腺皮质激素，尤其是原发性醛固酮增多症；各种以肾小管功能障碍为主的肾脏疾病。家畜在患各种重症疾病拒食时，钾的来源枯竭，而肾脏仍在不断排出钾。

3. 医源性低钾血症 如静脉注射大量葡萄糖溶液后，机体利用葡萄糖合成糖原时，伴有钾从细胞外液向细胞内液移动的变化，可使血液中钾含量降至正常值以下。机体发生酸中毒时，可呈现潜在性的低钾血症，如不及时补充，待酸中毒缓解后，大量的钾通过尿液排出，可引起血钾含量降低。

4. 假性低钾血症 取决于血钾含量的检测方法；高脂血症、高蛋白血症（高于 10g/dL）、高血糖（高于 750mg/dL）和氮质血症（尿素氮含量高于 115mg/dL）所致的假性低钾血症。

【发病机理】静息电位是影响神经肌肉组织兴奋性的重要因素，而钾是维持静息电位的物质基础，大约 2% 钾分布在细胞外液，98% 分布在细胞内液，内外相差几十倍，静息电位由细胞膜内、外钾浓度差和细胞膜对钾的通透性决定，机体细胞外液钾浓度降低，导致细胞内、外的浓度差变大，使细胞在静息状态下仍处于超极化阻滞状态，细胞的兴奋性减低，神经肌肉组织功能受影响，出现反应迟钝，意识淡漠，精神萎靡，倦怠，定向力减弱，嗜睡，甚至昏迷。

【临床症状】多数病例在轻度至中度低钾血症时，并不表现任何临床症状。严重低钾血症时，主要影响神经、肌肉和心血管系统功能。

1. 牛　本病的潜伏期及病程长短不一，病牛均表现为体质健壮，营养良好，体温正常，肌肉无力，四肢瘫痪等典型症状。根据临床经过和病程，此病可分为急性型、亚急性型和慢性型。

（1）急性型　往往在产后或产前 24h 内，出现以肌肉无力及瘫痪为主的典型临床症状。

（2）亚急性型　多在产犊前后 7d 内，突然出现典型临床症状。

（3）慢性型　首先表现长期腹泻，四肢无力，走路摇摆，当受到寒冷、雨淋等不良外界因素作用下，则突然出现本病的典型症状。

2. 羊　缺钾时，精神萎靡，食欲废绝。全身肌肉紧张性减退，表现衰弱无力，头低耳耷，极为困倦。严重时，甚至发生四肢软瘫，不能站立。有时可有呼吸肌麻痹。心跳加快，节律不齐，心音低钝，血压下降及心力衰竭。胃肠蠕动停止，腹胀。对急性盲结肠炎、胃肠炎、严重瘤胃酸中毒的病羊，甚至会发生致死性胃肠弛缓。

3. 犬、猫　病犬精神倦怠，反应迟钝，嗜睡，有时昏迷，食欲不振，肠蠕动减弱，有时发生便秘、腹胀或麻痹性肠梗阻，四肢无力，反射减弱或消失。心肌收缩力减弱，心律失常。尿量增多。严重者出现心室颤动及呼吸肌麻痹。病猫可见颈部前屈、前肢伸展过度和后肢外展。

【诊断】根据病史、临床检查、血常规检查、血清生化检测和尿液分析等进行诊断。但需注意假性低血钾情况，如大量输注葡萄糖和胰岛素，使用排钾利尿剂等。此外，低钾血症时心电图有异常变化，可根据其特有表现做出初步判断，然后再结合血钾含量检测等诊断。

鉴别诊断：①生产瘫痪，多于产后 2d 内发病，补钙后很快恢复正常，但本病病牛一般在产后 14d 发病。②瘤胃酸中毒，除瘫痪不能站立外，还有腹泻、脱水、重者休克等症状。另外，瘤胃内容物呈酸臭味，pH 降低，补充碳酸氢钠及对症治疗后很快恢复。③产后低镁血症，除瘫痪外，尚有神经症状，肌肉震颤，四肢抽搐，反射亢进，心动过速，应用镁制剂后很快康复。④热射病，母牛分娩环境湿度过大或夏季产后发病较多。病牛严重脱水，神经症状，体温升高至 43℃ 左右。

【防治】

1. 预防　从抓原发病入手，解决钾离子摄入不足和流失过多。调整饲料配方，提供种类丰富、营养结构合理的饲料。草食家畜，适当增加青绿饲料种类和比例，定期补充各种矿物质等，特别是集约化养殖中的高产奶牛或育肥期的肉牛，粗纤维饲料和精料的比例要合理，防止钾离子摄入减少。同时，应注意减少各种应激等。

2. 治疗　治疗原则是查找并消除原发病因，治疗原发病，及时补充钾盐。急性低钾血症应采取紧急措施进行治疗；慢性低钾血症只要血钾不低于 3mmol/L，则可先检查病因，然后再针对病因进行治疗。根据血钾水平、病畜的具体情况确定是否补钾。

（1）补充钾制剂 根据临床症状，结合血钾含量测定，发现低钾血症病畜，及早补充钾离子，维持正常血钾含量且不引起高钾血症。①10％氯化钾灭菌水溶液，用生理盐水或5％～10％葡萄糖注射液稀释成0.1％～0.3％的浓度，以小剂量连续使用。静脉注射，一次量，马、牛20～50mL，猪、羊5～10mL，犬2～5mL，猫0.5～2mL。②复方氯化钾注射液，静脉注射，一次量，马、牛1 000mL，猪、羊200～500mL，犬50～150mL，猫20～50mL。轻症病畜口服补钾，以氯化钾为首选药，一次量，马、牛5～10g，猪、羊1～2g，犬0.1～1g，2次/d，并按病情调整剂量。③在代谢性酸中毒时，由于体内缺乏碳酸氢盐，补充氯化钾，可导致氯离子增多，碳酸氢根会进一步下降，加重酸中毒，故应选择枸橼酸钾。复方枸橼酸钾可溶性粉2g，溶解于1L水中口服。④细胞内缺钾的恢复速度比较缓慢，对暂时难以控制大量失钾的病畜，必需每日口服氯化钾，同时应监测血钾含量。

（2）对症治疗 ①对合并有酸中毒或不伴低氯血症的病畜，此时不宜用氯化钾，应使用谷氨酸钾，一次量，马、牛20～60g，猪、羊20～40g，犬5～10g，猫2～5g，溶于5％或10％葡萄糖注射液中，缓慢静脉注射，1～2次/d。②对低血钾症伴发低镁血症的病畜，应同时补充镁制剂，首选使用门冬氨酸钾镁注射液（1mL中含门冬氨酸79～91mg、钾10.6～12.2mg、镁3.9～4.5mg），马、牛30～60mL，猪、羊20～40mL，犬5～10mL，猫3～5mL，稀释于5％～10％葡萄糖液100～500mL中，缓慢静脉注射。③补钾前应检查肾功能，因肾功能衰竭时钾排出受到抑制，容易引起血钾过高。在脱水、少尿或无尿情况下，为防止形成高钾血症，应快速补液，先静脉注射适量生理盐水，待血容量恢复后，有尿或尿量增多时再补钾，即"见尿补钾"。病畜的血钾含量恢复到正常水平，一般要5～6d的时间，故补钾也要进行数次。此外，在治疗中应加强对病畜的护理，增加垫草，经常给病畜翻身，防止发生褥疮而使病情恶化。

低 钠 血 症

低钠血症是指畜禽因钠摄入不足或钠排出过多，造成血钠含量下降引起的电解质紊乱，临床上以异嗜、脱水、肌肉虚弱、精神沉郁等为特征，但多数情况下无明显的表现。各种畜禽均可发生，常见于牛、羊、猪、禽、犬和猫等。

【病因】因钠摄入不足或排泄过多，造成血钠含量下降。引起低钠血症的病因有以下几种：

1. 假性低钠血症 见于高脂血症和高蛋白血症，在这些疾病中，由于血浆或血清中含有大量脂肪和蛋白质，致使溶解在血浆或血清中的钠减少，出现假性低钠血症。

2. 失钠性低钠血症 能引起钠丢失并随之出现有效循环血量减少的因素通常可引起低钠血症，包括呕吐、腹泻、多汗和肾上腺分泌不足。机体对有效循环血量减少的反应是出现渴感和抗利尿激素分泌，促进畜禽饮水和肾脏保钠保水，目的是维持血容量和防止循环衰竭。水潴留达一定程度后，则导致血浆钠降低并使血液呈低渗状态，形成低渗性低钠血症。体腔积液也可造成低钠血症，见于腹水、腹膜炎或膀胱破裂。由于细胞外液大量进入体腔中，发展迅速则可引起血容量快速下降，并随之出现代偿性水滞留，导致血钠降低。

3. 稀释性低钠血症 是指体内水分原发性潴留过多，总体水量增多，但总钠不变或因增加而引起的低钠血症。总体水量增多是因肾脏排水能力发生障碍，或者肾功能虽正常，但由于摄入水量增多，一时来不及排出，导致总体液量增加，血液稀释，从而出现低钠血症。这种情况见于抗利尿激素异常分泌综合征和某些肾脏疾病。

4. 低血钠伴有总钠升高　原发因素是钠潴留。钠潴留必然伴有水潴留，如果水潴留大于钠潴留，将引起渐进性低钠血症。主要见于充血性心力衰竭、肝功能衰竭、慢性肾功能衰竭和肾病综合征。

5. 无症状性低钠血症　见于严重肺部疾病、恶病质、营养不良等，可能是由于细胞内外渗透压平衡失调，细胞内水分外移，最终引起体液稀释而造成的。细胞脱水使抗利尿激素分泌增加，促进肾小管对水的重吸收，使细胞外液在较低渗状态下维持新的平衡。

【发病机理】低钠血症从病因来说，是钠的丢失和耗损，或者是总体水相对增多，总的效应是血浆渗透压降低（血钠浓度是维系血浆渗透压的主要成分），失钠又常伴有失水，不管低钠血症的病因为何，有效血容量均缩减，从而引起非渗透压性抗利尿激素释放，增加肾小管对水的重吸收，以免血容量进一步缩减，然而这种保护机制更加重了血钠和血浆渗透压的降低，这种代偿机制发生于有效血容量缩减的早期，当血钠含量下降到 130mmol/L 以下时，抗利尿激素释放则受到抑制，正常时细胞内渗透压保持稳态平衡，当血浆钠浓度降低，细胞外液渗透压下降，细胞外水分移入细胞内，使细胞肿胀，以致细胞功能受损甚至破坏，脑细胞肿胀可导致低钠血症最严重的临床表现，血容量缩减如果得不到纠正，则可使血压下降，肾血流量减少，肾小球滤过率降低，可导致肾前性氮质血症。

【临床症状】本病临床症状的严重程度取决于血钠下降的速率。血钠含量在 130mmol/L 以上时，极少引起症状。血钠含量在 125～130mmol/L 时，表现为胃肠道症状。血钠含量降至 125mmol/L 以下时，易并发脑水肿，表现为头痛、嗜睡、肌肉痛性痉挛、神经症状和可逆性共济失调等。若脑水肿进一步加重，可出现脑疝、呼吸衰竭，甚至死亡。

本病在 48h 内发生则有很大危险，很快出现抽搐、昏迷、呼吸停止或死亡，导致永久性神经系统受损的后果。慢性低钠血症有发生渗透性脱髓鞘的危险，特别是在纠正低钠血症过快时易发生。除脑细胞水肿和颅内高压的临床表现外，因血容量缩减，可出现血压低、脉细速和循环衰竭，同时有失水的体征。总钠正常的低钠血症，则无脑水肿的临床表现。

1. 牛　早期，病牛互相舔毛（汗中盐可达 4%），舔食粪尿，2 个月后发展为异嗜癖，喜食被尿液浸渍的饲草，舔食泥土和栅栏。随后食欲降低，体重下降，精神沉郁，被毛粗乱，皮肤干燥，眼睛无光泽，产奶量下降，乳脂含量降低。严重者共济失调，搐搦，不安，步样强拘，后肢尤为明显，有的牛甚至虚脱和死亡。

2. 猪和家禽　生长猪和家禽缺钠时，几周内可表现出食欲下降，生长阻滞，饲料消耗减少，饲料报酬下降，饮水增加。给产蛋鸡喂低盐饲料时，体重下降，有啄食蛋现象，有的鸡群产蛋量降低 60%～80%。尽管如此，血钠含量尚能维持在正常范围内。病猪、病禽可借减少钠向尿液、蛋中排泄而维持血钠含量的恒定。当饲料中的钠含量低于 0.1% 时，蛋鸡产蛋量和孵化率均下降。饲料中钠含量低于 0.13%，可导致雏鸡生长发育缓慢。

3. 犬　表现精神沉郁，体温有时升高，无口渴，常有呕吐，食欲减退，四肢无力，皮肤弹性降低，肌肉痉挛。严重者血压下降、休克、昏迷。

【诊断】根据失钠的病史（如呕吐、腹泻、利尿剂治疗）和体征（血容量不足和水肿）可做出初步诊断。实验室检查包括血浆渗透压、血钠、血钾、血氯等测定，有助于诊断。

尿液中钠水平可用于区分某些原因引起的低钠血症，如由呕吐、腹泻、多汗、体腔积液引起的低钠血症，由于肾脏钠重吸收增加，尿钠水平极低；在原发性肾上腺皮质功能不全中，醛固酮分泌不足会导致肾的钠、氯保留和钾的排泄受损，从而发展为低钠血症、低氯血症和高钾血症，尿钠水平高；抗利尿激素分泌异常综合征引起的低钠血症，尿钠有升高的趋势。

1. 测定血渗透压 如血浆渗透压正常，则可能为严重高脂血症或少见的异常高蛋白血症所致的假性低钠血症，渗透压增高则为高渗性低钠血症。

2. 估计细胞外液容量状况 容量低者的低钠血症主要由体液绝对或相对不足所致，血压偏低或下降、皮肤弹性差及尿素氮、肌酐轻度上升等。病史中如有胃肠道液体丢失、大量出汗、尿钠<10mmol/L者，提示经肾外丢失。尿钠>20mmol/L，有应用利尿剂史或检查有糖尿病或肾上腺皮质功能减退者则可确定为经肾丢失。尿钾测定也很重要，高者常提示有近端小管或髓袢的钠重吸收障碍，或者由呕吐、利尿剂等引起，低者提示有醛固酮过低的情况。

【防治】

1. 预防 找准病因，解决钠离子摄入不足和流失过多。①针对引发缺钠性低钠血症的病因，调整饲料配方，在饲料中添加食盐，保证饲料中钠离子的含量。肉牛食盐用量占饲料干物质的0.4%，产奶母牛为0.5%，混合料中为0.5%～1%，或制成舔剂让其自由舔食。猪食盐用量占饲料的0.3%～0.5%，鸡为0.3%。或将食盐拌入精料中，每日定量饲喂：成年牛每头为20～23g，犊牛每头为5～11g；育肥猪每头为3～6g，妊娠母猪每头为6～9g，哺乳母猪每头为19～26g；种公羊每头为8～10g，成年母羊每头为3～5g，羔羊减半。②及早治疗原发病，防止继发性低钠血症的发生。③对病因暂时不能去除的，可采用限制水的摄入和抑制血浆抗利尿激素释放，增加溶质摄入或排出的措施。

2. 治疗 治疗原则是根据病因、类型、发生的急慢程度及伴随症状而采取去除病因、纠正低钠血症，对症处理，治疗合并症等不同处理方法，故治疗应强调个性化。

（1）急性低钠血症 静脉注射10%氯化钠溶液，同时注射利尿药以加速自由水的排出，使血钠更快得到恢复，并避免血容量过多。急性严重缺钠的畜禽可按计算量的2/3，以每小时提高1～2mmol/L血钠浓度的速度补充，24h匀速补完。应注意补钠量，要达到常规计算量的2倍，同时补充钾、镁为佳。

（2）慢性低钠血症 根据是否出现临床症状而采取不同治疗方法。慢性无症状的低钠血症，首先应查找病因，有针对性地进行治疗。慢性有症状的低钠血症，治疗措施为补充钠和利尿药，增加自由水的排泄。慢性失钠者可在48h内补足。

（3）失钠性低钠血症 治疗原发病，可口服或静脉补给氯化钠。轻度者口服盐水或氯化钠粉即可，同时饮水，使血容量得到恢复；严重者则静脉注射补充生理盐水或高浓度盐水。病畜不可静脉注射葡萄糖液，以免加重低钠血症。

（4）稀释性低钠血症 主要是限制水的摄入和利尿，以排除自由水。对于轻症病畜，适当限制水摄入量，同时也要限钠的摄入量。

（5）精神性多饮和抗利尿激素分泌失调综合征 严格限制水的摄入和使用利尿药，治疗措施参照急性低钠血症。在纠正低钠血症病因的同时，静脉注射生理盐水，严格控制用药量，防止因过量引起充血性心力衰竭和高氯性代谢性酸中毒。

（四）硫缺乏性疾病

硫 缺 乏 症

硫缺乏症是指畜禽硫摄入不足而发生的一种以嗜食被毛或羽毛为特征的营养代谢性疾病，主要发生于成年羊和家禽。山羊发病率明显高于绵羊，其中以山羯羊发病率最高。发病羊无性别、年龄差异，从不满周岁到老龄羊均可发生。成年绵羊、山羊主要表现为食毛症，其不同于羔羊吮乳时所发生的舔毛症，后者无嗜毛成瘾症状，只要改善母羊乳房卫生状况即可自然消失。

家禽硫缺乏症又叫食毛癖、啄羽症，因硫摄入不足或流失过多，以脱羽、啄羽为发病特征。多发于集约化养禽场，尤其易发生于密集笼养条件下的鸡。硫作为必需营养成分对畜禽生产和经济效益有着直接的影响。在现代集约化的动物生产和管理条件下，许多因素与以前不同，如遗传基因和畜禽品种的变化，生长速度的提高，工业副产品以及低质量的饲料原料在饲料中的广泛使用，拥挤的圈舍，原料成分的不稳定性等，导致鸡硫缺乏症在密集笼养环境下普遍存在。

【病因】硫是自然界中十分普遍的一种元素，也是畜禽正常生长所必需的元素之一。硫参与机体的蛋白质、脂肪及碳水化合物等营养代谢，并且含量比较高。硫在体内大部分是以有机硫的形式存在，胱氨酸、半胱氨酸、蛋氨酸等都含有硫，构成羊毛的重要物质—角蛋白也是硫的存在形式。硫缺乏可造成反刍家畜纤维素利用能力下降，采食量下降等；硫过量也可造成动物出现不适，并抑制其他矿物质元素的吸收利用。

1. 饲料单一 以植物性饲料为主的畜禽饲料中，往往缺少含硫氨基酸。成年绵羊、山羊体内硫缺乏是本病的主要病因，被毛硫含量（2.61％±0.24％）明显低于正常值（3.06％～3.48％）。

2. 饲料中的硫元素供应不足或含硫氨基酸缺乏 这是家禽啄羽症发生的主要原因。当家禽饲料以玉米和豆饼为主时，由于两者的含硫量都较低（玉米为0.004％～0.3％，豆饼为0.002％～0.45％），如果不补充含硫氨基酸，则可引起发病。如果只喂给麸皮和玉米粉，缺乏青绿饲料，或用非蛋白氮代替蛋白质饲料喂养时，鸡常发生硫缺乏症。鸡在生长过程中需要大量的硫元素来合成黏多糖，如果饲料中硫化物的含量低，鸡必须利用含硫氨基酸来满足合成黏多糖所需的硫元素，故将导致含硫氨基酸的相对缺乏，可引起硫代谢紊乱，出现脱羽，并以本能的啄羽来补充硫的不足，从而表现出啄羽症。

3. 饲料中锌含量过高 饲料中锌含量过高可引起产蛋家禽采食量明显下降，并导致羽毛松乱，甚至强制换羽，出现脱羽、掉毛现象，从而使家禽增加对硫的需求，引起硫相对缺乏。啄羽症多见于集约化养禽场，尤其在密集笼养环境中较易发生。

【发病机理】硫是反刍家畜的必需矿物质元素之一，在反刍动物的毛、角爪中含量丰富，羊的被毛含硫可达3％～5％，占羊体内硫总量的40％，主要成分为含硫量较高的角蛋白。硫在反刍家畜体内主要以有机硫的形式存在于含硫氨基酸（胱氨酸、半胱氨酸和蛋氨酸）、含硫维生素（硫胺素和生物素）、黏多糖（硫酸软骨素）以及激素（胰岛素）中，少部分的硫呈无机态。硫的营养作用主要是通过含硫氨基酸、含硫维生素和激素体现。如果饲料中硫化物的含量低，必须利用含硫氨基酸来满足合成黏多糖所需的硫元素，将导致含硫氨基酸的相对缺乏。半胱氨酸或胱氨酸是毛角蛋白质的限制性氨基酸，补饲一些含硫氨基酸可以促进辅酶 A 及谷胱甘肽的合成，并且促进羊毛角蛋白质的角质化进程。饲料中添加包被的蛋氨酸，可显著提高生长旺盛期的羊绒长度。饲料中硫含量的高低及瘤胃中氮硫比的大小对瘤胃发酵参数、微生物活力、菌体蛋白产量，特别是对于蛋氨酸、胱氨酸、半胱氨酸等含硫氨基酸的合成量具有重要的影响，进而影响反刍家畜对饲料中营养物质的消化代谢。

【临床症状】

1. 羊 啃食其他羊或自身被毛，每次可连续采叨 40～60 口，每口叼食 1～3g。以臀部叼毛最多，而后扩展到腹部、肩部等部位。被啃食羊只，轻者被毛稀疏，重的大片皮肤裸露，甚至全身净光，最终因寒冷而死亡。有些病羊出现掉毛、脱毛现象。病羊消瘦，食欲减退，消化不良。也可发生消化道毛球梗阻，表现肚腹胀满，腹痛，甚至死亡。病羊还可啃食毛织品等。

2. 家禽 主要表现为脱羽，啄食自身和其他家禽的羽毛，生长缓慢，繁殖力下降，产蛋量明显下降，禽群处于惊恐状态，多寻安静处躲藏。禽群集中时，见部分禽啄食别的禽羽毛，被啄禽背部、尾尖或翅膀两侧的皮肤扯破而出血，弱禽被众多强者啄伤发生皮肤出血、感染而死。病禽从颈部开始脱毛，或头部、翅尖有极少羽毛。严重时啄羽进一步发展为啄肛、啄趾等。

【诊断】根据绵羊、山羊嗜食被毛与毛织品成瘾，大批羊只同时发病，症状相同，即可做出初步诊断。发病区的土、草、水和病羊被毛矿物质元素检测，硫元素供给不足且含量低于正常范围，结合含硫化合物补饲病羊疗效显著，即可确诊羊硫缺乏症。

家禽硫缺乏症主要根据饲料单纯，缺乏含硫氨基酸或硫酸盐等病史，结合以食羽为主的异嗜癖、脱羽和羽毛生长不良等症状，可做出初步诊断。对病禽脱落的羽毛进行无机硫测定，根据测定结果，结合在饲料中添加硫酸盐，观察补充硫化物后的防治效果，进行综合判断并确诊。

【防治】

1. 预防 加强饲养管理，对发病率高的羊群，用含硫氨基酸或硫酸盐的颗粒饲料补饲，从 1 月初到 4 月中旬连续补饲，而后视发病情况减量间断补饲。发病地区的放牧羊应建立轮牧制，轮牧时间以秋、冬季之间为宜，尽可能减少单位面积的载畜量，以减轻草场负荷，提高羊群体质。改造棚圈，建造冬季塑料大棚以代替传统的露天棚圈。同时，加强羊群越冬饲养管理，及时更换圈舍垫料以保持干燥。发病羊应分圈饲养，给羊披挂罩衣，防止相互啃咬、舔毛的现象继续发生，同时也有保温防寒功效。在家禽原有的饲料中添加 2% 石膏粉（市售），注意锌的含量不能过高，防止因强制换羽，增加对硫的需求，引起硫相对缺乏。

2. 治疗 治疗原则是补充足够的含硫氨基酸或硫酸盐。

（1）羊 用硫酸铝、硫酸钙、硫酸亚铁、少量硫酸铜等含硫化合物治疗，可在短期内取得满意的疗效。在发病季节，坚持补饲以上含硫化合物，硫元素用量可控制在饲料干物质的 0.05%，或成年羊 0.75～1.25g/d，即可达到良好的治疗效果。以补饲含硫化合物颗粒料为主，放牧羊平均 20～30g/d，或撒于草地上自由采食，适合大批发病羊的治疗。个别病羊可灌服硫酸盐溶液治疗。

（2）家禽 用硫酸亚铁、硫化钙、硫酸钠、硫酸锌等治疗。硫酸亚铁和硫化钙粉添加在饲料中，0.5～1.25g/d；硫酸钠按 1～3g/kg，将其水溶液拌入饲料中喂食；硫酸锌 12mg/d，溶解于水中，让其自由饮用。用上述药物治疗时，可连用 2～5d 为 1 个疗程，间隔几日，视病情再进行重复治疗。同时，饲喂维生素 B_1、维生素 B_2 制剂及蛋皮、鱼粉、羽毛粉等。对发生啄羽症的禽群补饲含硫氨基酸，饲料中添加 $0.1\%\sim0.2\%$ DL-蛋氨酸或半胱氨酸。

二、微量元素缺乏症

微量元素同常量元素一样，受机体平衡机制的调节和控制。摄入量过低，会发生某种元素缺乏症；摄入量过多，微量元素积聚在机体内也会出现急慢性中毒，甚至成为潜在的致癌物质。

微量元素缺乏症的发病原因有以下 3 种：①微量元素供给不足。饲料或饮水中一种或几种微量元素供给不足是引起本类疾病的主要原发性因素，微量元素不像糖、脂肪、蛋白质及部分维生素，在畜禽体内可以合成或转化，必须通过体外摄取。②拮抗元素过多。某种微量元素的含量正常，但由于摄入其拮抗元素过多，影响了这种微量元素的吸收和利用。③某种疾病的影响。畜禽患某种疾病时，对微量元素的吸收量和排泄量发生了改变。如慢性肾病可使肾脏贮存微量元素的机能减退，致使这些元素大量流失；慢性腹泻和消化不良会影响微量元素的吸收，从而继发微量元素缺乏症。

微量元素缺乏症有很多共同点，如精神沉郁、食欲不振、消化障碍、生长发育停滞、贫血、衰弱以及生殖机能紊乱等。但由于不同微量元素在畜禽体内代谢过程中所起的作用不同，其表现出的临床症状也有差异，代谢紊乱也有所不同。

畜禽体内各微量元素间具有相互影响、拮抗或协同的生理作用，如镉和锌有显著的拮抗作用，镉能减少锌的吸收，干扰某些锌的酶系统，锌能拮抗镉的毒性，减轻镉对机体的毒害作用。镉与铁也可相互拮抗。钼可以阻碍铜的吸收，铜能对抗钼的毒性。硫可减少硒的吸收，硒可拮抗镉、汞、砷的毒性，砷能减弱硒的毒性，而钴能增强硒的毒性。铁和锰既相互干扰在消化道的吸收过程，又有协同造血效果；锰促进铜的利用，铜可加速铁的吸收和利用；铁、铜、锰、钴具有造血协同作用。由此可见，微量元素之间的作用是相当的复杂，又相当的重要。

铁 缺 乏 症

铁缺乏症是指畜禽因饲草、饲料中铁含量不足或机体铁摄入量减少引起的以贫血和生长受阻为主要特征的一种营养代谢性疾病。各种畜禽均可发生，但幼年畜禽常发，常见于仔猪，其次为犊牛、羔羊、幼犬、雏禽等。放牧家畜在春季的发病率高于其他季节。

与其他微量元素相比，铁在机体内含量相对较高。畜禽总铁量为 $40\sim50mg/kg$（以体重计）。铁及其化合物具有多种生物学效应，参与血红蛋白、肌红蛋白、细胞色素氧化酶、过氧化物酶的合成，并与乙酰 CoA、琥珀酸脱氢酶、黄嘌呤氧化酶、细胞色素还原酶活性密切相关。铁在体内有 2 种存在形式，一种是功能性铁，占 $70\%\sim75\%$，另一种为贮存铁，占 $25\%\sim30\%$，以铁蛋白及含铁血黄素形式存在于肝、脾及骨髓中。

【病因】

1. 原发性因素 多见于新生幼畜，主要是对铁的需要量大，贮存量低，供应不足或吸收不足等。幼畜生长旺盛，但肝贮铁很少，同时母乳中含铁量很低，若不能从其他方面（如补铁等）获取足够的铁，极易引起缺铁。常见的原发性缺铁原因有：①仔猪、犊牛、羔羊完全圈养，纯吃奶和代乳品，乳铁含量很少；铁贮存少，幼畜肝贮存铁仅能维持 $2\sim3$ 周内血液的正常生成，不能满足快速生长的需要。②仔猪生长快，对铁的需求增加但摄取不足或吸收不良。③仔猪生后 8~10d，由肝脏造血转变为骨髓造血，可导致过渡型生理贫血。成年畜禽因饲料中缺铁，也可引起缺铁性贫血。

2. 继发性因素 成年畜禽常发生于大量吸血性内外寄生虫感染，如胃肠道寄生虫严重感染，某些慢性传染病，慢性出血性和溶血性疾病等，因失血而铁损耗大。另外，饲料中缺铜、钴、叶酸、维生素 B_{12} 及蛋白质可造成铁的利用障碍而发生贫血。

【发病机理】铁是构成机体血红蛋白的成分之一；铁与机体内许多酶的活性有关，如细胞色素氧化酶、过氧化氢酶等。三羧酸循环中 1/2 以上的酶含有铁，当机体缺铁时，影响血红蛋白、肌红蛋白及多种酶（如细胞色素氧化酶、过氧化氢酶、琥珀酸脱氢酶等）的合成和功能。血铁下降，随着体内贮存铁的耗竭，肝脏、脾脏、肾脏的血铁黄蛋白中铁含量减少。之后血红蛋白浓度下降，血色指数降低。血红蛋白降低 25% 以下，即为贫血。降低 50%~60% 将出现临床症状，如生长迟缓，可视黏膜淡染，易疲劳，抗病力低，易气喘，易受病原菌侵袭致病等。如果突然奔跑和激烈运动，可突然死亡。

【临床症状】幼畜缺铁的共同症状是贫血。此外，还可见血脂浓度升高，肌红蛋白浓度下降，含铁酶活性下降。

1. 仔猪 仔猪缺铁性贫血多发生于 3~6 周龄，3 周龄为发病高峰。特别是圈养在全水泥地面、封闭式圈舍中，仔猪无法接触含铁量丰富的泥土、新鲜蔬菜。饲喂高铜饲料、年龄较大的猪有时也可发生贫血。发病前，仔猪可能生长良好，采食量突然下降，腹泻，粪便颜色无异常。病猪生长变慢，严重时呼吸困难、昏睡。可视黏膜淡染，甚至苍白。仔猪缺铁后易感染大肠杆菌、链球菌等多种致病菌。初生仔猪血红蛋白浓度为 80g/L，但生后可低至 40~50g/L，属生理性血红蛋白浓度下降，如低至 20~40g/L，红细胞数从正常时 $5×10^{12}$~$8×10^{12}$ 个/L，降至 $3×10^{12}$~$4×10^{12}$ 个/L，是典型的低染性小细胞性贫血，骨髓中正成红细胞增多。血红蛋白下降（≤7g/dL），血液稀薄呈水样，抗病能力降低，含铁酶活性降低。

2. 犊牛和羔羊 当大量吸血昆虫侵袭时，犊牛和羔羊因铁随血液丢失，同时铁补充不足，血红蛋白浓度下降，红细胞数减少，呈低染性小细胞性贫血。血清铁浓度从正常的 1.7mg/kg 降至 0.67mg/kg。

3. 犬、猫 幼龄犬、猫疲乏无力，可视黏膜淡染或苍白，被毛无光，易折易脱，趾甲条纹隆起。易患口角炎、舌炎等，严重者有咽下和呼吸困难。出现异嗜癖，约 1/3 患犬（猫）可出现神经症状，体内含铁酶类缺乏，引起机体脂质、蛋白质及糖代谢缓慢，发育迟滞，免疫力低下。

4. 家禽 家禽极少发生缺铁性贫血。通常情况下，鸡饲料中含丰富的铁，故少见自然发生铁缺乏症的病例。但使用大量棉籽饼代替豆饼时，棉酚和铁相互作用，则影响雏鸡对铁的吸收，可发生贫血。

【诊断】以病史、典型症状（贫血症状）及血液学检查指标（血红蛋白、红细胞数、红细胞压积），结合补铁进行防治的效果来判定。本病应注意与自身免疫性贫血、猪附红细胞体病及铜、钴、维生素 B_{12}、叶酸等缺乏引起的贫血症状相区别。

【防治】

1. 预防 发病有明显的阶段性，大多数为幼龄时期，预防应有针对性，必须及时补铁。

（1）改善饲养管理 在妊娠期和分娩后给母猪补充铁，并不能增加新生仔猪体内铁贮备和乳中铁的含量，故应加强妊娠母猪的饲养管理，给予富含蛋白质、矿物质和维生素的全价饲料，保证充分的运动。改善仔猪饲养管理，让仔猪有机会接触垫草、泥土或灰尘，或用含铁溶液喷洒圈舍地面、垫草等。在猪舍内放置土盘，装红土或深层干燥泥土，让仔猪自由拱食或仔猪随同母猪到舍外活动或放牧，保证充分的运动，可有效地防止缺铁性贫血。此外，尽可能及早给仔猪诱食，出生后 7d 即可试喂开口料。

（2）补充铁制剂　通过口服或深部肌内注射方式补充铁制剂，可有效预防铁缺乏症的发生。口服含铁制剂，每日给仔猪口服 1.8％硫酸亚铁溶液 4mL，连用 7d。或于生后 12h，口服葡聚糖铁或乳糖铁 1 次，以后 1 次/周，0.5～1.0g/次。或仔猪生后 3～5d 开始补充铁制剂，给予 400mg 延胡索酸铁。犊牛在所饮的奶中，适当添加硫酸亚铁或随群放牧，或在饲料中添加可溶性铁 25～30mg/kg。

2. 治疗　主要是补充铁制剂，同时配合应用叶酸、维生素 B_{12} 等治疗。为防止先天性硒缺乏和维生素 E 缺乏的犊牛、马驹、仔猪、羔羊在补铁时，发生急性铁中毒甚至死亡，应提前给怀孕母畜补充维生素 E 和硒制剂。

（1）注射铁制剂　右旋糖酐铁注射液，深部肌内注射，一次量，马驹、犊牛 200～600mg，仔猪 100～200mg，幼犬 20～200mg，间隔 7d 注射 1 次，重症者间隔 2d 再注射 1 次，并配合应用叶酸、维生素 B_{12} 或后肢深部肌内注射血多素（含铁 200mg）1mL。

（2）口服铁制剂　①用硫酸亚铁 2.5g、氯化钴 2.5g、硫酸铜 1g，常水加至 100mL，按每千克体重 0.25mL 口服，1 次/d，连用 7～14d；或取 500～1 000mL，用纱布过滤，涂在母猪乳头上，或混于饮水中或掺入代乳料中，让仔猪自饮、自食。②正磷酸铁，口服 300mg/d，连用 7～14d；或还原铁口服 0.5～1g/次，1 次/周。③成年牛、马发生缺铁后，最经济的方法是每日口服 2～4g 硫酸亚铁，连续 2 周可取得明显效果。

铜 缺 乏 症

铜缺乏症是指畜禽体内铜含量不足所致的一种营养代谢性疾病，是一种慢性地方性疾病。临床上以贫血、腹泻、共济失调及被毛褪色为主要特征。本病往往呈地方性或群体发生，放牧的牛、羊最常发生，马、猪、家禽、犬等动物也可发生。

【病因】

1. 原发性因素　土壤中的铜含量不足或缺乏造成牧草和饲料中的铜不足，放牧畜禽采食低铜土壤生长的饲草是引起铜缺乏症的原发性因素。

2. 继发性因素　缺乏有机质、高度风化的沙土、沼泽地带的泥炭土和腐殖土等含铜量不足，或是土壤中含钼过高，影响铜的吸收和利用，在这种环境中生长出的牧草饲料，其干物质中含铜量低于 3mg/kg（铜的适宜值为 10mg/kg，临界值为 3～5mg/kg），可引起畜禽缺铜。

饲料中拮抗铜的某种元素过高，影响畜禽对铜的吸收和利用，也可引起继发性铜缺乏症。饲料中虽然含有足量的铜，但同时含有过多的钼和硫，可影响铜的吸收和利用。一般牧草中含钼量低于 3mg/kg（干物质）是无害的。如铜、钼比保持在（6～10）：1 则为安全，若低于 5：1 则可诱发本病，低于 2：1 时引起因钼中毒造成的继发性铜缺乏症。氟摄入过量也影响体内铜的含量。另外，磷、氮、镍、锰、钙、铁、锌、硼和抗坏血酸等都是铜的拮抗因子，这些元素不利于铜的吸收，易导致铜缺乏症。

【发病机理】畜禽机体如缺铜，会造成血浆铜蓝蛋白的不足，引起铁元素的吸收和利用障碍，使 Fe^{3+} 被还原为 Fe^{2+} 而难以合成血红蛋白，导致造血机能障碍而发生低色素性贫血。缺铜时，组织细胞氧化机能下降，角蛋白中硫基（—SH）难以氧化成二硫基（—S—S—），酪氨酸酶的活性降低，造成色素代谢障碍，从而使黑色素沉着不足，故而出现被毛褪色、变细，畜禽生长发育受阻。二硫键合成障碍，弯曲度丧失，使毛失去弹性。铜参与骨基质胶原结构的形成，缺铜使含铜的赖氨酰氧化酶和单胺氧化酶合成减少，使骨胶原的稳定性与强度降低而出现骨骼变形和关节畸形。铜是体内许多酶的组成成分，如铜蓝蛋白酶、酪氨酸酶；是构成超氧化物歧化酶的辅基，缺铜则难以促进脑磷脂的合成；铜又是细胞色素氧化酶的辅基，起传递电子作用，保证 ATP 的正常生成。缺铜时，细胞色素 C 氧化酶活性减弱，ATP 生成减少，造成神经脱髓鞘作用和神经系统损伤，磷脂合成发生障碍，病畜共济失调，后肢麻痹。心肌纤维变性，可突然死于类似于癫痫的心力衰竭。而腹泻是钼中毒引起铜缺乏的特有症状，这可能是由于钼与肠道儿茶酚胺结合，降低其抑菌作用，使肠道细菌异常繁殖，或与钼直接刺激肠壁有关。

【临床症状】

1. 共同症状 贫血、骨和关节变形、运动障碍、被毛褪色、神经机能紊乱及繁殖力下降。血红蛋白可下降至 $20\sim40g/L$，红细胞数下降至 $3\times10^{12}\sim4\times10^{12}$ 个/L。骨骼变形是不同畜禽，特别是幼畜铜缺乏的又一共性病理变化，临床上出现四肢僵硬，关节肿大等。

缺铜可使畜禽心力衰竭，主要见于牛、羊。畜禽心肌纤维变性，心衰突然倒地死亡。缺铜可使雏鸡、猪动脉组织弹性结构异常，血管破裂突然死亡。缺铜也可引起暂时生殖力下降，如发情推迟、流产、产蛋率下降等。

2. 不同畜禽缺铜临床特点

（1）马 幼驹生长受阻，四肢僵硬，关节肿大，运动障碍。

（2）牛 慢性缺铜除营养不良、被毛褪色外，还可表现出癫痫、不断哞叫、圆圈运动，重者肌颤倒地，很快死亡。常见眼眶周围褪色，黄毛变灰、变白等。犊牛生长发育缓慢，关节变形，运动障碍，持续腹泻，排黄绿色乃至黑色水样粪便。

（3）羊 运动失调是牧区羔羊缺铜的典型症状，主要是胚胎时期缺铜影响了神经系统的发育。容易出现继发性腹泻，病羊排黄绿色或黑色水样粪便，极度衰弱。发情症状不明显，不孕或流产。羊毛弯曲度下降，变平直，黑毛褪色变为灰白色。运动障碍主要发生于 $1\sim2$ 月龄羔羊，羔羊后躯摇摆（共济失调），重者后躯瘫痪，最后饥饿死亡。贫血（铜缺乏后期）呈低色素小红细胞性贫血，巨红细胞低色素性贫血（成年羊）。

（4）猪 四肢发育不良，关节不易固定，呈犬坐姿势，个别出现共济失调。

（5）鸡 毛稀，粗糙，无光泽，弹性低，颜色浅，失去弯曲。骨骼生成障碍，主要表现为骨骼弯曲，关节僵硬和肿大，易骨折。长期缺铜，产蛋明显下降，孵化率低，胚胎易出血死亡。

【诊断】根据病史及临床上出现的贫血、腹泻、消瘦、关节肿大、关节滑液囊增厚，肝脏、脾脏、肾脏内血铁黄蛋白沉着等特征，通过观察补饲铜制剂后的疗效，可作出初步诊断。确诊有赖于对饲料、血液、肝脏等组织和体液铜浓度和某些含铜酶进行测定。如怀疑为继发性铜缺乏时，还应测定饲草料中钼和硫等元素的含量及铜钼的比例。

【防治】

1. 预防

（1）草地施肥 在低铜草地上，如 pH 偏低可施用含铜肥料，注意碱性土壤不宜用本法补铜。每公顷 5.6kg 硫酸铜，可使牧草中铜含量从 5.4mg/kg 提高到 7.8mg/kg，牛血铜含量从 0.24mg/L 升高到 0.68mg/L，肝铜含量从 4.4mg/kg 升高到 28.6mg/kg，一次喷洒可保持 3～4 年。喷洒后，需等降雨后或 21d 后才能让牛、羊进入草地。

（2）饲料加铜　按畜禽对铜的需要量，直接在精料中添加铜化合物，牛 10mg/kg，羊 5mg/kg，母猪 12～15mg/kg，架子猪 3～4mg/kg，哺乳仔猪 11～20mg/kg，成年鸡 7mg/kg，雏鸡 12mg/kg。牛、羊可用矿物质舔砖，自由舔食，牛 2%，羊 0.25%～0.5%。

（3）口服补铜　1% 硫酸铜溶液，口服，牛 400mL，羊 150mL，1 次/周。牛、羊在妊娠中后期，口服硫酸铜，牛 4g，羊 1～15g，1 次/周，可防止羔羊地方性运动失调和摇背症。羔羊出生后口服铜制剂，1 次/14d，3～5mL/次。此外，也可用氧化铜短针装入缓释微量元素胶囊投服，牛 8g，母羊 4g，用投药枪投入，可沉入瘤胃和网胃中缓慢释放铜。用乙二胺四乙酸铜钙（EDTA 铜钙）、甘氨酸铜或氨基己酸铜与矿物油混合作皮下注射，其中含铜剂量为：牛 400mg，羊 150mg，羊 1 次/360d，犊牛 1 次/120d，成年牛 1 次/180d。硫酸铜口服，2～6 月龄犊牛 4g/周，成年牛 8g/周，连续 3～5 次，间隔 90d 后重复。

2. 治疗　畜禽出现缺铜症状，根据实际缺铜程度，使用硫酸铜或甘氨酸铜注射液治疗，及时调整饲料中铜的含量。①饲料中硫酸铜的含量，牛 250～300mg/kg，犊牛 50～150mg/kg，羊 10～20mg/kg，猪 20～30mg/kg，鸡 5～10mg/kg。鸡可全天服用，其他家畜 1 次/d，饲喂 14～21d，要停药 7～14d，直到症状消失。也可将硫酸铜按 0.5%～1.0% 混于食盐内，让病畜舔食。②甘氨酸铜注射液，皮下注射，牛 120mg，羊 45mg。如病畜已发生脱髓鞘作用或心肌损伤，则难以完全恢复。

钴 缺 乏 症

钴缺乏症是指土壤和饲料中钴不足引起的一种以食欲减退、异嗜癖、贫血和进行性消瘦为特征的慢性地方性疾病。本病以放牧反刍家畜多见，绵羊比牛敏感，羔羊、犊牛比成年牛、羊敏感。以 6～12 月龄的羔羊最易感，其他畜禽少见。如缺乏钴，维生素 B_{12} 合成不足，可直接影响细菌及畜禽的生长、繁殖，也影响纤维素等的消化。猪、鸡可因钴缺乏导致维生素 B_{12} 缺乏。一年四季均可发病，以春季发病率较高。

各种饲料中钴的适宜量：牛 0.1～1.0mg/kg，绵羊 1.0mg/kg，妊娠、哺乳母猪 0.5～2.0mg/kg，禽 0.5～1.0mg/kg。

【病因】

1. 原发性缺钴　土壤和饲料缺钴是本病发生的主要原因。在缺钴地区用干草和谷物饲料饲喂牛、羊，如不补充钴，易发生钴缺乏，特别是风沙堆积性草场，沙质土，碎石或花岗岩风化的土地，灰化土或是火山灰烬覆盖的地方都严重地缺乏钴。一般认为土壤中含钴量低于 2mg/kg 时，长出的牧草常缺钴，低于 0.25mg/kg 时，牧草的含钴量不能满足畜禽的需要。牧草和土壤中含钴量之间的关系并不是恒定的，耕作方法、灌溉技术及植物品种等都可影响植物中钴含量。同一植株中，叶子含钴量占 56%，种子中仅占 24%，茎、秆、根中占 18%，而皮壳中钴含量仅占 1%～2%。豆科植物中钴含量较高，棉籽饼中钴含量为 2.0～2.1mg/kg，普通牧草中钴含量仅为 0.03～0.2mg/kg。

2. 继发性缺钴　当牛、羊饲料中镍、锶、钡、铁含量较高及钙、碘、铜缺乏时易诱发本病。土壤中的钙、铁、锰等含量过高影响土壤内钴的利用率，pH 过高也会影响钴利用率。

【发病机理】钴是畜禽的必需微量元素之一，尤其是反刍家畜。反刍家畜瘤胃中细菌生长、繁殖需要钴，其中一部分细菌可利用钴合成维生素 B_{12}，所合成的维生素 B_{12} 是反刍家畜必需的维生素，可保证瘤胃原生动物生长、繁衍，而且利于纤维素的消化正常进行。如缺乏钴，维生素 B_{12} 合成不足，可直接影响瘤胃中细菌及原生动物的生长、繁殖，也影响纤维素等的消化。

反刍家畜的能量来源主要由瘤胃微生物分解粗纤维产生的丙酸通过糖异生途径合成葡萄糖，并供给能量。在由丙酸转化葡萄糖的过程中，需要甲基丙二酰辅酶 A 变位酶参与。维生素 B_{12} 是该酶的辅酶，若维生素 B_{12} 缺乏，则可产生反刍家畜能量代谢障碍，引起消瘦、虚弱。

钴可加速体内贮存铁的动员，使之易于进入骨髓中。钴还可抑制许多呼吸酶活性，引起细胞缺氧，刺激红细胞生成素的合成，代偿性促进造血功能。维生素 B_{12} 在由 N_5-甲基四氢叶酸转为有活性的四氢叶酸的过程中发挥重要作用，参与胸腺嘧啶核苷酸的合成。当维生素 B_{12} 缺乏时，胸腺嘧啶合成受阻，细胞分裂中止，导致巨细胞性贫血。

此外，钴还可以改善锌的吸收，锌与味觉素合成有关，缺钴情况下，可引起食欲下降，甚至异嗜癖。

【临床症状】反刍家畜钴缺乏特异性症状为异嗜、慢性进行性消瘦及贫血，病程可达数月至 2 年。牛、山羊等在低钴草场放牧数周或数月内，外表仍显健康，但继续下去，畜群中有个别牛、羊渐进性采食减少，外表釉黑变为棕黄色，贫血，可视黏膜苍白，血红蛋白浓度降为 60g/L，流泪，体重减轻，最终消瘦和虚弱。即使在嫩绿草地放牧的牛、羊也是如此，生产性能，如产毛、产奶量下降，毛脆而易断，易脱落，痒感明显，后期繁殖机能下降、腹泻、流泪，特别是绵羊，因流泪面部被毛潮湿，3 个月后死亡。在牛、羊食欲减退的同时，出现异嗜癖现象，如喜欢吃被粪尿污染的褥草，啃舔泥土、饲槽及墙壁等。

羔羊钴缺乏表现为白肝病，病羊食欲减退或废绝，精神沉郁，体重下降，流泪，有浆液性分泌物。光敏反应，耳、鼻和上下唇附有浆液性分泌物。有的出现运动失调、强直性痉挛、头颈震颤或失明等神经症状。犬可视黏膜苍白，属巨细胞性贫血。

【诊断】根据病史及特殊的临床症状（异嗜癖、贫血、消瘦等）可做出初步诊断，确诊还需对土壤、饲料、肝脏、血清维生素 B_{12}、钴含量及其他生化指标进行检测。此外，补钴后的牛羊反应是比较理想的监测手段。同时，应与营养不良、多种中毒、传染病、寄生虫病等所引起的消瘦和贫血区别。

1. 土壤及饲料钴测定 放牧草场土壤钴含量在 3mg/kg 以下，草中钴含量在 0.07mg/kg 以下，均可作为诊断钴缺乏的指标。

2. 血钴含量测定 羊和牛正常血钴含量为 $1\sim3\mu g/dL$，当下降为 $0.2\sim0.8\mu g/dL$ 时则表示缺钴。

3. 组织钴与维生素 B_{12} 测定 肝脏中钴含量低于 0.07mg/kg，维生素 B_{12} 含量低于 0.1mg/kg 时为缺乏。正常情况下肝脏钴含量高于 0.2mg/kg，维生素 B_{12} 含量应高于 0.3mg/kg。

4. 其他生化指标 血糖降低（<3.33mmol/L），碱性磷酸酶活性降低（<20IU/L）。

【防治】

1. 预防

（1）土壤增钴 在缺钴地区的草地增施钴肥，用 $300\sim375g/km^2$ 硫酸钴喷洒草地，每年或每 2 年喷洒 1 次，可改善植物中的含钴量。或按 1.5～1.8kg/km² 的硫酸钴肥料施肥，可在 3～6 年内，使牧草保持足够的钴浓度。

（2）投服钴丸　在缺钴的地区，在反刍家畜的瘤胃内放置钴丸。用含 90％氧化钴制成钴丸投入到瘤胃内，牛 20g，羊 5g，最后沉入网胃，在网胃内缓慢溶解、释放、吸收，药效可维持 5 年以上。需要注意 60 日龄以内的犊牛或羔羊前胃发育不完全，投服钴丸效果不明显。

（3）饲料添加　在饲料中直接添加钴盐，精料中添加氯化钴、硫酸钴及维生素 B₁₂ 等。牛羊饲料中钴含量应在 0.06～0.07mg/kg 干物质，如饲料中钴含量低于此水平，可将钴添加于食盐或矿物质混合料内，剂量为 0.3～1mg/d。

（4）补充盐砖　在每 100kg 氯化钠中，加入硫酸钴 40～50g，制成含钴盐砖，让牛羊自由舔食，常年供给。

2. 治疗　不建议注射钴制剂，采取直接口服钴盐，配合使用维生素 B₁₂ 的治疗措施。

（1）补充钴盐　常用的钴盐主要有硫酸钴、碳酸钴、氯化钴。①硫酸钴，口服，羊 1mg/d，连服 1 周，间隔 2 周再用药 1 次；或 1 次/3d，2mg/d；或 1 次/周，7mg/次。也可按 1 次/月，300mg/次。②碳酸钴，口服，一次量，成年牛 30mg，犊牛 20mg，绵羊 3mg，羔羊 2mg，1 次/d。③氯化钴，口服，一次量，牛 500mg，犊牛 200mg，羊 100mg，羔羊 50mg，犬 40mg，猫 30mg。

（2）对症治疗　犊牛、羔羊在瘤胃未发育成熟之前，可皮下注射维生素 B₁₂，牛 1mg/次，1 次/周；羊 0.1～0.3mg/次，1 次/周。

锌 缺 乏 症

锌缺乏症是指畜禽锌营养不足而引起的以生长停滞、饲料利用率降低、皮肤角化不全、骨骼发育异常及繁殖机能障碍为特征的营养代谢性疾病。各种畜禽均可发生，常见于猪、羊、犊牛和鸡等。

锌是畜禽必需的微量元素，在自然界中并不以金属形态存在，而是以其稳定态化合物形式存在于多种矿石中。生物体所需的锌主要从环境中摄取，土壤中锌含量并不高，其范围在 10～300mg/kg，平均值为 50～100mg/kg。土壤中锌含量与母岩类型、有机物的含量、pH 以及土壤结构密切相关。各种植物由于种类不同，锌含量有较大的差异。一般而言，豆类锌含量较高，谷类蔬菜中锌含量较低。

对于绝大多数草食动物和家禽，锌的需要量为 40～100mg/kg。畜禽最低锌需要量随年龄、生理状况、环境因素及健康情况而变化，可随年龄增大和生长速度变慢。青年畜禽由于快速生长需要贮备大量的蛋白质，比老龄或生长慢的畜禽需要更多的锌。妊娠和泌乳应激也影响畜禽对锌的需要量，由于奶中含 3～5mg/kg 的锌，产奶量较高的泌乳动物需锌量也增加。另外，由于生产中评价方式不同，畜禽对锌需要量有较大的差异，如雏鸡生长羽毛所需的锌比最大生长率所需的多，羔羊饲料中含锌 7mg/kg 可维持生长，含锌 15mg/kg 才能保证正常的血锌水平。有人认为饲料中含锌 17mg/kg 可满足公羔羊生长的需要，但不能维持睾丸的正常发育和功能。高钙饲料影响畜禽对锌的吸收，饲料中钙、锌比以（100～150）：1 较为适宜。一般认为，奶牛饲料中含钙 0.3％时，锌需要量为 45mg/kg，每增加 0.1％的钙，需补锌 16mg/kg。另外，铜、铁、锰、镉、钼等元素过多，与锌产生拮抗作用，也影响锌的吸收，诱发锌缺乏症。

【病因】土壤和饲草料中锌含量不足是畜禽锌缺乏症发生的主要原因。

1. 土壤中锌不足 大多数省份缺锌，如北京、河北、湖南、江西、江苏、新疆、四川等地 30％～50％的土壤属于缺锌土壤。南方土壤中锌含量高于北方，由石灰石风化的土壤、盐碱土及大量石灰改造的土壤中锌含量低，或不易被植物吸收。正常土壤含锌量为 30～100mg/kg，如果低于 30mg/kg，饲料中锌低于 20mg/kg 时，畜禽易发生锌缺乏症。

2. 饲草料中锌含量不足 不同饲料原料中锌的含量及生物学效应不同，各种植物中锌的含量也不一样。一般野生牧草中较高，而玉米、高粱、稻谷、麦秸、苜蓿、三叶草、苏丹草、水果、蔬菜（特别是无叶菜）、块茎类饲料等锌含量比较低，一般不能满足畜禽的需要。而牡蛎（含锌 1 000mg/kg）等海洋生物、鱼粉、骨粉、麸皮、糠等饲料含锌较多。动物性饲料中锌容易吸收利用，生物学效应高，植物锌与植酸结合在一起，不利于吸收，生物学效应低。饲料锌含量应在 20～100mg/kg，如果低于 20mg/kg 易发生锌缺乏症。

3. 锌的拮抗物质 饲料中拮抗因素过多可影响锌的吸收、利用。饲料中钙、磷、铜、铁、锰、镉、钼等过量则影响锌的吸收。饲料中钙和锌的比例以（100～150）：1 为宜，如饲料中钙含量达 0.5％～1.5％，而锌含量仅为 34～44mg/kg，猪容易发生锌缺乏症。

4. 消化机能障碍及遗传因素 畜禽消化机能障碍，慢性腹泻，可影响由胰腺分泌的锌结合因子在肠腔内停留，而致锌摄入不足。某些遗传因素，如丹麦黑斑牛容易患锌缺乏症。

【发病机理】已知有 200 多种酶含有锌，锌在含锌酶中起催化、结构调节和非催化作用，参与多种酶、核酸及蛋白质的合成。缺锌时，含锌酶的活性降低，胱氨酸、蛋氨酸等氨基酸代谢紊乱，谷胱甘肽、DNA、RNA 合成减少，细胞分裂、生长和再生受阻，畜禽生长停滞，增重缓慢。锌是味觉素的结构成分，起支持、营养及分化味蕾的作用。缺锌时，味觉机能异常，引起食欲减退。锌还参与激素合成。锌可通过垂体－促性腺激素－性腺途径间接地或直接地作用于生殖器官，影响其组织细胞的功能和形态，或直接影响精子或卵子的形成、发育。缺锌时，公畜睾丸萎缩，精子生成停止；母畜性周期紊乱，不孕。因为锌是碳酸酐酶的活性成分，而该酶是碳酸钙合成并在蛋壳上沉积所不可缺少的，故鸡产软壳蛋与锌缺乏有一定的关系。目前，锌在骨质形成中的确切作用还不清楚，但锌作为碱性磷酸酶的组成成分，参与成骨过程。生长阶段的畜禽，特别是禽类缺锌，骨中碱性磷酸酶活性降低，长骨成骨活性也降低，软骨形成减少，软骨基质增多，长骨随缺锌的程度而按比例缩短变厚，以致形成骨短粗症。一般认为，缺锌时皮肤胶原合成减少，胶原交联异常，表皮角化障碍。锌还参与维生素 A 的代谢和免疫功能的维持，缺锌可引起内源性维生素 A 缺乏及免疫功能缺陷。

【临床症状】畜禽锌缺乏症的特征性症状为生长停滞，饲料利用率降低，皮肤角化不全，慢性、非炎性皮炎，皮肤增厚、皮屑增多、掉毛、擦痒。食欲逐渐降低，生长缓慢，骨骼发育异常，主要表现为骨短、粗，长骨弯曲，关节僵硬。繁殖机能出现障碍，睾丸萎缩，精子发育成活受阻。根据畜禽锌缺乏症对机体组织的影响，主要体现在以下 6 个方面：

1. 生长发育受阻 锌是味觉素的构成成分，锌缺乏时，病畜味觉和食欲减退，消化不良，导致营养低下，表现为采食减少，增重缓慢或停止。特别是快速生长的猪、鸡对缺锌更敏感。

2. 皮肤角化不全或角化过度 猪皮肤角化不全多发生于眼、口周围以及阴囊等部位；反刍家畜也呈类似的分布，牛主要发生在头部、鼻孔周围、阴囊和大腿内侧，泌乳牛乳头也可发生角化不全，且皮肤瘙痒，脱毛；犊牛皮肤粗糙，蹄周及趾间皮肤皱裂；绵羊表现为角的正常环状结构消失，最后脱落，禽类出现鳞屑或发生皮炎。

3. 骨骼发育异常　骨短粗症一般被认为是畜禽锌缺乏症的特征性变化。主要是因软骨细胞增生引起骨骼变形，长骨变短、变粗，关节肿大僵硬。犊牛后腿弯曲，关节僵硬；仔猪股骨变小，韧性减低，强度下降。小鸡长骨变短、变粗，关节增大且僵硬，翅发育受阻。

4. 繁殖机能障碍　因为锌不仅与某些生殖激素的活性有关，还可直接影响精子生成、成活、发育及维生素 A 作用的发挥。缺锌时可引起公畜生殖能力下降和顽固性夜盲症。单纯补充维生素 A 不能治疗，补充锌则可很快治愈。缺锌还可使母畜卵巢发育停滞，子宫上皮发育障碍，影响母畜繁殖机能。

5. 毛羽质量改变　绵羊羊毛丧失卷曲，且易大面积脱落；家禽羽毛蓬乱无光，换羽缓慢。

6. 创伤愈合缓慢　缺锌畜禽遭受外伤时，皮肤黏蛋白、胶原及 DNA 合成力下降，致使伤口愈合缓慢。

各种畜禽锌缺乏症的临床症状：①反刍家畜：锌缺乏的早期症状包括采食量减少，生长率、饲料转化率和繁殖率降低。皮肤角化不全是最明显的表现，主要在头部、鼻孔周围、阴囊、乳头和大腿内侧皮肤。生长缓慢，运步僵硬，蹄冠、关节、肘部、跗关节及腕部肿胀，牙周出血，牙龈溃疡。犊牛睾丸发育受阻。羔羊睾丸萎缩，精子生成停止。绵羊还表现羊毛脱落、变脆，并可能发生食毛。由于脱毛，皮肤变厚、起皱、发红。②猪：皮肤损伤，出现红斑、丘疹，真皮形成鳞屑和皱裂而过度角化，并伴有褐色的渗出和脱毛，严重者真皮结痂，主要发生在腹部、大腿和背部。食欲下降和生长率降低，严重时腹泻、呕吐，甚至死亡。影响繁殖机能，如母猪产死胎，公猪睾丸变小，组织结构受损。③家禽：影响生长率、饲料转化率和产蛋性能。胚胎畸形，如短肢、脊柱弯曲、无趾、肢体缺损等。虚弱不能采食、饮水和站立。雏鸡生长发育缓慢，腿骨变短，跗关节肿大，趾部皮肤鳞屑，羽毛发育不良，鸡冠发育停滞，颜色变淡。

【诊断】根据特征性临床症状，如皮屑增多，掉毛，皮肤开裂，经久不愈，骨短粗等可做出初步诊断，确诊需结合饲料、血清中锌含量的测定及饲料中钙、锌比例的测定。锌缺乏症犊牛血清锌含量为 $0.2\sim0.4\mu g/dL$ 以下（生理值为 $0.8\sim1.2\mu g/dL$），成年病牛血清锌含量为 $18\mu g/dL$（生理值为 $80\sim120\mu g/dL$），病牛乳汁中锌含量低于 $3\sim5\mu g/dL$，被毛中锌含量低于 $115\sim135mg/kg$。

【防治】

1. 预防　根据畜禽不同生长发育时期及生产状况，适当调整饲料中锌含量，饲料锌参考值为黄牛 $40\sim80mg/kg$，肉牛 $40\sim100mg/kg$，仔猪 $40\sim50mg/kg$，母猪 $100mg/kg$，羊 $20\sim40mg/kg$。其中，奶牛在不同生理状况下，饲料中锌必须满足其需要量，体重 300kg 的青年母牛为 $33mg/kg$，体重 500kg 妊娠 250d 的青年母牛为 $31mg/kg$，体重 650kg 的产奶牛（日产奶 40kg）为 $63mg/kg$。饲料中补充锌，应注意钙、锌比控制在 100：1，在畜禽的锌需要量基础上，再增加 50% 的用量，同时配合使用维生素 A，可有效地防止锌缺乏症。地区性缺锌时可施锌肥，每公顷施硫酸锌 $7.5\sim22.5kg$。反刍家畜可舔食含锌食盐，每千克食盐含锌 $2.5\sim5.0g$。还可投服锌和铁粉混合制成的缓释丸进行预防。

2. 治疗　根据实际缺锌程度，及时调整饲料中锌的含量，消除影响锌吸收及利用的因素。

（1）补充锌制剂　使用硫酸锌、氧化锌、碳酸锌均可取得满意的疗效。①硫酸锌或氧化锌，口服，牛、羊1.0mg/kg（以体重计），1次/周，连用1～2次。②0.02%碳酸锌溶液，肌内注射，2～4mg/kg（以体重计），1次/d，连用10d。或在饲料中补充锌盐，可用碳酸锌200mg/kg。

（2）对症治疗　使用锌制剂的同时，配合应用维生素A效果更好，肌内注射，一次量，马、牛5～10mL，马驹、犊牛、猪、羊2～4mL，仔猪、羔羊0.5～1mL，犬0.2～2mL，猫0.5mL，1次/d，连用3～5d。

碘 缺 乏 症

碘缺乏症又称为甲状腺肿，是指畜禽机体摄入碘不足引起的一种以甲状腺机能减退、甲状腺肿大、流产和死产，并引起幼畜发育不良、矮小症，成年家畜发生黏液性水肿及脱毛等为特征的慢性营养缺乏病。碘缺乏分布于世界各地。本病可发生于各种家畜、禽和人。据报道，我国除上海市以外，其余30个省、自治区、直辖市都有甲状腺肿的报道，其中绵羊占60%、山羊占35%～70%、猪占75%、犊牛占43%。在严重的缺碘地区，牛、羊甲状腺肿的发病率可高达50%～80%。正常生理状况下，畜禽对碘的需要量是：奶牛（产奶量在18kg/d以上）400～800μg/d，干乳期非产奶牛100～400μg/d，猪80～160μg/d，绵羊50～100μg/d，体重2～2.5kg的鸡为5～9μg/d。

【病因】

1. 原发性因素　饲料和饮水中碘的含量不足或缺乏是主要的致病因素。

2. 继发性因素　碘的拮抗物质可影响其吸收利用，有些植物中含有碘的拮抗物，如硫氰酸盐、葡萄糖异硫氰酸盐、糖苷花生二十四烯苷及含氰糖苷等具有降低甲状腺聚碘的作用，可干扰碘的吸收、利用，称为致甲状腺肿原性物质。白菜、甘蓝、油菜、菜籽饼、棉籽饼、花生粉、豆粉、芝麻饼、豌豆及三叶草等都是甲状腺肿原性物质。甲硫咪唑、磺胺类、丙硫氧嘧啶、甲硫脲等也有致甲状腺肿作用。饲料中如果上述成分含量较多，易引起碘缺乏。妊娠母牛饲料中供给含20%的菜籽粉，新生幼畜死亡率明显增加。此外，当饲料中碘的拮抗物质锰、铅、钙、氟、硼含量过高时，可影响碘的吸收利用，抑制碘有机化过程，加速肾脏排碘而导致碘缺乏。

【发病机理】碘在体内主要是通过合成甲状腺素而参与机体代谢的。甲状腺素可提高机体的基础代谢功能，促进中枢神经系统、骨髓、皮毛及生殖系统的正常发育。同时，协同生长素促进机体的生长发育。碘缺乏时，甲状腺素减少，垂体分泌的促甲状腺素不仅得不到正常甲状腺素的抑制，反而通过负反馈作用使其分泌的甲状腺素增加，影响上皮细胞吞饮吸收，以致胶质停留于滤泡腔内，滤泡腔增大可引起胶质外溢，刺激周围腺组织，从而导致甲状腺代偿性增生，肿大，发生甲状腺肿大病症。致甲状腺肿的物质可干扰酪氨酸的碘化，阻碍含碘酪氨酸的合成而使甲状腺素的合成减少，同样也可引起甲状腺肿大。甲状腺素合成少时，皮肤中的一些黏多糖、硫酸软骨素和透明质酸的结合蛋白质大量积存，并积聚大量的水分，从而引起黏液性水肿，使皮肤肿胀、粗糙。除上述典型现象外，病畜更多表现生长发育停滞，繁殖机能减退，新生幼畜生命力下降、死亡，幼畜出现全身脱毛现象。这些与碘参与体内100多种酶的生物学活性有关。

【临床症状】缺碘时，畜禽体内碘代谢平衡被破坏，甲状腺激素合成受阻，致使甲状腺组织增生且腺体明显肿大，生长发育缓慢，脱毛或秃毛，消瘦，贫血，繁殖力下降。

1. 马 马驹体质弱，不能站立、吮乳，跛行和跗关节变形。生后3周甲状腺稍肿大。成年马甲状腺可明显增生、肥大。

2. 牛 甲状腺肿大，生理功能减退，生长缓慢，出现黏液性水肿，皮肤干燥，角化，多皱褶，弹性差，被毛脆弱。有时可见到被毛稀疏而长似"鬃"，常卷曲，嘴周围秃毛。公牛性欲减退，精液不良。母牛性周期紊乱，生殖机能障碍，不孕，胎儿被吸收，流产或产死胎，胎衣不下，弱犊，畸形胎儿。新生胎儿水肿，皮厚，被毛粗糙且稀少。犊牛生长缓慢，衰弱无力，全身或部分脱毛，骨骼发育不全，四肢骨弯曲变形导致站立困难，严重者以腕关节触地，皮肤干燥、增厚且粗糙。在严重缺碘地区，犊牛的甲状腺可增大数倍，并压迫气管和食道，引起窒息死亡。在中度缺碘地区可出现黏液性水肿，低头困难等症状。存活下来的病犊，其肿大的甲状腺逐渐缩小，在3~5个月内可自行消失。

3. 羊 颈静脉沟腹侧，颈上1/3与中1/3交界处，有时可明显看到或用手触摸到呈卵圆形、可移动、下部与深部肌肉相连的肿大甲状腺，其余不显异常。新生羔羊虚弱，被毛稀少，过多的掉毛，不能吮乳，呼吸困难。皮下轻度水肿，四肢弯曲，站立困难，全身常有水肿，山羔羊有时比绵羔羊更严重，甲状腺肿大和脱毛明显。妊娠羊有时难孕、流产或死胎、胎衣不下；公羊性欲降低，精液品质下降。发情率与受胎率均下降。

4. 猪 生长发育停滞，生殖机能紊乱，皮肤和皮下结缔组织水肿，甲状腺肿大。缺碘母猪所生仔猪全身少毛或无毛，预产期推迟，体质极弱，生后1~3d内死亡，并伴有颈部乃至全身皮肤黏液性水肿，发亮，脱毛现象在四肢最明显。幸存猪生长不良，仔猪嗜睡，生长发育不良，由于关节、韧带软弱致四肢无力，走路时步态强拘、躯体摇摆。

5. 犬 易疲劳，不愿活动，步态强拘，被毛干燥，污秽，生长缓慢，掉毛，皮肤增厚，上眼睑低垂，面部臃肿。母犬发情不明显，情期很短，甚至不发情；公犬睾丸缩小，精子缺失。甲状腺肿大。

6. 鸡 鸡冠缩小，羽毛失去光泽。公鸡睾丸缩小，性欲下降，精子缺失。母鸡产蛋减少。

【诊断】 根据病史及典型的临床症状（甲状腺肿大、被毛生长不良等），很容易对临床型甲状腺肿做出诊断。但对仅有新生仔畜死亡增多，无甲状腺肿胀的病例容易误诊。确诊要通过对饮水、饲料、乳汁、尿液、血清蛋白结合碘和血清 T_3、T_4 及甲状腺的称重等进行检验。如血液中血清蛋白结合碘含量明显低于 $24\mu g/mL$，牛乳中血清蛋白结合碘含量低于 $8\mu g/mL$，羊乳中血清蛋白结合碘含量低于 $80\mu g/mL$，则意味着缺碘。此外，缺碘母畜妊娠期延长，胎儿大多有掉毛现象。

测定已死亡的新生畜甲状腺重量有诊断意义，羔羊新鲜甲状腺重在 1.3g 以下为正常，1.3~2.8g 为可疑，2.8g 以上为甲状腺肿。腺体中碘的含量在 0.1‰ 以下（干重）者为缺碘。血清甲状腺素的浓度不太可靠，因甲状腺素浓度不但有季节性变化，而且受畜禽年龄、生理状态及肠道寄生虫等因素的影响。同时，本病应与传染性流产、遗传性甲状腺增生等相区别。

【防治】

1. 预防 应注意饲料中碘含量以满足畜禽的需要，合成甲状腺素的碘需要量：体重40kg犊牛 0.4mg/d，体重 400kg 非妊娠青年母牛 1.3mg/d，妊娠后期奶牛 1.5mg/d，高产奶牛 4.0～4.5mg/d，猪 0.08～0.16mg/d，鸡 0.05～0.09mg/d。考虑到奶牛泌乳期饲料中的常规蛋白来源有可能干扰碘化物的利用，将饲料干物质碘的需要量定为 0.6mg/kg，青年牛和妊娠后期为 0.4mg/kg。

为提高牧草中碘含量，可施一些含碘化肥，用碘酸钠代替碘化钠掺入肥料中。饲喂十字花科植物时，饲料中碘的含量应比正常需要量增加 4 倍，妊娠及泌乳牛的饲料中应含碘 0.8～1.0mg/kg（以干重计），空怀牛和犊牛饲料中应含碘 0.1～0.3mg/kg；或在四肢内侧每周涂擦 1 次碘酊，牛 4mL，猪、羊 2mL，均有较好的预防效果。当饲喂锰、铅、钙、氟、硼含量过高的饲料时，应考虑适当增加饲料中碘的含量，以免降低碘的利用率，发生碘缺乏症。

用碘化钾或碘酸钾与硬脂酸混合后制得的盐砖任羊自由舔食，或饲料中掺入碘化合物。为保证羊的补碘效果，可定期喂服碘，第 1 次补碘在 28 日龄，口服碘化钾 280mg 或碘酸钾 360mg，第 2 次补碘在妊娠 120d 或产羔前 14～21d，同样剂量给母羊一次口服，预防新生羔羊死亡。或于产前 60d 和 30d，口服碘化钾 250mg 或碘酸钾 360mg。或在母畜怀孕后期，在饮水中加入 1～2 滴碘酊。

2. 治疗 口服碘盐是治疗碘缺乏症的常用方法。①碘化钾或碘化钠，口服，马、牛 2～10g，猪、羊 0.5～2g，犬 0.2～1g，1 次/d，连用数日。也可在 20kg 食盐中加碘化钾 1g，饲喂量（以体重计）分别按牛 40～100mg/kg，羊 40～120mg/kg，成年猪 50～100mg/kg，断奶仔猪 20mg/kg，鸡 1.0～2.0mg/kg。②复方碘液（含碘 5%、碘化钾 10%），口服，10～12滴/d，20d 为 1 个疗程，间隔 2～3 个月后重复用药。当甲状腺肿大硬固时，可涂擦碘软膏；腺体化脓后，手术切开用稀碘液冲洗。

锰 缺 乏 症

锰缺乏症是指畜禽体内锰含量不足所引起的以生长缓慢、骨骼发育异常（骨骼短粗、腱滑脱等现象）和繁殖机能障碍（不育、不孕）为特征的营养代谢性疾病。可发生于任何畜禽，以家禽最为易感，其次是仔猪、犊牛、羔羊、绵羊、山羊等。各种畜禽锰需要量为：牛、羊、马 20～40mg/kg，猪 2～10mg/kg，禽类 30～60mg/kg。

锰为畜禽所必需的微量元素，在畜禽的体内含量甚少，约占体重的 0.000 5%。各组织器官中，以肝脏、肾脏、骨骼含量较多。组织中锰含量直接与饲料中锰含量有关，增加饲料中锰含量可使肝锰含量显著上升。血液中的锰，在红细胞中含量高，血清中含量低。健康成年牛肝脏锰含量为 8～10mg/kg，被毛中锰含量平均为 15.8mg/kg，乳锰含量为 20～40mg/L，血锰含量为 180～190mg/L。母鸡在产蛋期可使血锰显著增加。正常情况下，禽类血锰含量较低，母鸡开始产蛋时血锰含量显著增加，19 周龄时为 30～40mg/L，25 周龄时升至 85～91mg/L，羽毛中锰含量随饲料中锰含量的多少而变化，很不稳定。

【病因】

1. 原发性缺锰 主要是牧草、饲料缺锰，其中区域性土壤缺锰是根本，碱性土壤不利于植物吸收锰。石灰岩风化的土壤中锰含量较少，土壤中锰含量<3mg/kg，就可能发生锰缺乏症。碱性土壤中的锰大多以 4 价存在，而植物吸收 2 价锰。土壤中有机质过多，可与锰形成不溶性复合物，而影响植物吸收和利用。此外，不同植物中锰含量相差很大，白羽扇豆是锰富集植物，其中锰含量可达 817～3 397mg/kg。大多数植物在 100～800mg/kg，如小

麦、燕麦、麸皮、米糠等能满足畜禽生长需要。而玉米（8mg/kg）、白面（5mg/kg）、豆荚（16mg/kg）中锰含量很低。饲料以玉米、豆饼为主的鸡、猪容易发生锰缺乏症。

2. 继发性缺锰　饲料中含有过多的锰拮抗物，影响锰的吸收和利用。饲料中钙、磷、镁、铁、钴含量过高，影响锰的吸收利用，可降低锰在骨骼灰分中含量。高磷酸盐饲料可加重锰的缺乏。饲料中胆碱、烟酸、生物素及维生素 B_2、维生素 B_{12}、维生素 D 等不足，机体对锰的需要量增多。

【发病机理】锰在体内参与许多代谢活动。锰不仅是许多酶的组成成分，如丙酮酸羧化酶、超氧化物歧化酶，还是多种酶，如丙酮酸激酶、肌酸激酶等的激活剂，参与能量物质代谢，如促进糖利用，具有抗氧化作用。锰与胆碱有协同关系，可减少体脂沉积。锰与黏多糖中的硫酸软骨素形式有关，而硫酸软骨素是软骨及骨组织的重要成分，缺锰可导致软骨生长受损，骨骼发育广泛畸形。锰还可促进维生素 K 与凝血酶原的生成，与凝血过程有关。此外，锰具有类似抗体活性及结合糖和凝集细胞的天然外源凝集素的功能。由此可见，锰对生长、发育、繁殖及某些内分泌机能均有良好作用。

【临床症状】

畜禽缺锰有许多共同表现，如生长发育受阻，骨骼畸形，腱易滑脱，形成滑腱症，繁殖机能障碍，新生畜禽运动失调以及类脂和糖代谢紊乱等症状。各种畜禽临床表现又不尽相同。

1. 家禽　家禽对缺锰敏感。小鸡缺锰表现为软骨生成缺陷，关节肥大。主要是胫跗关节肥大，胫骨拧曲或弯曲，长骨增厚、变短、变粗。小鸡懒动，强迫运动时，呈跗关节着地，并很快死亡。有些鸡胫骨、翅骨短粗，下颌骨缩短，呈鹦鹉喙、球形头。关节肿大和畸形的发病率可达30%～40%，添加过量维生素 A 和维生素 D，发病率达80%以上。腓肠肌腱从跗关节的骨槽中滑出呈现脱腱症状。刚出壳的鸡还表现神经症状，如共济失调，呈观星姿势，按骨软症或维生素 B_{12} 缺乏症治疗不但无效，甚至使病情恶化。轻度缺锰鸡呈现典型的"三短"，即短腿、短翅、短身躯。成年母鸡缺锰，产蛋减少，蛋壳易碎。产蛋率、蛋受精率和孵化率下降，鸡胚常于孵化至第20～21天死亡，死胚呈现软骨发育不良。

2. 猪　骨骼生长缓慢，跗关节肿大，腿弯曲和变短，跛行，肌肉无力，体内脂肪增加，发情减少，无规律性，甚至不发情。乳腺发育不良，泌乳减少。胎儿被吸收或生产弱小的仔猪，有的仔猪生后不久死亡，有的仔猪表现共济失调。

3. 反刍家畜　以生长发育受阻，骨骼变形和繁殖机能下降为特征。母畜发情不规律，发情率和首次受精率低，不育，妊娠期延长，流产、难产比例增多。公畜精子畸形，不能适期配种，关节炎，跛行，犬坐姿势。新生畜生长不良，被毛干燥，褪色，先天性骨骼畸形，骨骼发育异常，关节肿大，腿弯曲呈现钩爪，有的出现共济失调和麻痹。

【诊断】主要根据畜禽的典型症状，结合病史可初步诊断。典型的临床表现主要有母畜繁殖机能下降，不孕，不发情，或屡配不孕。骨骼变形，短粗有滑腱表现；新生仔畜常有关节肿大，骨骼变形等特点；有时有平衡失调，如受到突然刺激时，不平衡现象表现更为严重等。如需确诊，还应对土壤、饲料、血液、羽毛及畜禽组织器官中锰含量进行测定。饲料中的锰含量常低于40mg/kg，同时应考虑测定钙、磷、铁含量。测定土壤中的锰时，应注意土壤 pH 的影响。血液、被毛中锰含量测定，可作为诊断参考。

【防治】改善饲养管理，在饲料中添加各种锰化合物，防止锰缺乏症。牛饲料中锰含量不能低于 20mg/kg，牧草中锰含量不能低于 80mg/kg，保证母牛正常发情和公牛精液质量。猪、鸡饲料中锰含量 40mg/kg，高产蛋鸡 60mg/kg。土壤中锰低于 3mg/kg 时，每公顷草地用 7.5kg 硫酸锰，与其他肥料混合施肥。在缺锰草地放牧时，硫酸锰的用量为成年牛 4g/d，犊牛 2g/d。也可将硫酸锰制成舔砖（盐砖含锰 6g/kg），自由舔食。为预防雏鸡骨短粗症，在饲料中添加硫酸锰 120～240mg/kg，或在 20L 水中加入 1g 高锰酸钾，2～3 次/d，连用 2d，间隔 2d，以同样方法饮水。畜禽补锰的同时，应添加适量的胆碱、生物素及多维素，注意饲料中钙、磷的含量，防止因含量过高时，降低锰利用率。

已发生骨短粗和跟腱滑脱的患病畜禽，很难完全康复，应及早淘汰。

钼 缺 乏 症

钼缺乏症是指畜禽因摄入钼不足而引起的以继发性铜中毒症为特征的一种营养代谢病。常见于反刍家畜，其中牛最容易发生，其次是羊，马和猪一般不表现临床症状。

在一般饲养条件下，饲料中的钼含量完全可以满足畜禽机体的需要，但在缺钼地区，机体所获得的钼量少，可引起钼缺乏症。钼在畜禽体内的作用十分广泛，主要是通过含钼酶（黄嘌呤氧化酶、醛氧化酶、亚硫酸盐氧化酶）参与畜禽机体代谢，发挥其生物学功能。

【病因】

1. 原发性缺钼 牛、羊长期饲喂低钼的饲料或饮水，可引发钼缺乏症。

植物性饲料中钼的含量主要取决于土壤中钼的含量，同时也受到土壤的性质与酸碱度、植物种类、气候因素等影响。我国多数地区因土壤缺少有效态钼，导致植物性饲料中缺钼。不同种类的饲料植物对钼的吸收利用率差异也很大，某些聚钼饲料植物，如蚕豆、黑豆等对钼的吸收能力较强，籽实中钼含量可达 7.78mg/kg 和 7.52mg/kg，而非聚钼饲料植物则对钼的吸收能力较低。生产中，常用的禾本科籽实类饲料均属于低钼饲料，如玉米为 0.52～0.63mg/kg，大麦为 0.27～0.34mg/kg，燕麦为 0.21～0.29mg/kg。气温和降雨量也会影响饲料植物中钼的含量，寒冷多雨季节饲料植物钼含量低，干旱季节钼含量较高。此外，植物所处的生长阶段、施肥种类与施肥量等也影响钼的含量。由于土壤中含钼量低，水源钼含量不足，新长出的牧草植物吸收钼少，导致牧草饲料钼含量低下，牛羊采食这种牧草及饮水，便可发生钼缺乏症。

2. 继发性缺钼 有时饲草饲料含钼量正常，但由于草料中或体内硫酸盐含量高，可减少钼的吸收，阻止肾小管对钼的重吸收，从而导致机体钼缺乏。如果体内存在大量钼的拮抗因子铜元素，则可减少机体对外源性钼的吸收，排出增加，从而导致机体缺钼。

【发病机理】钼是亚硝酸还原酶的辅酶组成成分。如土壤中缺钼，可影响植物内亚硝酸还原酶的活性而使谷实类饲料中积聚亚硝酸盐，并使玉米易于被黄曲霉等产生致癌毒素的霉菌感染，诱发机体食道癌。钼在机体内是黄嘌呤氧化酶、醛氧化酶、过氧化物酶、亚硫酸盐氧化酶的构成成分，黄嘌呤氧化酶在核酸代谢中是关键性酶，可促进瘤胃微生物消化纤维素。钼缺乏时，黄嘌呤氧化酶的活性降低，微生物消化纤维素的能力下降，使黄嘌呤氧化成尿酸的能力减弱而生成黄嘌呤结石，氨难以合成尿素而造成氨中毒。同时，黄嘌呤氧化酶能催化肝内铁蛋白释放铁，使 Fe^{2+} 氧化成 Fe^{3+}，迅速与 β-球蛋白结合形成转铁蛋白。在醛氧化酶参与下，黄嘌呤氧化酶可增强细胞色素 C 的还原作用。当机体钼缺乏时，黄嘌呤氧化酶活性下降，蛋白质、核酸代谢发生障碍，细胞色素 C 的还原作用减弱，从而出现消瘦，贫血，被毛粗乱，色泽变淡。

【临床症状】

1. 鸡 种蛋孵化率降低，骨缺陷和不正常的萎缩性发育；小鸡表现为长出结节或羽毛僵直，死亡率高；肉鸡缺钼则表现为生长缓慢、体重下降、髋部结痂和股骨发育迟缓。

2. 牛、羊 消瘦、可视黏膜苍白、被毛粗糙无光泽、颜色变浅。由于微生物消化纤维素能力下降，瘤胃内容物增多，黄嘌呤氧化成尿酸的能力减弱，易形成黄嘌呤结石。在牧草钼含量低于 0.3mg/kg 的牧场放牧，易出现铜积累，从而发生慢性铜中毒。钼缺乏和铜中毒的症状基本相似，表现为食欲减退，毛色逐渐变淡且逆乱，失去光泽。腹泻，消瘦，可视黏膜苍白而黄染，后肢僵直，步态蹒跚。生长发育不良，泌乳量减少，繁殖机能障碍。有时可见尿颜色加深，多有沉淀物。或见肾区敏感疼痛，排尿时弓腰努责，频作排尿状，但无尿液排出。

【诊断】 根据病史、临床症状结合饲料及血液中钼、硫、钨、铜的含量进行综合分析，不难确诊。土壤、饮水中含钼不足，新长出的饲草、饲料的含钼量低于正常值时，确认为钼缺乏。血液中硫正常，而钼低于 1mg/dL，乳中黄嘌呤氧化酶活性降低，可确认为钼缺乏。饲料中铜、钙、硫含量显著增加，也可确诊为本病。

【防治】

1. 预防 改善饲养环境，调整饲料中钼、铜、硫、钙和钨的比例，是预防本病的主要措施。对于缺钼地区，饲料中钼的含量不得低于 5mg/kg。硫的含量，以干物质为基础，奶牛给予 0.18%，同时注意饲料中钙、磷的比例。在缺钼地区放牧时，应在精料中补充钼酸铵 100～200mg/头，硫酸钠 1～2g/头。也可在大面积草地上，用过磷钼酸铵作肥料，每公顷撒 127.5g 钼，可增加牧草中钼的含量而减少铜的贮存量。或者将钼盐掺到混合添加剂中，其中盐、石膏和钼的比例为 190∶14∶1，也有较好的预防效果。由于钼的吸收和消化利用受诸多因素的影响，在实践生产中还应灵活掌握钼的需要量，以防止钼的缺乏和中毒的发生。

2. 治疗 对病畜，可通过饲料、饮水和注射 3 种方式补充钼。

（1）**饲料补钼** 钼推荐用量分别为仔猪<1mg/kg、育肥猪<1mg/kg、蛋鸡<1mg/kg、肉用仔鸡 0.01mg/kg、奶牛 0.01mg/kg、肉牛羊 0.05～1mg/kg（以 1kg 风干的日粮为基础）。在微量元素添加剂中，加入适量的钼制剂（如钼酸铵、钼酸钠、钼酸钙等）和硫酸钠，采用多级混合的方法均匀添加于畜禽饲料中。每头牛可用钼酸铵 100mg/d 和硫酸钠 300～1 000mg/d 拌料，使其自食，连续月余，可防止缺钼引起的铜中毒病。

（2）**饮水补钼** 将溶于水的钼制剂，如钼酸铵、钼酸钠等，按畜禽的营养需要量配制成含钼水溶液，供饮用。

（3）**注射钼制剂** 主要针对患钼缺乏症的畜禽，肌内注射钼制剂迅速消除钼缺乏症。牛可用三硫钼酸钠 200mg，配合 10% 葡萄糖液 1 000mL，静脉注射，1 次/d，连用 3d。

铬 缺 乏 症

铬缺乏症是指畜禽饲料中铬含量不足或其他因素影响了铬的吸收而引起的生长发育受阻，以免疫功能和繁殖性能降低，葡萄糖、脂类、蛋白质等营养物质代谢紊乱，胆固醇或血糖相对升高，动脉粥样硬化等为特征的营养代谢性疾病。各种畜禽均可发生，常见于牛、猪、鸡、兔等。集约化养殖中畜禽常处于应激状态易发本病。

【病因】饲料中蛋白质及铬的含量低，或其他因素影响了铬的吸收，都会引起畜禽体内缺铬。地区性土壤缺铬，牧草中含铬量也低，不能满足畜禽需要。缺铬地区单纯用干草和谷物饲喂，如不及时补充铬，易发生铬缺乏症。

【发病机理】在由胰岛素参与的糖或脂肪的代谢过程中，铬是必不可少的一种元素，也是维持正常胆固醇所必需的元素。铬是葡萄糖耐量因子的重要成分，它能提高血液胰岛素的敏感性，增加葡萄糖的利用率。有机铬能够抗应激，降低糖皮质激素的产生、提高机体免疫力。发生铬缺乏症时，通常表现为不能耐受糖，即外周组织对胰岛素的敏感性下降，当血糖水平升高时，需要较多的或较高活性的胰岛素发挥作用，因而也需动员更多的铬参与，其结果是机体有可能造成铬缺乏，胰岛素水平下降。

【临床症状】缺铬时，畜禽表现为胆固醇或血糖相对升高，动脉粥样硬化，生长发育受阻，寿命缩短，葡萄糖、脂类、蛋白质等代谢紊乱。蛋白质和血糖代谢紊乱是畜禽缺铬的标志。鸡缺铬时，羽毛大量脱落。种公牛精液量减少，品质下降，精子畸形率升高。母兔活产仔数下降，谷草转氨酶活性下降，公兔精子畸形率增加，精液品质降低。

【诊断】根据临床症状、饲料铬含量的测定及补充铬制剂的效果，结合血糖、尿糖、甘油三酯、胆固醇等含量的检测，进行综合分析可最后确诊。

【防治】

1. 预防 调整畜禽饲料配方，及时补充吡啶甲酸铬、烟酸铬、酵母铬和三氯化铬等。吡啶甲酸铬（有效有机铬含量为 0.2% 或 0.1%）在猪全价料中按 100～200mg/kg 添加。烟酸铬在全价饲料中的添加量，母猪 80～150mg/kg，育肥猪及种猪 100～200mg/kg。

尽量避免畜禽发生应激反应。应用有机铬用作犊牛的抗应激饲料添加剂，可降低发病率，减少对抗生素及锌、铜等微量元素的需要量。长途运输后的犊牛，在以青贮玉米为主的饲料中，添加 0.4mg/kg 有机铬（高铬酵母），可使最初 21d 的增重率提高，呼吸道疾病大幅度下降。

2. 治疗 在全价料中，添加铬制剂。①烟酸铬以预混剂形式添加，预混剂中有效有机铬含量为 0.1% 或 0.2%，拌料，母猪 80～150mg/kg；30kg 以上的育肥猪及种猪 100～200mg/kg。②丙酸铬，奶牛精补料中的推荐添加量 0.05～0.10mg/kg，猪饲料中添加量 0.20mg/kg，鸡按 1mg/kg 添加。③每千克饲料吡啶甲酸铬 100～200mg。此外，对应激牛，每头补充铬 4mg/d。

硼 缺 乏 症

硼缺乏症是指畜禽摄入硼不足而引起的，以降低畜禽的骨密度、导致骨质疏松症的高发，免疫功能低下、延缓伤口愈合速度及胚胎发育为特征的一种营养代谢病。各种畜禽都可以发生，但以雏鸡多发。

全球饮用水的硼含量在 0.1～0.3mg/L。豆科作物硼含量远高于谷类作物，双子叶植物远高于单子叶植物。蔬菜干物质中硼的含量为：蚕豆 15.4mg/kg、萝卜 64.5mg/kg、玉米 5.0mg/kg、大豆 37.2mg/kg、小麦 3.3mg/kg、油菜 24.9mg/kg、水稻 2.7mg/kg。畜禽可食性组织中含硼量为 0.05～0.6mg/kg（以鲜重计）。牛奶含硼量为 0.5～1.0mg/kg。饲料中的硼含量为 2mg/kg 以上时可满足畜禽对硼的需要量。

硼及硼类似物通过提高骨的形成速率，降低骨的再吸收，增加骨的强度和韧性，能与维生素 D_3 通过协同作用增加骨中矿物质含量，不依赖维生素 D_3 来提高软骨生长，间接影响钙、镁、磷及胆钙化醇的代谢。饲料中添加硼后，可增强畜禽的骨密度、加快伤口愈合速度和促进胚胎发育，奶牛的肝脏代谢有显著改变，硼对许多矿物质和酶的代谢具有潜在影响。硼酸、硼酸盐均属于低毒蓄积性毒物，而有机硼的毒性则更低，硼口服时毒性很小，仅在饲料中含量超过 100mg/kg 时，才出现硼中毒体征。

【病因】 主要是因土壤、饮水和饲料中硼含量不足所致，微量元素之间的拮抗作用也可造成硼缺乏。

【发病机理】 硼是畜禽不可缺少的微量元素之一。如硼缺乏，可导致胚胎发育受阻、生殖和免疫功能出现异常，适量补硼对机体生殖和免疫功能有不同程度促进作用。高剂量硼则产生损伤甚至毒性作用。目前，硼影响畜禽生殖和免疫功能的作用机制尚不清楚。硼可能参与维生素、酶的作用，影响肾上腺、甲状腺的功能，但至今为止，也没有发现肯定的缺乏症，只发现某些骨关节炎可能与缺硼有关。

【临床症状】 缺硼时，仔鸡骨中铜的浓度降低。饲料中添加硼，可促进肉仔鸡血液、胸肌、肝脏和胫骨对铁、铜、锰和锌的富集。补硼后，绵羊血锌、血铁和血铜含量升高。硼与钙、维生素 D_3 对肉仔鸡骨骼发育存在着相互作用，可促进骨骼发育，降低佝偻病发病率。硼与镁、硼与钼也存在相互作用。缺硼时，会使镁缺乏的生长抑制症状加剧，影响肉仔鸡血红蛋白和血浆碱性磷酸酶含量。硼与钼也有相互作用，影响心脏重、肝脏重和体重的比率。缺硼使维生素 D_3 不足的仔鸡生长受阻，加剧维生素 D_3 不足引起的骨髓抽芽异常以及延迟软骨钙化。

【诊断】 根据畜禽所处的环境、发病病因、病史及饲草、饲料与血硼含量的测定结果进行综合分析确诊。

【防治】

1. 预防 加强饲养管理，在饲料中添加适量的硼酸钠，可提高畜禽的生长性能，减轻因钙、镁、维生素 D_3 等缺乏引起的生长抑制等。

2. 治疗 饲料中添加硼酸钠，肉仔鸡 60～120mg/kg，蛋鸡 100～200mg/kg，猪 5mg/kg，绵羊 120～230mg/kg，加快畜禽的生长速度，提高骨强度。

钒 缺 乏 症

钒缺乏症是指由于饲料中钒含量不足或其他因素，影响了其吸收而引起的畜禽生长发育受阻，繁殖机能障碍，体内胆固醇含量增加，骨质异常等为特征的一种营养代谢性疾病。各种畜禽均可发生，以山羊和肉鸡多发。

畜禽对钒的需要量较高，缺钒时生理功能会受到影响。在畜禽各种组织中，也检测到了微量的钒。鸡体内钒的含量较高，其骨骼中为 0.37mg/kg，肌肉中为 0.002～0.022mg/kg，内脏中为 0.005～0.038mg/kg，蛋黄中为 0.002～0.021mg/kg，蛋清中为 0.002mg/kg 以下。在猪、羊、兔等体内，钒主要集中在骨骼、肝脏和肾脏。

【病因】 钒主要通过口腔、呼吸道、表皮吸收和肠胃外给药等途径进入畜禽体内。饲料钒的含量低，或者其他因素影响了钒的吸收，均可引起畜禽体内缺钒。

【发病机理】 钒在畜禽体内的生物学作用迄今尚不十分清楚。在体内，钒可能是氧化还原反应的催化剂。在大鼠实验中，钒缺乏可引起生长抑制，甲状腺重量与体重的比率增加以及血浆甲状腺激素浓度的变化。钒是磷酰转移酶、腺苷酸环化酶、蛋白激酶类的辅助因子，与体内激素、蛋白质、脂类代谢关系密切。抑制年幼大鼠肝脏合成胆固醇，可能存在以下作用：防止因过热而疲劳和中暑；促进骨骼及牙齿生长；协助脂肪代谢的正常化；预防心脏病突发；协助神经和肌肉的正常运作。

【临床症状】

1. 家禽 主要表现为生长抑制，繁殖机能降低及脂肪代谢紊乱。鸡增重和羽毛生长下降。据报道，当鸡饲料中钒的含量低于 0.01mg/kg 时，鸡翅膀和尾巴羽毛的生长明显减缓；而当鸡饲料中钒的含量达到 3mg/kg 时，鸡增重明显加快。

2. 山羊 母羊怀孕率下降，流产率显著增加，产奶量下降，但乳脂率不受影响，总乳脂量则下降。平均寿命明显缩短，出生后的小山羊大约 50% 在泌乳期间死亡。

【诊断】根据病史、临床症状等做出初步诊断，通过检测血液中钒的含量即可确诊。

【防治】

1. 预防 改善饲养管理，调整饲料组成，在饲料中加入足够的钒化合物，可预防钒缺乏症。为维持家禽的正常生长，饲料中钒酸铵的含量应保持在 0.05～0.5mg/kg，当达到 3mg/kg 时，鸡增重可明显加快。家兔，按每千克体重每天饲喂 0.3～0.5mg，可使其血红蛋白、网织红细胞和红细胞的数量增多。

2. 治疗 在饲料中添加钒酸铵的安全用量为牛 50mg/kg，绵羊 20mg/kg，产蛋鸡 10mg/kg，仔鸡 5mg/kg，可有效地治疗畜禽钒缺乏症。

硅 缺 乏 症

硅缺乏症是指饲料中硅含量不足造成畜禽生长迟缓，影响骨骼钙化过程的一种营养代谢性疾病。硅是自然界分布最多最广的元素，生活在自然环境下的畜禽很少发生硅缺乏症。目前只有鸡硅缺乏症的病例报道。

硅对畜禽生长发育、骨骼形成等，是一种不可缺少的微量元素。硅主要分布于皮肤、骨骼和肺脏，很多疾病的发生与缺硅有关，而且用硅治疗某些疾病，可以取得良好的效果。如缺乏硅，会促进动脉硬化的发生和进展，还会发生蹄甲断裂，皮肤松弛，被毛脱落及对癌症抵抗力的下降等各种各样的症状。

【病因】硅元素丰富的土壤中成长的农作物，硅等微量元素的含量非常多，可通过饲料获取足够的硅和其他基础营养素。随着城市开发和生活环境改善，农作物中硅元素含量渐渐减少，使得畜禽饲料中不再有足够的硅和基础营养素。

【发病机理】硅对生长发育的作用主要是与钙协同作用影响骨骼钙化过程，硅可以增加矿化作用的速度，尤其是在钙的摄入量低时，其效果更为显著。当畜禽机体摄入硅量不足时，可使骨中含硅量减少；补硅后骨骼中的硅量显著增多，骨生成旺盛的部位都有硅参与。通过鼠的试验表明，缺硅的鼠长骨变短，眼眶周围骨质疏松，牙釉质和牙本质发育不良，而在饲料和饮水中加硅后，这些现象即可消失。

硅的抗动脉粥样硬化作用，主要是保持弹力纤维和周围组织的完整性，降低动脉粥样硬化斑块的发生率。动物试验证明，在给予引起动脉硬化饲料的同时补给硅，有利于保护其主动脉结构的完整性。用某些有机硅化物治疗心脏病具有特效，用硅化物治疗畜禽血管硬化，也获得良好的效果。

硅被认为是黏多糖的成分，胚胎和生长迅速的组织中含较多的黏多糖，故胚胎和生长迅速的组织中含硅的量也较多。机体的主动脉、皮肤和胸腺中硅的含量随年龄的增长而降低。

【临床症状】 低硅饲料喂鸡时，鸡的生长发育发生障碍，器官萎缩，骨骼发育明显迟缓、生长异常、畸形，牙齿和釉质发育不良；腿及爪变小而苍白，皮肤和黏膜贫血，头颅变小，精神委顿。

【诊断】 根据病史调查（饲料中硅含量不足）、临床症状（生长迟缓、毛发与蹄甲易断裂、皮肤失去光泽等），结合检测血液中的硅含量进行确诊。

【防治】

1. 预防 畜禽补充硅，可在饲料造粒前或粉碎饲料前加入饲料级二氧化硅，混合好后一起粉碎。

2. 治疗 直接加入到饲料中，二氧化硅添加量为 0.5%。

镍 缺 乏 症

镍缺乏症是指饲料中镍含量不足或供给不足，引起畜禽生长变慢、性成熟延迟、肝脏代谢受损、死亡率升高等为特征的一种营养代谢性疾病。各种畜禽均可发生，常见于反刍家畜、猪、鸡等。

【病因】 饲料中镍的含量低，或者其他因素影响了镍的吸收，都会引起畜禽体内缺镍。

【发病机理】 饲料中镍含量不足，影响反刍动物瘤胃微生物合成尿素酶，不能将植物中的氮及尿素中氮转化为菌体蛋白和氨，而被畜禽机体所利用；同时降低了瘤胃脲酶的活性，改变瘤胃发酵的类型，影响瘤胃微生物菌群的繁殖。缺镍影响 DNA 和 RNA 的复制及其他蛋白质的合成，肝脏中的 α-淀粉酶、苹果酸脱氢酶及葡萄糖-6-磷酸脱氢酶、脱氧核糖核酸酶及谷草转氨酶和谷丙转氨酶的活性降低，从而影响氨基酸的代谢。镍还参与促甲状腺素、胰岛素、催乳素、胰高血糖素等激素的分泌和释放。镍含量升高促进上述激素的分泌与释放，而含量下降在一定程度上又抑制了这些激素的分泌与释放。镍在畜禽体内参与多种常量和微量元素的代谢，能与多种矿物质元素发生相互作用，其中影响最大的是铁、铜和锌。镍与铁在体内既相互协同又相互拮抗。缺镍大鼠对铁的吸收较差，红细胞减少，血红素和红细胞容量降低，甚至引起贫血。给缺铜大鼠补镍会使生长速度加快，红细胞比容和血红蛋白浓度提高。长时间连续缺镍会加剧铜缺乏症，使红细胞比容、血红蛋白、血浆碱性磷酸酶降低，血浆胆固醇升高，生长缓慢。镍与锌之间的相互作用是非竞争性的，镍过量和不足不直接影响锌的功能区，只是明显改变机体内锌的分布。缺镍能引起组织中锌浓度的降低。缺镍还会影响骨骼中的钙、磷、镁的代谢，使骨骼的正常生长发育受到抑制。镍可能在一定程度上代替钙参与神经细胞和骨骼肌兴奋收缩过程，这可能是因为镍与细胞膜的结合能力比钙强的缘故。镍与膜结构的完整和代谢也有一定的关系，缺镍时膜结构破坏，可产生组织出血。镍对色素代谢及垂体功能也有明显影响。

【临床症状】

1. 反刍家畜 镍在反刍家畜的代谢中占有重要地位。缺镍时，反刍家畜生长速度变缓，性成熟延迟，死亡率升高，类脂和胆固醇量变少，红细胞数量、总血清蛋白浓度和瘤胃脲酶活性降低；肝脏中铜含量减少，脾脏、肝脏、肺脏和大脑中含铁量增加。

2. 猪 缺镍时表现为生长减慢、性成熟推迟、仔猪死亡率升高。青年猪有 30%～50% 发生角质化，呈鳞片状硬壳性皮肤。肝脏、毛、脑和筋骨组织中含锌量明显下降，血清中酶的活性减弱，营养物质代谢减缓。

3. 鸡 饲料中含镍 40mg/kg 时，跗骨以上皮肤色素沉着发生改变，颜色变淡，角质化生，脚爪肿胀变厚；当饲料中含镍 14mg/kg 时，雏鸡肝脏代谢受损，肝氧化能力降低，磷脂含量减少，红细胞比容降低。皮炎，骨组织强度降低，关节肿大。

【诊断】根据畜禽的生长环境、病因及饲草饲料含镍量、血镍含量等综合分析做出确诊。

【防治】

1. 预防 根据发病原因，有针对性地抓好预防措施。如果饲料中镍含量低，需及时在饲料中补充镍制剂。其他因素影响镍吸收的，积极治疗原发病并配合使用镍制剂。

2. 治疗 对镍的需要量的研究目前还不系统，最小需要量尚未确定。一般来说，反刍家畜较其他畜禽需要量高，饲料中镍需要量为 1mg/kg；妊娠、泌乳猪对镍需要量分别为 1.4mg/kg 和 0.6mg/kg，初生仔猪为 0.12～0.16mg/kg；家禽最小需要量为 0.05～0.08mg/kg。

硒 缺 乏 症

硒缺乏症是指饲料和饮水中硒供给不足或缺乏引起的，以心肌营养不良，肌肉变性，肝坏死，渗出性素质，脑软化及繁殖机能紊乱为主要病变的营养障碍性疾病。临床常见的仔猪白肌病一般是硒和维生素 E 共同缺乏所致。而硒-维生素 E 缺乏综合征是由硒或维生素 E 单独或共同缺乏所致的一类疾病的总称。马、牛、羊、猪、鸡、鸭、犬等均可发病，主要发生于幼龄畜禽。

硒对畜禽的影响主要是通过土壤-植物体系发生作用，硒缺乏症是世界性的常发病和群发病之一。在我国，畜禽因缺硒造成的经济损失每年高达 10 多亿元人民币。20 世纪 80 年代，中国农业科学院畜牧研究所通过对全国近 30 个省、自治区、直辖市的上万份饲料样品进行含硒量分析，并根据分析结果绘制硒的分布图，全国有 70% 左右的省份是缺硒地区，重点分布在东北三省及西南部分省份，主要有黑龙江、吉林、辽宁、内蒙古、青海、四川、西藏等，其中黑龙江省是全国缺硒最严重的省份之一，全省 76 个县市的饲料平均含硒量均低于 0.02mg/kg。东南沿海也存在缺硒区。重度缺硒区≤0.02mg/kg，畜禽贫硒，容易造成缺硒；缺硒区≤0.03～0.05mg/kg，不能满足硒需要，必须补硒；变动区≤0.06～0.09mg/kg，应添加硒制剂；正常区≥0.1mg/kg，一般可满足畜禽需要。

【病因】硒缺乏的病因复杂，它不仅有微量元素硒的因素，而且也包括含硫氨基酸、不饱和脂肪酸、某些抗氧化剂及其他因素，特别是维生素 E 的作用。

1. 原发性硒缺乏 主要是饲料中硒不足，畜禽对硒的需求量是饲料中硒含量为 0.1～0.2mg/kg，如果低于 0.05mg/kg，可出现硒缺乏症。如果土壤中硒含量低于 0.5mg/kg，该土壤种植的植物中含硒量不能满足畜禽的需要。此外，土壤中硒能否被植物有效利用也与土壤酸碱性有关，酸性土壤硒不易被吸收，碱性土壤易被吸收。

2. 继发性硒缺乏 维生素 E 的不足可诱发硒缺乏症的发生。本病的发生除有明显地域性外，还与季节有关。2—5 月是发病的高峰期，主要侵害幼畜。对于放牧的畜禽，2—5 月正是繁殖分娩旺季，这时天气仍较冷，畜禽的抵抗力较弱，对某些微量元素的缺乏较敏感。幼龄阶段的畜禽抗病力较弱，同时正处于生长、发育、代谢的旺盛阶段，对营养物质的需求量增加，以致对某些特殊营养物质的缺乏尤为敏感。此外，还与其他拮抗元素有关，如硫能抑制硒的吸收。饲料中的硒能否被充分利用，还受钴、铁、钛、锌等元素的制约。

【发病机理】关于硒缺乏症的发病机制，体现为缺硒以后对硒的生物作用的影响。由于硒和维生素E具有协同抗氧化作用，可使组织免受体内过氧化物的损害而对细胞正常功能起保护作用。当缺硒时，机体代谢过程中产生的过氧化物可使细胞和亚细胞（线粒体、溶酶体等）脂质膜受到破坏，不能被及时清除，从而引起细胞的变性、坏死，降低或丧失细胞的正常功能，相应地表现出一系列临床症状及病理变化。由于其损害的组织、器官不同，表现出的症状和病变各不相同。当红细胞膜损伤时，则产生溶血和渗出性素质；毛细血管膜破坏则产生出血，如心肌出血，肌肉营养性坏死；亚细胞结构，如线粒体、微粒体遭到破坏时，则产生细胞坏死、液化和软化，如肝坏死、脑坏死。当细胞液流失后就会出现细胞瘪缩，纤维素性增生等病理变化。

在抗氧化方面，硒和维生素E起协同作用，补充硒或维生素E可达到互补和纠正各自的缺乏症。具体协同作用是维生素E可降低不饱和脂肪酸过氧化物的产生，含硒酶可以清除体内过氧化物，两者均可起到组织免受过氧化物损害的作用。但在有些情况时，维生素E不能代替硒，而硒则在很大程度上可代替维生素E。据测定，一个硒原子能代替700～1 000个分子维生素E；含硒蛋白的抗氧化能力比维生素E的抗氧化能力高500倍。

硒的抗氧化作用还表现在消除体内自由基的作用。在氧存在的情况下，自由基可作为引发剂，激发氧化作用，使细胞内外多种成分被氧化，使细胞及亚细胞成分功能受损，DNA、RNA酶活性异常，并干扰核酸、蛋白质、黏多糖酶的合成作用，直接影响细胞分裂、生长发育、繁殖和遗传，故自由基是诱发许多疾病的重要因子之一。而硒可通过谷胱甘肽过氧化酶，在辅酶Ⅰ、β-磷酸葡萄糖酶等配合下，清除转化自由基，从而保护机体细胞的正常生理功能。如果畜禽体内硒含量不足，则会出现生长缓慢，发育不良，并引起一系列缺硒反应性疾病。

另外，因硒具有促进免疫机能的作用。当硒缺乏时，抗体产生受阻，对各种致病因素的抵抗力下降，猪水肿病发病率增高，鸡生长缓慢、矮小并容易患鸡白痢、大肠杆菌病等，导致一些疫苗的保护力减弱。硒缺乏还可诱发细胞核染色体的突变，使癌症的发病率增高。

正常情况下，体内自由基不断生成，又不断被清除，保持相对平衡。当硒和维生素E缺乏时，平衡被破坏，自由基破坏蛋白质、核酸、碳水化合物和花生四烯酸的代谢，使丙二醛交联成希夫氏碱，在细胞内堆积，促进细胞衰老。自由基使细胞脂质过氧化发生链式反应，破坏细胞膜，造成细胞结构和功能的损害。肌肉组织、胰腺、肝脏、淋巴器官变质性病变和微血管损伤。

【临床症状】由于畜禽种属间的差异，受损器官和组织有所不同，所呈现出的临床症状各不完全相同，病名也不同。患病畜禽可表现出程度不同的共同症状，主要有以下5个方面：①运动机能障碍：畜禽喜卧，活动减少，起立困难，肢腿僵硬，步态强拘，行动缓慢，跛行，甚至爬行，共济失调。②心脏功能障碍：心跳加快，脉搏细弱，节律不齐，特别是在剧烈运动、奔跑、追逐过程中突然死亡，俗称猝死症。③消化机能紊乱：消化不良，食欲减退以至废绝，顽固性腹泻，个别病畜吞咽障碍。④神经机能紊乱：伴有维生素E缺乏时更明显。因脑软化，常呈现兴奋、抑郁、痉挛、抽搐、昏迷等。⑤繁殖机能障碍：公畜精液不良，受精能力下降；母畜受胎率降低，甚至不孕，流产，早产，死胎，产后胎衣不下，泌乳动物的产奶量降低或停止，鸡产蛋减少，种蛋受精率、孵化率下降，缺硒母畜（禽）所生仔畜（雏）表现为先天性白肌病，或生后不久死亡。

1. 白肌病 白肌病是幼畜的一种以骨骼肌、心肌以及肝组织等发生变性、坏死为主要特征的疾病。病变部位肌肉色淡、苍白，因而称之为白肌病，以前称之为肌营养不良。本病常发生于羔羊、仔猪、犊牛，也发生于马驹和家禽，成年家畜也可以发生，且多发生于冬春气候骤变、青绿饲料缺乏时，其发病率和死亡率较高。根据病程经过、临床症状可分为急性型、亚急性型和慢性型 3 种。①急性型：畜禽常不表现临床症状即突然死亡，如出现临床症状，主要表现为兴奋不安，心动过速，呼吸困难，流泡沫状血样鼻液，一般 10～30min 死亡。多见于羔羊、犊牛及仔猪，偶见于马驹。②亚急性型：主要表现为骨骼肌营养不良，多见于月龄稍长的犊牛和仔猪。③慢性型：生长发育明显受阻，典型的病畜表现为运动障碍和心功能不全，并有顽固性腹泻。

本病除具有上述的共同症状外，不同的畜禽又表现出各自特征性症状。

（1）仔猪 精神不振，喜卧，行走时步态强拘，站立困难，常呈前腿跪下或犬坐姿势，病程继续发展，则四肢麻痹。心跳、呼吸快而弱，心律不齐，肺部常出现湿啰音。顽固性腹泻。尿中出现各种管型，血红蛋白尿，尿胆素增高。

（2）羔羊 衰弱，肌肉无力，有的出生后就全身衰弱，不能自行起立。行走不便，共济失调。心搏动快，200 次/min 以上；严重的心音不清，有时只听到 1 个心音。可视黏膜苍白，有的发生结膜炎，角膜混浊、软化，甚至失明。呼吸浅而快，80～90 次/min，有的呈双重性吸气。尿呈淡红色、红褐色，尿含蛋白和糖。

（3）犊牛 精神沉郁，喜卧，共济失调，站立不稳，步态强拘，肌肉震颤，消化不良。心搏动快，可达 140 次/min，呼吸数达 80～90 次/min，多数病犊发生结膜炎，甚至发生角膜混浊和角膜软化。排尿次数增多，尿呈酸性反应，尿中有蛋白和糖，肌酸含量增高，可高达 1 500～4 000mg/L。可继发气管炎、肺炎等。最后食欲废绝，卧地不起，呈角弓反张等神经症状，多因心脏衰弱和肺水肿而死亡。

（4）马驹 精神沉郁，食欲减退，低头闭目，起立困难，驻立时肌肉发抖，后肢频频交替负重，运动姿势反常，左右摇摆，有痛感。背腰、臀部、颈侧、肩胛及肢端等部位发生水肿。呼吸喘急，心跳加快，心律不齐，眼结膜黄白不洁。常有腹泻，尿由淡红色、深红色至酱油色，内有蛋白。血液混浊似豆油状，但血沉慢。

（5）家禽 雏鸡、雏鸭、雏火鸡均可发病。其特征为全身软弱无力，贫血，冠变白。眼流浆液性黏液性分泌物，眼睑半闭，角膜变软。翅松乱下垂，肛门周围污染，腿和胸肌萎缩，步伐迟缓，甚至发生腿麻痹而卧地不起，也可发生颈肌弛缓，不能抬头。

2. 仔猪营养性肝坏死和桑葚心 为猪硒和维生素 E 缺乏症最为常见的病型之一。在饲喂高能量饲料（玉米、黄豆、大麦等）的条件下，由于维生素 E 和硒含量均低下，致使生长迅速、发育良好的育肥猪最易发生本病，且多与白肌病相伴发。

（1）营养性肝坏死 又称为仔猪肝营养不良，主要发生于 3 周龄至 4 月龄，尤其是断奶前后的仔猪，大多于断奶后死亡。急性病例多为体况良好、生长迅速的仔猪，没有任何症状突然发病死亡。存活的仔猪常伴有严重呼吸困难，黏膜发绀，躺卧不起等症状，强迫走动可引起立即死亡。约 25％的猪有消化道症状，如食欲不振、呕吐、腹泻、粪便带血等。病猪可视黏膜发绀，后肢无力，臀及腹部皮下水肿，病程长者可出现黄疸、腹胀和发育不良症状。同窝仔猪于几周内死亡数头，群死亡率在 10% 以上，冬末春初发病率最高。

（2）桑葚心　多发于仔猪和快速生长的猪，体重一般在 60～90kg，营养状况良好，饲喂高能饲料，如果维生素 E 含量较低，病猪常在没有任何前驱征兆下突然死亡，幸存猪表现严重呼吸困难、发绀、躺卧，强迫行走时可突然死亡。亚临床型常表现为消化紊乱。在气候骤变、长途运输等应激下可转为急性型，几分钟内突然抽搐，大声嚎叫而死亡。皮肤有不规则的紫红色斑点，多在肢体内侧，甚至遍及全身。

3. 幼驹腹泻　缺硒地区的幼驹（马驹、驴驹）表现以消化障碍为特征的症状，因腹泻症状明显而得名幼驹腹泻。根据病程可分为急性型和慢性型 2 种。

（1）急性型　多于生后 1～3d 内发病，最初排糊状粪便，很快转为水样腹泻，迅速出现脱水、心力衰竭，心跳达 120～150 次/min，第一心音分裂，精神沉郁，若抢救不及时，很快发生死亡。

（2）慢性型　多发生于 10～30 日龄的幼驹，主要表现为消化机能紊乱，排灰白色或黑色糊状粪便，恶臭，有时粪便如水样，混有肠黏膜和血液。心跳快而弱，可达 180～200 次/min，精神倦怠，步态强拘，行动迟缓。口腔，特别是舌部常有溃疡。病程长短不等，长者可达 30d 以上。有的病例可自行恢复，但多数发育不良。

4. 禽类硒缺乏的特有病症

禽类缺硒除发生白肌病、肝营养不良外，在我国已报道的还有以下几种病症：

（1）渗出性素质　本病多发于 3～6 周龄的鸡，火鸡、鸭、鹅及其他禽类发病率较低。表现为胸、腹部皮下水肿，故又称为小鸡水肿病。当禽缺硒时，红细胞膜结构和血管内皮受损，内皮细胞坏死，通透性增加，血浆蛋白和由崩解的红细胞内释放的血红蛋白进入皮下，形成变性血红蛋白，使皮肤呈淡蓝色或淡绿色。初期病鸡精神沉郁，不愿活动，腹部皮下血管呈轻微的紫红色，继而皮下呈淡紫色，腿、颈、翅下水肿，穿刺患处有蓝绿色液体流出，故称为渗出性素质。出现渗出性素质后，全身体况迅速下降，起立困难，站立时两翅展开以保持平衡，运步障碍，共济失调，最后衰竭死亡。

（2）脑软化症　本病常被诊断为维生素 E-硒缺乏综合征，采取的防治措施是同时补充维生素 E 和硒。但在临床实践中发现，补充硒几乎无效，用维生素 E 治疗效果满意。

（3）胰腺纤维素性增生　本病常因先天性缺硒所致，6 日龄雏鸡发病率最高，雏鸡饲料中缺硒可加速此病的发生。本病与维生素 E 缺乏无关。病鸡生前无特征性症状，仅表现突然死亡。亚急性型鸡生长不良，羽毛蓬松，血浆中酸性磷酸酶、溶菌酶活性增加，但血浆和胰腺内谷胱甘肽过氧化酶活性变化与病情轻重无关。

（4）肌胃变性　本病的病理变化主要局限于肌胃。出壳后 7～10d 死亡，雏鸡表现全身虚弱，抑郁，羽毛蓬松，消化紊乱，一般呈亚急性型和慢性型，发育不良，粪便暗色，常混有少量未消化的饲料。

5. 与缺硒有关的其他疾病

近年来，发现某些疾病并非是单纯缺硒引起的，但与缺硒相关，通过补硒可降低这些疾病的发病率，或预防和杜绝这些疾病的发生。

（1）肉用仔鸡苍白综合征　本病多发于 12～30 日龄肉用仔鸡，50 日龄后不再发生，发病率为 20%～33%，主要表现为翅羽基部不全断裂，断裂羽毛与体躯垂直，如同飞机螺旋桨一样，故又称为螺旋桨病。生长良好的鸡突然出现软脚、蹲地啄食，进而两脚瘫痪，完全不能站立，侧卧，两腿软，一侧或一前一后叉开躺卧。本病很容易与非典型性新城疫混淆。但注射新城疫疫苗后，死亡更多。有学者认为本病是由呼肠孤病毒引起的，用病毒接种 1 日龄雏鸡，可复制本病。但肌内注射 0.1%亚硒酸钠溶液，可预防和治疗本病。

（2）仔猪水肿病 断奶仔猪、生长猪发生以皮下、胃肠黏膜水肿为特征的疾病。临床上呈进行性运动不稳和四肢瘫痪，死亡率很高。典型症状为走路跛行，病情加重时瘫痪倒地，四肢呈划水状（游泳状），发病后 1～2d 死亡。体温正常，有时甚至会下降。本病一直被认为是由溶血性大肠杆菌 O_{138}、O_{139}、O_{140} 等菌株引起的，而且对健康猪静脉注射病猪肠内容物上清液，可复制本病，病程 8～15d。但许多试验证明，在母猪妊娠期间注射长效硒或0.1%亚硒酸钠溶液 8～10mL 可预防本病，患病仔猪注射亚硒酸钠溶液也可以减少死亡，故怀疑此病是因硒缺乏所致的机体免疫力下降，致使大肠杆菌活跃而发生的。

母猪于妊娠 30d 和分娩前 21d，分 2 次注射亚硒酸钠溶液，可成功预防本病。仔猪生后7d 及生后 56d 断奶时，分 2 次注射 0.1%亚硒酸钠溶液，也可防止本病的发生。另有报道，对水肿病易发猪群的仔猪，断奶后每头每天口服硫酸镁粉 5g，分 2 次拌入饲料中自食，连用 35d，可减少水肿病发生。

（3）胎衣滞留和流产 低硒地区的母牛、母羊经常发生流产、胎衣滞留。奶牛一般没有任何先兆而发生流产，有的病牛先出现阴唇红肿，阴道内有数量不等的黏液，流产过程短、速度快，出现预兆 1h 流产，流产预兆时间长，胎儿有可能存活，但多为死胎，所有流产母牛发生胎衣滞留。病牛群的血硒浓度下降，饲料中含硒 0.01mg/kg 以下，谷胱甘肽过氧化物酶活性下降。产前 20d 补硒和维生素 E，可有效减少胎衣滞留和流产的发生率。

【诊断】本病的诊断尚缺乏确实有效的特异性方法，尤其是对早期亚临床症状的确诊更为困难，应结合地方性缺硒病史、临床症状、饲料与组织中的硒含量分析和血浆过氧化物酶活性变化等综合分析做出诊断。

血液中常用于诊断硒缺乏症的指标有：血清硒含量，谷草转氨酶、磷酸肌酸激酶、乳酸脱氢酶、异柠檬酸脱氢酶、谷胱甘肽过氧化物酶测定；红细胞内脂质过氧化物浓度可作为硒和维生素 E 缺乏的可靠指标。

【防治】

1. 预防

（1）饲料加硒 根据饲料分析结果，硒添加总量为 0.1～0.2mg/kg。这种方式适合舍饲猪和家禽。家禽对鱼粉中的硒利用率较低，故饲料中的补硒量应当提高。同时，饲料中添加硒应注意掌握剂量，拌入饲料后必须充分混匀，否则，会造成人为性的硒中毒。

（2）饲喂硒盐 将 20～30mg 硒添加到 1kg 食盐中，定期让牛羊舔食。这种方法适合牛羊补硒。反刍家畜在特殊时期补硒量应有所增加。中等体型的牛在妊娠期间，每头应多补充硒 10mg；母羊妊娠期补充维生素 E 75mg，并持续到泌乳期。母羊在草地上放牧时应补充硒0.2mg/kg。犊牛，尤其是生长期的犊牛，每日补充硒 0.1mg/kg 和维生素 E 150mg。

（3）瘤胃硒丸 对于放牧家畜，可采取瘤胃放置硒丸的办法补硒。

（4）施肥与喷洒 对于高产牧场或专门从事牧草生产的草地，可用施硒肥的办法解决补硒问题。给土壤补充硒，土壤含硒量提高 5 倍，结果发现大麦的含硒量增加了 3～5 倍。将硒盐加入肥料中，二硒化钠（Na_2Se_2）每公顷≤10g，硒含量达到家畜的生长需要，可以维持牛、羊短期乃至 12 个月的硒营养。或将含亚硒酸钠的肥料用于改变土壤缺硒状态，生产干草的土壤施用含硒量为 6mg/kg 的硒肥，生产谷物的土壤用 16mg/kg 的硒肥。或在牧草收割前，使用浓度为 77μg/g 的亚硒酸钠溶液喷洒玉米植株叶面，每 1 000m² 用 5.25g 亚硒酸钠，使玉米籽实含硒量达到畜禽所需的营养标准 0.1μg/g 以上。据国内报道，玉米植株叶面喷硒试验，每公顷喷亚硒酸钠 52.5g，可使籽实硒含量提高 14～29 倍。

（5）皮下埋植　将 10～20mg 亚硒酸钠植入牛的肩后疏松组织中，使其慢慢吸收。妊娠中后期的母羊，可将硒颗粒植入耳根后皮下，预防羔羊硒缺乏症。这种方法类似瘤胃硒丸。采用此法必须注意，牛不能提前屠宰，否则，植入部位硒吸收不全造成高硒含量，不符合肉品卫生要求。

（6）肌内注射　在冬春季节可肌内注射 0.1%亚硒酸钠溶液，马、牛 10～20mL，猪、羊 4～6mL。同时注意提高整体营养水平，特别是草食家畜应补充适当的精料。冬春气候骤变时，应注意圈舍的保暖。

2. 治疗　应用硒制剂进行治疗，同时配合使用维生素 E 等。

（1）补充硒制剂　肌内或皮下注射 0.1%亚硒酸钠溶液，畜禽 0.1mg/kg（以体重计），10～20d 重复注射 1 次。病情严重的，5d 注射 1 次，共 2～3 次。

（2）对症疗法　硒和维生素 E 在生物学方面有着复杂的补偿与协同作用，两者共同组成细胞的抗氧化系统，分担共同的抗氧化作用。如一方缺乏，另一方充足有余，引起的症状比较轻；两者同时缺乏，则症状较重，两者不能相互代替。①维生素 E 注射液，肌内注射，一次量，犊牛、马驹 300～500mg，羔羊、仔猪 100mg。②口服亚硒酸钠维生素 E 溶液，一次量，马驹、犊牛 0.5～1.5g，羔羊、仔猪 0.1～0.5g，犬 0.03～0.1g，家禽 5～10mg。③亚硒酸钠维生素 E 注射液，一次量，马驹、犊牛 5～8mL；羔羊、仔猪 1～2mL，犬 1～2mL。④配合使用维生素 A、B 族维生素、维生素 C 及其他对症疗法。

第二节　矿物质中毒

矿物质中毒是指畜禽摄入矿物质的量过多，在体内积累而引起中毒。矿物质中毒主要是指微量元素中毒，可分为金属元素、类金属元素和非金属元素三类。少量或微量的微量元素进入机体后，发生功能障碍，甚至导致死亡。极少量的微量元素进入机体累积可导致慢性中毒，引起中毒的元素主要是金属元素，特别是重金属元素和碱土金属元素，也有少数毒性较强的非金属元素。引起畜禽中毒的常见金属元素包括汞、铅、镉、铜和钼等；一些非金属元素，如砷、硒、碲、氯和氟等也有较高的毒性。

不同元素引起中毒的机理并不相同。重金属与蛋白质结合，引起蛋白质性能发生改变，从而抑制酶的活性或蛋白质的生物功能，使细胞代谢发生紊乱。有些元素，如氯是酶的强烈抑制剂而引起中毒。也有些元素是由于和某种必需微量元素竞争而引起中毒，如镉中毒，是因镉与锌竞争使许多含锌的酶活性严重降低的结果。还有一些元素引起中毒的机理至今尚不清楚。

微量元素中除 15 种是畜禽机体所必需的以外，有的微量元素到目前为止，对其生理功能还不十分明确，尚未发现微量存于体内具有毒性反应，故称其为非毒性元素，如硼、铋、锂、钨、金、溴等。非必需元素无论多少或何种形式都不宜进入机体内，所谓的无害元素也是如此，如铝元素，虽然无毒害，但多了有一定危害，如今已查明铝是人老年痴呆症的祸首。还有的已被证明微量存在于体内，可引起毒性反应，如汞、镉、铅、锑、铍等，称为毒性元素，其中镉、铍、钇根据实验还可能有致癌、致畸作用。微量的有毒元素进入畜禽机体内，可引起慢性中毒；大量进入畜禽机体内，即可引起急性中毒，危害生命。如汞摄入微量可出现头痛、头晕、关节痛、肌肉颤抖等症状；大量摄入造成急性中毒，可诱发肝炎、血尿、尿毒症直至死亡。

微量元素中毒发生的原因，概括起来有3个方面：一是由于地区的特点和矿藏分布，在土壤、空气和水源中某些微量元素的含量高，可发生地区性慢性中毒。二是因采矿、冶金工业的发展和工业"三废"（废气、废水和废渣）的处理不当，以及农业上化肥、农药、除草剂等广泛应用，导致污染环境。三是使用微量元素不当，包括饲料中添加剂的调配，或应用微量元素防治某些疾病，在剂量、浓度、方式方法及时间间隔等方面的人为错误。

微量元素主要通过胃肠道进入畜禽机体内，也可随大气经呼吸道，少数是经皮肤等途径进入机体。它们的排出途径主要是肾脏和肠道，此外，还有皮肤、毛发、汗腺、分泌腺和胆道等。有的微量元素的排出途径有多个，如铜既可通过肾脏由尿液排出，也可通过胆汁进入肠道随粪便排出。

目前，利用分析毛发中微量元素的含量，作为诊断微量元素中毒的指征。微量元素进入机体后，其分布极不均匀，有的在一定的组织或器官中贮存较多，有的含量却很少，如85％以上的碘集中于甲状腺，90％以上的氟、铅、钡等集中在骨骼；70％以上的铁集中于红细胞中。大部分微量元素比较集中地存在于肝脏，故称肝脏为微量元素之库。微量元素对机体的毒性作用：①从微量元素方面来看，和毒性的强弱，生物学半衰期的长短，机体吸收的速率及在体内分布等有不可分割的联系。毒性的强弱，又和微量元素的种类、剂量、应用时间的长短，进入机体的方式以及吸收率的不同而有显著差异。②从畜禽方面来说，与畜禽的种类、年龄、性别、个体大小、体质强弱、营养状态以及畜禽对微量元素的敏感性和耐受性等，都有密切的关系。金属元素对机体产生毒性作用，是因为重金属和碱土金属化合物进入机体后，大多能很快地离解形成离子，并和蛋白质分子中的各种基因结合，形成较稳定的化合物，抑制酶的活性，或破坏蛋白质的正常功能，如进入畜禽体内的汞离子，和蛋白质中广泛存在的硫基结合，抑制多种酶的活性，阻碍细胞的呼吸和正常代谢，以致引起极为广泛的毒害作用，特别是对脑组织的严重损害和对细胞功能的严重紊乱。分析微量元素中毒病例时，应对当地的土壤、空气、水源和草料，工农业污染的情况进行调查研究，结合流行病学资料、临床症状、病理变化等进行诊断，这对防治微量元素中毒具有重要的意义。

值得重视的是，某些临床症状和病理变化既出现于某些微量元素缺乏症，又呈现在某种微量元素中毒病例，如贫血，不但是铜、钴、铁、镍缺乏的症状之一，而且也出现在硒、锌、钼的中毒。氟和钼中毒时，呈现骨骼的异常，而铜、锰、锌的缺乏也有相同的表现。此外，在某些微量元素过多或缺乏的地区，除有的病畜呈现临床症状外，还有不少畜禽处于亚临床状态，常常不易发现。据此，确定微量元素中毒时，应考虑进行动物试验和微量元素的测定，以期在确诊的基础上追根溯源，采取切实有效的防治措施。

关于微量元素中毒的预防，应根据发生的原因，结合实际情况，采取综合措施：①查明工业"三废"污染区，包括重金属元素、碱土金属元素和毒性较强的非金属元素的分布区，严禁在这些地区放牧，并采取有效方法防止环境污染。②严格控制化肥、农药、除草剂等的使用，制定有关贮存、运输及使用方法细则，由专人负责使用，妥善保管。③应用微量元素作为饲料添加剂或防治某些疾病时，必须高度重视剂量、浓度和使用的方式方法及时间间隔。④绝对禁止使用微量元素中毒的畜禽，供人们食用或作为畜禽的饲料。⑤不得用农药拌过种或消毒过的作物作为饲料，万不得已使用时，必须彻底清洗干净。⑥在田块、地边使用过化肥、农药等，要设立警示标志，禁止放牧。

对微量元素中毒的病畜治疗，早期应以洗胃、导泻、催吐、利尿或清洗体表的方法为主，尽早排除致病因素。同时，进行对症疗法，维护全身功能，注意强心、补液、保肝。针对不同情况，给予镇静剂或兴奋剂等，保持体温恒定。给予保护剂，如蛋清、糖或牛奶等，注意加强对病畜的护理。在确定毒物后，及早使用特效解毒剂，如二巯基丙磺酸钠、二巯基丁二酸钠等为汞的特效解毒剂；乙酰胺（解氟灵）对急性氟中毒有明显疗效。

一、金属类矿物质中毒

铁 中 毒

铁中毒是指畜禽摄入过量铁而引起的一种中毒性疾病。急性中毒以厌食、少尿、腹泻、体温下降和代谢性酸中毒等为特征；慢性中毒以食欲减少、生长缓慢、饲料转化率降低等为特征。畜禽铁中毒比较少见，一般常见于试验性的，或因用药错误导致。

【病因】

1. 用量大或混合不均 饲料中补充铁盐过多或混合不均，是引起铁中毒的主要原因。预防或治疗畜禽铁缺乏症时，过量注射铁制剂（如右旋糖酐铁等）也可引起中毒。最常见的是仔猪出生后注射右旋糖酐铁过量引起的铁中毒。

2. 环境污染 炼铁厂等工厂的污水中铁及可溶性铁化合物含量较高，如未经处理排出会污染饲草和饮水，畜禽采食或饮用被污染的饲草和饮水也可引起中毒。

【发病机理】进入血浆中过多的铁，超过正常的结合能力，与 β-球蛋白呈松散形式结合，这种铁与蛋白质易于分离，游离出来的铁可引起中毒反应。Fe^{3+} 作用于胃肠道黏膜，由铁触发产生自由基，干扰细胞呼吸，损伤组织细胞，引起休克和酸中毒。如不能及时处理，铁吸收进入全身组织细胞，触发的自由基反应使细胞肿胀、坏死，严重损伤脏器，造成多器官衰竭。慢性中毒表现为铁色素沉着，胃肠道功能异常等，重症可有肝坏死和心肌变性。可诱发肿瘤、心血管损害、骨质疏松等多种疾病。

【临床症状】急性中毒的共同症状为初期出血性胃肠炎，如腹泻和呕吐；24～48h 内可发生休克，血压下降，并伴有惊厥；可能在 30d 左右，发生急性肝坏死和肝昏迷而导致死亡。慢性铁中毒表现为生长发育缓慢，体重减轻。

1. 猪 注射右旋糖酐铁中毒时，病猪呆滞，站立不稳，呼吸困难，黏膜发绀，最终死亡。

2. 家禽 鸡冠苍白，低头缩颈，口流清水，多数呈昏睡状，反应迟钝，产蛋减少或停产。

【诊断】根据病史（各种原因所致的铁超量）、临床症状和特征性病理变化（各器官充血和水肿，肠黏膜有出血点或出血斑，肝坏死，呈黑紫色，稍肿大等）即可初步确诊。血液二氧化碳结合力降低，血小板减少，白细胞总数增多，血清丙氨酸转移酶、冬氨酸转移酶活性增高，血清铁浓度增加，并进行饲料中铁含量的测定。

【防治】

1. 预防 养殖场选址要远离炼铁厂，严禁畜禽采食或饮用被污染的饲草和饮水。饲料中添加铁制剂时，应严格按照饲料营养标准添加，并混合均匀，不能随意提高补铁剂量，2次补铁必须间隔 10d 左右。预防补铁反应和铁中毒发生，可在补铁前补充足够的硒和维生素E，或服用少量乙氧喹。使用铁制剂治疗畜禽疾病时，应严格掌握剂量，尽量采用短程、小剂量治疗。使用铁制剂的同时，要多补充维生素C。

2. 治疗 治疗原则是立即停止铁的供给，同时采取催吐、洗胃及应用解毒剂等措施，阻止胃肠道对铁的吸收，加速体内铁的排出。

(1) 急救处理 ①催吐、洗胃。中毒初期，口服催吐剂，用 1% 碳酸氢钠溶液洗胃，或灌服鸡蛋、牛奶、植酸等阻止铁的吸收。②缓泻。硫酸钠粉，一次量，马 200～500g，牛 400～800g，猪 25～50g，羊 40～100g，犬 10～25g，猫 2～5g，用温水配成 4%～6% 的溶液，胃导管投服。

(2) 金属络合剂解毒 常用乙二胺四乙酸钙钠（依地酸钙钠，EDTA-CaNa$_2$）、促排灵（喷替酸钙钠）等药物，加速体内铁的排出，不得超量和长期使用，否则可导致缺铁和贫血。①乙二胺四乙酸钙钠注射液，静脉注射，一次量，马、牛 3～6g，猪、羊 1～2g，2 次/d，幼畜用量酌减，临用时以灭菌生理盐水稀释成 0.25%～0.5% 的溶液。②促排灵，马、牛 2.5～5g/d，猪、羊 1.5～3g/d，溶于生理盐水中，肌内注射或静脉注射，连用 3d，停药 4d 为一疗程，疗程数根据病情及尿液中排铁量而定，一般为 2～4 个疗程。

(3) 对症治疗 ①维持酸碱平衡。5% 碳酸氢钠注射液，静脉注射，马、牛 15～50g，羊、猪 2～6g，犬 0.5～1.5g，猫 0.5～1g，1～2 次/d。②保护胃黏膜。4% 氢氧化铝凝胶，口服，一次量，马 15～30g，猪 3～5g。③补充硒和维生素E。铁中毒与硒和维生素E 缺乏有关，硒和维生素E 对铁中毒病有一定的保护作用。亚硒酸钠维生素E 注射液，一次量，马驹、犊牛 5～8mL；羔羊、仔猪 1～2mL，犬 1～2mL。④补充体液。静脉注射糖盐水补充体液。同时，配合使用维生素A、维生素C、维生素B$_1$、维生素K 等，促进病畜体质的恢复。

铜 中 毒

铜中毒是指畜禽摄入过量的铜化合物或长期食入含过量铜的饲料、饮水，而发生的以腹痛、腹泻、肝功能异常和溶血为特征的一种重金属中毒性疾病。反刍家畜对过量铜较敏感，以绵羊最为易感，其中羔羊最敏感，其次为牛。猪、犬、猫偶有发生。家禽中，以鹅对铜较敏感。马、鸭耐受量较大。单胃家畜对铜有较大的耐受量，这种差异与单胃家畜和反刍家畜对铜代谢的不同有关。根据病程可分为急性铜中毒和慢性铜中毒，发病原因又可分为原发性铜中毒和继发性铜中毒。各种畜禽对铜的耐受量分别为马 800mg/kg，牛 100mg/kg，猪 250mg/kg，羊 25mg/kg，鸡 300mg/kg，家兔 200mg/kg。

【病因】

1. 急性铜中毒 因偶然超量摄入大量可溶性铜盐（饲料铜过高，喷洒铜药牧草、拌料不匀或含铜杀真菌制剂）或一次超量注射铜制剂所引起。多因驱虫或催吐等短时间内，给予大量硫酸铜或采食大量喷洒铜盐的植物所引起。如羔羊在含铜药物喷洒过的草地放牧，或饮用含铜浓度较高的饮水，缺铜地区给畜禽补充过量铜制剂等。

2. 慢性铜中毒 慢性铜中毒因环境污染，采食了含铜较高的牧草或改变铜代谢物质，如工业铜污染、土壤中铜过高或长期用含铜较高的猪粪、鸡粪施肥，使牧草和饲料中铜含量偏高所致。用含铜较高的饲料喂鸡，将鸡粪烘干除臭后喂羊，也可引起慢性铜中毒。饲料中铜的添加量过大（>250mg/kg），或未予碾细，或未予拌匀，均可引起铜中毒。畜禽采食白车轴草，使体内矿物质平衡失调，贮存铜多，饲草料中钼和硫低或机体吸收减少，继发慢性铜中毒。长期摄入铜含量超标的配合饲料、浓缩料或添加剂是铜中毒常见的原因。

【发病机理】 铜对胃肠黏膜可产生直接刺激作用，引起急性胃肠炎、腹痛、腹泻。直接与红细胞表面蛋白质作用，引起红细胞膜变性、溶血和死亡。肝脏是体内铜贮存的主要器官，大量铜可积聚在肝细胞的细胞核、线粒体和细胞质内，很多重要酶的活性受到抑制，导致肝功能障碍，损伤细胞的结构甚至肝坏死。当肝细胞内铜浓度相当高时，在某些诱因或应激因素作用下，可使肝细胞内铜迅速释放入血，血浆铜浓度大幅升高，可降低红细胞中谷胱甘肽的浓度，使红细胞的脆性增加而发生血管内溶血，红细胞比容下降，出现血红蛋白尿、黄疸，以至死亡。

肾脏也是铜贮存和排泄器官之一，疾病早期肾脏损伤不明显，而溶血危象出现后，产生肾小管坏死和肾脏功能衰竭。至于产生血管内溶血的机制，目前有多种解释。有的认为是大剂量游离态铜对红细胞膜损伤作用；也有的认为大量的铜可将还原型谷胱甘肽转变为氧化型谷胱甘肽，将血红蛋白氧化为高铁血红蛋白和变性血红蛋白沉淀物，在红细胞内产生硬而实的变性球蛋白小体，加速了细胞破裂；还有的认为铜在体内的积累作用，使红细胞转化为自家抗原，并进一步诱导自家抗体生成，形成自体免疫反应，导致溶血。发生溶血时，肾铜浓度升高，肾小管被血红蛋白阻塞，从而引起肾单位坏死、肾功能衰竭、血红蛋白尿，甚至尿毒症。同时，溶血时释放出的某些因子和机体处于缺氧状态，血浆肌酐、碱性磷酸酶浓度升高，导致骨骼肌受到损害。此外，血液中尿素和氨浓度增加，导致中枢神经系统受损。铜中毒的畜禽常死于严重的溶血或尿毒症。

【临床症状】

1. 反刍家畜 食欲下降、饮欲增加，精神高度沉郁，腹痛，腹泻，呕吐，排蓝绿色黏液粪便，真胃溃疡和糜烂，最后虚脱死亡。可视黏膜苍白或黄染，血红蛋白尿。羊急性中毒时，出现明显的腹泻、腹痛、惨叫，排淡红色尿液，频频排出稀水样粪便，后期体温下降、虚脱、休克，在3~48h内死亡。慢性中毒时，早期仅见增重减慢。中期可见肝脏功能明显异常，血清谷草转氨酶、血清山梨醇脱氢酶、血清精氨酸酶活性迅速升高，血浆铜浓度也逐渐升高，但精神、食欲变化轻微。此期因个体差异，可维持1~6周。后期出现溶血危象，表现烦渴，呼吸困难，极度干渴，卧地不起，血液呈酱油色，可视黏膜黄染，红细胞形态异常，红细胞内出现海因茨小体（Heinz），红细胞比容下降至19，有的甚至低至10。血铜浓度急剧升高1~7倍，病羊在1~3d内死亡。

2. 猪 急性中毒时，病猪表现精神沉郁，食欲减退，全身发痒，皮肤角化不全，湿疹及血疹。感觉过敏，肌肉震颤，剧烈呕吐，腹痛，先排出糊状稀便，呈褐色或深绿色，并混有脱落的肠黏膜，后呈水样腹泻。虚弱无力，气喘，有时呕吐，可视黏膜淡染，血红蛋白尿。最终因心动过速、惊厥或麻痹、虚脱而死。慢性中毒时，病猪精神委顿，食欲下降，体温38.9~39.5℃，被毛粗乱。随着病情发展，病猪结膜苍白，心跳减弱，呼吸困难，张口喘气，肌肉无力，步态不稳，少尿或无尿，四肢、腹部、臀部皮肤发绀；后期病猪精神高度沉郁、食欲废绝，心力衰竭，肌肉痉挛，体温下降至 38.0℃ 以下，最终昏迷、惊厥或麻痹而死。妊娠母猪铜中毒常发生流产，死胎多为木乃伊胎和黑死胎。

3. 家禽 食欲减退、体重下降、精神沉郁、羽毛蓬乱、腹泻、贫血、痉挛、麻痹和昏迷，甚至死亡。冠发紫，排淡红色或墨绿色稀粪。成年鸡饲喂含 800～1 600mg/kg 铜的饲料，生长缓慢和贫血。鹅生活在含铜 100mg/kg 的池塘内，可因急性中毒死亡。

4. 犬 呕吐，呼吸困难，昏睡，可视黏膜苍白、黄染，肝脏变小，体重下降，腹水增多。

【诊断】急性铜中毒，根据有接触含高铜的饲料或饮水的病史，结合腹痛、腹泻等临床表现，做出初步诊断。饲料、饮水中铜含量测定，对确诊有重要的诊断意义。临床诊断中，因前期溶血症状不明显，有赖于对肝脏、肾脏、血液中铜浓度及酶活性测定，综合这些指标进行分析判断：①肝脏、肾脏器官铜含量升高。肝脏铜含量＞500mg/kg（以干物质计），肾脏铜含量＞80mg/kg（以干物质计），可作为铜中毒诊断指标。测定肝脏活检样本含铜量是目前最可靠、最确切的诊断方法。②饲料中铜含量过高，添加量长期超过 250mg/kg，或因含铜饲料补充剂未碾细、未拌匀，或钼含量过低，可作为慢性铜中毒诊断的参考指标。

【防治】

1. 预防 养殖场应建在未被工业"三废"污染的区域，定期采样监测饲料、饮水中的铜含量，从源头上避免畜禽摄入过量的铜，减少铜中毒风险。正确使用和控制饲料添加剂中铜的添加量，一般猪饲料中铜含量为 125～185mg/kg。另外，在饲料中加入适量的铁元素和锌元素。在高铜草地上放牧的羊，在精料中添加钼 7.5mg/kg、锌 50mg/kg 和 0.2％硫，可预防铜中毒，且有利于被毛生长。同时，要注意不要长期用猪鸡饲料饲喂反刍家畜，防止发生慢性铜中毒。开发新的铜源来替代传统的硫酸铜等，如氨基酸螯合铜、酵母铜等。猪在生长育肥阶段的饲料配方应适当降低铜的含量，降低高铜带来的危害。此外，应避免一次性注射大剂量的可溶性铜盐。

2. 治疗 治疗原则是迅速使血浆中游离铜与血浆白蛋白结合，促进铜的排出。

（1）急救处理 立即停止饲喂含铜饲料，并投喂新鲜白菜叶等青绿饲料。自由饮用含 0.1％维生素 C 的 10％葡萄糖溶液。病情较严重的，可用 0.2％～0.3％亚铁氰化钾溶液洗胃，并配合口服氧化镁，1～2 次/d。

（2）特效解毒 ①急性铜中毒，用三硫钼酸钠或四硫钼酸钠，按体重 0.5mg/kg 钼计算，稀释成 100mL 溶液，静脉注射，3h 后根据病情可再注射 1 次，可促进铜与白蛋白结合，促进肝脏铜通过胆汁排出到肠道，对处在急性和溶血危险期铜中毒的病畜具有保护作用。②对亚临床铜中毒及经抢救脱险的畜禽，在饲料中补充钼酸铵 100mg/d、无水硫酸钠 1g/d 或 0.2％硫磺粉，拌匀饲喂，直到粪便中的铜降到接近正常值为止，可减少死亡。绵羊铜中毒可口服钼酸铵 250mg 和硫酸钠 0.5g，可促进铜的排出。同时，配合应用止痛和抗休克药物。

（3）金属络合剂解毒 常用二巯基丙醇和青霉胺。①二巯基丙醇注射液，它能与体内游离的铜离子结合，形成不易离解的无毒络合物由尿液排出，肌内注射，家畜每千克体重用量为 2.5～5mg，第 1～2 天，1 次/4h。②青霉胺片（二甲基半胱氨酸），口服，一次量，家畜每千克体重 5～10mg，4 次/d，连用 5～7d，间歇 2d 再用，一般用 1～3 个疗程。同时，配合使用维生素 B_6，防止视神经炎的发生。

钴　中　毒

钴中毒是指畜禽摄入过多钴而引起的，临床上以消化机能障碍、红细胞增多、贫血、血压下降、后肢瘫痪、共济失调、心力衰竭为特征的一种中毒性疾病。牛、羊、猪、犬等均可发病。

钴是机体必需的微量元素之一，对机体的营养代谢起着重要作用。反刍家畜摄入过量钴时会引起中毒反应，但钴的需要量和中毒量之间的安全范围很大，且钴可迅速被排出体外，故钴中毒现象非常少见。虽然有些报道认为，导致中毒的剂量约为30mg/kg饲料干物质，但目前饲料干物质中钴浓度的最大限量已被确定为10mg/kg，超过这个水平可能会产生毒害影响，钴超过需要量的300倍可引起中毒反应。

【病因】钴在畜禽需要量极少，但对机体的生理作用很大。饲喂钴一般不易引起中毒，但用量不慎可引起中毒。畜禽缺钴时，如补给过量或未均匀搅拌便饲喂，则可导致中毒。与钴有关的工厂"三废"处理不当造成环境污染等，均可造成钴中毒。给予体重50kg牛40～55mg钴，即可发生中毒。猪可耐受含钴200mg/kg的饲料，含钴400～600mg/kg则产生毒性作用。鸡饲料中钴含量为50mg/kg可引起严重中毒。

【发病机理】一般认为钴能够抑制多种酶的活性，刺激铁的利用，抑制幼稚红细胞的呼吸功能，过早释放入血及干扰维生素C的代谢。钴中毒所导致的贫血可能是由于过量钴妨碍了铁的吸收所致，这是因为钴和铁在肠道吸收上存在共同的肠黏膜运输路径，在这条路径上由同个机制调节两者的吸收与运输。此外，过量的钴可引起心力衰弱和血管扩张，导致血压下降。过量钴进入消化道，可刺激、腐蚀胃肠道黏膜而导致消化机能障碍。

钴的过量摄取可对机体造成多种毒性效应，被钴损害的器官包括神经系统、呼吸系统、循环系统、内分泌系统等几乎所有的重要脏器。钴中毒引起的感觉神经系统最常见疾病包括神经炎、耳鸣和进行性听力下降以及视觉障碍。钴中毒引起的呼吸系统最常见疾病包括肺炎、慢性弥漫性肺间质纤维化、支气管哮喘。引起的循环系统最常见疾病主要是心肌病。引起的内分泌系统最常见疾病是甲状腺肿。引起的皮肤系统疾病主要是接触性皮炎。引起的消化系统疾病主要表现在胃肠功能紊乱等。此外，钴中毒还可降低许多种酶的活性、降低机体抵抗力甚至激发突变，故国际癌症机构将钴和钴化合物列为人类可能致癌物质的2A级。

【临床症状】钴中毒的共同症状是食欲减退，贫血，红细胞增多，共济失调，消瘦，生长停滞，严重时引起死亡。

1. 牛　青年牛精神沉郁，食欲降低或废绝，消化紊乱导致腹泻、体重下降、贫血、乏力及肝脏钴含量过高等症状。犊牛食欲减退，饮水减少，被毛粗乱，流泪、流涎，呼吸困难，共济失调，后肢麻痹。

2. 绵羊　饲料钴200mg/kg时可致死，钴4.4～11mg/kg（以体重计）时，可引起食欲下降、体重减轻、贫血。

3. 猪　食欲废绝、精神沉郁，卧地，个别狂躁不安。眼结膜潮红，四肢僵硬，弓背，肌肉震颤，共济失调。不同程度腹泻，严重者粪尿失禁，腹围增大，个别咳嗽、呕吐，呼吸增数，体温40℃左右。

4. 家禽　雏鸡饲料钴5mg/kg时，采食量减少，生长缓慢，饲料钴50mg/kg时可引起死亡。红细胞增多症，肺水肿，肺炎。

5. 犬、兔 红细胞增多症，肺水肿，肺炎。

【诊断】根据病史、临床症状和病理变化可做出初步诊断，结合血液幼稚红细胞检查和饲料中钴含量的测定结果确诊。

【防治】

1. 预防 加强对畜禽的饲养管理，远离与钴有关的"三废"污染的区域，定期采样监测饲料、饮水中的钴含量，避免畜禽摄入过量的钴。正确使用和控制饲料中钴的添加量，防止因一次性补钴量太大造成中毒。增加饲料中铁、锰、锌的含量，可减缓钴的毒性。给猪饲喂含钴饲料（400mg/kg），在饲料中补充铁（200mg/kg），或锰（400mg/kg），或锌（400mg/kg），均可缓慢减少钴对生长的抑制。同时，应增加饲料中蛋白质含量。

2. 治疗

（1）急救处理 立即停止钴的供给。钴中毒尚无特效治疗方法，一般采取和其他重金属中毒同样的处理措施，如催吐、洗胃、吸附等。①催吐或洗胃。犬、猫可用硫酸铜催吐，吐出尚未被吸收的钴。马、牛等采取洗胃措施，清除胃内毒物，阻止钴的吸收和吸附。钴化合物进入体内 4～6h 之内，用牛奶与水等量混合后洗胃，缓解钴对胃黏膜的刺激作用。②吸附。使用 0.2%～0.5% 活性炭悬液，促进钴的沉淀，避免被吸收。

（2）金属络合剂解毒 ①络合钴离子。20% 乙二胺四乙酸钙钠注射液，临用时以灭菌生理盐水稀释成 0.25%～0.5% 的溶液，配合高浓度葡萄糖溶液，静脉注射，一次量，马、牛 3～6g，猪、羊 1～2g，2 次/d，连用 4d 后，酌情再用。青霉胺片，口服，一次量，家畜每千克体重 5～10mg，4 次/d，连用 5～7d。②促进钴离子排出。5% 二巯丙磺酸钠注射液，肌内注射，牛、马 5～8mg/kg，猪、羊 7～10mg/kg。或使用促排灵，马、牛 2.5～5g/d，猪、羊 1.5～3g/d，溶于生理盐水 250mL 中，肌内注射或静脉注射，连用 3d，停药 4d 为一疗程，疗程数根据病情及尿液中排钴量而定。

（3）清除有害自由基和保护线粒体 钴中毒可造成氧自由基损害和线粒体损害。治疗时，清除有害自由基，可采用新型抗氧化剂-氢分子抗氧化治疗；保护线粒体，减轻细胞缺氧，同时抑制细胞凋亡，可使用二甲胺四环素。二甲胺四环素不仅保护线粒体，且抑制多种引起细胞凋亡酶类的活性，同时还抑制一氧化氮自由基的过量生成。

（4）维护心脏功能 在解救钴中毒时，需要用保护心脏的药物，避免损伤心脏。配合使用维生素可取得较满意的效果，但应用 B 族维生素时，不宜使用维生素 B_{12}，否则会加重钴中毒。

锌 中 毒

锌中毒是指畜禽因摄入过量的锌而引起的，以食欲降低和腹泻为临床特征的中毒性疾病。锌对畜禽的毒性较低，饲料中锌含量达 600mg/kg，未发现生理功能异常。畜禽锌中毒与饲喂剂量、时间、年龄、性别、品种、营养状况有关。

近年来，锌制剂广泛应用于农业及畜牧业生产，锌可对水土造成污染，时有畜禽锌中毒的报道。对畜禽锌中毒剂量的研究报道主要见于鸡和猪，而鸭、羊、牛的中毒剂量的研究报道较少。关于中毒剂量的确定标准至今尚未统一。有学者认为，导致出现明显的生长抑制的剂量即为中毒剂量，也有学者认为导致出现典型的临床症状和病理损害的剂量才能称为中毒剂量。对鸡的锌中毒剂量的研究，主要是关于雏鸡和蛋鸡对无机锌的毒性反应。成年鸡对锌的耐受性更强，在国内外养鸡生产中都将饲喂高锌饲料作为强制母鸡换羽的有效措施之一。

一般认为，畜禽因品种不同，饲料中的锌含量300～1 000mg/kg 是安全的，有的甚至可耐受锌含量达1 000～2 000mg/kg，对生长、发育、繁殖未见任何影响。母鸡强制换羽时，饲喂含 2.5％氧化锌（含锌 7 850mg/kg）的饲料，可使产蛋停止，换羽，甚至引起个别鸡的死亡。但改为正常饲料后 18～22d，又可重新产蛋，56d 后 50％以上的鸡开始产蛋。

由于猪对锌的正常生理需要量与中毒量之间的范围较大，在生产实际中一般不会出现锌中毒，猪可耐受正常量 20～30 倍的锌量。但猪对不同来源锌的敏感性差异较大，有机锌比无机锌更易导致锌中毒。饲料中高钙及其他二价矿物质元素增多，可拮抗锌的吸收而降低锌的毒性。从营养学角度考虑，在饲养过程中，可根据实际情况给畜禽补充一定量的锌，但不能盲目使用高锌饲料。

【病因】引起畜禽锌中毒的原因很多，但概括起来主要有以下 2 个方面：

1. 原发性锌中毒　为获得较好的生长效益或为提高畜禽生殖能力而滥用锌制剂，生产中因饲料中锌过高引起锌中毒比较多见。饲料中添加高锌在 2 500～3 000mg/kg 时，可诱发鸡和猪锌中毒。另外，用鸡强制换羽的饲料喂猪是猪锌中毒的主要原因。

2. 继发性锌中毒　集约化养殖场输送饲料的镀锌管道污染饲料、饮水，或畜禽啃咬镀锌物品也可引起锌中毒。如一些猪场使用乳品厂的油乳浆喂猪，乳浆经长的镀锌管道流入猪舍，余乳变酸后即与管内锌形成乳酸锌，可引起猪慢性锌中毒。畜禽偶尔食入含锌油漆也可引起中毒。某些有色金属冶炼企业排放的"三废"中含有大量的锌等，导致周围牧草中的锌含量增加，也可引起放牧畜禽发生锌中毒。

【发病机理】高剂量的锌可引起胃肠炎、胰腺损伤、免疫力低下，甚至贫血，其机理目前尚不清楚，有学者认为主要是锌的直接毒性所致，也有学者认为主要是因高锌拮抗了其他矿物质元素的吸收所致。通过对锌中毒小鼠小肠黏膜超微病理学观察，认为中毒剂量锌的直接毒性作用使膜性结构的脂质双分子层的生理稳定性和细胞表面的糖蛋白含量发生了改变，ATP 酶、碱性磷酸酶和核苷酸酶等含锌酶结构受损，ATP 生成减少，膜的主动运输障碍，导致细胞功能障碍，因而出现腹泻症状。

过量锌可使胸腺、骨髓及脾脏的 T 淋巴细胞、B 淋巴细胞的 DNA、RNA 和蛋白质含量下降，降低了细胞的增殖能力，使外周血粒细胞、腹腔巨噬细胞的吞噬杀菌力下降，致使免疫功能受损。

大量研究表明，高锌能严重影响畜禽免疫器官发育、形态结构的维持和正常免疫功能的发挥，其中尤以胸腺、腔上囊和脾脏受损最为严重。雏鸡锌中毒可抑制 T 淋巴细胞的增殖和成熟，降低其在外周血中的含量和酸性 α-醋酸萘酯酶（ANAE）阳性率，T 淋巴细胞亚群 CD_4、CD_8 数量和组成比例也有不同程度的变化。雏鹅锌中毒表现为淋巴器官和外周血中淋巴细胞数量减少，淋巴细胞的分裂指数也有不同程度的降低。锌能影响铜、铁的吸收，引起贫血。饲料高锌导致雏鸡、雏鸭、雏鹅红细胞 C_3b 受体花环率（红细胞 C_3bRR）显著降低，免疫复合物花环率（ICR）升高，表明锌中毒可以使红细胞表面补体受体（CR_1）数目减少或活性降低，血清循环免疫复合物含量升高，红细胞免疫功能受损。

【临床症状】一般是先出现饮食欲明显减少、生长迟缓、体重减少，然后被毛变粗、色素不足、肺气肿、腹泻、关节炎、腿麻木、流产、惊厥以至死亡。畜禽因长期过量摄取锌，可出现关节肿胀、强直、不能站立、跛行等症状，这些被认为是因骨中锌的过量沉积而引起的，当进食低钙食物时，症状更加严重。

1. 牛、羊 牛的饮水中含 6～8mg/L 锌即可引起牛的便秘；在矿山及工厂附近，因粉尘关系，如摄入锌达 50～100mg/kg（以体重计），可引起羊严重的真胃损伤，甚至致羊死亡。牛、羊中毒时，可出现异嗜癖，主要表现采食过量盐类和咀嚼木头、毛发等异物。牛腹泻，产奶量下降，嗜睡，轻瘫，粪便呈淡绿色。绵羊锌中毒后，瘤胃挥发性脂肪酸浓度减少，乙酸与丙酸比率下降。

2. 猪 食欲下降，被毛粗乱，进行性衰弱，腹泻，关节肿胀，跛行，生长发育不良，甚至死亡。

3. 家禽 病鸡极度瘦弱，精神极度沉郁，低头，闭目、垂尾、羽毛蓬乱，体温偏低，腹泻，便血或粪便中混有泡沫和白色稀薄黏液。鸭饲喂 3 000～12 000mg/kg 锌的饲料可出现贫血、跛行、体重下降，并引起死亡，甚至缺硒引起渗出性素质。在饲料中添加硫酸锌 1 300mg/kg 时，雏鸭即可出现明显的中毒症状。雏鹅对锌的耐受更低，在饲料中添加硫酸锌 1 000mg/kg，表现出红细胞免疫功能受损。病禽具有典型的神经症状，因与墙或其他硬物相撞而致猝死。

【诊断】 根据病史、临床症状及病理变化可做出初步诊断，最后确诊需测定饲料、草料、血液、组织和粪便中锌含量。

【防治】

1. 预防 避免在土壤中施锌肥过多或在饲料中滥用过量锌制剂。严禁在被锌污染的场地放牧。应慎用高锌饲料饲喂畜禽。同时，应加强养殖场的日常管理，对水源、饲料品质、畜舍内的设施定期进行严密的检测，对用管道输送液体状饲料的集约化养殖场，应经常用清水冲洗管道，防止管道腐蚀，严防锌中毒。

2. 治疗 立即停止锌的供给。慢性锌中毒，可通过降低饲料中锌的含量，相应增加饲料中铜、铁的含量等措施，饲喂易消化的优质饲料。

（1）金属络合剂解毒 常用氨羧络合剂和巯基络合剂。①乙二胺四乙酸钙钠，每日每千克体重用量为 100mg，分成 4 等分，加入到 5％葡萄糖注射液或生理盐水内，静脉注射，或配成 20％溶液，肌内注射，为防止疼痛，每次加入 1％盐酸普鲁卡因 1mL，连用 2～5d，切忌口服。②青霉胺片，口服给药迅速吸收，不易破坏，可使尿排锌量增加 4～5 倍，一次量，家畜 5～10mg/kg 体重，4 次/d，连用 5～7d。

（2）对症治疗 发生溶血时，配合碳酸氢钠溶液大剂量补液。猪锌中毒，可用维生素 K_3 注射液止血，肌内注射，一次量，0.03～0.05g。同时，维生素 D_2 注射液 5 000～50 000 IU，肌内注射。配合静脉注射适量的葡萄糖溶液，可迅速恢复。

铬 中 毒

铬中毒是指畜禽长期接触或摄入过多的铬引起的，以胃肠炎、皮肤黏膜受损、肝脏损害、肾功能障碍为特征的急性或慢性中毒性疾病。各种畜禽均可发生，常见于猪和家禽。急性铬中毒主要是 6 价铬引起的以刺激和腐蚀呼吸道、消化道黏膜为特征的临床症状，多见于口服铬盐中毒及皮肤灼伤合并中毒。

铬中毒会引起肺癌和皮肤癌。铬慢性中毒，症状为皮肤和鼻黏膜的创伤。铬的毒性与其存在的价态有关，金属铬对畜禽几乎不产生有害作用，未见引起中毒的报道。铬中毒主要受化学形态和添加剂量2个因素影响。6价铬的毒性比3价铬和2价铬的毒性高100倍，并易被吸收且在体内蓄积，3价铬和6价铬可以相互转化。具有致癌性的6价铬化合物包括铬酸钡、铬酸钙、三氧化铬、铬酸铅、重铬酸钠和铬酸锶。它们除对肺有致癌性外，对骨、胃、前列腺、生殖器、肾、膀胱也有致癌性。

铬是畜禽的必需微量元素之一，也被广泛应用于畜禽的营养性添加、糖尿病治疗。

【病因】当畜禽采食了含铬的饲料或饮水，或误食了含铬的化合物，如铬酸、铬酸钠和重铬酸钾等；采食被"三废"中的铬污染的牧草和水源也可发病。

【发病机理】重要的化合物有重铬酸钾等，多为意外中毒，对局部有腐蚀作用，血液中的6价铬被还原为3价，使谷胱甘肽还原酶活性下降，使血红蛋白变成高铁血红蛋白，失去携氧能力。铬中毒主要是在血液中形成氧化铬，使血红蛋白变为高铁血红蛋白，红细胞携带氧的机能发生障碍，血氧含量减少，发生内窒息。铬过量影响线粒体，降低三磷酸腺苷再合成，抑制生长，其对皮肤和黏膜有严重的刺激和致敏作用，可起严重的胃肠炎，皮肤、黏膜损害。随后可出现严重的凝血障碍性疾病或血管内溶血，损害肝脏和肾脏。

【临床症状】

1. 急性中毒 呕吐，流涎，呕吐物呈黄绿色，呕血，排黑红色尿液，疏松微红色粪便，同时伴有肾衰竭。大剂量的6价铬摄入后可引起口渴、腹痛、血样腹泻，严重病例出现昏迷和死亡。皮肤接触6价铬化合物后可引起过敏性皮炎或出现小的丘疹或湿疹，进一步发展为溃疡。6价铬烟雾对畜禽可产生刺激和腐蚀作用，引起鼻炎、喉炎、咳嗽、哮喘及支气管痉挛。呼吸急促，心跳加快，腹痛，腹泻，严重者可导致死亡。

2. 慢性中毒 铬酸盐粉尘可引起结膜炎，流泪，鼻炎，鼻出血，鼻中隔溃疡或穿孔以及接触性皮炎。

（1）马 初期，步态蹒跚，全身肌肉松弛，心跳、呼吸加快，随之肌肉震颤，全身发抖，流涎，中毒发生2h左右昏迷、麻痹死亡。

（2）牛 饮水中6价铬浓度达5mg/L时，可引起慢性中毒，成年牛6价铬急性致死量约为700mg/kg（以体重计），犊牛30～40mg/kg（以体重计）即可引起中毒。

（3）猪 出现呕吐，间歇性腹泻，跛行，全身颤抖，生长迟缓。

（4）鸡 饲喂氯化铬含量为2 000mg/kg的饲料，生长缓慢。饲料中添加重铬酸钾200mg/kg时，引起鸡大批死亡。雏鸡铬中毒后，最初表现为精神沉郁、食欲下降，之后出现惊厥、张嘴呼吸、站立不稳、阶段性抽搐、全身颤抖，最后死亡。

【诊断】根据病史、临床症状及病理变化可做出初步诊断，结合血液、被毛、尿液中铬水平的测定结果可确诊。

【防治】

1. 预防 加强饲养管理，严格掌握饲料或饮水中铬的正常添加量。防止误食被铬污染的饲料、饮水及含铬的化合物。对含铬器具污染饲料问题要引起足够重视，特别是酸性饲料与含铬的器械、管道或容器接触时，容易发生化学反应形成氯化铬，故应经常对含铬器械用清水冲洗。3价铬化合物对畜禽的毒性很小，生产中应使用3价铬，尽可能避免使用6价铬化合物。

2. 治疗 目前尚无特效解毒药。

（1）急救处理 立即停喂含铬的饲料或饮水等。6 价铬化合物具有腐蚀性，采用生理盐水稀释的方法急救。3 价铬化合物毒性较低且无腐蚀性，可用吐根糖浆制剂急救。如皮肤接触铬酸，使用生理盐水反复冲洗去除污染。当铬酸滴入眼后，立即用生理盐水冲洗至少15～20min。在病畜摄入铬后 12h 内，可插入胃管，抽吸铬和洗胃。

（2）金属络合剂解毒 加速铬从尿中排出，使用促排灵和乙二胺四乙酸钙钠。①促排灵，马、牛 2.5～5g/d，猪、羊 1.5～3g/d，溶于生理盐水 250mL 中，静脉注射，连用 3d，停 4d 为 1 个疗程。②用乙二胺四乙酸钙钠注射液，一次量，马、牛 3～6g，猪、羊 1～2g，临用时以灭菌生理盐水稀释成 0.25%～0.5% 的溶液，静脉注射，2 次/d，连用 3～5d。

（3）对症治疗 采用补液纠正体液或电解质失衡，静脉注射大剂量维生素 C，有助于畜禽病情的恢复。铬过敏性接触皮炎，将炉甘石洗剂、氢化可的松或 5% 硫代硫酸钠软膏涂于患处。铬性溃疡，浅表的可先用 5% 硫代硫酸钠溶液清洗，然后涂擦 5% 硫代硫酸钠软膏或二巯基丙醇软膏。10% 抗坏血酸溶液湿敷治疗铬疮也有较好作用，均有促使 6 价铬还原成 3 价铬的作用。鼻中隔溃疡，局部可用 10% 维生素 C 溶液擦洗，或涂依地酸二钠钙软膏。在使用外用药的同时，可口服适量维生素 C，并适当补充锌制剂，可提高疗效，促进溃疡的愈合。

钼 中 毒

钼中毒又名腹泻病，俗称为红皮白毛病，是指饲料及水中的钼含量过高，或在饲料中过量添加某些钼化合物而引起的一种中毒性疾病。临床上以被毛褪色、皮肤发红、持续性腹泻和进行性消瘦为特征。畜禽对钼的耐受量因种属而异，牛对钼的耐受力最低，水牛的易感性高于黄牛；其次为羊，而马和猪最强。幼龄畜禽较成年畜禽易感。健康家畜血钼含量为 0.05μg/kg，血铜含量为 0.7～1.2μg/kg；肝脏钼含量<3～4mg/kg，铜含量为 30～140mg/kg（以湿重计）。钼中毒家畜血液中钼含量为 0.2～0.47mg/kg，血铜含量 0.37μg/kg；肝脏钼含量>5mg/kg，铜含量 10～30mg/kg（以湿重计）。

植物在春季蓄积钼，秋季达高峰。钼含量过高的牧草对牛的影响极为严重，而马却无中毒征候。猪摄入 1 000mg/kg 的钼，也无不良影响，此量为引起牛严重腹泻的 10～20 倍。猪的耐受力强，不能归因于吸收差，用 99 钼做试验表明，猪对钼的吸收快，排泄也快。兔和家禽对钼的耐受力不如猪，但比牛要强。摄入 2 000mg/kg 钼的雏鸡生长受到严重抑制，增至 4 000mg/kg 时伴有贫血，200mg/kg 时对雏鸡有某些抑制作用，300mg/kg 时火鸡的生长受到抑制。

1938 年，英国学者首次报道牧草中钼的含量过高，可使放牧羊产生以剧烈腹泻和被毛褪色为特征症状的钼中毒症，称之为 Teart 病。从此人们一直认为钼是有毒物质而长期致力于畜禽钼中毒防治方面的研究。钼中毒时有报道，但不同种类的畜禽对钼的耐受性存在明显的差异。一般来说，牛、绵羊等反刍家畜对钼的耐受性最低，易发生钼中毒；家禽对钼的耐受性较强，中毒病例较少；猪对钼的耐受性最强，连续采食含钼 1 000mg/kg 饲料 3 个月也无影响，这主要取决于畜禽钼的代谢和它们对铜缺乏的敏感性。其中，钼、铜比例是决定钼中毒与否的重要因素，而与钼和铜的绝对数量关系不大。

【病因】在一般地区正常饲养条件下，反刍家畜不会发生钼中毒症，钼中毒症是由于高钼所致，导致高钼的原因有 4 个方面：

1. 所在地区土壤钼含量高 采食高钼饲料或饮用高钼水。含钼丰富的土壤（如腐殖土、泥炭土）上生长的植物能大量吸收钼，畜禽采食这些植物可发生中毒。

2. 工业污染 一些企业（如铝矿、钨矿、铁钼合金矿等）在冶炼过程中排放的钼可污染周围环境，形成高钼土壤或直接污染牧草，畜禽采食牧草后发生中毒。

3. 与饲料铜、硫和蛋白质等含量密切相关 饲料中含钼量正常，但由于饲料中铜、钼比例失调引起。铜与钼的适宜比例为（6～10）∶1，若铜钼比例<2∶1，既增加了对钼源的吸收，又增强了肾小管对代谢钼的重吸收，从而导致机体发生钼中毒症；或饲料中无机硫含量高导致低铜而发病。

4. 含钼肥料的过度使用 将钼含量高的污泥用作植物肥，可使植物中钼含量增高，用此植物饲喂肉牛，肉牛出现明显的被毛褪色，而铜含量下降及肝铜含量下降。

【发病机理】主要是饲料中的钼酸盐可与瘤胃内含硫氨基酸的分解产物硫形成四级硫钼酸盐，其中以三硫钼酸盐含量最多、最稳定，被认为是最重要的致病成分，它在消化道内除了与铜及蛋白质形成复合物外，还能封闭胃肠中吸收铜的部位，在肠道形成硫钼酸铜，从而降低铜的吸收。对于钼中毒引起的腹泻，一般认为是钼与肠道中儿茶酚胺类结合形成复合物，降低其抑菌作用，使微生物发生异常繁殖而引起。钼酸盐激活血浆白蛋白上铜结合簇，使铜、钼、硫和血浆白蛋白间紧密结合，血浆铜含量上升，妨碍肝脏对铜的利用。硫钼酸盐吸收入血，部分到肝脏（细胞核、线粒体及细胞质）与蛋白质结合，剥离与金属硫蛋白结合的铜、镉使其进入血液，增加血浆蛋白结合铜的浓度；部分直接进入胆汁从粪便中排泄，使体内铜耗竭，产生慢性铜缺乏症。

【临床症状】钼中毒的临床表现因畜禽的种属而异。

1. 牛 反刍家畜钼中毒常见于高钙的碱性土壤地区，采食高钼饲草料 1～2 周即可出现中毒症状。病牛持续性腹泻，排出粥样或水样的粪便，且混有气泡，有泥炭臭，故也称为泥炭痢。食欲不振，贫血，消瘦。生长发育不良，骨骼和关节异常，骨质疏松，幼畜常出现佝偻病。关节痛（跛腿），步态不稳，行走摇摆。被毛和皮肤褪色，眼周围的被毛和皮肤褪色明显，俗称红皮白毛病。被毛发生褪色前后，皮肤开始呈斑状发红，从头部开始逐渐蔓延至躯干，严重者波及全身。皮肤弹性降低，可视黏膜苍白。发红皮肤有轻度水肿，指压褪色。种畜繁殖障碍，公畜睾丸间质细胞和上皮受损，精子发生率下降，性欲减退或丧失，从而导致不育；母畜初情期推迟或发情周期延长，仔畜初生重小，胚胎重吸收率上升，哺乳期泌乳量下降。继发性铜缺乏症是钼中毒主要的危害之一，主要症状包括被毛褪色、贫血、皮肤发红及多种铜酶活性下降等。

2. 绵羊 尤其是羔羊，背部和腿僵硬，不愿抬腿。被毛弯曲度减少，变直，抗拉力减弱，容易折断，羊毛品质下降。有的羊毛褪色，有的大片脱毛。

【诊断】根据病史调查、持续性腹泻、消瘦、贫血、被毛褪色、皮肤发红等特征性症状，结合饲草、饲料、血液、组织铜和钼含量的分析即可诊断，特别是饲草料中铜与钼含量的比例有直接意义。同时，血清含铜酶活性的测定和补铜的防治效果有助于本病的诊断。

可通过以下 3 种方法进行诊断：①测定病畜所在地区的土壤、水源和饲料中钼的含量，若钼含量高于最大允许量，可初步诊断为钼中毒症。②病畜出现持续腹泻，消瘦，贫血，被毛褪色，皮肤发红等临床症状，也可做出初步诊断。③进行血液、组织分析，如血液、组织中钼含量高，铜含量低，铜钼比例失调，则可确诊为钼中毒症。

【防治】

1. 预防 防止和治理钼矿及其冶炼厂造成的环境污染，处理好钼工业废水污染是预防该病的关键。土壤施肥可使用硫酸铵化肥，改良高钼土壤，降低土壤和植物中钼的含量。合理使用铜盐，对于钼污染地区和高钼地区，饲料中添加铜盐或定期口服铜盐，可预防该病的发生。在饲草中钼含量低于 5mg/kg 的地区，在矿物质盐中加入 1‰硫酸铜，如饲草中钼含量高于 5mg/kg，可在矿物质盐中加入 2‰硫酸铜。也可制成舔砖，让牛羊自由舔食。饲料中补充蛋氨酸和胱氨酸，可减轻钼对绵羊的毒性，与补充铜的效果相同。给羊投喂硫代硫酸盐也同样有效。此外，在放牧地区，可采取高钼与低钼草地定期轮牧的方式。

2. 治疗 立即停喂含钼的饲料或饮水。在治疗时，应考虑微量元素之间的拮抗问题，补充铜制剂治疗病畜钼中毒。①个体治疗，口服硫酸铜，成年牛 3～4g/d，犊牛、羔羊 1～2g/d，1 次/d，连用 3～5d。群体治疗，在饲料添加剂中加入适量的硫酸铜，或根据饲料中钼含量，加入 1‰～5‰硫酸铜。或硫酸铜溶液按 1g/kg 体重饮水，夏季 1～2 次/周，其他季节 1 次/周。②甘氨酸铜注射液，皮下注射，成年牛 120mg/次，犊牛 60mg/次。

锰 中 毒

锰中毒是指畜禽摄入大量的锰而引起的一种急性或慢性中毒性疾病，临床上以锰对神经系统、肺脏、肝脏等组织器官产生毒性作用，甚至影响心血管及生殖系统为特征。锰中毒一般少见。

锰在工农业生产中应用非常广泛，同时也对环境造成了严重的污染，对人和畜禽形成了巨大的危害。锰中毒可影响畜禽机体的神经、免疫、呼吸及心血管系统的正常生理功能。

【病因】 多因在治疗时口服锰剂过量或在工矿区吸入新生的氧化锰烟雾而发病，锰中毒可分急性中毒和慢性中毒。

1. 急性中毒 主要是由含锰的微尘引起，其毒性的大小和微尘的颗粒有关，颗粒越微小，毒性越大。锰蒸汽的毒性大于锰尘，而锰尘又以自然来源的新生粉尘毒性较大，锰合金粉尘的毒性按以下次序递减：锰＞二氧化锰＞矽锰。化合物中锰的价态越低，毒性越大。Mn^{2+} 比 Mn^{3+} 毒性大 2.5～3 倍；Mn^{4+} 比 Mn^{6+} 毒性大 3～3.5 倍，即 $MnO＞Mn_2O_3＞MnO_2＞MnO_3＞Mn_2O_7$。锰与卤素结合后毒性增加，$MnCl_2$ 的小鼠 LD_{50} 为 180～250mg/kg，而 MnO_2 为 500mg/kg。锰蒸汽在空气中氧化成为灰黑色的一氧化锰及棕红色的二氧化锰烟雾，大量吸入可致急性中毒。急性中毒还常见于锰制剂用量过大或浓度过高，如配制高锰酸钾溶液饮水时，浓度过大导致畜禽中毒；或高锰酸钾熏蒸消毒畜禽舍后残剩物被畜禽误食。

2. 慢性中毒 与锰有关的工厂排放的"三废"或被锰矿的粉尘污染的牧草、饮水和空气，可引起畜禽慢性锰中毒。

【发病机理】 大剂量的锰可抑制铁的吸收，造成缺铁性贫血，这可能是由于锰与铁竞争同一吸收部位所致。高锰酸钾按 0.05～1.0g/kg（以体重计）经口染毒进行动物试验，2～3d 即可影响雄性大鼠精子形态和活率，30d 后出现性功能障碍。长期染毒可发现大鼠交配次数明显减少，甚至胚胎发育障碍。这主要是由于锰引起睾丸组织结构的损伤和生殖内分泌的改变，进一步研究发现，锰对下丘脑-垂体-睾丸轴系的毒性作用是由锰直接作用于下丘脑和睾丸组织所致。锰及其化合物是细胞原浆毒，对中枢神经系统具有强烈的毒性，锰选择性地作用于丘脑、纹状体、苍白球、黑质、大脑皮层及其他脑区，引起功能与器质性病变。

畜禽染锰后，在丘脑下部和纹状体的锰可增加 5 倍左右，在其他脑区增加 1～2 倍。在纹状体、丘脑、中脑有多巴胺减少、高香草酸增高，以及 Na-K-ATP 酶和胆碱酯酶活性增高、Mg-ATP 酶活性改变和单胺氧化酶活性降低。

慢性锰中毒的发病机理至今尚未完全阐明，但与神经细胞变性、神经纤维脱髓鞘、多巴胺合成减少、乙酰胆碱递质系统兴奋作用相对增强等导致神经症状和出现震颤麻痹综合征。锰对线粒体有特殊亲和力，在有线粒体的神经细胞和神经突触中，抑制线粒体三磷酸腺苷酶和溶酶体中酸性磷酸酶活性，从而影响神经突触的传导能力。锰还引起多巴胺和 5-羟色胺含量减少。锰又是一种拟胆碱样物质，可影响胆碱酯酶合成，使乙酰胆碱蓄积，这可能与锰中毒时出现震颤麻痹有关。

对锰中毒的机理有 3 种解释：①锰对线粒体的特殊亲和力，当锰中毒时，它可以集积在富有线粒体的神经突触中，抑制线粒体内三磷酸腺苷酶和溶酶体中酸性磷酸酶的活性，影响神经突触中线粒体在神经突触合成神经兴奋性传递介质时必需的供能作用，从而破坏了神经突触的传导性能，锰还可能影响胆碱酯酶的合成，使乙酰胆碱蓄积。②锰中毒与脑内儿茶酚胺类激素的变化有关。锰中毒时，脑内多巴胺和去甲肾上腺素的含量明显下降。③锰中毒时，抑制了神经元的酸性磷酸酶和三磷酸腺苷酶的活性，因而通过干扰酶的蛋白质代谢或破坏溶酶体和线粒体，使神经细胞产生退化，功能发生紊乱。

【临床症状】畜禽食入或吸入锰过多时，引起锰中毒，其典型表现是中枢神经系统锥体外束受损伤引起的震颤麻痹症候群。食欲下降，腹泻，黏膜黄染，生长受阻，影响血红蛋白生成等。畜禽表现神经过敏，步态不稳，轻瘫，易跌倒，有帕金森病的症状。摄入高锰酸钾中毒的畜禽，其临床症状因浓度不同而有所差异，浓度超过 0.1% 时，可使口腔、咽部和舌染成黄褐色，表现为流涎、呕吐、腹痛、黏膜水肿溃烂。浓度超过 0.2% 时，对黏膜有强烈的刺激作用，可导致口腔、咽部、食道和胃肠黏膜的急性炎症，表现为黏膜水肿、溃烂，疼痛，腹泻，甚至因喉头水肿而导致呼吸困难。急性锰中毒常见于口服 1% 高锰酸钾溶液，引起口腔黏膜糜烂，恶心，呕吐，胃部疼痛；口服 3%～5% 高锰酸钾溶液发生胃肠道黏膜坏死，引起腹痛，便血，甚至休克。

锰中毒的畜禽，除临床症状因浓度不同而有所差异外，畜禽种类及饲喂锰剂量不同，其临床症状也表现各异。

1. 牛　采食量减少，增重缓慢，瘤胃微生物区系发生改变。

2. 猪　食欲下降，生长受阻、四肢僵硬，呈高跷步态。

3. 绵羊　生长速度明显下降，心脏和血铁含量降低。

4. 青年鸡　生长受阻，繁殖性能下降，死亡率可达 52%。

【诊断】根据病史、临床症状和病理变化可做出初步诊断，结合饲料和畜禽组织中锰含量的测定结果可确诊。急性锰中毒的诊断并不困难，慢性锰中毒的诊断应根据是否与锰有密切接触史和以锥体外束损害为主的神经症状，参考现场空气中锰浓度、尿锰及粪锰等测定结果。锰中毒应注意与周围神经炎、脑炎后遗症、急性一氧化碳中毒后发症等疾病相鉴别。

【防治】

1. 预防　在工业污染区，加大对锰污染源的治理力度，避免土壤、牧草和水源被污染，严禁在被锰污染的地区放牧。饲料中添加锰时，严格掌握锰的用量，并混合均匀。使用高锰酸钾时，特别要注意用量和浓度，饮水时的浓度以 0.02％～0.03％为宜。

2. 治疗 立即停喂含锰的饲料或饮水。

（1）急救处理 急性中毒宜催吐、洗胃、缓泻，口服吸附剂和黏膜保护剂。①催吐。用 2％～4％盐水或淡肥皂水进行催吐，必要时可灌服 0.5％～1％硫酸铜溶液 25～50mL。②洗胃。口服高锰酸钾引起的急性中毒，应立即用温水洗胃。③缓泻。应用硫酸镁或硫酸钠进行缓泻，促进毒物排出。④保护胃肠黏膜。口服牛奶、氢氧化铝凝胶等吸附剂和黏膜保护剂。

（2）解毒除锰 使用乙二胺四乙酸钙钠、促排灵、二巯基丁二酸钠及对氨基水杨酸钠治疗。①25％乙二胺四乙酸钙钠，用生理盐水稀释成 0.25％～0.5％溶液，静脉注射，牛、马 3～6g，猪、羊 1～2g，2 次/d，连用 3～5d。②促排灵，马、牛 2.5～5g/d，猪、羊 1.5～3g/d，溶于生理盐水 250mL 中，静脉注射，采取间歇疗法。③二巯基丁二酸钠（二巯琥珀酸钠），配成 5％溶液，静脉注射，用量按体重计算，20mg/kg，1 次/d，4～5 次后渐减，直至痊愈。④使用对氨基水杨酸钠，可使尿锰排出量比治疗前增加数倍。对氨基水杨酸钠注射剂，静脉注射，马、牛 12～50g/d，猪、羊 4～12g/d，幼畜每千克体重 0.2～0.3g/d，临用前加灭菌注射用水适量溶解后，再用 5％葡萄糖注射液 500mL 稀释，2～3h 滴完，1 次/d，连用 3d，停药 4d 为一疗程。

镍 中 毒

镍中毒是指畜禽摄入大量的镍，主要是因吸入镍及其盐类的粉尘而引起的，以多器官损伤为主要特征的中毒性疾病，临床表现为呼吸系统刺激症状及皮肤损害。

在畜禽饲养过程中，一般不会发生镍中毒。镍对家禽几乎没有毒性，可能与镍在畜禽体内发挥作用后存留量极少，而排泄量较大有关。畜禽对镍在体内的平衡有着一定的调节能力，其中肾脏的调节能力最强。当食入的镍大于畜禽维持本身的代谢需要时，也就是食入了过量的镍，则发生中毒，且对肾脏的危害最大。泌乳牛饲料中给予镍（250mg/kg）时，对健康和泌乳作用没有不良影响；当饲料中含镍（500～1 000mg/kg）时，其采食量会大大降低。0～4 周的仔鸡饲料中加入镍（500mg/kg）时，可抑制生长，肾脏内镍浓度增加，日增重下降 40％；镍量达 1 000mg/kg 时，出现严重贫血，死亡率达 69％。

【病因】 由于工业生产造成镍污染，导致畜禽因采食被镍污染的牧草、农作物、饲料或饮水而发生中毒。

【发病机理】 镍的致毒机理目前尚不十分清楚，可能是镍直接与 DNA 和 RNA 的作用有关。试验动物模型研究表明，过量的镍可损伤肝脏、肾脏、肺脏、心血管系统等重要器官。某些镍化合物具有一定的遗传毒性和致癌性，对雌性、雄性动物的生殖功能均有不良影响，并具有免疫毒性，可抑制畜禽的体液免疫和细胞免疫功能。

【临床症状】 经呼吸道吸入的患病畜禽，轻度中毒属于即刻反应，主要表现为上呼吸道黏膜刺激症状和神经症状，肺部无阳性体征，胸部 X 线检查正常。中度中毒属于迟发反应，除上呼吸道和神经症状外，还产生肺部症状和啰音，心率及呼吸加快，发热，嗅觉丧失，咳嗽、粉红色泡沫痰，严重者鼻中隔穿孔，胸部 X 线检查可见肺纹理增多、片状阴影、肺门增宽。皮肤损害多见于暴露部位，皮肤损伤性质为红斑、丘疹、丘疱疹，常奇痒，称为镍痒症。慢性皮肤损伤呈苔藓样变或色素沉着。脱离接触后，皮肤损伤经数周或数月可自愈。通过饲料添加镍，经消化道途径中毒最常见。

1. 犊牛 饲料中添加镍（1 000mg/kg），连续饲喂 8 周，采食量和氮储留减少，器官体积减小。

2. 鸡 饲料中添加氯化镍（300mg/kg）会导致生长速度下降；添加 400mg/kg 时，日增重下降 40%；添加 500mg/kg 时，采食量、日增重、氮储留严重下降；添加 1 100mg/kg 时，出现贫血，死亡率高达 69%。

【诊断】 根据病史、临床症状及胸部 X 线检查结果可做出初步诊断，最后确诊应结合饲料、饮水及畜禽体内镍含量的测定结果。

【防治】

1. 预防 严格治理镍环境污染，禁止在镍污染区放牧，防止采食被镍污染的牧草、农作物、饲料或饮水等。加强被镍污染的圈舍通风排气。远离镍制品，特别是在妊娠期。

2. 治疗 立即停止饲料中的镍供给或脱离中毒现场，清洗污染的皮肤及被毛，选择安静处休息，密切观察病畜的状态。

（1）解毒除镍 重度中毒者可用二巯基丁二酸钠促使金属镍的排出，减少肺部损害，从而减少肺水肿的发生，或使肺水肿缓解。5%～10%二巯基丁二酸钠溶液，按每千克体重 20mg，缓慢静脉注射，急性中毒的病畜 3～4 次/d，连用 3～5d 为一疗程；慢性中毒的病畜 1～2 次/d，3d 为一疗程，然后间隔 4d，一般需 3～5 个疗程。

（2）对症治疗 ①采取催吐、洗胃、缓泻、吸附等对症治疗，并注意纠正缺氧，吸入氧气并保持呼吸道通畅。②早期给予足量短程糖皮质激素，以防治肺水肿。出现肺水肿时，可给予消泡剂二甲基硅油雾化吸入和利尿脱水剂等。服用等量碳酸氢钠，根据病情决定用药天数，一般连续用药 3～7d。③给予止咳、祛痰，防治并发症，维持电解质平衡。使用抗生素，预防继发感染。

镉 中 毒

镉中毒是指畜禽长期摄入过量镉引起的，以生长发育缓慢、肝脏和肾脏机能障碍、贫血及骨骼损伤为特征的一种中毒性疾病。常见于放牧的牛、羊和马等。镉对公畜有去势作用，对母畜则降低受胎率。严重中毒的病畜出现呼吸衰竭，胃肠炎，痉挛，抽搐，休克等症状。

镉可能为某些畜禽所需，在一定条件下及生物剂量范围内，它对特定种类的畜禽起着特殊的生物学功能。镉未见缺乏的报道，饲料中含量 5mg/kg（以干物质计）时就有中毒的危险。镉在体内沉着后，很难转换排出，存留期长，甚至终身带镉。镉在畜禽器官中的分布为：肌肉<肝脏<肾脏，在各脏器中的分布以肾脏为最高。卵巢、子宫、胃肠道、心脏、睾丸、胰脏、骨骼和肺脏也会有少量分布。饲料中的镉向鸡蛋、牛奶中迁移是相当少的。

单质镉本身并没有毒性，然而其所有化学形态对人和畜禽都是有毒的，镉的化学形态主要有氯化镉、硫化镉、硫酸镉、硝酸镉、碳酸镉、乙酸镉和半胱氨酸-镉络合物。不同形式镉的毒性是不同的，硝酸镉和氯化镉易溶于水，故对畜禽的毒性较高。可溶性镉化合物属中等毒性。

【病因】 镉不是畜禽体内的必需微量元素，饲料中镉的来源主要有 4 个方面：①锌矿含镉量一般为 0.001 5%～0.5%，高者可达 2%～5%，冶炼锌时可造成对环境的污染，含镉工业"三废"的排放可直接污染土壤，饲料作物生长过程中，大量使用含镉农药、磷肥等，或生长于镉污染的水体中的水生饲用植物从受污染的土壤中吸收镉并富集，通过食物链进入畜禽机体。②自然界中镉与锌是伴生的。加工不完全的含锌矿物质饲料原料可能含有高浓度的镉，矿物质饲料原料含镉量高是造成畜禽慢性中毒的主要原因。③在配合饲料生产过程中，使用表面镀镉处理的饲料加工设备、器皿时，因酸性饲料可将镉溶出，也可造成饲料的镉污染。④含镉药物污染，如部分猪用驱虫药、含镉杀真菌剂等。

【发病机理】镉通过消化道、呼吸道或皮肤进入机体后，被吸收入血液，绝大部分与血红蛋白结合而存在于红细胞中，与血液中球蛋白结合，降低机体的免疫能力。后逐渐进入肝脏、肾脏等组织，并与组织中的金属硫蛋白（MT）结合。镉进入体内首先贮存在肝脏，引起肝脏脂质过氧化及自由基大量产生，抑制抗氧化酶的活性，造成细胞严重损伤，镉在肝脏中可诱导金属硫蛋白合成并生成 Cd-MT 复合物。镉对肾脏和睾丸的亲和力大，主要蓄积在肾脏，畜禽机体缺乏自动排泄镉、限制镉沉着的机制，不能阻止在肾小管细胞中降解、分离、释放出游离的镉并产生毒性作用，主要危及肾近曲小管，严重时损及肾小球，并出现蛋白尿、管型尿、高酸尿和高钙尿，引起负钙平衡，甚至出现骨质疏松症等。睾丸组织坏死，精子生成障碍，影响繁殖机能。

同时，镉与蛋白质有高度的亲和力，可使多种酶的活性受到影响，从而引起组织、细胞变性、坏死。另外，镉的致癌作用与损伤 DNA、影响 DNA 的修复以及促进细胞增生有关。长期摄入过量的镉与癌症的发生有一定的关系。

镉与铜、铁、硒等微量元素相拮抗，影响其吸收，并促进钙的排泄，故畜禽常表现软脚；镉对铁代谢的影响表现为中毒畜禽肝脏中铁大量蓄积，使骨髓中的铁量不足以正常合成血红素，抑制骨髓的造血机能，造成畜禽贫血，故生长受阻和贫血是畜禽镉中毒的常见症状。锌和硒对镉具有较强的拮抗作用，过量的镉可取代锌与多种酶系统的一些化学基团结合，使之失去活性，导致组织细胞变性、坏死，尤以肝脏、肾脏受损最严重。钙化含锌酶类，降低细胞色素氧化酶的活性，影响锌的正常代谢，降低锌的吸收。

【临床症状】镉中毒一般呈慢性型或亚临床型。有报道认为，铅对环境的污染往往与镉结合在一起，且两者的作用相似，有显著的协同作用，在临床上出现以贫血、肝脏、肾脏机能损害和骨营养不良为特征的疾病。因镉与锌相拮抗，镉中毒实际上是锌缺乏症的表现。当体内缺锌时，可引起多种酶活性受抑制，导致食欲下降，生长缓慢，繁殖机能减退，免疫机能受损等，镉中毒也同样存在这些问题。镉对肾脏损害，引起蛋白尿、高钙尿、管型尿，骨代谢障碍，严重的发生骨软症。镉影响铁代谢，引起血红蛋白合成不足和贫血。镉对睾丸损害，导致睾丸组织坏死，精子生成障碍。

饲喂含镉 100mg/kg 饲料的肉鸡，体重增长明显迟缓，中毒的鸡表现为精神沉郁、呆立、羽毛蓬松、消瘦、鸡冠苍白、关节肿胀、生长缓慢、采食饮水减少等症状。镉中毒对家禽生长性能的影响主要表现为贫血、生长受阻、产蛋量下降、蛋壳品质降低、孵化率下降和死亡率增加等。

【诊断】慢性镉中毒可根据畜禽长期接触镉源或含镉饲料的病史、临床症状（发病率低、精神状态良好、骨骼强度下降）、剖检无特异性病变等做出初步诊断，应结合饲料、饮用水和肝脏、肾脏组织样品镉含量的测定结果确诊。鉴别诊断应注意与氟中毒，钙、磷、锌、锰、维生素 B_1 及维生素 B_2 缺乏症等相区别。

【防治】

1. 预防 关键是有效地控制镉的污染。严格控制镉的排放量，切实治理"三废"。严格控制饲料原料及矿物质饲料中镉的含量，执行定期监测制度，杜绝在生产、经营、使用等环节使用不合格产品，减少畜禽养殖业废弃物中镉的污染。根据矿物质元素的互作关系，在高镉饲料中适度提高钙、锌、硒、铁等元素的供给水平。另外，为预防畜禽发生镉中毒，可给畜禽饲喂具有保护作用的尼莫地平。

2. 治疗 目前尚无有效的治疗办法。

（1）急救措施 立即停喂含镉的饲料和饮水，饲喂新鲜易消化的饲料。同时，可提高饲料中蛋白质比例，增加钙、锌、铁等元素的含量而限制镉的沉着。此外，补充硒制剂可有效地促使体内沉着镉的排出。

（2）解毒除镉 使用二巯基丙醇和乙二胺四乙酸钙钠与体内游离的镉离子结合，形成不易离解的无毒络合物经尿排出。同时，保证及时、足量及重复给药。①10％二巯基丙醇注射液，肌内注射，家畜 2.5～5mg/kg（以体重计），1 次/4h。②25％乙二胺四乙酸钙钠注射液，用生理盐水稀释成 0.25％～0.5％溶液，静脉注射，牛、马 3～6g，猪、羊 1～2g，2 次/d，连用 3～5d。

铅 中 毒

铅中毒是指畜禽摄入过量的铅或铅化合物引起的，以消化障碍、神经机能紊乱、共济失调和贫血为特征的中毒性疾病。各种畜禽均可发生，反刍家畜最易感，特别是幼畜和怀孕动物更易发生，猪和鸡对铅的耐受性大。

畜禽摄入过量铅后，血液、被毛和组织中铅含量均可发生一定的变化。由于品种或个体不同，铅中毒引起机体的损伤有差异，中毒畜禽体内铅含量变动范围较大。健康绵羊肝脏和肾脏的铅含量分别为 $2.3\mu g/g$ 和 $4.7\mu g/g$，肉牛、猪和家禽肝脏和肾脏铅含量为 $0.46\sim 1.77\mu g/g$。肝脏和肾皮质铅含量超过 $10\mu g/g$ 和 $15\mu g/g$，粪便或瘤胃内容物铅含量超过 $35\mu g/g$ 为铅中毒。反刍家畜和马血铅含量为 $0.05\sim 0.25\mu g/mL$，中毒时高于 $0.35\mu g/mL$，达 $1.0\mu g/mL$ 时出现死亡。慢性中毒动物软组织含量较低，骨骼含量超过 $100\mu g/g$。在工业铅污染区放牧的牛被毛铅含量可高达 $88\mu g/g$。

【病因】铅中毒常发生在炼铅厂、汽油库附近或被含铅油漆污染的牧地。在汽车工业发达的地区，使用含铅汽油的汽车排出的废气污染公路旁青草，含铅矿区周围生长的青草，刚喷洒过含铅农药地带的青草。畜禽因采食被铅矿、炼铅厂等排放的废水、烟尘以及含铅燃油燃烧排放的废气污染的牧草和水而发生中毒。也可因舔食油漆或剥落的油漆片、漆布、油毛毡、沥青、含铅量超标的食具等中毒。用过量的含铅药物驱虫时，常引起急性铅中毒。鸡常因吞食铅弹而中毒。

【发病机理】铅通过呼吸道、消化道或破损的皮肤进入畜禽体内，逐渐蓄积于各组织中，其中以骨组织含量最高。

畜禽过量摄入铅后，对红细胞膜及其酶有直接的损害作用，使红细胞脆性增加，寿命缩短，导致成熟的红细胞溶血。另外，铅与蛋白质上的巯基（—SH）有高度的亲和力，在血红素生物合成过程中能作用于各种含巯基的酶，特别是 δ-氨基-γ-酮戊酸合成酶（ALAS）、δ-氨基-γ-酮戊酸脱水酶（ALAD）和血红素合成酶（亚铁螯合酶）。ALAS 和 ALAD 活性被抑制，导致 δ-氨基-γ-酮戊酸（ALA）形成胆色素原的过程受阻，血液、尿液 ALA 含量增加。铅对血红素合成酶的抑制，影响原卟啉与二价铁的结合，使血红素的合成障碍，结果幼红细胞内蓄积铁，形成环形铁粒幼细胞和游离原卟啉（FEP），FEP 与锌螯合，形成锌原卟啉（ZPP）。

铅还影响珠蛋白的合成，使体内血红蛋白合成减少，故畜禽铅中毒表现低色素小红细胞性贫血。由于贫血，骨髓幼红细胞代偿性增生，表现为彩点红细胞和网织红细胞增多，彩点颗粒是铅与线粒体中核糖核酸的结合物，这是铅中毒的重要特征。致使调节红细胞膜内外的钾、钠和水的分布机能紊乱；与红细胞表面的磷酸盐结合，形成不溶性磷酸铅，使红细胞脆性增加，导致溶血。

铅对神经系统的损伤表现为中毒性脑病和外周神经炎。铅损害血脑屏障，引起毛细血管内皮的损伤减少了血液供给，大脑皮层发生坏死性病变和水肿。铅可引起脑血管扩张，脑脊液压力升高，神经节变性和灶性坏死，出现脑水肿和神经症状。外周神经因节段性脱髓鞘而妨碍神经传导和肌肉活动，导致运动失调。此外，过量的铅引起神经介质及神经传导有关的酶活性的改变，表现出一系列的神经症状，如引起神经传导介质儿茶酚胺的代谢紊乱；影响胆碱酯酶的活性，导致乙酰胆碱的含量增加；抑制腺苷酸环化酶的活性，腺苷酸环化酶催化 ATP 形成环腺苷酸，后者可调节某些神经传导；干扰与 ALA 有相似化学结构的神经介质 γ-氨基异丁酸的作用，影响神经传导。

铅对肾脏的毒性作用分为急性期和慢性期 2 个阶段，肾脏的排泄机能受到严重影响。在急性期，病变主要发生在近曲小管，形态学特征为细胞核内包涵体形成和线粒体、溶酶体肿胀变性。功能方面的表现为近曲小管对氨基酸、葡萄糖和磷酸盐的重吸收障碍，肾脏合成 1,25-二羟维生素 D_3 的能力降低，同时抑制肾素-血管紧张素系统。此期这些功能的变化是可逆的。发展到慢性期后，肾小球间质纤维化，肾小管上皮变性、萎缩，肾小管上皮细胞出现核包涵体，肾小球滤过率降低，出现氮质血症。

铅还可引起胃肠平滑肌痉挛而发生腹痛；小动脉平滑肌痉挛而出现缺血；肝脏、肾脏等脏器血流量减少，引起组织细胞变性。另外，铅可通过胎盘屏障，对胎儿产生毒害作用。

【临床症状】铅是一种慢性蓄积性毒物，排泄速度比较缓慢，对各种组织均有毒性，主要引起神经系统、造血系统和消化系统障碍。畜禽主要表现兴奋不安、肌肉震颤、失明、运动障碍、麻痹、胃肠炎及低色素小红细胞性贫血等，因品种不同，临床症状有一定差异。

1. **马** 精神沉郁，消瘦，肌肉无力，关节僵硬。慢性中毒有明显的喘息和呼吸困难。因喉返神经麻痹而发生吸气性呼吸困难和喘鸣，严重的呼吸衰竭而死亡。同时，有的因咽麻痹而发生周期性食道阻塞，有的因食物通过麻痹的喉吸入气管而发生肺坏疽。

2. **牛** 急性铅中毒主要发生于犊牛，表现为兴奋狂躁、感觉过敏、肌肉震颤，头部的肌肉尤为明显，有时出现阵发性痉挛等铅脑病症状。食欲减少或废绝，惊恐，吼叫，行为不可遏制，不避障碍物，有的头抵障碍物不动。眼球转动，磨牙，口吐白沫，有的角弓反张，触觉、听觉过敏。步态蹒跚或僵硬，呼吸、心跳加快。此外，还表现失明、共济失调、步态蹒跚等外周神经变性症状。瘤胃弛缓，先便秘后腹泻。病程较短，常见咽部麻痹，一般为 12～36h，因呼吸衰竭而死亡。亚急性和慢性中毒主要见于成年牛，仅表现精神沉郁，共济失调，前胃弛缓，腹痛，便秘或腹泻，进行性消瘦。症状出现后 3～5d 可死亡。

3. **猪** 猪对铅有较强的耐受性，铅中毒不常见。大剂量时，表现食欲减退，出现尖叫，流涎，腹泻，磨牙，肌肉震颤，共济失调，惊厥，失明等症状。

4. 羊 神经症状较轻。绵羊虽未见呈现强直性痉挛症状，但可见有其他类似症状，消化系统症状更严重。食欲废绝，初便秘后腹泻，腹痛，流涎，偶发兴奋或抽搐。慢性中毒与牛相似，主要表现精神沉郁，消瘦，视力下降，贫血，运动障碍，后肢轻瘫或麻痹。

5. 犬、猫 以神经症状和胃肠症状为主。齿龈出现铅线（黑色硫化铅），表现厌食，呕吐，咬肌麻痹，常有腹痛，腹泻或便秘。有的流涎，狂叫，呈癫痫样惊厥，共济失调等神经症状。

6. 家禽 厌食，嗜睡，腹泻，粪便呈淡绿色。头部水肿，消瘦。体重减轻，运动失调，迟钝和麻痹，随后兴奋，心动过速，衰弱，腹泻，产蛋和孵化率均下降。

【诊断】根据畜禽有长期接触铅源或含铅饲料的病史，结合消化和神经机能障碍、贫血、齿龈上的铅线等可做出初步诊断。结合饲草、饲料、血液、被毛、肝脏、肾脏和骨骼铅含量的分析及血液中 δ-氨基-γ-酮戊酸脱水酶活性、尿液中 δ-氨基-γ-酮戊酸含量的测定结果可确诊。尿液 ALA 含量升高是对铅的特异性反应，临床用于鉴别铅中毒和铁缺乏。

铅中毒的早期检测指标主要是测定血液中 ALAD 活性，牛饲料铅含量为 $15\mu g/g$ 时，该酶活性即可下降，同时尿液中 ALA 含量明显升高。血液 ALAD 活性与畜禽年龄有关，如犊牛出生后 1~9 周该酶活性升高，然后逐渐下降，9 月龄后达出生时的水平。

畜禽铅中毒血液学检查，可出现低色素小红细胞性或正色素正红细胞性贫血。血液中出现大量的有核红细胞，网织红细胞明显增多，红细胞中可见嗜碱性彩点。X 线检查腹部及骨有铅带，长骨骨骺有铅斑，血液铅浓度升高，可建立诊断。

本病有明显的失明、腹痛及神经症状，应与维生素 A 缺乏症、脑灰质软化、低血镁搐搦、神经性酮病、脑炎及其他重金属中毒，特别是和铁缺乏症相鉴别。

【防治】

1. 预防 加大治理铅污染的力度，减少工业生产向环境中排放铅，是预防铅污染的根本措施。严禁畜禽在铅污染的厂矿周围放牧。在铅污染的地区，对羔羊经常补喂少量硫酸钠，猪补充钙制剂有良好的预防效果。补硒可减轻铅对畜禽组织器官机能和结构的损伤。防止畜禽接触含铅的油漆、涂料、油毛毡等。使用含铅药物驱虫时，要严格掌握用药剂量。

2. 治疗 采用特效的解毒剂阻断毒物作用，促进毒物的代谢及排出。

（1）清除毒物 立即停喂含铅的饲料和饮水。对急性中毒的病畜，立即采取催吐、洗胃或口服 6%~7% 硫酸镁溶液导泻。

（2）应用特效解毒药 常用乙二胺四乙酸二钙钠、二巯基丙醇、二巯基丁二酸钠和青霉胺等治疗。①乙二胺四乙酸二钙钠，静脉注射，按每千克体重 75~110mg，用 5% 葡萄糖盐水配成 1%~2% 溶液，2 次/d，连用 3~4d。②二巯基丙醇，配成 5% 溶液，2.5~5mg/kg 体重，肌内注射，第 1~2 天，1 次/4~6h；第 3 天开始，1 次/6~8h，以后 1~2 次/d。或乙二胺四乙酸钙钠与二巯基丙醇合用，可在 15h 内使血铅浓度下降 50%。③二巯基丁二酸钠，牛每千克体重 3~4mg，用蒸馏水配成 5% 溶液，静脉注射，但不能加热。急性中毒，4~5 次/d；亚急性中毒，2~3 次/d，连用 3~5d；慢性中毒，1 次/d，5~7d 为 1 个疗程，每个疗程间隔 5d，可间断用 2~3 个疗程。④青霉胺是铅的有效结合剂，口服可以很快吸收而不遭破坏，增加尿中的排铅量。一次量，家畜每千克体重 5~10mg，4 次/d，连用 5~7d。

（3）对症治疗 ①清除铅化物。使用硫酸钠或硫酸镁等盐类泻剂，使铅化物形成不溶性硫酸铅排出体外。硫酸钠或硫酸镁，一次量，马 200~500g，牛 400~800g，猪 25~50g，羊 40～100g，犬 10～25g，猫 2～5g，胃导管投服。牛还可用 1％硫酸钠溶液或硫酸镁溶液洗胃，或先口服胃肠黏膜保护剂，后投服盐类泻药。慢性中毒时，可口服碘剂，以促使沉积于内脏中铅的排出。②镇静。如病畜有兴奋不安和腹痛的症状，使用水合氯醛，口服，一次量，马、牛 10～25g，猪、羊 2～4g，如配制成注射液，马 8～10g，静脉注射。或安溴注射液（每 100mL 含安钠咖 2.5g，溴化钠 10g），静脉注射，马、牛 500～100mL。

钒 中 毒

钒中毒是指畜禽饲喂钒及其化合物或短时间内吸入高浓度含钒化合物的粉尘或烟雾所致的中毒性疾病，临床上因钒制剂侵入途径不同，表现以胃肠炎、眼结膜和呼吸道黏膜刺激症状，中枢神经系统功能损害为主要特征。大量接触钒尘发生急性中毒时，主要表现为呼吸道症状，消化系统、神经系统功能紊乱。临床上钒中毒多为食入钒及其化合物所致，故在饲料中添加钒时，应注意不要过量，以免引起中毒。

金属钒毒性很低，但钒化合物对畜禽有中度或高度毒性，其毒性作用与钒的价态、溶解度和摄取的途径等有关。钒的毒性随化合价的升高而增大，5 价钒的毒性最大。常见的钒化合物有三氧化二钒、五氧化二钒、三氯化钒及偏钒酸铵等。钒尘中主要成分为五氧化二钒。

【病因】急性中毒多见于一次性误食或含有机钒较多的饲料或饮水。慢性中毒多由于环境污染或土壤中含有机钒过多；或因舔食含有机钒的物品等导致中毒。另外，使用有机钒添加剂补充钒不当也可造成中毒。

【发病机理】钒中毒主要通过呼吸道，其次为消化道，由钒与镉协同而发挥有害作用。五氧化二钒中毒时，能引起血液循环、呼吸器官、神经系统和代谢（使氧化过程增强）等方面的变化。长期口服时，体内钒积累过多，可抑制肝脏磷脂的合成和硫的代谢（含巯基氨基酸的代谢），并对氧化-还原等生理功能产生一定干扰。钒化合物粉尘或烟雾经呼吸进入肺部后，引起肺脏、脾脏、肾脏、肠管的末梢血管挛缩，刺激中枢神经系统。

【临床症状】

1. 反刍家畜 牛、羊对钒的耐受量比家禽大。据报道，绵羊采食含钒分别为 10mg/kg 和 100mg/kg 的饲料，外观不表现中毒症状。饲料钒水平达 200mg/kg 时，绵羊掌骨、肝脏、肾脏和肌肉中的钒含量上升，肾脏中钒含量最高。给羔羊饲喂 200mg/kg 的钒酸铵时，其脊椎骨和骨灰分中钒含量升高。当饲料钒水平达 400mg/kg 或 800mg/kg 时，绵羊停止采食，并发生腹泻。当喂给绵羊 400mg/kg 的钒酸铵时，80h 后死亡，剖检时发现其肾脏、肝脏、骨骼、肺脏和肌肉中的钒含量增加。在绵羊的饲料中添加 800mg/kg 的亚钒酸盐后，绵羊停止采食，1d 后有腹泻症状，停止饲喂，症状即消失。

2. 家禽 钒是一种毒性较大的元素，0.3mg/kg 的钒即可导致雏鸡的生长速度明显降低。雏鸡对钒的耐受量为 20～35mg/kg。产蛋鸡饲料钒水平 20mg/kg 时，不影响鸡的产蛋率、采食量、蛋重和料蛋比；当饲料钒含量为 30～40mg/kg 时，产蛋鸡生产率则受到影响，鸡蛋的蛋白品质相对地易受饲料钒水平的影响。据报道，当饲料钒水平 4.6mg/kg 时，蛋白品质就会受到影响，由钒引起的鸡蛋蛋白品质的下降，可能是由于输卵管膨大部（蛋白分泌部）功能降低所致。研究发现，饲料钒水平为 30mg/kg 时，产蛋鸡的输卵管膨大部重量减少，推测是因平滑肌活力减弱和由此而产生的肌肉萎缩所致。

饲喂高钒饲料时，鸡增重降低，体重和产蛋量下降，严重影响鸡的生产性能和生长发育，肝脏、肾脏和腺胃的重量相对增加。饲喂高钒饲料的鸡在停喂一段时间后，其骨骼、肝脏、肾脏、羽毛和蛋黄中钒的积蓄量下降，产蛋鸡组织中钒浓度的半衰期为 $20\sim30d$。饲喂钒水平为 $50\sim100mg/kg$ 的饲料后，鸡肾 $Na-K-ATP$ 酶活力受到抑制，同时伴随发生利尿，说明钒中毒可引起肾功能发生改变。

【诊断】根据高钒地区放牧或补充高钒饲料的病史，结合临床症状即可做出初步诊断。饲草、饲料及血液、被毛和组织中的钒含量分析是诊断本病的主要依据。

【防治】

1. 预防 避免饲喂被钒或其化合物污染的农作物、牧草、饲料和饮水等，禁止超剂量使用含有钒化合物的饲料添加剂等。增加饲料中铁和铬的含量，或在饲料中加入棉籽饼粉、脱水牧草和乙二胺四乙酸（EDTA）等用于减缓钒的毒性。

2. 治疗 立即停喂含钒化合物的饲料或饮水，远离含钒化合物的粉尘或烟雾现场，采取解毒除钒和对症治疗等措施。

（1）解毒除钒 急性钒中毒，伴发尿钒明显增高的病畜，可用金属络合剂治疗，与钒形成络合物，干扰钒的吸收和代谢，加速钒的排出。①25％乙二胺四乙酸钙钠，用生理盐水稀释成 $0.25\%\sim0.5\%$ 溶液，静脉注射，牛、马 $3\sim6g$，猪、羊 $1\sim2g$，2 次/d，连用 $3\sim5d$。②配合使用大剂量维生素 C，可使毒性强的 5 价钒还原为低价钒而减轻损害。③铁、铬、钪、钛和铌等元素对钒的毒性有拮抗作用，配合使用可缓解中毒现象。

（2）对症治疗 如病畜咳嗽、咯痰可用镇咳祛痰剂，喘息者用支气管扩张药物。听诊肺部湿性啰音的病畜，用抗生素和糖皮质激素类药物，防止继发性肺部感染等。氯化铵片，口服，马 $8\sim15g$、牛 $10\sim25g$，猪 $1\sim2g$，羊 $2\sim5g$，犬 $0.2\sim1g$，可使尿液酸化，加速钒的排出。

锡 中 毒

锡中毒是指畜禽经呼吸道、皮肤和消化道吸收锡或锡化合物而引起的一种以中枢神经系统功能损害、中枢性呼吸衰竭为主要特征的中毒性疾病。

锡本身是无毒的金属，无机锡化合物多数属于低毒或无毒，少数对畜禽有明显的毒性；而有机锡则因其使用范围广，形态多样，且毒性和生物效应与形态有密切的关系。

有机锡化合物有四烃基锡化合物、三烃基锡化合物、二烃基锡化合物和一烃基锡化合物 4 种类型。据报道，引起急性中毒性脑病的有机锡化合物主要有三甲基锡、四苯基锡和三乙基溴化锡（乌米散）等。

【病因】急性中毒多见于一次性误食或含有机锡较多的饲料或饮水。慢性中毒多由于环境污染或土壤中含有机锡较多；舔舐含有机锡的物品等中毒。此外，使用有机锡添加剂不当也可导致中毒。

【发病机理】有机锡一般可经呼吸道吸收，经皮肤和消化道吸收的程度因其品种而异，如轻链烷基锡经胃肠道吸收较快，三环己基氢氧化锡极少经胃肠道吸收。动物试验表明，许多有机锡化合物可引起细胞免疫、体液免疫及非特异性宿主防御反应缺陷。有机锡化合物引起上述病变的发病机制尚不完全清楚。可能是二烷基锡蓄积于线粒体中，与邻近的二巯基结合而影响线粒体的功能。这种毒性作用可被二巯丙醇逆转。三烷基锡和四烷基锡抑制了氧化磷酸化过程的磷酸化环节，作用于ATP形成前的阶段，而不是干扰电子传递系统。此种作用不能被含巯基的药物（如二巯丙醇）所阻止。三甲基锡中毒引起精神过度兴奋是由于三甲基锡对海马结构的毒性，其确切的毒作用机制尚不清楚。可能是含有重金属的内源性兴奋毒素释放所致；三甲基锡引起脑谷氨酸代谢和γ-氨基丁酸能系统发生障碍；三甲基锡抑制了Ca^{2+}-ATP酶，干扰了脑的钙泵和其他由cAMP介导的过程所致。而烷基锡对机体免疫功能的影响，可能是影响了胸腺的能量代谢，造成脑腺萎缩所致。

【临床症状】急性三烷基锡或四烷基锡中毒均以脑病表现为主，三苯基锡中毒也可出现脑病，但脑病的临床表现可因各有机锡化合物毒作用靶部位不同而异。急性乌米散中毒除中枢神经系统症状，经口服中毒的，可出现明显肝脏、肾脏损害。有报道，急性有机锡中毒可导致血钾降低。吸入没有二氧化硅的氧化锡粉尘，导致良性结节性尘肺，但不会导致肺功能障碍，X线片与钡尘肺类似，这种良性尘肺被称为锡尘肺。

过量锡化合物具有毒性作用。畜禽经口摄入大剂量金属锡，未发现特殊毒性，有时仅引起呕吐。少数锡的无机盐类对畜禽有明显毒性。而有机锡化合物则是剧烈的神经毒物。锡过多可缩短畜禽寿命，促使肝脏脂肪变性及肾血管变化。动物试验证明，大白鼠饲料中含锡化合物（氯化锡、硫酸锡、草酸锡、酒石酸锡）达3g/kg时，可导致其生长停滞、贫血及肝脏异常变化。犬进食含有大量氯化亚锡的牛奶则会出现瘫痪。四氯化锡有强烈刺激性，吸入后可引起剧烈的痉挛，主要作用于中枢神经系统。

【诊断】急性有机锡中毒，主要依据有机锡接触史、不同有机锡化合物所致相应的临床特征。尿锡量增高可作为接触指标。锡尘肺的诊断，应根据畜禽饲养环境或放牧史、临床症状及病理变化检查而作出。但应排除其他肺部疾病，并做好与矽肺的鉴别诊断。

【防治】

1. 预防 采取综合性预防措施。避免直接接触高毒的有机锡，严禁使用被有机锡污染的饲草、饲料、饮水或混入高毒有机锡的饲料添加剂等。

2. 治疗 立即停喂含有机锡的饲料或饮水等。目前本病尚无特效解毒药，治疗以对症疗法为主。

（1）急救措施 对误服有机锡的病畜，立即进行催吐并彻底洗胃。进行除锡治疗，减轻肺部病变，使用10%二巯基丙醇注射液，肌内注射，每千克体重2.5～5mg。建议应用类固醇治疗三乙锡中毒。

（2）防治脑水肿 对重症病畜积极防治脑水肿和脑损伤，降低颅内压。①急性中毒性脑病，宜早期、足量、短程应用糖皮质激素进行治疗。地塞米松磷酸钠注射液，肌内注射或静脉注射，牛5～20mg，马2.5～5mg，猪、羊4～12mg，犬、猫0.125～1mg，2次/d。或氢化可的松注射液，静脉注射，马、牛0.2～0.5g，猪、羊0.02～0.08g，犬、猫0.125～1mg，2次/d。②静脉注射甘露醇等高渗晶体脱水剂，牛、马0.5～1g/kg，猪、羊1～2g/kg，2次/d。③选用呋喃苯胺酸（呋塞米）等利尿剂，静脉注射，牛、马0.5～1mg/kg，猪、羊1～2mg/kg，1～2次/d，但在大量利尿后，应注意防止血容量不足、低血钾和低氯性碱中毒的发生。

（3）解痉镇静 对于有抽搐、躁动或运动性兴奋的病畜，应用镇静、解痉类药物给予积极的治疗，以免加重脑缺氧及脑水肿。

（4）恢复脑功能 应用改善脑组织代谢的药物，如三磷酸腺苷、细胞色素C及辅酶A等药物，与胰岛素合用，改善细胞代谢。此外，辅酶Q10、维生素E、维生素C均有抗氧自由基的作用。

汞 中 毒

汞中毒是指畜禽食入汞及其化合物或吸入汞蒸气引起的中毒性疾病。临床上因汞进入机体的途径不同而表现胃肠炎、支气管炎或肺水肿、皮肤炎、尿毒症及神经功能紊乱等。本病以慢性中毒多见，各种畜禽均可发生，但最常见于马、牛、羊、猪和鸡。

不同畜禽对汞制剂的敏感性不同。氯化汞，口服的中毒剂量为：牛 9～18mg/kg，绵羊60～80mg/kg，猪 10～20mg/kg，犬 0.1～0.3g。氯化亚汞，口服的中毒剂量为：牛 18～36mg/kg，绵羊 1～5g，山羊 1～2g，马 10～20g，犬 1～2g，猪 8g。在雏鸡的饮水中加甘汞250mg/kg，可使其生长停滞，并引起大批死亡。

汞是一种可引发畜禽机体不可逆损伤的毒物，对畜禽机体的危害和它的吸收、蓄积情况有直接关系，无机汞主要蓄积在肾脏，其次是肝脏和脾脏，而有机汞除蓄积在肾脏和肝脏外，更重要的是可通过血脑屏障蓄积在脑内，通过胎盘屏障对胎儿造成损害，通过血睾屏障损害生殖机能，故临床上主要表现为神经毒性作用和生殖毒性作用。

【病因】汞中毒主要与工业"三废"污染水源、农作物等有密切关系。汞为银白色金属，常温下为液态，易蒸发，如长期生活在吸入汞蒸气或汞化合物粉尘的环境中，大剂量汞蒸气吸入或汞化合物摄入，则发生急性中毒。大量施用农药、化肥，可引起汞中毒。皮肤破损或溃烂部位用汞制剂涂抹也可致中毒。大部分汞化物，尤其是溶解的汞，是最危险的一种重金属，具有很高的毒性并有蓄积作用，可以导致慢性中毒。

【发病机理】汞中毒的机理还不十分清楚，但普遍认为是由于汞与多种酶中巯基（—SH）稳定结合的结果。巯基是许多酶的活性部分，与汞结合后，则丧失其活性，如谷胱甘肽（GSH）与汞结合，形成不可逆的复合物而丧失氧化还原功能；汞与细胞膜的—SH结合，则抑制细胞表面酶的活性，使其结构发生改变。如汞抑制红细胞、肝脏、肾脏、脑微粒体膜上的 ATP 酶活性，进一步引起生物膜系统受损伤。此外，汞还与氨基（—NH）、二硫基（—S—S—）、羧基（—COOH）、羟基（—OH）及脱氧核糖核酸（DNA）中嘌呤、嘧啶基团结合，而改变其性质和功能。

【临床症状】

1. 急性中毒 当畜禽吸入大量汞蒸气后，出现呕吐，口腔有金属气味，腹痛和粪中带血的下痢。病程延长，则出现少尿、蛋白尿、无尿症、尿毒症、溃疡性胃肠炎等，随后出现神经功能紊乱。氯化汞或其他可溶性汞盐中毒的过程与此相似，但最主要的损害是消化道黏膜的严重腐蚀，皮肤常有明显的斑疹，汞的化合物可引起红细胞溶解。中毒病畜在 2～4d内，有时在 1d 内死亡。

2. 慢性中毒 主要症状是神经功能紊乱，继而口腔呈金属气味，牙齿松动或掉落。在齿根部有 1 条黑色硫化汞带状物，贫血、蛋白尿、肾脏损害和肠卡他等其他症状。

有机汞化合物中毒的临床症状是中枢神经系统功能紊乱。主要表现为厌食、运动失调、辨距障碍、视力失调、失明，听觉异常、惊厥、轻瘫，昏迷而死。

【诊断】根据病史和典型的临床症状，急性汞中毒容易确诊，特别是尿汞明显增高具有重要的诊断价值。慢性汞中毒必须具有长期与汞的接触史，可根据诊断标准分为轻、中、重度中毒等 3 级。轻度中毒已具备汞中毒的典型临床特点，如精神萎靡、口腔炎、震颤等，程度较轻；如上述表现加重，并具有神经症状的改变，可确诊为中度中毒；如再合并有中毒性脑病，即可确诊为重度中毒。尿汞多不与症状体征平行，仅可作为过量汞接触的依据；如尿汞不高，可行驱汞试验，以利确诊。

急性汞中毒需与急性上呼吸道感染、感染性肺炎、药物过敏及传染性疾病等鉴别；慢性汞中毒注意与慢性酒精中毒等鉴别。

【防治】

1. 预防 采用综合性预防措施。关键是找准发病原因，有针对性地采取预防，避免直接接触被汞或其化合物污染的农作物、牧草、饲料和饮水等，同时禁止使用含有高毒汞化合物的饲料添加剂等。此外，摄入适量的营养素对汞中毒有很好的预防作用：①维生素 E 对甲基汞毒性具有防御作用。花生油、芝麻油都含有丰富的维生素 E。②蛋白质中的含硫氨基酸，与汞结合成为稳定的化合物，从而防止汞对于体内巯基酶的损害。含硫氨基酸包括胱氨酸、半胱氨酸、蛋氨酸等。③将铜、铁、锌等添加于饲料内，可有效地预防饲料中的汞过剩。

2. 治疗 立即停喂含汞的饲料和饮水，防止有机汞溶解而增加毒性，严禁饲喂食盐。

（1）急救处理 畜禽因口服汞及其化合物中毒的，用 2‰碳酸氢钠溶液、活性炭末溶液或温水洗胃、催吐，然后口服蛋清、牛奶或豆浆等吸附毒物，再用硫酸镁导泻。对吸入汞中毒的畜禽，立即更换饲养环境。

（2）除汞治疗 对与有机汞接触的病畜，无论有无症状，均使用二巯基丙磺酸钠、二巯基丁二酸钠、二巯基丙醇、硫代硫酸钠和青霉胺治疗。①急性汞中毒，可用 5‰二巯基丙磺酸钠注射液，以体重计，马、牛 5～8mg/kg，猪、羊 7～10mg/kg，肌内注射或静脉注射，1 次/4～6h，1～2d 后，1 次/d，连用 7d。②10‰二巯基丁二酸钠注射液，每千克体重 20mg，静脉注射。急性中毒的病畜 3～4 次/d，连用 3～5d 为一疗程；慢性中毒的病畜 1～2 次/d，连用 3d 为一疗程，然后间隔 4d，一般需 3～5 个疗程。治疗过程中，如病畜出现急性肾功能衰竭，除汞治疗应暂缓，应以抢救肾衰为主。③二巯基丙醇注射液，每千克体重 2.5～5mg，肌内注射，第 1～2 天，1 次/4～6h；第 3 天开始，1 次/6～8h，以后 1～2 次/d，根据病情及除汞情况决定疗程数。④5‰硫代硫酸钠注射液，马、牛 5～10g/头，猪、羊 1～3g/头，肌内注射或静脉注射。⑤青霉胺片，口服，一次量，家畜每千克体重 5～10mg，4 次/d，连用 5～7d。

（3）对症治疗 单纯除汞治疗并不能阻止神经症状的发展，必须加强对症疗法，主要是保护畜禽机体各个重要器官，特别是神经系统的功能，对治疗有机汞中毒尤为重要。对病畜应采取及时补液，纠正水、电解质紊乱，配合强心、保肝、镇静、利尿，应用糖皮质激素改善病情。如发生接触性皮炎，可用 3‰硼酸溶液湿敷患部。

二、类金属类和非金属类矿物质中毒

硒 中 毒

硒中毒是指畜禽摄入硒含量高的牧草或饲料，或超剂量使用硒制剂等引起的中毒性疾病。根据病程可分为急性中毒和慢性中毒。急性中毒以腹痛、呼吸困难和运动失调为特征；慢性中毒主要以脱毛、蹄壳变形和脱落等为特征。各种家畜均可发生，高硒地区放牧的牛、羊和马常见，其次为猪。

动物试验表明，无机硒化合物的毒性强于有机硒化合物，硒代半胱氨酸的毒性与亚硒酸钠相似，亚硒酸钠的毒性强于纳米硒。硒蛋氨酸具有极好的生物利用和较低的毒性，被认为是较好的营养硒补充的硒形式，然而硒蛋氨酸可无选择地替换机体蛋白质中的蛋氨酸而非特异地插入到蛋白中，故关于硒蛋氨酸可潜在地在组织中累积而达到硒的毒性水平的忧虑在不断地增加。许多文献报道，过度地摄入富含硒蛋氨酸的饲料，可造成畜禽硒中毒。硒蛋氨酸的急性毒性和短期毒性都强于纳米硒。

【病因】

1. 原发性硒中毒 土壤硒过高使植物硒较高。土壤硒＞0.5mg/kg 对放牧畜禽有中毒危险。家畜采食高硒植物，如黄芪、紫云英、单冠毛属和某些棘豆属植物而中毒。豆科黄芪属某些植物的含硒量可高达 1 000～1 500mg/kg，是牛、羊硒中毒的主要原因。此外，有些植物，如玉米、小麦、大麦、青草等在富硒土中生长，也可引起硒中毒。

2. 继发性硒中毒 由于工业污染，用含硒废水灌溉也可使农作物、牧草被动蓄硒而导致硒中毒。家畜对硒的最大耐受量为 2mg/kg。饲料中硒含量＞5～8mg/kg 即可引起中毒。防治时硒制剂用量不当，如治疗白肌病时，饲料中超量添加硒制剂或混合不均匀等均可引起硒中毒。牛、猪肌内注射硒制剂，以体重计，其致死量为 1.2mg/kg，羊皮下注射致死量为 1.6mg/kg，但中毒量仅为 0.8mg/kg，甚至有些羔羊一次注射 0.5mg/kg 就可引起死亡。硒容易挥发为气溶胶，家畜吸入后也可以引起慢性中毒。

【发病机理】可溶性硒和有机硒经小肠吸收入血，与白蛋白结合，迅速散布全身，主要分布于肝脏、肾脏及脾脏。慢性中毒时，可大量分布于家畜的毛与蹄内，部分在红细胞和肝脏内还原和甲基化。硒可通过胎盘屏障造成胎儿畸形。此外，硒还可通过损伤的皮肤及呼吸道吸收，在硒类物质中有机硒毒性最大，而硒元素相对无毒。

硒进入机体后与硫竞争，取代正常代谢中的硫，从而抑制了许多含硫氨基酸酶，使机体氧化过程失调，硒酸盐进入体内后，可转化为亚硒酸盐并能与胱氨酸、辅酶 A 等作用，形成硫硒化合物，使胱氨酸酶失活。过量硒抑制氧化-还原酶，如与琥珀酸脱氢酶依赖的巯基基团结合抑制其活性。硒还可与游离的氨基酸以及含巯基蛋白结合，而影响蛋白质合成。硒与还原型谷胱甘肽反应产生活性氧，过量导致脂质过氧化引起氧化损伤。此外，硒可影响维生素 C、维生素 K 的代谢而造成血管内皮损害。

【临床症状】根据摄入的剂量和时间分为急性中毒、亚急性中毒和慢性中毒。

1. 急性中毒 采食大量富硒植物或补充大剂量硒制剂，病畜腹痛，胃肠臌气，步态不稳，体温升高，呼吸困难，瞳孔散大，黏膜发绀，呼出气体有明显的大蒜味，鼻孔流出白色泡沫状液体，视力严重减退，最终因呼吸衰竭而死亡，最快的发病几小时即死亡。常见于反刍家畜和马属动物。

2. 亚急性中毒 病畜采食高硒植物或谷物（硒＞30mg/kg），初期食欲降低，体温正常，随病程发展，视力下降，步态蹒跚，盲目行走，不避障碍物，到处瞎撞，故又称为蹒跚病或瞎撞病。后期体温下降，喉和舌麻痹，吞咽障碍，呼吸衰竭而死亡。常见于反刍家畜、马和猪。高硒中毒的猪，脱毛、蹄部开裂或变形、跛行、贫血、视觉障碍、失明、肺水肿、血红蛋白降低等。

3. 慢性中毒 病畜采食富硒饲料和牧草（5～40mg/kg），跛行，蹄裂，关节僵硬，精神沉郁，脱毛，消化不良，消瘦，贫血，失明，反应迟钝。牛、羊、猪的受胎率降低，死胎增多。慢性硒中毒还可影响胚胎发育，造成胎儿畸形及新生仔畜死亡率升高。家禽蛋中硒含量升高，孵化率随之降低，鸡胚畸形率增高。

【诊断】根据高硒地区放牧或采食高硒饲料及有硒制剂治疗的病史，结合视力下降、运动障碍、脱毛、蹄变形等临床症状及病理变化，血液中红细胞数及血红蛋白下降等可以做出初步诊断。饲草、饲料及血液、被毛和组织硒含量分析是诊断本病的主要依据。此外，血硒含量高于 0.21mg/g 可作为羊硒中毒的早期诊断指标。

【防治】

1. 预防 饲料中加硒时，要根据畜禽机体的需要，严格掌握用量，控制在安全范围内且混合均匀，以免发生中毒。在高硒牧场中，土塘中加入氯化钡并多施酸性肥料，以减少植物对硒的吸收。富硒地区应增加饲料中蛋白质的含量，适当添加硫酸盐、砷酸盐等硒的拮抗物。在草场施用石膏或含硫肥料等措施，抑制植物对硒的吸收，降低植物中的含硒量。

2. 治疗 立即停喂高硒饲料。没有特效解毒药，可采取对症治疗，主要是降低以至消除硒的毒性。①对有食欲的中毒病畜，饲喂含蛋白质丰富的饲料，通过蛋氨酸分子与机体内过量的硒结合，可减轻硒的毒性。甜菜碱和胆碱也对抵抗硒酸盐的毒性起一定作用。②二巯基丙醇注射液，肌内注射，2.5～5mg/kg（以体重计），4～6h 1 次，可减轻硒的毒性，但注意会增加对肾脏的损害。③10%～20%硫代硫酸钠注射液，肌内注射，0.5mL/kg（以体重计），有助于减轻刺激症状，减轻硒酸盐的毒性，但不能减轻亚硒酸盐或有机硒的毒性。

砷　中　毒

砷中毒是指砷化物进入畜禽机体后释放砷离子，通过对局部组织的刺激及抑制酶系统，与多种酶蛋白的巯基结合使酶失去活性，影响细胞的氧化和呼吸及正常代谢，从而引发以消化功能紊乱、实质脏器和神经系统损害为特征的中毒性疾病。

砷化物对畜禽的毒性与砷制剂的种类、性质、个体因素和毒物侵入机体的途径有密切关系。亚砷酸钠的中毒量为：马 6.5mg/kg，牛 7.5mg/kg，猪 2mg/kg，绵羊 11mg/kg。三氧化二砷的中毒量为：马、牛和绵羊 33～55 mg/kg，猪 7.2～11mg/kg。用于畜禽饲料添加剂一般为五价有机砷化物，常用的有对氨苯砷酸（阿散酸）及其钠盐和 3-硝基-4-羟基苯砷酸（洛克沙肼），该类制剂极易被畜禽吸收。

【病因】

1. 原发性砷中毒 主要是畜禽采食被无机砷或有机砷农药处理过的种子、喷洒过的农作物、污染的饲料，或饮用被砷化物污染的水引起的急性中毒。

2. 继发性砷中毒 某些金属矿中含有多量的砷，生产含砷农药、医药与化学制剂的工厂等排放的"三废"，污染了当地水源、农作物和牧草，引起附近放牧的畜禽中毒。有些地方推广砷化物作为育肥用饲料添加剂，如用对氨基苯砷酸及其辅盐来促进猪、鸡的生长，提高饲料的利用率和预防肠道感染等，由于添加不匀，用药过量和长时间连续应用而发生中毒。

【发病机理】砷与丙酮酸氧化酶的巯基结合，使酶失去活性，影响细胞正常代谢，导致细胞死亡；危害神经细胞，引起多发性神经炎及中枢神经衰弱，麻痹毛细血管，造成组织营养障碍；畜禽通过饮水及食物摄入三价和五价的无机砷，进入机体的砷主要在肝脏发生甲基化，该甲基化过程在肾脏和肺脏中也有发生，然后甲基化产物通过代谢经尿液排出。大量研究结果证实，砷是一种确定的致癌物，但是慢性砷中毒的机制至今还不清楚，没有一种确切的机制学说，只是存在以下几种假说：氧化应激、干扰 DNA 甲基化、抑制 DNA 修复、染色体畸变、诱导细胞增生和改变信号转导模式等。

【临床症状】 各种畜禽的砷中毒症状基本相似。

1. 最急性中毒 一般看不到任何症状而突然死亡，或者病畜出现腹痛，站立不稳，虚脱，瘫痪以致死亡。

2. 急性中毒 主要呈急性胃肠炎特征。病畜流涎，吐沫，口腔黏膜发炎，出血，溃烂，齿龈黑褐色。牛、马有不同程度的腹痛、便秘或腹泻。先兴奋，惊恐不安，进而肌肉震颤，运动失调，精神沉郁，心律不齐，乃至昏迷，可在短时间内死亡。体温初上升后下降。猪有时呈血尿。

3. 亚急性中毒 病畜可存活 2～7d，以胃肠炎为主，表现腹痛，厌食，口渴喜饮，腹泻，粪便带血或有黏膜碎片。初期尿多，后期无尿，脱水，反刍家畜出现血尿或血红蛋白尿，心率加快，脉搏细而弱，体温偏低，四肢末梢冰凉，后肢偏瘫。后期出现肌肉震颤、抽搐等神经症状，最后昏迷而死。

4. 慢性中毒 主要呈消化功能和神经机能障碍。食欲、反刍减退或废绝，生长发育停止，消瘦，被毛粗乱、干燥无光泽，容易脱落。流涎，呕吐。反刍家畜前胃弛缓，腹痛、便秘与腹泻交替发生，甚至排血样粪便。大多数伴有神经麻痹症状，且以感觉神经麻痹为主，四肢无力或麻痹。皮肤发炎，可视黏膜潮红，结膜和眼睑浮肿，鼻唇及口腔黏膜红肿并有溃疡（砷毒性口炎），并长期不愈。母畜繁殖障碍，奶牛产奶量显著减少。孕畜流产或产死胎。牛、羊剑状软骨部有疼痛感，偶见有化脓性蜂窝织炎。

【诊断】 根据砷接触史，结合消化功能紊乱、胃肠炎、神经机能障碍等临床症状和病理变化，可做出初步诊断。采集可疑饲料、饮水、乳汁、尿液、被毛及肝脏、肾脏、胃肠及其内容物进行砷含量测定，可提供诊断依据。健康畜禽正常砷含量为被毛＜0.5mg/kg，牛乳＜0.25mg/L，肝脏及肾脏的砷含量低于 1mg/kg（以湿重计），超过 3mg/kg 即可确定为砷中毒，严重者达 10～15mg/kg。

【防治】

1. 预防 应从引起砷中毒的原因入手。①严格执行毒物保管制度，防止含砷农药污染饲料和饮水。②禁止在饲料中添加有机砷制剂。③严格控制含砷量高的载体和微量元素化合物的使用。④添加还原性维生素 C，减少砷的吸收。

2. 治疗 治疗原则是排除吸收部位的毒物，降低吸收率或肠管、肝脏的重吸收率，采用特效的解毒剂阻断毒物作用，促进毒物的代谢性灭活及排出。

（1）急救处理 ①洗胃和导胃。氧化镁溶液 20g/L、高锰酸钾溶液 1g/L 或药用炭液 50～100g/L，反复洗胃，以排出毒物，减少吸收。②保护胃肠黏膜。使用黏浆剂，但忌用碱性药，以免形成可溶性亚砷酸盐导致病情加重。其他吸附剂与收敛剂，可选用牛奶、鸡蛋清、豆浆和木炭末。③阻止毒物吸收。口服解毒液分为 A 液（硫酸亚铁 40g，加水 1 000mL）和 B 液（氧化镁 60g，加水 1 000mL），临用时混合振荡成粥状后灌服，马、牛 500～1 000mL，猪、羊 30～60mL，鸡 5～10mL，1 次/4h。硫酸亚铁和氧化镁加水所生成的氢氧化铁与胃肠内的可溶性砷化物结合，最后生成不溶性亚砷酸铁沉淀，并随粪便排出体外而不被肠道吸收。④缓泻。使用盐类泻剂，促进消化道毒物的排出。硫酸镁或硫酸钠，口服，一次量，马 200~500g，牛 400~800g，猪 25~50g，羊 40~100g，犬 10~25g，配成 6%~8%溶液使用。

（2）应用特效解毒药　常用巯基络合剂和硫代硫酸钠。①5%二巯基丙磺酸钠溶液，以体重计，马、牛 5~8mg/kg，猪、羊 7~10mg/kg，肌内注射或静脉注射，第 1 天，1 次/6~12h。第 2 天起，逐日延长用药间隔时间，7d 为 1 个疗程。或 5%~10%二巯基丁二酸钠，20mg/kg，用生理盐水或用 5%葡萄糖溶液稀释后，静脉注射，急性中毒时，3~4 次/d，连用 3~5d 为 1 个疗程；慢性中毒时，1~2 次/d，3d 为 1 个疗程，然后间歇 4d 继续用药，一般需 3~5 个疗程。②硫代硫酸钠粉，马、牛 25~50g，猪、羊 5~10g，溶于水中灌服。或 5%硫代硫酸钠注射液，马、牛 5~10g，猪、羊 1~3g，肌内注射或静脉注射。

（3）对症治疗　采取强心补液、保肝利尿、缓解腹痛等对症疗法，有助于提高疗效。根据病情使用镇静剂，如 30%安乃近注射液，肌内注射，一次量，马、牛 3~10g，猪 1~3g，羊 1~2g，犬 0.3~0.6g。水合氯醛注射液，静脉注射，马、牛每千克体重 8~12mg，猪、羊每千克体重 15~17mg。

碘 中 毒

碘中毒是指畜禽摄入过量的碘或碘化物而引起的，以食欲降低、生长缓慢和甲状腺肿大为特征的中毒性疾病。碘中毒的报道不多，各种畜禽的耐受量因品种而差异较大。马对碘的耐受量最小，最容易发生中毒，尤其是纯种小马高碘性甲状腺肿发病率可达 3%~50%。其他动物自然碘中毒少见。

【病因】畜禽补充碘时，剂量过大或海产品摄入过多。富碘地区的放牧畜禽，因饮水中碘含量过高而引起中毒。长时间不正确地饲喂含矿物质的饲料；作为防治传染性蹄部皮炎、某种复合性呼吸道疾病、放线菌病、乳腺炎及不孕不育等疾病的方法，将碘化合物作为饲料添加剂长时间饲喂等均可引起碘中毒。一些研究表明，临床碘中毒与碘的接触量和接触时间无关，而与应激和营养性病症等因素相关。

【发病机理】碘具有比氯更强的对皮肤、黏膜的刺激性和腐蚀性。吸入时主要损伤呼吸道，导致支气管炎、肺炎，甚至肺水肿。口服对消化道有强烈腐蚀作用，吸收后作用于组织蛋白引起各组织器官损害，尤以肾脏损害为重。过量碘在甲状腺内抑制激素合成，使甲状腺球蛋白激素碘减少，引起甲状腺滤泡胶质潴留，导致高碘性甲状腺肿。

【临床症状】畜禽临床表现的严重程度与碘化合物的类型有关。研究发现，畜禽对有机碘化合物的耐受性高于无机碘化合物（如碘化钙、碘酸钾）。

1. 马　甲状腺激素合成受到抑制，从而表现出甲状腺功能减退的临床体征。摄入碘 48~432mg/d，初生马驹血浆碘含量升高，甲状腺肿大，四肢虚弱。

2. 牛　过量碘会影响甲状腺对碘的利用而导致甲状腺肿。当牛饲料中含碘 50~100mg/kg 时，可出现中毒症状，5 周龄犊牛最大耐受量 50mg/kg。病牛表现为精神沉郁，食欲降低，高热，鼻分泌物增多，流涎、多泪、水样鼻液增多、增重降低、泌乳减少。皮肤干燥和鳞屑，脱毛，血清碘含量增加，血红蛋白含量和血清钙含量降低。持续性咳嗽，有时有心动过速、神经过敏、体重下降、眼球突出和高水平的新陈代谢等体征出现。产奶量下降，繁殖紊乱的概率增加。当饲料中碘含量恢复正常后，中毒症状可自行消退。青年牛对过量碘的敏感性比奶牛大，故在用碘化物防治真菌感染时应引起足够重视。

3. 绵羊 精神沉郁，食欲降低，体温下降，生长受阻。

4. 猪 猪对碘的耐受性较强，其最低中毒水平为 $400\sim800mg/kg$。中毒时，生长速度、采食量、血红素浓度及肝脏中铁含量均下降，此时补充铁可能会缓解一部分碘中毒所造成的后果。

5. 家禽 碘过量会使家禽发生鼻炎、流泪、结膜发红、咳嗽以及皮疹等症状。鸡尤为敏感，会严重影响其产蛋率及孵化率，胚胎早期死亡，产蛋量下降，卵巢及输卵管缩小。母鸡饲料中含碘 $300mg/kg$ 时，产蛋量明显下降，蛋重减少，且孵化时间延长，孵化率低；当碘含量增至 $5\,000mg/kg$ 时，可使其停止产蛋，若停止饲喂高碘饲料 7d 后，可恢复产蛋，在中毒期间保证充足的饮水并在饲料中增加食盐含量，可促进碘的排出，缓解碘中毒。

【诊断】 根据临床症状一般不易确诊，如确诊需采取血清、奶汁和尿液，测定碘含量，特别是对畜禽饲料中的碘含量测定。

【防治】

1. 预防 畜禽补碘时，剂量不能过大，添加在饲料中应搅拌均匀。防治传染性蹄部皮炎、某种复合性呼吸道疾病、放线菌病、乳腺炎以及不孕不育等疾病时，要严格掌握碘制剂的使用剂量和使用时间。

2. 治疗 目前尚无特效解毒药，中毒病畜一般在停止摄入过量碘后，可在短时间内逐渐恢复，必要时采取对症治疗。

（1）除碘治疗 口服碘制剂中毒的，立即用 0.5％硫代硫酸钠溶液洗胃，直至洗出液无蓝色为止，然后口服米汤、生蛋清、牛奶、食用植物油以保护胃黏膜。促进游离碘变为无毒的碘化物，可用硫代硫酸钠，马、牛 $5\sim10g$，猪、羊 $1\sim3g$，临用前用灭菌注射用水溶解成 20％溶液，静脉注射或肌内注射。

（2）抗碘过敏 碘过敏反应引起的血管神经性水肿，可导致喉部阻塞，应实施气管切开。使用肾上腺皮质激素，如地塞米松磷酸钠注射液，肌内注射或静脉注射，牛 $5\sim20mg$，马 $2.5\sim5mg$，猪、羊 $4\sim12mg$，犬、猫 $0.125\sim1mg$，2 次/d。同时，采取强心补液、解痉镇静。

硼 中 毒

硼中毒是指畜禽摄入过量的硼或硼化物而引起的以皮炎或结膜炎、支气管炎、持续性腹泻、脱水、腹围紧缩，后期出现神经症状为特征的中毒性疾病。

我国存在着土壤高硼区，也存在着环境硼污染问题，高硼对畜禽的危害必须引起足够的重视。口服时，硼毒性不大，畜禽口服硼酸的半数致死量为 $2.66\sim3.45g/kg$。据报道，牛对硼（如硼砂）的最大耐受量为 $0.15g/kg$ 时即出现症状。奶牛饮水中含硼 $0.15\sim0.30g/kg$ 时发生中毒，小腿和悬蹄周围出现炎症水肿，采食减少，生长下降。给老龄肉用种母鸡饲喂含硼 $0.06\sim0.10g/kg$ 的饲料，其血浆钙和产蛋量降低，但其胫骨灰分含量增加。在肉用种鸡饲料中添加 $0.25g/kg$ 的硼会产生有害作用。畜禽硼中毒的报道很少，但人类因误服硼砂等导致中毒的事件并不少见。

【病因】 急性硼中毒多在误服硼酸和破损皮肤大面积接触硼酸后数小时发生，慢性硼中毒因长期食用经硼酸或硼砂防腐的饲料，或长期少量误服含硼药物引起。

【发病机理】硼对畜禽的毒性作用机理可能是硼与半胱氨酸、蛋氨酸反应，影响细胞膜通透性，在体内与核黄素结合，抑制核黄素活性，促使其从尿液排出；硼酸具有抑制胃酸分泌、抑制碱性磷酸酶、肠激酶、黄嘌呤氧化酶、糜蛋白酶和淀粉酶等酶活性作用；硼酸和偏硼酸钠对神经系统可能有直接毒性作用，可使大鼠脑组织的氧消耗受到明显抑制；硼酸能与儿茶酚胺及肾上腺素结合，阻止其氧化过程，使其丧失活性。高剂量硼酸在体外表现出轻微激素作用，通过抑制精子释放，继而引起成年大鼠睾丸发生萎缩，而体内试验表明，硼在大鼠睾丸和大脑/丘脑下部的选择性蓄积与硼酸的睾丸毒性作用及其对中枢神经系统激素水平的影响无直接相关关系，硼和其他元素及其与睾丸损伤间存在复杂关系。

高剂量的硼会对畜禽的生长发育及代谢产生不利影响，一次大量摄入硼可引起急性中毒，长期暴露在高硼环境下会导致体内硼过量，进而影响发育和生殖功能等。硼的毒性作用有以下3个方面：

1. 硼对动物的发育毒性 高剂量的硼对所有受试动物均有毒性作用。动物一次性摄入大量的硼可导致急性中毒，甚至死亡。长期摄入亚致死剂量的硼可导致慢性中毒，对动物的器官发育造成严重影响。

2. 硼对动物的生殖毒性 高剂量的硼会影响生殖器官的发育，损害动物的生殖系统。

3. 硼对动物的免疫毒性 高剂量的硼可影响整个免疫器官的发育和功能，进而损害机体的细胞免疫和体液免疫，危害动物健康。试验证明，在雏鸡的饮水中添加 0.4g/L 的硼，可致雏鸡胸腺、法氏囊和脾脏的脏器指数显著低于对照组。

【临床症状】硼中毒大多表现为结膜炎或皮炎。畜禽硼中毒表现为食欲一般，渴欲增加，全身抑制、衰竭，呕吐，严重时呕吐物带血或排出血便；腹痛、腹泻，或便秘与腹泻交替发生，各项生产指标迅速下降。早期发热、黄疸、肝脏充血、肝细胞浑浊；闭尿、尿中混有黏液和血液，随后机体衰竭，病情往往加重，继发性支气管炎。严重病例，表现为持续性腹泻、脱水、腹围紧缩，后期出现神经症状。表现为皮疹，呈红皮病样，外观呈煮熟的虾皮样。畜禽表现为惊叫、烦躁不安、角弓反张等，严重时休克。雄性动物的睾丸发炎甚至坏死。

【诊断】根据典型的临床症状、病理变化，结合畜禽的生活环境、饲料饮水和血液中硼的测定结果做出诊断。

【防治】

1. 预防 根据发病原因，远离高硼环境，加强对硼酸和硼砂等硼制品的管理，严格掌握使用剂量。同时防止畜禽误食含硼药物等。

2. 治疗 发生急性硼中毒时，应采取综合性治疗措施。

（1）急救处理 ①洗胃。口服硼中毒时，用温水或 5% 碳酸氢钠溶液洗胃。但需要注意的是，硼砂中毒时洗胃不宜使用碱性溶液，可选择生理盐水或温水等。②缓泻。洗胃后灌入硫酸钠导泻，一次量，马 200~500g，牛 400~800g，猪 25~50g，羊 40~100g，犬 10~25g，猫 2~5g，鸡 2~4g，鸭 10~15g。其他部位沾染的硼酸也需用生理盐水、清水或肥皂水等洗净。

（2）对症治疗 ①促使毒物排出和治疗休克。静脉注射葡萄糖盐水和羟乙基淀粉 40 氯化钠注射液（706 代血浆），也可静脉注射生理盐水。②纠正酸中毒。使用适量乳酸钠溶液或碳酸氢钠溶液，5％～10％葡萄糖注射液和含钠溶液，静脉注射，维持尿液呈碱性，以利于硼酸的排出。③镇静解痉。对出现惊厥症状的病畜，除应用镇静剂外，还可使用10％葡萄糖酸钙注射液，静脉注射，一次量，马、牛20～60g，猪、羊5～15g，犬0.5～2g，猫0.5～1.5g。④补充维生素 B_2。硼酸盐在体内可与维生素 B_2 形成水溶性复合物，减少其细胞毒性，协助排出体内多余的硼，从而造成维生素 B_2 缺乏。维生素 B_2 注射液，每千克体重1mg，肌内注射或静脉注射。

硅　中　毒

硅中毒是指畜禽长期或一次大量吸入二氧化硅细小颗粒，或经消化道长期或超大量食入硅石粉尘而发生的中毒性疾病。在临床上以肺部病变引发肺气肿、肺炎甚至肺癌化为特征。一般以在硅矿环境中饲养的畜禽多发，放牧的鸭最易感。

大剂量的硅对畜禽是有毒的，如经常吸入硅石粉尘，可引起纤维肺或硅肺，发生肺脏功能障碍。二氧化硅粉尘的微粒愈小，浓度愈高，对畜禽的危害性也愈大，通常 $3\mu g$ 以下的微粒是最危险的。

【病因】硅石矿及加工厂的污水流入河内，河边的青草上落有硅石粉尘，二氧化硅从呼吸道和消化道进入畜禽体内。一般多由放牧引起。

【发病机理】矿石含有不同比例的石英，石英中97％以上是游离二氧化硅，被污染的河水中二氧化硅含量较高。饮用高含量的游离二氧化硅的河水，大量二氧化硅在体内沉积，其中一部分随着血液循环到达肺脏后，被巨噬细胞吞噬，吞噬小体与溶酶体合并成为次级溶酶体，石英表面的羟基与溶酶体膜卵磷脂蛋白形成氢键，导致吞噬细胞溶酶体崩解，最后细胞膜本身被破坏。一部分可吸收进入淋巴系统，到达肺门淋巴结，由于尘细胞的不断堆积，造成淋巴管的阻塞、淋巴液淤滞和逆流至胸膜下淋巴管，在肺泡间隔和血管及支气管周围聚集而形成纤维化，纤维团块的挤压或收缩使肺间质扭曲，变形的细小支气管和毛细血管腔狭窄而影响透气和血流。

【临床症状】鸭多发于在被硅石污染的水域。发病鸭食欲逐渐减退或废食，甩头，精神萎靡，缩颈垂翅，羽毛蓬松，离群呆立，呼吸困难，有喘鸣声，站立不稳，夜间鸣叫，个别病鸭腹泻。

【诊断】根据病史调查、临床症状、病理变化，结合饲料和水中硅含量的分析，畜禽的组织、血液、被毛中硅含量的测定进行综合判定。

【防治】立即改为圈养，停止放牧。用电解多维和口服补液盐饮水。多种维生素拌料，牛、羊100～200mg/kg，乳猪、仔猪300～500mg/kg，中、大猪200～300mg/kg，肉禽200～300mg/kg，蛋禽500～600mg/kg。使用抗生素消除肺部感染。

无机氟化物中毒

无机氟化物中毒是指畜禽经饲料或饮水连续摄入超过安全限量的无机氟化物，阻碍了钙盐的吸收，破坏了钙、磷代谢而引起的一种慢性或急性中毒疾病。临床上以发育的牙齿出现斑纹、过度磨损及骨质疏松和骨疣形成为特征。慢性氟中毒又称为氟病，常呈地方流行性群发，特别是当地出生的放牧畜禽发病率最高。畜禽对氟的耐受量受其种类、品种、年龄、氟化物类型等多种因素影响。牛、羊对氟最敏感，特别是奶牛，其次是马、猪和家禽等。幼龄畜禽比成年畜禽敏感，如幼龄处于生长换牙，成年家畜哺乳期较敏感。氟化物在矿物质添加剂中的安全浓度为：牛 0.3%，羊 0.35%，猪 0.45%，禽 0.6%。

世界上某些地区的土壤、饮水、作物和牧草中的含氟量高，这些地区主要分布在干旱或半干旱的盐碱地、盆地、沙漠周围和地势低的洼地等。我国也有一条由东北至西北的高氟自然地带，据不完全统计，目前在 10 多个省、自治区、直辖市已有家畜发生氟中毒的报道。我国规定饮水中氟的最高容许量为 1mg/L，饮水中的含氟量如超过 3mg/L，即可引起慢性中毒。

在生产上，氟不需要单独在饲料中添加，一般饲料中添加的骨粉、石粉、磷酸盐等原料中所含的氟可以满足其营养需要。国标规定常用饲料中氟含量为：石粉≤2 000mg/kg、鱼粉≤500mg/kg、磷酸盐≤2 000mg/kg、骨粉≤1 800mg/kg。无机氟的化学形态主要有氟化氢、氟硅酸、氟化钙等。不同形式的氟的毒性是不同的，氟硅酸钾、氟硅酸钠的毒性最大，其次为氟化钠、氟化钾、冰晶石、氟化钙。

【病因】

1. 使用未脱氟或脱氟不完全的磷酸盐　生产中以未脱氟或脱氟不完全的磷酸氢钙作为饲料原料，常会导致配合饲料中氟含量过高而引起氟中毒。目前，畜禽的氟病主要是由该原因引起的。此外，偶有奶牛因饲喂大量过磷酸盐，以及猪用氟化钠驱虫用量过大引起的急性无机氟中毒。

2. 工业污染致病　氟病常发生在（炼铝、磷肥、氟化盐）多种金属冶炼厂以及大型砖瓦窑等周围地区。从这些工厂排出的废气，如氢氟酸、四氟化硅及一部分含氟粉尘，在邻近地区散落，致使该地区的植被、土壤和水被污染，如被畜禽采食，也可导致中毒。

3. 自然条件致病　自然氟源地主要包括土壤和水分，且存在地方性。一般来说，土壤对畜禽氟中毒没有多大影响，主要为水分，水分中氟含量过高，通过饮水就可能产生中毒。主要是一些干旱、风大、降水量小、蒸发量大、地面多盐碱、地表土壤或盐碱中含氟量高，致使牧草、饮水含氟量也随之增高，达到中毒水平。其次是萤石矿区及附近等地的溪水、泉水和土壤中氟含量过高，引起人畜共患的氟病。牧草中的氟含量达 40mg/kg 可作为诊断氟中毒的指标。

【发病机理】氟是动物机体必需的微量元素，它参与机体的正常代谢，可以促进牙齿和骨骼的钙化，对神经兴奋性的传导及参与代谢酶系统都有一定的作用。但过量氟化物吸收进入体内会产生明显的毒害作用，主要损害骨骼和牙齿，呈现低血钙、氟斑牙和氟骨症等一系列症状。氟及其化合物直接与呼吸道和皮肤接触，则会产生强烈的刺激作用和腐蚀作用。胶原纤维损害是氟病最基本的病理过程。骨骼和牙齿内的胶原纤维分别由成骨细胞和成牙质细胞分泌，磷灰石晶体沿胶原纤维固位。氟化物可使成骨细胞和成牙质细胞代谢失调，合成蛋白质和能量的细胞器受损，致使合成的胶原纤维数量减少或质量缺陷。矿物晶体沉积在这样的胶原上，骨和牙就会出现各种病理变化。再者，骨盐只能在磷酸化的胶原上沉积，而氟可抑制磷酸化酶，使胶原的磷酸化受阻，从而导致骨骼矿化过程发生障碍。

氟可使骨盐的羟基磷灰石结晶变成氟磷灰石结晶，其非常坚硬且不易溶解。大量氟磷灰石形成是骨硬化的基础。由于氟磷灰石的形成使骨盐稳定性增加，加之氟能激活某些酶使造骨活跃，导致血钙浓度下降，引起继发性甲状旁腺机能亢进，使破骨细胞活跃，骨吸收增加。因此，病畜表现骨硬化和骨疏松并存的病理变化。

氟对牙釉质、牙本质及牙骨质造成损害。氟作用于发育期（即齿冠形成钙化期）的成釉质细胞，使其分泌、沉积基质及其后的矿化过程障碍，导致釉质形成不良，釉柱排列紊乱、松散，中间出现空隙，釉柱及其基质中矿物晶体的形态、大小及排列异常，釉面失去正常光泽。严重中毒时，成釉质细胞坏死，造釉停止，导致釉质缺损，形成发育不全的斑釉（氟斑牙）。氟对牙本质的损害表现为钙化过程紊乱或钙化不全，牙齿变脆，易磨损。病牛牙齿磨片镜检发现，釉质发育不良，表面凹凸不平，凹陷处有色素沉着，钙化不全；牙本质小管靠近髓腔四周有局灶性断裂，断裂处出现空洞样坏死区。

【临床症状】

1. 急性中毒 多在食入过量氟化物 30min 后出现临床症状。一般表现为厌食，流涎，呕吐，腹痛，腹泻，呼吸困难。神经症状表现为肌肉震颤，感觉过敏，易受惊，瞳孔散大，阵发性强直，一般在几小时内死亡。

2. 慢性氟中毒（氟病） 慢性氟中毒的特点为损害家畜的牙齿和骨骼。表现为牙齿变色，齿形态发生变化，永久齿可能脱落。病畜异嗜，生长发育不良，主要表现牙齿和骨损害有关的症状，且随年龄的增长而病情加重。颌骨、掌骨、跖骨和肋骨呈对称性肥厚，外生骨疣。关节强直，行走困难，跛行。严重病例脊柱和四肢僵硬，腰椎及骨盆变形。

（1）氟斑牙 牙齿形态、大小、颜色和结构发生改变。牙面、牙冠有许多白垩状、黄褐色以至黑棕色条纹、不透明的斑块沉着。表面粗糙不平，甚至形成凹坑，甚至与牙龈磨平。色素沉着在孔内，切齿釉质失去光泽，牙齿变脆并出现缺损，病变大多呈对称发生，尤其是门齿，具有诊断意义。

（2）氟骨症 下颌支肥厚，常有骨赘，有些病例面骨也肿大。肋骨上出现局部硬肿。管骨变粗，有骨赘增生；腕关节或跗关节硬肿，患肢僵硬，蹄尖磨损，有的蹄匣变形，重症起立困难。有的病例可见盆骨和腰椎变形。临床表现背腰僵硬，跛行，关节活动受限制，骨强度下降，骨骼变硬、变脆，容易发生骨折。病羊很少出现跛行及四肢骨、关节硬肿症状。在骨骼和关节的变化上，以肋骨和颌骨比较明显。骨骼发生变形，膨大隆起，易于骨折，下颌骨外侧和四肢管状骨常形成骨瘤。多数病畜的下颌骨常有肿胀，从下缘开口，形成久不愈合的瘘管，流出恶臭脓汁。常呈现间歇性跛行，触诊关节部，无肿热感觉。

畜禽品种不同，临床症状也不尽相同：

1. 羊 门齿过度磨灭，臼齿和年龄很不相称，齿面无光泽，多呈黏土样灰白色，上有大小不一的腐蚀孔；釉质脱落，附有黄褐色或黑色的、条纹状或块状的齿斑。有的臼齿突出，比同排齿长 0.5～3cm，形成钩状或楔形。牙齿松动易脱落，或发生龋齿、齿槽骨膜炎。羊饲喂高氟饲料，20d 后表现为精神不振，食欲减退，饮水减少；40d 后，被毛粗乱，有脱毛现象，多为颈部脱毛，粪便稀软并带有黏液，结膜苍白。下颌骨增厚，心跳加快。

2. 家禽 羽毛蓬乱无光，食欲减退，生长迟缓，粪便稀薄，关节肿大、僵直，步态不稳，以跗关节着地运动，爪璞鳞干燥，两脚呈"八"字形向外翻，跛行，最后完全瘫痪，终将昏迷死亡。

【诊断】 诊断的主要依据是病畜有对称性斑釉齿和臼齿过度磨损，有长期原因不明的、越来越重的间歇性跛行；病区有氟源（排氟工厂、氟矿）或饮水、牧草含氟量过高（水超过 3mg/kg，牧草超过 4mg/kg）；该区域内所有的家畜均可发病；骨中的氟含量超过 1 200mg/kg。

其中，急性氟中毒根据病史及胃肠炎等表现而诊断，慢性氟中毒则根据牙齿的损伤、骨骼变形及跛行等特征症状，结合牧草、骨骼、尿液等氟含量的测定即可确诊。同时，本病应与可引起骨骼损伤的铜缺乏、铅中毒及钙、磷代谢紊乱性疾病相鉴别。

【防治】

1. 预防　严格实行划区轮牧制度。摸清草原牧草含氟量，按照含氟量划出禁牧区和危险区。牧草含氟量平均超过 60mg/kg 者为高氟区；超过 40mg/kg 者为危险区，放牧不得超过 90d。寻找低氟水源（含氟量低于 2mg/L）供家畜饮用。对高氟水采取脱氟，如应用熟石灰法、明矾沉淀法或过滤法等。改良高氟草场，使其面积逐渐缩小。工业污染区要积极做好氟废气的回收，减少污染。奶牛场、种畜场的选址等应远离污染区。污染区内家畜应舍饲，做好饲料的生产、保管，防止污染。同时，对饲料原料和产品进行检测，避免氟含量超标。

根据元素的互作关系，可在高氟饲料中适度提高钙、镁、铜等 2 价矿物质元素的含量，在饲料中添加复合维生素，也可单独添加维生素 D、维生素 C 和维生素 K 等，用于拮抗氟的吸收。另外，植酸酶可大幅度提高植酸磷的利用率（60%～70%），从而减少磷酸钙盐的使用量，降低饲料中的氟含量。在饲料中添加植酸酶（植酸酶 5 000IU/g），猪 100mg/kg，产蛋鸡、种鸡 60～80mg/kg，肉鸡、育成蛋鸡 100mg/kg，鸭 100mg/kg。

此外，可肌内注射亚硒酸钠和投服长效硒缓释丸预防山羊氟中毒。增加饲料中蛋白质供给量，避免畜禽处于频繁的应激状态，可缓解氟对畜禽的毒性，也是预防本病较为有效的措施。

2. 治疗　立即停止使用含氟高的饲料，换用符合标准的全价配合饲料，补饲脱氟磷酸盐，不脱氟磷酸盐中的氟含量不应超过 1 000mg/kg，且在饲料中的比例应低于 2%。在更换的饲料中，适当增加钙的含量，或者添加 800mg/kg 的硫酸铝，以缓解氟中毒。

（1）急救处理　①催吐和洗胃。犬、猫可灌服催吐剂，口服蛋清、牛奶、浓茶等。各种畜禽均可用 0.5% 氯化钙溶液或石灰水澄清液洗胃。②补充体内钙质不足。使用氯化钙或葡萄糖酸钙，以减轻症状，但牙齿和骨骼的损伤无法恢复。10% 氯化钙注射液，静脉注射，一次量，马、牛 5～15g，猪、羊 1～5g，犬 0.5～1g，猫 0.1～0.5g。或 10% 葡萄糖酸钙注射液，静脉注射，一次量，马、牛 20～60g，猪、羊 5～15g，犬 0.5～2g，猫 0.5～1.5g。

（2）对症治疗　慢性氟中毒，应尽快使病畜脱离病区，供给低氟饲草、饲料和饮水。使用磷酸铝、亚硒酸铝、硫酸铝、氧化铝及碳酸钙等，可减轻反刍家畜的氟中毒。在饲料中添加氧化铝，可增加粪便中的排氟量，减少骨组织中氟的贮存。钙盐复合物也可用于减轻氟中毒，增加畜禽对氟的耐受性。在饲料中添加滑石粉 40～50g/d，2 次/d。也可口服乳酸钙，以减轻症状，但牙齿和骨骼的损伤无法恢复。

有机氟化物中毒

有机氟化物中毒是指畜禽误食有机氟化物引起的中毒，临床上以呈现突然发病、鸣叫、口吐白沫、呼吸困难、兴奋不安、痉挛、迅速死亡等症状为特征。有机氟的毒性对不同畜禽的差异比较大，其易感性顺序由高到低依次是犬、猫、羊、牛、猪、山羊、马、家禽。氟乙酰胺的口服致死量为：牛 0.15～0.62mg/kg，马 0.5～1.75mg/kg，猪 0.3～0.4mg/kg，绵羊 0.25～0.5mg/kg，山羊 0.3～0.7mg/kg，犬、猫 0.05～0.2mg/kg，家禽 10～30mg/kg。

有机氟化物是现今应用比较广泛的农药之一，品种很多，属高毒农药，并且新的制剂不断出现。主要有氟乙酰胺、氟乙酸钠、甘氟（鼠甘伏），其他常用的还有氟蚜埔、氟乙酰苯胺和氟乙酸等，其中以氟乙酰胺引起畜禽的中毒最为常见。有机氟化物化学性质稳定，对畜禽均有剧毒，其毒性高于内吸磷和对硫磷。

【病因】　畜禽多因误食被有机氟化物处理或污染了的毒饵、饲料、植物、种子、饮水而发生中毒。犬、猫等常因吃食被有机氟化物毒死的鼠尸、鸟尸，家禽啄食被毒杀的昆虫后发生所谓"二次中毒"。

【发病机理】　畜禽误食有机氟化物和被其污染的饲料、饮水后，经消化道、呼吸道或皮肤吸收后，在机体组织内经水解脱氨形成具有毒性的氟乙酸。氟乙酸进入细胞后因其与乙酸结构相似，可在脂肪酰辅酶 A 合成酶的作用下，代替乙酸与辅酶 A 缩合为氟乙酰辅酶 A。而氟乙酰辅酶 A 又与乙酰辅酶 A 结构相似，在柠檬酸缩合的作用下，与草酰乙酸缩合，生成氟柠檬酸。氟柠檬酸的结构与柠檬酸相似，和柠檬酸竞争三羧酸循环中的顺乌头酸酶，从而抑制其活性，使柠檬酸不能转化为异柠檬酸，导致三羧酸循环缩减以至中断，组织和血液内的柠檬酸蓄积。柠檬酸不能进一步氧化、放能和形成高能键物质 ATP，破坏了组织细胞的正常功能。这一毒性作用普遍发生于全身所有的组织细胞内，但在能量代谢需求旺盛的心脏、脑组织出现得最快、最严重。此外，氟柠檬酸对中枢神经可能还有一定的直接刺激毒性作用。有机氟化物在机体内代谢、分解和排泄较慢，可引起蓄积中毒，并可在一段时间内引起其他动物的二次中毒。有机氟化物对不同种类畜禽毒害的靶器官有所不同，草食家畜的心脏毒害重；肉食动物的中枢神经系统毒害重；杂食动物的心脏和中枢神经系统毒害均重。

【临床症状】　畜禽中毒发生前无前驱症状，典型症状出现后 2～3h 即造成迅速死亡。

1. 马属动物　精神委顿，皮温不均，卧地，呆立，不愿行走，食欲废绝，一般在数小时后出现肌肉震颤，四肢或全身出汗倒地死亡。

2. 反刍家畜　突然倒地，哞叫，呼吸、心跳加快，肩胛或后肢肌肉震颤，被毛逆立，瞳孔散大，怒目圆睁，两角着地或角弓反张。一般在 10min 内迅速死亡。病程稍缓的牛，病初行走不稳，精神紧张，视物不清，耳鼻冰凉，鼻流清水，后肢蹒跚，出汗，排尿频繁但尿量少，经数小时后呈现同上症状死亡。

3. 猪　突然发病，体温正常，后期稍低，瞳孔散大，口吐白沫，全身肌肉颤抖，行动失调，低头横冲，或作转圈运动，倒地，四肢乱蹬似游泳状，空嚼，鸣叫，很快死亡。

4. 犬　发病急，病初呈明显的神经症状，经数分钟后突然死亡。突然鸣叫，四处乱窜，伸舌流涎，瞳孔散大，呼吸、心跳加剧，体温正常。

5. 猫　口吐白沫，鸣叫，翻滚蜷缩一团，倒地抽搐，症状出现 2～3h 后死亡。

6. 家禽　突然死亡。有时见有流涎，喜饮水等症状。鸡发病较多，口吐黏沫，倒地抽搐，很快死亡。

【诊断】　根据病史、临床症状及病理变化可做出初步诊断。结合血液中柠檬酸、血糖和氟含量明显升高，可疑饲料、饮水、呕吐物或胃内容物等有机氟化物的定性和定量分析阳性结果即可确诊。

【防治】

1. 预防　加强有机氟化合物农药的保管，充分了解有机氟化合物的使用常识。有机氟化合物喷洒过植物的茎叶、瓜果，从施药到收割必须经过 60d 以上的残毒排出时间，方可作饲料用。有机氟化合物禁用于灭鼠，对中毒死亡动物的尸体，应该无害化处理，切勿饲喂畜禽，防止二次中毒。

2. 治疗 立即停喂被有机氟污染的饲料、饮水等。采取清除毒物和应用特效解毒药相结合的方法进行治疗。

（1）清除毒物 犬、猫和猪用硫酸铜催吐。牛用 0.1％高锰酸钾溶液彻底洗胃，然后灌服鸡蛋清，最后用硫酸镁缓泻。对通过皮肤吸收中毒的畜禽，及早用温水彻底清洗。

（2）特效解毒药 解氟灵（50％乙酰胺），按每天 0.1～0.2g/kg，肌内注射，首次剂量为日用量的 50％，用 0.5％普鲁卡因注射液稀释，以减轻局部的疼痛，每隔 4h 注射 1 次。如果没有解氟灵，可用醋精 100mL，溶于 500mL 水中灌服；或用 95％酒精 100～200mL 加适量水灌服，1 次/d；或 5％乙醇和 5％醋酸，每千克体重 2mL 灌服。

（3）对症治疗 根据病畜的具体情况，改善心脏功能、解痉镇静、缓解呼吸抑制、控制脑水肿和纠正酸中毒。①改善心脏功能。心脏衰弱的病畜，10％樟脑磺酸钠注射液，肌内注射或静脉注射，马、牛 10～20mL，猪、羊 2～4mL，犬 0.5～1mL，2 次/d。②解痉镇静。氟乙酰胺中毒可导致血钙降低，静脉注射葡萄糖酸钙控制痉挛，马、牛 20～60g，猪、羊 5～15g，犬 0.5～2g，猫 0.5～1.5g。抗惊厥可用 25％硫酸镁注射液，肌内注射或静脉注射，马、牛 10～25g，猪、羊 2.5～7.5g，犬 1～2g。③缓解呼吸抑制。可用尼可刹米，肌内注射或静脉注射，马、牛 2.5～5g，猪、羊 0.25～1g，犬 0.125～0.5g。④控制脑水肿。可用 20％甘露醇注射液，静脉注射，马、牛 0.5～1g/kg（以体重计），猪、羊 1～2g/kg（以体重计），2～3 次/d。或 50％高渗葡萄糖溶液，静脉注射，马、牛 50～250g，猪、羊 10～50g，1～2 次/d。⑤纠正酸中毒。5％碳酸氢钠注射液，静脉注射，马、牛 15～50g，羊、猪 2～6g，犬 0.5～1.5g，猫 0.5～1g，1～2 次/d。或 11.2％乳酸钠溶液，注射前用 5％葡萄糖注射液或生理盐水 5 倍量稀释后，静脉注射，马、牛 200～400mL，猪、羊 40～60mL，1～2 次/d。

食 盐 中 毒

食盐中毒又称为氯化钠中毒，是指畜禽采食含过量食盐、酱渣及咸鱼等饲料，尤其是在饮水不足的情况下而发生的以神经症状和消化机能紊乱为特征的中毒性疾病。本病各种畜禽均可发生，但主要发生于猪、牛和鸡等，散养的猪多发，规模化猪场少见。仔猪和雏鸡比较敏感，尤以雏鸡最易发生食盐中毒且死亡率比较高。雏鸡饲料含盐量达 1％，成年鸡饲料含盐量达 3％，能引起大批中毒死亡。鸭对食盐更敏感。猪、马、牛的食盐急性中毒剂量（以体重计）为 2.2g/kg，绵羊为 6g/kg，家禽为 2g/kg，鸡的最小致死量为 4g/kg。

【病因】食盐中毒的主要原因是畜禽采食食盐过多。

1. 长期采食含盐分较多的饲料 这是本病最常见的病因，如酱渣、残羹等。配合饲料中鱼粉添加过多，常引起鸡中毒。

2. 添加过量或混合不均 配合饲料时，错误计算食盐的需要量，导致食盐添加过量或混合不均匀等造成。

3. 饮水不足 许多慢性中毒的病例，其饲料中食盐含量虽正常，但因长期饮水不足而发生中毒，这种情况在夏季发生较多。

4. 突然采食过量食盐 长期饲喂缺乏食盐的饲料，当畜禽突然采食含盐高的饲料时，也易引起中毒。鸡可因饥饿采食 V 形食槽底部沉积的食盐粒而发生中毒。

5. 矿物质不足 实践证明,在全价饲料中,特别是饲料中钙、镁等矿物质充足时,对过量食盐的敏感性大大降低,反之则敏感性显著增高,可诱发食盐中毒。维生素 E 和含硫氨基酸等营养成分的缺乏,可使猪对食盐的敏感性增高。

【发病机理】高浓度食盐对胃肠道黏膜具有渗透和刺激作用,可导致腹泻及胃肠炎。还可使血液钠浓度及血浆渗透压增高,造成细胞脱水,组织间液增多,发生水肿,特别是脑细胞内液渗出,后果严重。食盐中毒的确切机理还不十分清楚,有以下 3 种假说。

1. 水盐代谢障碍学说 当过量的食盐从消化道吸收后,血中钠浓度升高,通过离子扩散方式,大量钠可以通过脑屏障进入脑脊液中。由于血液和脑脊液中钠浓度不断升高,垂体后叶分泌抗利尿激素,尿液则减少,导致血液中水分及某些代谢产物,如尿素、非蛋白氮、尿酸等,也随之进入脑脊液和脑细胞内,发生脑水肿,并出现神经症状。中毒初期,当血钠浓度升高时,给予大量饮水,促使 Na⁺ 经尿液排出是有意义的。而在出现神经症状后,再给予大量饮水,只能加重脑水肿。

2. 钠中毒学说 从多种钠盐都可引起中毒的角度看,由于细胞外钠浓度升高,导致"钠泵"作用不能维持。钠可刺激 ATP 向 ADP 和 AMP 转化并释放能量,以维持"钠泵"的功能,但大量 AMP 积聚在细胞内不易被清除。AMP 因缺乏能量不能转化为 ATP,而且过量的 AMP 还可抑制葡萄糖酵解过程,因而造成脑细胞能量进一步缺乏,"钠泵"作用难以维系。细胞内钠向细胞外液的运送几乎停止,脑水肿更趋严重。

3. 过敏学说 以上 2 种学说不能解释食盐中毒时,脑血管周围出现嗜酸性粒细胞从集聚到游走,淋巴细胞相继进入等现象。因而过敏学说认为 Na⁺ 作用于脑细胞之后,一方面刺激脑细胞并引起神经症状,同时脑细胞释放组胺、5-羟色胺等化学趋向物质,引起嗜酸性粒细胞的积聚作用,大多在血管周围出现这种现象,形成"袖套",故称之为嗜酸性粒细胞性脑膜脑炎。

【临床症状】高浓度的盐水进入胃肠后,可刺激胃肠黏膜发炎,出现流涎、呕吐、腹痛、腹泻。当血液渗透压升高时,可出现口渴、排尿减少、水肿。当脑脊液渗透压升高时,可引起脑水肿、颅内压升高,出现神经症状。

1. 牛 分为最急性型、急性型和慢性型。①最急性型中毒病牛,肌肉震颤、兴奋奔跑,接着昏迷,心力衰竭,很快死亡。②急性型中毒的病牛,一般在吃过多的食盐几小时到数日发病,症状为食欲增加,吃得多但便秘、少尿,对周围环境反应冷淡,无目的地来回走动、转圈,口吐白沫,有间歇性痉挛,犬坐姿势,或者呈侧弯姿势,呼吸快速,脉急而弱,如发现痉挛频繁发作,则预示着难以治愈。③慢性型中毒的病牛则表现为食欲不振,牛体脱水多,躯体僵硬,消瘦,流鼻血。还常有磨牙、咬肌痉挛、眼球震颤等神经症状。怀孕母牛还会发生流产。

2. 猪 根据病程可分为最急性型和急性型 2 种。①最急性型,为一次食入大量食盐而发生,主要临床症状为肌肉震颤,阵发性惊厥,昏迷,倒地,2d 内死亡。②急性型,病猪吃的食盐较少,而饮水不足时,经过 1~5d 发病,临床上较为常见。病猪食欲减少,口渴,流涎,头碰撞物体,步态不稳,转圈运动。大多数病例呈间歇性癫痫样神经症状。神经症状发作时,颈肌抽搐,不断咀嚼流涎,犬坐姿势,张口呼吸,皮肤黏膜发绀,发作过程为 1~5min,发作间歇时,病猪不表现任何异常情况,1d 内可反复发作无数次。发作时,肌肉抽搐，体温升高，但一般不超过 39.5℃，间歇期体温正常。末期后躯麻痹，卧地不起，常在昏迷中死亡。

3. 家禽 病禽中毒较轻时，饮欲增加，食欲减少，粪便稀薄。严重中毒时，精神委顿，食欲废绝，渴欲强烈，无休止地喝水；口鼻流黏液，嗉囊肿大，腹泻后期步态不稳或瘫痪，呈昏迷状渐至衰竭死亡。有时呈现神经过敏、惊厥、末梢麻痹等症状。

4. 犬 表现为突然发病，兴奋不安或呕吐，肌肉震颤，抽搐，极度口渴，喜饮清水，体温正常，脉搏快、弱，呼吸浅表，腹泻，有时尿频。常伴有运动失调，做转圈运动，惊厥等神经症状，多在 1～2d 内昏迷死亡。

【诊断】根据饲料情况及饲喂史调查，如有误食过多食盐或含盐高饲料的可能，结合主要症状和病理变化，一般可做出初步诊断。如要确诊需测定血清和脑脊液中 Na^+ 浓度，当脑脊液中 Na^+ 浓度＞100mmol/L、脑组织中 Na^+ 浓度＞1 800mg/g 时可确诊。家禽可以通过测定嗉囊内容物食盐含量进行确诊。

【防治】

1. 预防 加强饲养管理和保证足够的饮水。饲料中的食盐应按饲养标准进行配比，并混合均匀。畜禽饲料中添加食盐总量应占饲料的 0.3%～0.8%。特别是猪、牛饲喂腌制的副产品时，必须严格控制用量并保证充足的饮水。补充食盐时，本着由少到多的原则，逐渐过渡到正常饲喂量。使用配合饲料时，对鱼粉或干鱼等应测定其含盐量，或估计盐分多少，以决定其添加量。家禽味觉不发达，对食盐无鉴别能力，配合饲料中的含盐量应控制在 0.35% 以内，尤其是雏鸡应尽可能少用或不用。

2. 治疗 目前尚无特效解毒方法。治疗原则是排钠利尿，降低颅内压，恢复阳离子平衡及镇静解痉等对症治疗。

（1）急救处理 停喂含盐饲料及饮水。①中毒早期，对轻微脑水肿、未出现神经症状的患病畜禽，可少量、多次的饮水或静脉注射不含钠离子的等渗液（如 5% 葡萄糖注射液），促进体内钠离子的排出，降低血液晶体渗透压，恢复机体的水盐平衡，以免加重病情。发作期禁止饮水。②洗胃。1% 鞣酸溶液或 5% 葡萄糖溶液，马、牛 2 500～4 000mL，猪、羊 1 500～2 500mL，犬 300～500mL、猫 100～150mL。犬、猫也可灌肠，促使食盐排出。

（2）排钠利尿 ①缓泻。中毒初期，食盐尚未吸收时，可用油类泻剂促进食盐的排出。液状石蜡或植物油，口服，一次量，马、牛 500～1 500mL，猪 50～100mL，羊 100～300mL，犬 10～30mL。严禁使用盐类泻剂。②保护胃肠黏膜。灌服黏膜保护剂，选用淀粉水、牛奶、鸡蛋清和植酸等。③排钠利尿。使用排钠的利尿药，促进体内的钠离子排出。双氢克尿噻片，口服，马、牛 0.5～2g，猪、羊 0.05～0.1g，2 次/d，连用 3d。

（3）降低颅内压 ①当食盐已被吸收，脑水肿严重、神经症状明显时，可静脉适当放血。②使用脱水药并限制饮水。25% 山梨醇溶液或 20% 甘露醇溶液，静脉注射，马、牛 0.5～1g/kg（以体重计），猪、羊 1～2g/kg（以体重计），2～3 次/d。同时，配合使用 10% 葡萄糖注射液，静脉注射，一次量，马、牛 50～250g，猪、羊 10～50g；犬 5～25g。或 50% 高渗葡萄糖溶液，静脉注射，马、牛 50～250g，猪、羊 10～50g，犬 5～25g，1～2 次/d。

（4）镇静解痉 ①抑制兴奋。过度兴奋时，用 25% 硫酸镁注射液，肌内注射或静脉注射，马、牛 10～25g，猪、羊 2.5～7.5g，犬 1～2g。②解除痉挛。水合氯醛，口服，一次量，马、牛 10～25g，猪、羊 2～4g；配制成注射液，马 8～10g，静脉注射。或溴化钙注射液，马、牛 2.5～5g，猪、羊 0.5～1.5g。

（5）恢复阳离子平衡　常用葡萄糖酸钙注射液和氯化钙注射液。①10％葡萄糖酸钙注射液，静脉注射，一次量，马、牛 20～60g，猪、羊 5～15g，犬 0.5～2g，猫 0.5～1.5g。②10％氯化钙溶液，静脉注射，马、牛 100～200mL，猪 200mg/kg（以体重计）。

第六章　维生素与矿物质含量测定

畜禽机体健康与体内维生素、矿物质的含量密切相关，如果维生素与矿物质缺乏、过量或比例失调，均可引起机体一系列的生理和病理反应，影响畜禽的正常生长发育，严重时会引起疾病发生。如饲喂过多棉饼饲料导致牛发生尿石症，其血液中磷和镁含量明显高于健康牛；饲喂过多精料导致羊发生尿石症，病羊血磷水平显著升高。不合理地应用饲料添加剂或日粮配制不合理，使日粮中某种维生素和矿物质元素缺乏时，可对饲料中相关维生素和矿物质元素进行检查与分析，为疾病的诊断和防治提供准确的依据。

在兽医临床上，当怀疑某种营养元素缺乏时，经过饲料分析，也有可能表明其中并不缺乏该营养元素。对此，必须做进一步调查与研究，特别要考虑对该营养元素具有拮抗作用的物质是否存在，如井水中高钙、高镁等成分会影响家禽对锰的吸收，与饮用自来水相比，更容易加剧肉鸡锰缺乏的发生。生产实践证明，畜禽维生素、矿物质缺乏症及中毒症发病率的高低与当地饲养状况及饲料质量有很大关系。

随着检测技术的进步，通过对饲料分析和患病畜禽的临床血液学与生物化学检查，可测定维生素和矿物质的含量，全面了解饲料、饮水和畜禽体内的两者含量状况之间的关系，维生素与矿物质的测定纳入常规检测和实验室诊断，针对两者缺乏或超量的畜禽，可以做到早发现、早预防、早治疗，指导养殖户及时调整畜禽营养状况，预防疾病的发生。

第一节　维生素含量测定

一、目的与意义

多数维生素的性质是不稳定的，对光、氧、热、pH 等非常敏感，饲料在加工、贮存、运输、销售等各个环节均有可能造成维生素的损失。为了弥补这种损失，在饲料工业中维生素常作为营养添加剂使用。维生素的测定可评价饲料的营养价值；开发利用富含维生素的饲料原料；可以研究饲料在不同的加工、贮存条件下的稳定性，进而指导制定合理的工艺条件，减少维生素的损失；监督维生素在饲料中的剂量，以防摄入过多的维生素而引起中毒；测定组织或血液中维生素的含量，可以了解机体中维生素的种类和总量，为疾病预防和诊断提供科学、准确的依据。

二、测定方法

（一）微生物法
这是利用原生生物、细菌和酵母等微生物分析方法。基于某种微生物生长需要特定的维生素，方法特异性强、灵敏度高，不需要特殊仪器，样品不需特殊的处理，但只能测定水溶性维生素。

（二）化学法
化学法包括比色法和滴定法。

（三）仪器法

仪器法包括色谱法、荧光法、酶法、免疫法等。特别是高效液相色谱法（HPLC）可用于大多数维生素的测定，并且在某些条件下可同时分析几种维生素，但分析费用较高。如高效液相色谱法可同时测定脂溶性维生素 A 和维生素 E。

应根据不同的样品基质和条件选择不同的分析方法。

三、常见维生素含量测定

（一）维生素 A、维生素 D、维生素 E 含量测定

GB 5009.82—2016。第一法反相高效液相色谱法用于维生素 A 和维生素 E 的测定。第二法液相色谱-串联质谱法用于维生素 D_2 和维生素 D_3 的测定。

1. 反相高效液相色谱法

（1）试样制备　将一定数量的样品按要求经过缩分、粉碎均质后，储存于样品瓶中，避光冷藏，并尽快测定。

（2）试样处理注意事项　使用的所有器皿不得含有氧化性物质；分液漏斗活塞玻璃表面不得涂油；处理过程应避免紫外光照，尽可能避光操作；提取过程应在通风柜中操作。

（3）皂化

①不含淀粉样品　称取 2～5g（精确至 0.01g）经均质处理的固体试样或 50mL（精确至 0.01mL）液体试样于 150mL 平底烧瓶中，固体试样需加入约 20mL 温水，混匀，加入 1.0g 抗坏血酸 0.1g 二丁基羟基甲苯（BHT），混匀，加入 30mL 无水乙醇、10～20mL 氢氧化钾溶液，边加边振摇，混匀后于 80℃恒温水浴振荡皂化 30min，皂化后立即用冷水冷却至室温。皂化时间一般为 30min，如皂化液冷却后，液面有浮油，需要加入适量氢氧化钾溶液，并适当延长皂化时间。

②含淀粉样品　称取 2～5g（精确至 0.01g）经均质处理的固体试样或 50mL（精确至 0.01mL）液体样品于 150mL 平底烧瓶中，固体试样需用约 20mL 温水混匀，加入 0.5～1g 淀粉酶，60℃水浴避光恒温振荡 30min，取出，向酶解液中加入 1.0g 抗坏血酸和 0.1g 二丁基羟基甲苯，混匀，加入 30mL 无水乙醇、10～20mL 氢氧化钾溶液，边加边振摇，混匀后于 80℃恒温水浴振荡皂化 30min，皂化后立即用冷水冷却至室温。

（4）提取　将皂化液用 30mL 水转入 250mL 分液漏斗中，加入 50mL 石油醚-乙醚混合液，振荡萃取 5min，将下层溶液转移至另一个 250mL 分液漏斗中，加入 50mL 混合醚液再次萃取，合并醚层。如只测定维生素 A 与维生素 E，可以用石油醚作提取剂。

（5）洗涤　用约 100mL 水洗涤醚层，重复 3 次，直至将醚层洗至中性（可用 pH 试纸检测下层溶液 pH），去除下层水相。

（6）浓缩　将洗涤后的醚层经无水硫酸钠（约 3g）滤入 250mL 旋转蒸发瓶或氮气浓缩管中，用约 15mL 石油醚冲洗分液漏斗及无水硫酸钠 2 次，并入蒸发瓶内，并将其接在旋转蒸发仪或气体浓缩仪上，于 40℃水浴中减压蒸馏或气流浓缩，待瓶中醚液剩下约 2mL 时取下蒸发瓶，立即用氮气吹至近干。用甲醇分次将蒸发瓶中残留物溶解并转移至 10mL 容量瓶中，定容至刻度。溶液过 0.22μm 有机系滤膜后供高效液相色谱测定。

（7）标准曲线的制作　本法采用外标法定量。将维生素 A 和维生素 E 标准系列工作溶液分别注入高效液相色谱仪中，测定相应的峰面积，以峰面积为纵坐标，以标准测定液浓度

为横坐标绘制标准曲线，计算直线回归方程。

（8）样品测定　试样液经高效液相色谱仪分析，测得峰面积，采用外标法通过上述标准曲线计算其浓度。在测定过程中，建议每测定 10 个样品用同一份标准溶液或标准物质检查仪器的稳定性。

（9）分析结果的表述　试样中维生素 A 或维生素 E 的含量按式（6 - 1）计算：

$$X = \frac{P \times V \times f \times 100}{m} \tag{6-1}$$

式中，X 为试样中维生素 A 或维生素 E 的含量，维生素 A 单位为 $\mu g/100g$，维生素 E 单位为 mg/100g；P 为根据标准曲线计算得到的试样中维生素 A 或维生素 E 的浓度，单位为 $\mu g/mL$；V 为定容容积，单位为 mL；f 为换算因子（维生素 A：$f=1$；维生素 E：$f=0.001$）；m 为试样的称样量，单位为 g；100 为试样量以每 100g 计算的换算系数。

计算结果保留 3 位有效数字。维生素 E 的测定结果要用 α-生育酚当量（α - TE）表示时，可按下式计算：

维生素 E（mg α - TE/100g）＝α-生育酚（mg/100g）＋β-生育酚（mg/100g）×0.5＋γ-生育酚（mg/100g）×0.1＋δ-生育酚（mg/100g）×0.01

2. 液相色谱-串联质谱法

（1）试样制备　将一定数量的样品按要求经过缩分、粉碎、均质后，储存于样品瓶中，避光冷藏，并尽快测定。

（2）试样处理注意事项　处理过程应避免紫外光照，尽可能避光操作。

（3）皂化

①不含淀粉样品　称取 2g（准确至 0.01g）经均质处理的试样于 50mL 具塞离心管中，加入 $100\mu L$ 维生素 D_2 - d_3 和维生素 D_3 - d_3 混合内标溶液和 0.4g 抗坏血酸，加入 6mL 约 40℃温水，涡旋 1min，加入 12mL 乙醇，涡旋 30s，再加入 6mL 氢氧化钾溶液，涡旋 30s 后放入恒温振荡器中，80℃避光恒温水浴振荡 30min（如样品组织较为紧密，可每隔 5～10min 取出涡旋 0.5min），取出放入冷水浴中降至室温。

一般皂化时间为 30min，如皂化液冷却后，液面有浮油，需要加入适量氢氧化钾溶液，并适当延长皂化时间。

②含淀粉样品　称取 2g（准确至 0.01g）经均质处理的试样于 50mL 具塞离心管中，加入 $100\mu L$ 维生素 D_2 - d_3 和维生素 D_3 - d_3 混合内标溶液和 0.4g 淀粉酶，加入 10mL 约 40℃温水，放入恒温振荡器中，60℃避光恒温振荡 30min，取出放入冷水浴中降温，向冷却后的酶解液中加入 0.4g 抗坏血酸、12mL 乙醇，涡旋 30s，再加入 6mL 氢氧化钾溶液，涡旋 30s 后放入恒温振荡器中，80℃避光恒温水浴振荡 30min（如样品组织较为紧密，可每隔 5～10min 取出涡旋 0.5min），取出放入冷水浴中降温。

（4）提取　向冷却后的皂化液中加入 20mL 正己烷，涡旋提取 3min，6 000r/min 离心 3min。转移上清液到 50mL 离心管中，加入 25mL 水，轻微晃动 30 次，6 000r/min 离心 3min，取上层有机相备用。

（5）净化　将硅胶固相萃取柱依次用 8mL 乙酸乙酯活化，8mL 正己烷平衡，取备用液全部过柱，用 6mL 乙酸乙酯-正己烷溶液淋洗，用 6mL 乙酸乙酯-正己烷溶液洗脱。洗脱液在 40℃下氮气吹干，加入 1.0mL 甲醇，涡旋 30s，溶液过 $0.22\mu m$ 有机系滤膜后供仪器测定。

（6）标准曲线的制作　分别将维生素 D_2 和维生素 D_3 标准系列工作液由低浓度到高浓度依次进样，以维生素 D_2、维生素 D_3 与相应同位素内标的峰面积比值为纵坐标，以维生素 D_2、维生素 D_3 标准系列工作液浓度为横坐标分别绘制维生素 D_2、维生素 D_3 标准曲线。

（7）样品测定　将待测样液依次进样，得到待测物与内标物的峰面积比值，根据标准曲线得到测定液中维生素 D_2、维生素 D_3 的浓度。待测样液中的响应值应在标准曲线线性范围内，超过线性范围则应减少取样量，重新进行处理后再进样分析。

（8）分析结果的表述　试样中维生素 D_2、维生素 D_3 的含量按式（6-2）计算：

$$X = \frac{P \times V \times f \times 100}{m} \qquad (6-2)$$

式中，X 为试样中维生素 D_2（或维生素 D_3）的含量，单位为 $\mu g/100g$；P 为根据标准曲线计算得到的试样中维生素 D_2（或维生素 D_3）的浓度，单位为 $\mu g/mL$；V 为定容容积，单位为 mL；f 为稀释倍数；m 为试样的称样量，单位为 g；100 为试样量以每 100g 计算的换算系数。

计算结果保留 3 位有效数字。

如试样中同时含有维生素 D_2 和维生素 D_3，维生素 D 的测定结果以维生素 D_2 和维生素 D_3 含量之和计算。

（二）维生素 K_1 含量测定

GB 5009.158—2016。本标准包括高效液相色谱-荧光检测法和液相色谱-串联质谱法。现简介高效液相色谱-荧光检测法。

1. 试样制备

（1）酶解　准确称取经均质的试样 1～5g（精确到 0.01g，维生素 K_1 含量不低于 0.05μg）于 50mL 离心管中，加入 5mL 温水溶解（液体样品直接吸取 5mL，植物油不需加水稀释），加入磷酸盐缓冲液（pH8.0）5mL，混匀，加入 0.2g 脂肪酶和 0.2g 淀粉酶（不含淀粉的样品可以不加淀粉酶），加盖，涡旋 2～3min，混匀后，置于 37℃±2℃ 恒温水浴振荡器中振荡 2h 以上，使其充分酶解。

（2）提取　取出酶解的试样，加入 10mL 乙醇及 1g 碳酸钾，混匀后加入 10mL 正己烷和 10mL 水，涡旋或振荡提取 10min，6 000r/min 离心 5min，或将酶解液移至 150mL 分液漏斗中萃取，静置分层（如发生乳化现象，可适当增加正己烷或水的量，以排除乳化现象），转移上清液至 100mL 旋蒸瓶中，向下层液加入 10mL 正己烷，重复操作 1 次，合并上清液至上述旋蒸瓶中。

（3）浓缩　将上述正己烷提取液旋蒸至干（如有残液，可用氮气轻吹至干），用甲醇转移并定容至 5mL 容量瓶中，摇匀，0.22μm 滤膜过滤，滤液待进样。

不加试样，按同一操作方法做空白试验。

2. 标准曲线的制作　采用外标标准曲线法进行定量。将维生素 K_1 标准系列工作液分别注入高效液相色谱仪中，测定相应的峰面积，以峰面积为纵坐标，以标准系列工作液浓度为横坐标绘制标准曲线，计算线性回归方程。

3. 试样溶液的测定　在相同色谱条件下，将制备的空白溶液和试样溶液分别进样，进行高效液相色谱分析。以保留时间定性，峰面积外标法定量，根据线性回归方程计算出试样溶液中维生素 K_1 的浓度。

4. 分析结果的表述 试样中维生素 K_1 的含量按式（6-3）计算：

$$X = \frac{P \times V_1 \times V_3 \times 100}{m \times V_2 \times 10^3} \tag{6-3}$$

式中，X 为试样中维生素 K_1 的含量，单位为 $\mu g/100g$；P 为由标准曲线得到的试样溶液中维生素 K_1 的浓度，单位为 ng/mL；V_1 为提取液总容积，单位为 mL；V_2 为分取的提取液容积，单位为 mL；V_3 为定容液的容积，单位为 mL；m 为试样的称样量，单位为 g；100 为将结果单位由 $\mu g/1g$ 换算为 $\mu g/100g$ 样品中含量的换算系数；10^3 为将浓度单位由 ng/mL 换算为 $\mu g/mL$ 的换算系数。

计算结果保留 3 位有效数字。

（三）维生素 B_1 含量测定

GB 5009.84—2016。维生素 B_1 的测定有高效液相色谱法、荧光光度法等方法。现简介高效液相色谱法。

1. 试样处理 将液体或固体粉末样品混合均匀后，立即测定或于冰箱中冷藏。

（1）新鲜蔬菜和肉类 取约 500g 样品（肉类取 250g），用匀浆机或粉碎机将样品均质后，制得均匀性一致的匀浆，立即测定或于冰箱中冷藏保存。

（2）其他含水量较低的固体样品 如含水量在 15% 左右的谷物，取 100g 左右样品，用粉碎机将样品粉碎后，制得均匀性一致的粉末，立即测定或者于冰箱中冷藏保存。

2. 试样溶液的制备

（1）试液提取 称取 3～5g（精确至 0.01g）固体试样或 10～20mL 液体试样于 100mL 锥形瓶中（带有软质塞子），加 60mL0.1mol/L 盐酸溶液，充分摇匀，塞上软质塞子，高压灭菌锅中 121℃ 保持 30min。水解结束待冷却至 40℃ 以下取出，轻摇数次；用 pH 计指示，用 2.0mol/L 乙酸钠溶液调整 pH 至 4.0 左右，加入 2.0mL（可根据酶活力不同适当调整用量）混合酶溶液，摇匀后，置于培养箱中 37℃ 过夜（约 16h）；将酶解液全部转移至 100mL 容量瓶中，用水定容至刻度，摇匀，离心或者过滤，取上清液备用。

（2）试液衍生化 准确移取上述上清液或滤液 2.0mL 于 10mL 试管中，加入 1.0mL 碱性铁氰化钾溶液，涡旋混匀后，准确加入 2.0mL 正丁醇，再次涡旋混匀 1.5min，静置约 10min 或者离心，待充分分层后，吸取正丁醇相（上层）经 0.45μm 有机微孔滤膜过滤，取滤液于 2mL 棕色进样瓶中，供分析用。若试液中维生素 B_1 浓度超出线性范围的最高浓度值，应取上清液稀释适宜倍数后，重新衍生后进样。另取 2.0mL 标准系列工作液，与试液同步进行衍生化。

3. 仪器参考条件

（1）色谱柱 C_{18} 反相色谱柱（粒径 5μm，250mm×4.6mm）或相当者。

（2）流动相 0.05mol/L 乙酸钠溶液-甲醇（65＋35）。

（3）流速 0.8mL/min。

（4）检测波长 激发波长 375nm，发射波长 435nm。

（5）进样量 20μL。

4. 标准曲线的制作 将标准系列工作液衍生物注入高效液相色谱仪中，测定相应的维

生素 B_1 峰面积，以标准工作液浓度（$\mu g/mL$）为横坐标，以峰面积为纵坐标，绘制标准曲线。

5. 试样溶液的测定 按照色谱条件，将试样衍生物溶液注入高效液相色谱仪中，得到维生素 B_1 的峰面积，根据标准曲线计算得到试样液中维生素 B_1 的含量。

6. 分析结果的表述 试样中维生素 B_1（以硫胺素计）含量按式（6-4）计算：

$$X = \frac{C \times V \times f}{m \times 10^3} \times 100 \qquad (6-4)$$

式中，X 为试样中维生素 B_1（以硫胺素计）的含量，单位为 mg/100g；C 为由标准曲线计算得到的试样液（提取液）中维生素 B_1 的含量，单位为 $\mu g/mL$；V 为试样液（提取液）的定容容积，单位为 mL；f 为试样液（上清液）衍生前的稀释倍数；m 为试样的质量，单位为 g；10^3、100 为换算系数。

计算结果以重复性条件下获得的 2 次独立测定结果的算术平均值表示，结果保留 3 位有效数字。试样中测定的硫胺素含量乘以换算系数 1.121，即得。

（四）维生素 B_2 含量测定

GB 5009.85—2016。本标准分高效液相色谱法和荧光分光光度法，适用于各类食品中维生素 B_2 的测定。现简介荧光分光光度法。

1. 试样的水解 取样品约 500g，用组织捣碎机充分打匀均质，分装入洁净棕色磨口瓶中，密封，并做好标记，避光存放备用。称取 2～10g（精确至 0.01g）含 10～200μg 维生素 B_2 均质后的试样于 100mL 具塞锥形瓶中，加入 60mL 0.1mol/L 盐酸溶液，充分摇匀，塞好瓶塞。将锥形瓶放入高压灭菌锅内，在 121℃下保持 30min，冷却至室温后取出。用氢氧化钠溶液调整 pH 为 6.0～6.5。

2. 试样的酶解 加入 2mL 混合酶溶液，摇匀后，置于 37℃培养箱或恒温水浴锅中过夜酶解。

3. 过滤 将上述酶解液转移至 100mL 容量瓶中，加水定容至刻度，用干滤纸过滤备用。此提取液在 4℃冰箱中可保存 1 周。操作过程应避免强光照射。

（1）氧化去杂质 视试样中核黄素的含量取一定容积的试样提取液（含 1～10μg 维生素 B_2）及维生素 B_2 标准使用溶液分别置于 20mL 的带盖刻度试管中，加水至 15mL。各管加 0.5mL 冰乙酸，混匀。加 0.5mL 30g/L 高锰酸钾溶液，摇匀，放置 2min，氧化去杂质。滴加 3% 过氧化氢溶液数滴，直至高锰酸钾的颜色褪去。剧烈振摇试管，使多余的氧气逸出。

（2）维生素 B_2 的吸附和洗脱

①维生素 B_2 吸附柱 将硅镁吸附剂约 1g 用湿法装入柱，占柱长 1/2～2/3（约 5cm）为宜（吸附柱下端用一小团脱脂棉垫上），勿使柱内产生气泡，调节流速约为 60 滴/min。

②过柱与洗脱 将全部氧化后的样液及标准液通过吸附柱后，用约 20mL 热水淋洗样液中的杂质。然后用 5mL 洗脱液将试样中维生素 B_2 洗脱至 10mL 容量瓶中，再用 3～4mL 水洗吸附柱，洗出液合并至容量瓶中，并用水定容至刻度，混匀后待测定。

4. 标准曲线的制备 分别精确吸取维生素 B_2 标准使用液 0.3mL、0.6mL、0.9mL、1.25mL、2.5mL、5.0mL、10.0mL、20.0mL（相当于维生素 B_2 0.3μg、0.6μg、0.9μg、1.25μg、2.5μg、5.0μg、10.0μg、20.0μg）。

5. 试样溶液的测定 于激发光波长 440nm，发射光波长 525nm，测量试样管及标准管的荧光值。待测量试样管及标准管的荧光值后，在各管的剩余液（5~7mL）中加 0.1mL 20%连二亚硫酸钠溶液，立即混匀，在 20s 内测量各管的荧光值，作各自的空白值。

6. 分析结果的表述 试样中维生素 B_2 的含量按式（6-5）计算：

$$X = \frac{(A-B) \times S}{(C-D) \times m} \times f \times \frac{100}{10^3} \quad (6-5)$$

式中，X 为试样中维生素 B_2（以核黄素计）的含量，单位为 mg/100g；A 为试样管的荧光值；B 为试样管的空白荧光值；S 为标准管中维生素 B_2 的质量，单位为 μg；C 为标准管的荧光值；D 为标准管的空白荧光值；m 为试样质量，单位为 g；f 为稀释倍数；100 为换算为 100g 样品中含量的换算系数；10^3 为将浓度单位 $\mu g/100g$ 换算为 mg/100g 的换算系数。

计算结果保留至小数点后 2 位。

（五）维生素 B_6 含量测定

GB 5009.154—2016。本标准包括高效液相色谱法和微生物法。微生物法适用于各类食品中维生素 B_6 的测定。现简介微生物法。

1. 试样处理 称取试样 0.5~10g（精确至 0.01g，其中维生素 B_6 含量不超过 10ng）放入 100mL 锥形瓶中，加 72mL0.22mol/L 硫酸溶液。放入高压釜 121℃下水解 5h，取出冷却，用 10mol/L 氢氧化钠溶液和 0.5mol/L 硫酸溶液调整 pH 至 4.5，用溴甲酚绿做指示剂（指示剂由黄色变为黄绿色），将锥形瓶内的溶液转移到 100mL 容量瓶中，用蒸馏水定容至 100mL，滤纸过滤，滤液于冰箱内备用（保存期不超过 36h）。整个试样处理过程需要注意避光操作。

2. 标准曲线的制备 3 组试管各加 0.00mL、0.02mL、0.04mL、0.08mL、0.12mL 和 0.16mL 吡哆醇工作液，再加吡哆醇 Y 培养基补至 5.00mL，混匀，加棉塞。

3. 试样管的制备 在试管中分别加入 0.05mL、0.10mL、0.20mL 样液，再加入吡哆醇 Y 培养基补至 5.00mL，用棉塞塞住试管，将制备好的标准曲线测定管和试样测定管放入 121℃下高压灭菌 10min，冷至室温备用。

4. 接种和培养 每管接种 1 滴接种液，于 30℃±0.5℃恒温箱中培养 18~22h。

5. 测定 将培养后的标准管和试样管从恒温箱中取出后，用分光光度计于 550nm 波长下，以标准管的零管调零，测定各管的吸光度值。以标准管维生素 B_6 所含的浓度为横坐标，以吸光度值为纵坐标，绘制维生素 B_6 标准工作曲线，用试样管得到的吸光度值，在标准曲线上查到试样管维生素 B_6 的含量。

6. 分析结果的表述

①试样提取液中维生素 B_6 的浓度按式（6-6）计算：

$$P = \frac{P_1 + P_2 + P_3}{3} \quad (6-6)$$

式中，P 为试样提取液中维生素 B_6 的浓度，单位为 ng/mL；P_1、P_2、P_3 为各试样测定管中维生素 B_6 的浓度，单位为 ng/mL；3 为换算 3 个试样测定管中维生素 B_6 的平均浓度的换算系数。

②试样中维生素 B_6 的含量按式（6-7）计算：

$$X = \frac{P \times V \times 100}{m \times 10^6} \qquad (6-7)$$

式中，X 为试样中维生素 B_6（以吡哆醇计）的含量，单位为 mg/100g；P 为试样提取液中维生素 B_6 的浓度，单位为 ng/mL；V 为试样提取液的定容容积与稀释容积总和，单位为 mL；m 为试样质量，单位为 g；$\frac{100}{10^6}$ 为折算成每 100g 试样中维生素 B_6 的毫克数。

计算结果保留到小数点后 2 位。

（六）叶酸含量测定

1. 试样提取

（1）直接提取法　形态为颗粒、粉末、片剂、液体的营养素补充剂或强化剂、预混料或叶酸添加量>1μg/1g 的样品可采用直接提取法。

准确称取固体试样 0.1～0.5g 或液体试样 0.5～2mL，加入 100mL 锥形瓶中，加 80mL 氢氧化钠乙醇溶液，具塞，超声振荡 2～4h 至试样完全溶解或分散，用水定容至刻度。

（2）酶解提取法　谷薯类、肉蛋乳类、果蔬菌藻类、豆及坚果类等试样宜采用酶解提取法。

准确称取适量试样（含 0.2～2μg 叶酸）。一般谷薯类、肉类、乳类、新鲜果蔬、菌藻类试样 2～5g；蛋类、豆、坚果类、内脏、干制试样 0.2～2g；流质或半流质试样 5～10g。加入 100mL 锥形瓶中，加 30mL 磷酸盐缓冲液，振摇 5min 后，具塞，于 121℃（0.10～0.12MPa）高压水解 15min。

试样取出后冷却至室温，加入 1mL 鸡胰腺溶液；含有蛋白质、淀粉的试样需另加入 1mL 蛋白酶-淀粉酶液，混合。加入 3～5 滴甲苯后，置于 37℃±1℃恒温培养箱内酶解 16～20h。取出转入 100mL 容量瓶中，加水定容至刻度，过滤。

另取 1 只锥形瓶，同试样操作，定容至 100mL，过滤，作为酶空白液。

2. 稀释　根据试样中叶酸含量，用水对试样提取液进行适当稀释，使试样稀释液中叶酸含量在 0.2～0.6ng/mL。

3. 测定系列管制备　所用试管使用前洗刷干净，沸水浴 30min，沥干后放入盐酸浸泡液中浸泡 2h，经 170℃±2℃烘干 3h 后使用。

（1）试样和酶空白系列管　取 3 支试管，分别加入 0.5mL、1.0mL、2.0mL 试样稀释液，补水至 5.0mL。加入 5.0mL 叶酸测定用培养液，混匀。另取 3 支试管同法加入酶空白液。

（2）标准系列管　取试管分别加入叶酸标准工作溶液 0.00mL、0.25mL、0.50mL、1.00mL、1.50mL、2.00mL、2.50mL、3.00mL、4.00mL 和 5.00mL，补水至 5.00mL，相当于标准系列管中叶酸含量为 0.00ng、0.05ng、0.10ng、0.20ng、0.30ng、0.40ng、0.50ng、0.60ng、0.80ng 和 1.00ng，再加入 5.0mL 叶酸测定用培养液，混匀。为保证标准曲线的线性关系，应制备 2～3 套标准系列管，绘制标准曲线时，以每个标准点平均值计算。

4. 灭菌　将所有测定系列管塞好棉塞，于 121℃（0.10～0.12 MPa）高压灭菌 15min。

5. 接种和培养　待测定系列管冷却至室温后，在无菌操作条件下，用已高压灭菌的移液管向每支测定管中加入接种液 20uL，混匀。塞好棉塞，置于 37℃±1℃恒温培养箱培养 20～40h，直至获得最大混浊度，即再培养 2h 透光率（或吸光度值）无明显变化。另准备

1 支标准 0 管（含 0.00ng 叶酸）不接种作为 0 对照管。

6. 测定 将培养好的标准系列管、试样管和酶空白系列管用涡旋混匀器混匀。用厚度为 1cm 比色杯，于波长 540nm 处，以未接种 0 对照管调节透光率为 100%（或吸光度值为 0），依次测定标准系列管、试样管和酶空白系列管的透光率（或吸光度值）。如果 0 对照管有明显的细菌增长；或与 0 对照管相比，标准 0 管透光率在 90% 以下（或吸光度值在 0.1 以上），或标准系列管透光率最大变化量 <40%（或吸光度值最大变化量 <0.4），说明可能有杂菌或不明来源叶酸混入，需重做试验。

叶酸测定适宜的光谱范围为 540~610nm。

7. 分析结果表述

（1）标准曲线 以标准系列管叶酸含量为横坐标，以每个标准点透光率（或吸光度值）均值为纵坐标，绘制标准曲线。

（2）试样结果计算 从标准曲线查得试样管或酶空白系列管中叶酸的相应含量（C_x），如果 3 支试样系列管中有 2 支叶酸含量在 0.10~0.80ng 内，且各管之间折合为每毫升试样提取液中叶酸含量的偏差 <10%，则可继续按式（6-8）、式（6-9）、式（6-10）进行结果计算，否则，需重新取样测定。

①试样稀释液叶酸浓度按式（6-8）计算：

$$C = \frac{C_x}{V_x} \qquad\qquad (6-8)$$

式中，C 为试样稀释液叶酸浓度，单位为 ng/mL；C_x 为从标准曲线上查得试样系列管中叶酸含量，单位为 ng；V_x 为制备试样系列管时吸取的试样稀释液容积，单位为 mL。

②采用直接提取法的试样叶酸含量按式（6-9）计算：

$$X = \frac{C \times V \times f}{m} \times \frac{100}{10^3} \qquad\qquad (6-9)$$

式中，X 为试样中叶酸含量，单位为 $\mu g/100g$；C 为试样稀释液叶酸浓度平均值，单位为 ng/mL；V 为试样提取液定容容积，单位为 mL；f 为试样提取液稀释倍数；m 为试样质量，单位为 g；$\frac{100}{10^3}$ 为由 ng/g 换算为 $\mu g/100g$ 的系数。

③采用酶解提取法的试样叶酸含量按式（6-10）计算：

$$X = \frac{(C \times f - C_0) \times V}{m} \times \frac{100}{10^3} \qquad\qquad (6-10)$$

式中，X 为试样中叶酸含量，单位为 $\mu g/100g$；C 为试样稀释液叶酸浓度平均值，单位为 ng/mL；f 为试样提取液稀释倍数；C_0 为酶空白液叶酸浓度平均值，单位为 ng/mL；V 为试样提取液定容容积，单位为 mL；m 为试样质量，单位为 g；$\frac{100}{10^3}$ 为由 ng/g 换算为 $\mu g/100g$ 的系数。

液体试样叶酸含量也可以 $\mu g/100mL$ 为单位，以重复性条件下获得的 2 次独立测定结果的算术平均值表示，结果保留 3 位有效数字。

（七）生物素含量测定

1. 试样提取

（1）薯类、肉类、乳类、新鲜果蔬、藻类试样、蛋类、豆类、坚果类、动物内脏等 准确称取适量均质样品（m，含 0.2~0.5μg 生物素），精确至 0.001g，放入 50mL 锥形瓶中，加入 30mL 柠檬酸缓冲液，振摇后于 121℃ 高压水解 15min。样品取出后迅速冷却至室温，加入 1mL 蛋白酶-淀粉酶溶液置于 36℃±1℃ 恒温培养箱内温育酶解 16～20h，95℃ 水浴中加热 30min，然后迅速冷却至室温，转至 100mL 容量瓶中，用水定容至刻度（V_1）。

（2）谷物类等（包括原生和添加的生物素）　准确称取适量样品（m，含 0.2～0.5μg 生物素），精确至 0.001g，放入 250mL 锥形瓶中，加入硫酸溶液 100mL，121℃ 水解 30min，冷却后用氢氧化钠溶液调整 pH 至 4.5±0.2，转到 250mL 容量瓶中，用水定容，充分混合。用滤纸过滤，弃去最初的几毫升。吸取滤液 5mL，加入约 20mL 水，用氢氧化钠溶液调整 pH 为 6.8±0.2，转至 100mL 容量瓶中，用水定容至刻度（V_1）。

（3）维生素预混料等样品　准确称取适量样品（m），精确至 0.001g，放入 500mL 锥形瓶中，加入约 300mL 水，混匀。调整 pH 至 8.0±0.2，转入 1 000mL 容量瓶中，用水定容至刻度（V_1）。

2. 稀释　根据试样中生物素含量用水对试样提取液进行适当稀释，使稀释后试样提取液中生物素含量在 0.01～0.1ng/mL。

3. 测定系列管制备

（1）试样系列管　取 4 支试管，分别加入 1.0mL、2.0mL、3.0mL、4.0mL 试样提取液，补水至 5.0mL，加入 5.0mL 生物素测定用培养液，混匀。每个梯度做 3 个平行。

（2）标准系列管　取试管分别加入标准工作液低浓度 0.0mL（未接种空白）、0.0mL（接种空白）、1.0mL、2.0mL、3.0mL、4.0mL、5.00mL 和高浓度 3.0mL、4.0mL、5.0mL，补水至 5.00mL，相当于标准系列管中生物素含量为 0.00ng、0.00ng、0.1ng、0.2ng、0.3ng、0.4ng、0.5ng、0.6ng、0.8ng、1.00ng。加 5.0mL 生物素测定用培养液，混匀。每个梯度做 3 个平行，绘制标准曲线时，以每点均值计算。

4. 培养

（1）灭菌　所有的试管盖上试管帽，放入灭菌釜内，121℃ 灭菌 5min。

（2）接种和培养　试管快速冷却至室温，在无菌操作条件下，将接种液转入无菌试管中，向每支测定管接种 1 滴（约 50μL）接种液，其中标准曲线管中未接种空白和样品空白除外。37℃±1℃ 恒温培养箱中培养 19～20h，直至获得最大混浊度，即再培养 2h 透光率无明显变化。

5. 测定　将培养好的测定管用涡旋混匀器混匀。用厚度为 1cm 比色杯，于波长 550nm 处，以接种空白管调节透光率为 100%，然后依次测定标准系列管、试样系列管吸光值。如果未接种空白对照管有明显的细菌增长，说明可能有杂菌混入，需重做试验。

试样提取液也可采用预先包埋了菌种的微生物法生物素试剂盒测定，效果相当。

6. 分析结果表述

（1）标准曲线　以标准系列管生物素含量为横坐标，以吸光值为纵坐标，绘制标准曲线。

（2）结果计算　从标准曲线查得样液相应含量（C_x），如果每个试样的 3 个测试管中有 2 个值在 0.01～0.10ng，且每个测试管之间吸光值偏差＜10%，则按式（6-11）和式（6-12）进行结果计算。

①测定液浓度按式（6-11）计算：

$$C = \frac{C_x}{V_x} \tag{6-11}$$

式中，C 为样液生物素浓度，单位为 ng/mL；C_x 为从标准曲线上查得待测样液生物素含量，单位为 ng；V_x 为制备系列管时吸取的试样提取液容积，单位为 mL。

②样品中生物素含量按式（6-12）计算：

$$X = \frac{C \times f}{m} \times \frac{100}{10^3} \qquad (6-12)$$

式中，X 为样品中生物素含量，单位为 μg/100g 或 mL；C 为有效测试管试样中生物素浓度平均值，单位为 ng/mL；f 为样液稀释倍数；m 为样品质量，单位为 g；100、10^3 为换算系数。

计算结果以重复性条件下获得的 2 次独立测定结果的算术平均值表示，结果保留 3 位有效数字。

（八）泛酸含量测定

GB 5009.210—2016。现简介适用于食品中泛酸测定的微生物法。

1. 测定 将培养好的标准系列管、试样和酶空白系列管用涡旋混匀器混匀。用厚度为 1cm 比色杯，于波长 550nm 处，以未接种的 0 对照管调节透光率为 100%（或吸光度值为 0），依次测定标准系列管、试样管和酶空白系列管的透光率（或吸光度值）。如果 0 对照管有明显的细菌增长，或者与 0 对照管相比，标准 0 管透光率在 90% 以下（或吸光度值在 0.2 以上）；或标准系列管透光率最大变化量＜40%（或吸光度值变化量＜0.4），说明可能有杂菌或不明来源的泛酸混入，需重做试验。

泛酸测定适宜的光谱范围 540～660nm。

2. 分析结果表述

（1）标准曲线 以标准系列管泛酸含量为横坐标，以每个标准点透光率（或吸光度值）均值为纵坐标，绘制标准曲线。

（2）试样结果计算 从标准曲线查得试样和酶空白系列管中泛酸的相应含量（P_x），如果每个试样的 4 支试样系列管中有 3 支以上泛酸含量在 10～80ng，且按照式（6-13）计算试样稀释液中泛酸浓度（P），各管之间相对偏差＜15%，则可继续按式（6-14）式（6-15）至式（6-17）进行结果计算，否则，需重新取样测定。

①试样稀释液中泛酸浓度按式（6-13）计算：

$$P = \frac{P_x}{V_x} \qquad (6-13)$$

式中，P 为试样稀释液中泛酸浓度，单位为 ng/mL；P_x 为从标准曲线上查得测定系列管中泛酸含量，单位为 ng；V_x 为制备试样系列管时吸取的试样稀释液容积，单位为 mL。

②采用直接提取法的试样中泛酸含量按式（6-14）计算：

$$X = \frac{P_1 \times V_1 \times f}{m} \times \frac{100}{10^6} \qquad (6-14)$$

式中，X 为试样中泛酸含量，固态试样单位为 mg/100g，液态试样为 mg/100mL；P_1 为试样稀释液泛酸浓度平均值，单位为 ng/mL；V_1 为试样提取液的定容容积，单位为 mL；f 为试样提取液稀释倍数；m 为试样质量，单位为 g；$\frac{100}{10^6}$ 为换算系数。

③采用酶解法的试样中泛酸含量按式（6-15）至式（6-17）计算：

$$m_0 = P_0 \times 25 \qquad (6-15)$$

$$m_x = \frac{P_1 \times V_5 \times V_3 \times f}{V_4} \tag{6-16}$$

$$X = \frac{(m_x - m_0) \times V_1}{m \times V_2} \times \frac{100}{10^6} \tag{6-17}$$

式中，m_0 为酶空白液中泛酸含量，单位为 ng；P_0 为酶空白液中泛酸浓度平均值，单位为 ng/mL；25 为酶空白液总容积，单位为 mL；m_x 为试样酶解液中泛酸含量，单位为 ng；P_1 为试样稀释液泛酸浓度平均值，单位为 ng/mL；V_5 为试样调整 pH 后的定容容积，单位为 mL；V_3 为试样酶解液的定容容积，单位为 mL；f 为试样提取液稀释倍数；V_4 为试样调整 pH 时吸取的酶解液容积，单位为 mL；X 为试样中泛酸含量，固态试样单位为 mg/100g，液态试样为 mg/100mL；V_1 为试样中水解液的定容容积，单位为 mL；m 为试样质量，单位为 g；V_2 为试样酶解时吸取的水解液容积，单位为 mL；$\frac{100}{10^6}$ 为换算系数。

结果如以泛酸钙计量，应乘以 1.087。

计算结果以重复性条件下获得的 2 次独立测定结果的算术平均值表示，结果保留 3 位有效数字。

（九）烟酸和烟酰胺含量测定

GB 5009.89—2016。本标准包括微生物法和高效液相色谱法。现简介适用于各类食品中烟酸和烟酰胺总量测定的微生物法。

1. 测定 用厚度为 1cm 比色杯，在波长 550nm 条件下读取光密度值，将培养好的测定管用涡旋混匀器混匀。以未接种 0 对照管调节透光率为 100%，然后依次测定标准系列管、试样系列管的透光率。取出最高浓度标准曲线管振荡 5s，测定光密度值，放回重新培养。2h 后同等条件重新测该管的光密度值，如果 2 次光密度值绝对差≤2%，则取出全部检验管测定标准溶液和试样的光密度值。

2. 标准曲线的制作 以标准系列管烟酸含量为横坐标，以光密度值为纵坐标，绘制标准曲线，也可对各个标准点做拟合曲线。各个标准点 3 管之间的光密度值的相对标准偏差应＜10%，如果某一标准点 3 支试样管中有 2 支烟酸含量在 50～500ng，且该 2 管之间折合为每毫升试样提取液中烟酸含量的偏差＜10%，则该结果可用，如果 3 支试样管中烟酸含量的相对标准偏差＞10%，则该点舍去，不参与标准曲线的绘制。

3. 分析结果的表述 从标准曲线查得试样系列管中烟酸的相应含量（X），按式（6-18）进行结果计算。

$$X = \frac{P_1 \times V_1 \times f}{m} \times \frac{100}{10^3} \tag{6-18}$$

式中，X 为试样中烟酸含量，单位为 mg/100g；P_1 为试样系列管折合为试样提取液中烟酸浓度平均值，单位为 ng/mL；V_1 为试样提取液定容容积，单位为 mL；f 为试样提取液稀释倍数；m 为试样质量，单位为 g；$\frac{100}{10^3}$ 为折算成 100g 试样中烟酸 mg 数的换算系数。

结果保留 2 位有效数字。

（十）抗坏血酸含量测定

GB 5009.86—2016。本标准包括高效液相色谱法、荧光法、2,6-二氯靛酚滴定法。高效液相色谱法适用于乳粉、谷物、蔬菜、水果及其制品、肉制品、维生素类补充剂等

L（＋）-抗坏血酸、D（－）-抗坏血酸和 L（＋）-抗坏血酸总量的测定。现简介高效液相色谱法。

1. 试样溶液的制备　称取相对于样品 0.5～2g（精确至 0.001g）混合均匀的固体试样或匀浆试样，或吸取 2～10mL 液体试样［使所取试样含 L（＋）-抗坏血酸 0.03～6mg］于 50mL 烧杯中，用 20g/L 偏磷酸溶液将试样转移至 50mL 容量瓶中，振摇溶解并定容。摇匀，全部转移至 50mL 离心管中，超声提取 5min 后，4 000r/min 离心 5min，取上清液过 0.45μm 水相滤膜，滤液待测［由此试液可同时分别测定试样中 L（＋）-抗坏血酸和 D（－）-抗坏血酸的含量］。

2. 试样溶液的还原　准确吸取 20mL 上述离心后的上清液于 50mL 离心管中，加入 10mL 40g/L 的 L-半胱氨酸溶液，用 100g/L 磷酸三钠溶液调整 pH 至 7.0～7.2，以 200 次/min 振荡 5min。再用磷酸调整 pH 至 2.5～2.8，用水将试液全部转移至 50mL 容量瓶中，并定容至刻度。混匀后取此试液过 0.45μm 水相滤膜，滤液待测［由此试液可测定试样中包括脱氢型的 L（＋）-抗坏血酸总量］。若试样含有增稠剂，可准确吸取 4mL 经 L-半胱氨酸溶液还原的试液，再准确加入 1mL 甲醇，混匀后过 0.45μm 水相滤膜，滤液待测。

3. 仪器参考条件

（1）色谱柱　C_{18} 柱，柱长 250mm，内径 4.6mm，粒径 5μm，或同等性能的色谱柱。

（2）检测器　二极管阵列检测器或紫外检测器。

（3）流动相　A：6.8g 磷酸二氢钾和 0.91g 十六烷基三甲基溴化铵，用水溶解并定容至 1L（用磷酸调整 pH 至 2.5～2.8）；B：100%甲醇。按 A：B＝98：2 混合，过 0.45μm 水相滤膜，超声脱气。

（4）流速　0.7mL/min。

（5）检测波长　245nm。

（6）柱温　25℃。

（7）进样量　20μL。

4. 标准曲线制作　分别对抗坏血酸混合标准系列工作溶液进行测定，以 L（＋）-抗坏血酸［或 D（－）-抗坏血酸］标准溶液的质量浓度（μg/mL）为横坐标，以 L（＋）-抗坏血酸［或 D（－）-抗坏血酸］的峰高或峰面积为纵坐标，绘制标准曲线或计算回归方程。

5. 试样溶液的测定　对试样溶液进行测定，根据标准曲线得到测定液中 L（＋）-抗坏血酸［或 D（－）-抗坏血酸］的浓度（μg/mL）。

6. 空白试验　除不加试样外，采用完全相同的分析步骤、试剂和用量，进行平行操作。

7. 分析结果的表述　试样中 L（＋）-抗坏血酸［或 D（－）-抗坏血酸］的含量和 L（＋）-抗坏血酸总量以 mg/100g 表示，按式（6-19）计算：

$$X = \frac{(C_1 - C_0) \times V}{m \times 10^3} \times f \times K \times 100 \qquad (6-19)$$

式中，X 为试样中 L（＋）-抗坏血酸［或 D（－）-抗坏血酸、L（＋）-抗坏血酸总量］的含量，单位为 mg/100g；C_1 为样液中 L（＋）-抗坏血酸［或 D（－）-抗坏血酸］的质量浓度，单位为 μg/mL；C_0 为样品空白液中 L（＋）-抗坏血酸［或 D（－）-抗坏血酸］的质量浓度，单位为 μg/mL；V 为试样的最后定容容积，单位为 mL；m 为实际检测试样质量，单位为 g；10^3 为换算系数（由 μg/mL 换算为 mg/mL 的换算因子）；f 为稀释倍数（若使用试样溶液的还原步骤时，即为 2.5）；K 为若使用试样溶液的还原中甲醇沉淀步骤时，即为 1.25；100 为换算系数（由 mg/g 换算为 mg/100g 的换算因子）。

计算结果以重复性条件下获得的 2 次独立测定结果的算术平均值表示，结果保留 3 位有效数字。

第二节　矿物质含量测定

一、目的与意义

矿物质不像某些维生素能在畜禽体内自行合成。从这种意义上说，在畜禽体内所需的营养中，它们甚至比维生素更为重要。动物营养研究表明，适量而合理使用微量元素，可促进畜禽生长，提高饲料转化率，有利于合理开发和利用饲料资源。反之，则对畜禽健康及环境安全产生难以估量的巨大潜在风险。畜禽对于矿物质的需求，主要是通过饲料途径获得，畜禽在生长过程中所需要的微量元素不足，可影响畜禽的健康，生产性能降低。某种微量元素含量过高，可拮抗其他微量元素的吸收，导致其他微量元素的缺乏。同时，也对维生素的稳定性产生负面影响，间接导致维生素的缺乏。特别是在畜禽饲料中超量添加微量元素添加剂，导致了资源浪费、环境污染、在畜产品中蓄积，通过食物链危害人体健康。

土壤-农作物（牧草）-家畜三者组成了微量元素循环的生物链，在这一生物链中，农作物或牧草和饮水是畜禽体内微量元素的主要来源，而农作物或牧草中微量元素的含量，又直接与土壤中相应元素的浓度有关。另外，我国矿物质元素虽然分布广泛，但具有明显的不平衡性和区域性，为了有针对性地防治局部地区的微量元素缺乏和慢性中毒等问题，有必要对这些地区的农作物、牧草及土壤的铁、铜、锌、钼、锰等微量元素含量进行测定。通过测定，可准确分析饲料中的矿物质成分，计算矿物质的含量；分析饲料原料中微量元素含量的盈亏规律等对畜禽生产性能、血液生化指标的影响，有利于饲料营养价值评价，有利于饲料生产工艺设计及强化饲料中矿物质成分的评价，有利于饲料原料资源开发，为合理利用本地饲料资源、降低生产成本、减少环境污染提供技术依据。

二、测定方法

饲料中矿物质元素的检测方法有很多，以分光光度法、原子吸收分光光度法应用最多。

（一）分光光度法

由于设备简单，采用分光光度法能达到饲料中矿物质检测标准要求的灵敏度，是目前一直广泛采用的方法。

（二）原子吸收分光光度法（原子吸收光谱法）

由于原子吸收分光光度法的选择性好，灵敏度高，测定过程简便快捷，可同时测定多种元素，而成为矿物质测定中最常用的方法。

原子吸收分光光度法是一种利用被测元素的基态自由原子对特征波长光吸收程度进行的定量分析方法。试样中被测元素的化合物在高温中被离解成基态原子，光源辐射出的待测元素特征谱线通过样品的蒸汽时，被蒸汽中待测元素的基态原子所吸收，在一定的范围与条件下，入射光被吸收而减弱的程度与样品中待测元素的含量呈正比，由此可得出样品中待测元素的含量。

三、常见矿物质含量测定

（一）钾、钠含量测定

GB 5009.91—2017。钾、钠的测定方法包括火焰原子吸收光谱法、火焰原子发射光谱法、电感耦合等离子体发射光谱法和电感耦合等离子体质谱法。现简介火焰原子吸收光谱法。

1. 试样消解

（1）微波消解 称取 0.2～0.5g（精确至 0.001g）试样于微波消解内罐中，含乙醇或二氧化碳的样品先在电热板上低温加热除去乙醇或二氧化碳，加入 5～10mL 硝酸，加盖放置 1h 或过夜，旋紧外罐，置于微波消解仪中进行消解。冷却后取出内罐，置于可调式控温电热炉上，于 120～140℃赶酸至近干，用水定容至 25mL 或 50mL，混匀备用。同时做空白试验。

（2）压力罐消解 称取 0.3～1g（精确至 0.001g）试样于聚四氟乙烯压力消解内罐中，含乙醇或二氧化碳的样品先在电热板上低温加热除去乙醇或二氧化碳，加入 5mL 硝酸，加盖放置 1h 或过夜，旋紧外罐，置于恒温干燥箱中进行消解。冷却后取出内罐，置于可调式控温电热板上，于 120～140℃赶酸至近干，用水定容至 25mL 或 50mL，混匀备用。同时做空白试验。

（3）湿式消解 称取 0.5～5g（精确至 0.001g）试样于玻璃或聚四氟乙烯消解器皿中，含乙醇或二氧化碳的样品先在电热板上低温加热除去乙醇或二氧化碳，加入 10mL 混合酸，加盖放置 1h 或过夜，置于可调式控温电热板或电热炉上消解，若变棕黑色，冷却后再加混合酸，直至冒白烟，消化液呈无色透明或略带黄色，冷却，用水定容至 25mL 或 50mL，混匀备用。同时做空白试验。

（4）干式消解 称取 0.5～5g（精确至 0.001g）试样于坩埚中，在电炉上微火炭化至无烟，置于 525℃±25℃马弗炉中灰化 5～8h，冷却。若灰化不彻底有黑色炭粒，则冷却后滴加少许硝酸湿润，在电热板上干燥后，移入马弗炉中继续灰化成白色灰烬，冷却至室温取出，用硝酸溶液溶解，并用水定容至 25mL 或 50mL，混匀备用。同时做空白试验。

2. 标准曲线的制作 分别将钾、钠标准系列工作液注入原子吸收光谱仪中，测定吸光度值，以标准工作液浓度为横坐标，以吸光度值为纵坐标，绘制标准曲线。

3. 试样溶液的测定 根据试样溶液中被测元素的含量，需要时将试样溶液用水稀释至适当浓度，并在空白溶液和试样最终测定液中加入一定量的氯化铯溶液，使氯化铯浓度达到 0.2%。于测定标准曲线工作液相同的实验条件下，将空白溶液和测定液注入原子吸收光谱仪中，分别测定钾或钠的吸光度值，根据标准曲线得到待测液中钾或钠的浓度。

4. 分析结果的表述 试样中钾、钠含量按式（6-20）计算：

$$X = \frac{(P - P_0) \times V \times f \times 10^3}{m \times 10^3} \qquad (6-20)$$

式中，X 为试样中被测元素含量，单位为 mg/100g 或 mg/100mL；P 为测定液中元素的质量浓度，单位为 mg/L；P_0 为测定空白试液中元素的质量浓度，单位为 mg/L；V 为样液容积，单位为 mL；f 为样液稀释倍数；10^3 为换算系数；m 为试样的质量或容积，单位为 g 或 mL。

计算结果保留 3 位有效数字。

(二) 钙含量测定

GB 5009.92—2016。钙含量测定方法包括火焰原子吸收光谱法、乙二胺四乙酸（ED-TA）滴定法、电感耦合等离子体发射光谱法和电感耦合等离子体质谱法。现简介 EDTA 滴定法。

1. 湿法消解　准确称取固体试样 0.2～3g（精确至 0.001g）或准确移取液体试样 0.50～5.00mL 于带刻度消化管中，加入 10mL 硝酸、0.5mL 高氯酸，在可调式电热炉上消解（参考条件：120℃/0.5～1h，升至 180℃/2～4h、升至 200～220℃）。若消化液呈棕褐色，再加硝酸，消解至冒白烟，消化液呈无色透明或略带黄色。取出消化管，冷却后用水定容至 25mL，再根据实际测定需要稀释，并在稀释液中加入一定容积的镧溶液（20g/L），使其在最终稀释液中的浓度为 1g/L，混匀备用，此为试样待测液。同时做试剂空白试验。也可采用锥形瓶，于可调式电热板上，按照上述方法进行湿法消解。

2. 干法灰化　准确称取固体试样 0.5～5g（精确至 0.001g）或准确移取液体试样 0.50～10.0mL 于坩埚中，小火加热，炭化至无烟，转移至马弗炉中，于 550℃灰化 3～4h。冷却，取出。对于灰化不彻底的试样，加数滴硝酸，小火加热，小心蒸干，再转入 550℃ 马弗炉中，继续灰化 1～2h，至试样呈白灰状，冷却，取出，用适量硝酸溶液溶解转移至刻度管中，用水定容至 25mL。根据实际测定需要稀释，并在稀释液中加入一定容积的镧溶液，使其在最终稀释液中的浓度为 1g/L，混匀备用，此为试样待测液。同时做试剂空白试验。

3. 滴定度（T）的测定　吸取 0.50mL 钙标准储备液（100mg/L）于试管中，加 1 滴硫化钠溶液（10g/L）和 0.1mL 柠檬酸钠溶液（0.05mol/L），加 1.5mL 氢氧化钾溶液（1.25mol/L），加 3 滴钙红指示剂，立即以稀释 10 倍的 EDTA 溶液滴定，至指示剂由紫红色变蓝色为止，记录所消耗的稀释 10 倍的 EDTA 溶液的容积。根据滴定结果计算出每毫升稀释 10 倍的 EDTA 溶液相当于钙的毫克数，即滴定度。

4. 试样及空白滴定　分别吸取 0.10～1.00mL（根据钙的含量而定）试样消化液及空白液于试管中，加 1 滴硫化钠溶液（10g/L）和 0.1mL 柠檬酸钠溶液（0.05mol/L），加 1.5mL 氢氧化钾溶液（1.25mol/L），加 3 滴钙红指示剂，立即以稀释 10 倍的 EDTA 溶液滴定，至指示剂由紫红色变蓝色为止，记录所消耗的稀释 10 倍的 EDTA 溶液的容积。

5. 分析结果的表述　试样中钙的含量按式（6-21）计算：

$$X = \frac{T \times (V_1 - V_0) \times V_2 \times 10^3}{m \times V_3} \tag{6-21}$$

式中，X 为试样中钙的含量，单位 mg/kg 或 mg/L；T 为 EDTA 滴定度，单位为 mg/mL；V_1 为滴定试样溶液时所消耗的稀释 10 倍的 EDTA 溶液的容积，单位为 mL；V_0 为滴定空白溶液时所消耗的稀释 10 倍的 EDTA 溶液的容积，单位为 mL；V_2 为试样消化液的定容容积，单位为 mL；10^3 为换算系数；m 为试样质量或移取容积，单位为 g 或 mL；V_3 为滴定用试样待测液的容积，单位为 mL。

计算结果保留 3 位有效数字。

(三) 磷含量测定

GB 5009.87—2016。磷的测定方法包括钼蓝分光光度法、分光光度法和电感耦合等离子体发射光谱法。现简介适用于各类食品中磷测定的钼蓝分光光度法。

1. 试样前处理

（1）湿法消解 称取试样 0.2～3g（精确至 0.001g）或准确吸取液体试样 0.50～5.00mL 于带刻度消化管中，加入 10mL 硝酸、1mL 高氯酸、2mL 硫酸，在可调式电热炉上消解（参考条件：120℃/0.5～1h，升至 180℃/2～4h、升至 200～220℃）。若消化液呈棕褐色，再加硝酸，消解至冒白烟，消化液呈无色透明或略带黄色。消化液放冷，加 20mL 水，赶酸。放冷后转移至 100mL 容量瓶中，用水多次洗涤消化管，合并洗液于容量瓶中，加水至刻度，混匀。作为试样测定溶液。同时做试剂空白试验。也可采用锥形瓶，于可调式电热板上，按上述操作方法进行湿法消解。

（2）干法灰化 称取试样 0.5～5g（精确至 0.001g）或准确移取液体试样 0.50～10.0mL，在火上灼烧成炭分，再于 550℃ 下成灰分，直至灰分呈白色为止（必要时，可在加入浓硝酸润湿蒸干后再灰化），加 10mL 盐酸溶液，在水浴上蒸干。再加 2mL 盐酸溶液，用水分数次将残渣完全洗入 100mL 容量瓶中，并用水稀释至刻度，摇匀。同时做试剂空白试验。

2. 测定

（1）标准曲线的制作 准确吸取磷标准使用液 0mL、0.50mL、1.00mL、2.00mL、3.00mL、4.00mL、5.00mL，相当于含磷量 0μg、5.00μg、10.0μg、20.0μg、30.0μg、40.0μg、50.0μg，分别置于 25mL 具塞试管中，各加约 15mL 水，2.5mL 硫酸溶液（5%），2mL 钼酸铵溶液（50g/L），0.5mL 氯化亚锡-硫酸肼溶液，各管均补加水至 25mL，混匀。在室温放置 20min 后，用 1cm 比色杯，在 660nm 波长处，以 0 管作参比，测定其吸光度，以吸光度对磷含量绘制标准曲线。

（2）试样溶液的测定 准确吸取试样溶液 2.00mL 及等量的空白溶液，分别置于 25mL 比色管中，各加约 15mL 水，2.5mL 硫酸溶液（5%），2mL 钼酸铵溶液（50g/L），0.5mL 氯化亚锡-硫酸肼溶液。各管均补加水至 25mL，混匀。在室温放置 20min 后，用 1cm 比色杯，在 660nm 波长处，分别测定其吸光度，与标准系列比较定量。

3. 分析结果的表述 试样中磷的含量按式（6-22）计算：

$$X = \frac{(m_1 - m_0) \times V_1}{m \times V_2} \times \frac{100}{10^3} \qquad (6-22)$$

式中，X 为试样中磷含量，单位为 mg/100g 或 mg/100mL；m_1 为测定用试样溶液中磷的质量，单位为 μg；m_0 为测定用空白溶液中磷的质量，单位为 μg；V_1 为试样消化液定容容积，单位为 mL；m 为试样称样量或移取容积，单位为 g 或 mL；V_2 为测定用试样消化液的容积，单位为 mL；100 为换算系数；10^3 为换算系数。

计算结果保留 3 位有效数字。

（四）镁含量测定

GB 5009.241—2017。本标准包括火焰原子吸收光谱法、电感耦合等离子体发射光谱法和电感耦合等离子体质谱法。现简介火焰原子吸收光谱法。

1. 试样消解

（1）湿法消解 称取固体试样 0.2～3g（精确至 0.001g）或准确移取液体试样 0.50～5.00mL 于带刻度消化管中，加入 10mL 硝酸、0.5mL 高氯酸，在可调式电热炉上消解（参考条件：120℃/0.5～1h、升至 180℃/2～4h、升至 200～220℃）。若消化液呈棕褐色，再补加硝酸，消解至冒白烟，消化液呈无色透明或略带黄色，取出消化管，冷却后用水定容至25mL，混匀备用。同时做试剂空白试验。也可采用锥形瓶，于可调式电热板上，按上述操作方法进行湿法消解。

（2）微波消解　称取固体试样 0.2～0.8g（精确至 0.001g）或准确移取液体试样0.50～3.00mL 于微波消解罐中，加入 5mL 硝酸，按照微波消解的操作步骤消解试样。冷却后取出消解罐，在电热板上于 140～160℃赶酸至 0.5～1mL。消解罐放冷后，将消化液转移至 25mL 容量瓶中，用少量水洗涤消解罐 2～3 次，合并洗涤液于容量瓶中并用水定容至刻度，混匀备用。同时做试剂空白试验。

（3）压力罐消解　称取固体试样 0.2～1g（精确至 0.001g）或准确移取液体试样0.50～5.00mL 于消解内罐中，加入 5mL 硝酸。盖好内盖，旋紧不锈钢外套，放入恒温干燥箱，于 140～160℃下保持 4～5h。冷却后缓慢旋松外罐，取出消解内罐，放在可调式电热板上于 140～160℃赶酸至 1mL 左右。冷却后将消化液转移至 25mL 容量瓶中，用少量水洗涤内罐和内盖 2～3 次，合并洗涤液于容量瓶中并用水定容至刻度，混匀备用。同时做试剂空白试验。

（4）干法灰化　称取固体试样 0.5～5g（精确至 0.001g）或准确移取液体试样 0.50～10.0mL 于坩埚中，将坩埚在电热板上缓慢加热，微火炭化至不再冒烟。炭化后的试样放入马弗炉中，于 550℃灰化 4h。若灰化后的试样中有黑色颗粒，应将坩埚冷却至室温后加少许硝酸溶液润湿残渣，在电热板小火蒸干后置马弗炉 550℃继续灰化，直至试样成白灰状。在马弗炉中冷却后取出，冷却至室温，用 2.5mL 硝酸溶液溶解，并用少量水洗坩埚 2～3次，合并洗涤液于容量瓶中并定容至 25mL，混匀备用。同时做试剂空白试验。

2. 测定

（1）仪器参考条件　根据仪器性能调至最佳状态。参考条件为：空气-乙炔火焰，吸收波长 285.2nm，狭缝宽度 0.2nm，灯电流 5～15mA。

（2）标准曲线的制作　将镁标准系列溶液按质量浓度由低到高的顺序分别导入火焰原子化器后测其吸光度值，以质量浓度为横坐标，以吸光度值为纵坐标，制作标准曲线。

（3）试样溶液的测定　在与测定标准溶液相同的实验条件下，将空白溶液和试样溶液分别导入原子化器后测其吸光度值，与标准系列比较定量。

3. 分析结果的表述　试样中镁的含量按式（6-23）计算：

$$X = \frac{(P - P_0) \times V}{m} \qquad (6-23)$$

式中，X 为试样中镁的含量，单位为 mg/kg 或 mg/L；P 为试样溶液中镁的质量浓度，单位为 mg/L；P_0 为空白溶液中镁的质量浓度，单位为 mg/L；V 为试样消化液的定容容积，单位为 mL；m 为试样称样量或移取容积，单位为 g 或 mL。

当镁含量≥10.0mg/kg（或 mg/L）时，计算结果保留 3 位有效数字；当镁含量＜10.0mg/kg（或 mg/L）时，计算结果保留 2 位有效数字。

（五）铁含量测定

GB 5009.90—2016。本标准包括火焰原子吸收光谱法、电感耦合等离子体发射光谱法和电感耦合等离子体质谱法。现简介火焰原子吸收光谱法。

1. 试样消解

（1）湿法消解 准确称取固体试样 0.5～3g（精确至 0.001g）或准确移取液体试样 1.00～5.00mL 于带刻度消化管中，加入 10mL 硝酸和 0.5mL 高氯酸，在可调式电热炉上消解（参考条件：120℃/0.5～1h、升至 180℃/2～4h、升至 200～220℃）。若消化液呈棕褐色，再加硝酸，消解至冒白烟，消化液呈无色透明或略带黄色，取出消化管，冷却后将消化液转移至 25mL 容量瓶中，用少量水洗涤 2～3 次，合并洗涤液于容量瓶中并用水定容至刻度，混匀备用。同时做试样空白试验。也可采用锥形瓶，于可调式电热板上，按上述操作方法进行湿法消解。

（2）微波消解 准确称取固体试样 0.2～0.8g（精确至 0.001g）或准确移取液体试样 1.00～3.00mL 于微波消解罐中，加入 5mL 硝酸，按照微波消解的操作步骤消解试样。冷却后取出消解罐，在电热板上于 140～160℃赶酸至 1.0mL 左右。冷却后将消化液转移至 25mL 容量瓶中，用少量水洗涤内罐和内盖 2～3 次，合并洗涤液于容量瓶中并用水定容至刻度，混匀备用。同时做试样空白试验。

（3）压力罐消解 准确称取固体试样 0.3～2g（精确至 0.001g）或准确移取液体试样 2.00～5.00mL 于消解内罐中，加入 5mL 硝酸。盖好内盖，旋紧不锈钢外套，放入恒温干燥箱，于 140～160℃下保持 4～5h。冷却后缓慢旋松外罐，取出消解内罐，放在可调式电热板上于 140～160℃赶酸至 1.0mL 左右。冷却后将消化液转移至 25mL 容量瓶中，用少量水洗涤内罐和内盖 2～3 次，合并洗涤液于容量瓶中并用水定容至刻度，混匀备用。同时做试样空白试验。

（4）干法消解 准确称取固体试样 0.5～3g（精确至 0.001g）或准确移取液体试样 2.00～5.00mL 于坩埚中，小火加热，炭化至无烟，转移至马弗炉中，于 550℃灰化 3～4h。冷却，取出，对于灰化不彻底的试样，加数滴硝酸，小火加热，小心蒸干，再转入 550℃马弗炉中，继续灰化 1～2h，至试样呈白灰状，冷却，取出，用适量硝酸溶液溶解，转移至 25mL 容量瓶中，用少量水洗涤内罐和内盖 2～3 次，合并洗涤液于容量瓶中并用水定容至刻度。同时做试样空白试验。

2. 测定

（1）标准曲线的制作 将标准系列工作液按质量浓度由低到高的顺序分别导入火焰原子化器，测定其吸光度值。以铁标准系列溶液中铁的质量浓度为横坐标，以相应的吸光度值为纵坐标，制作标准曲线。

（2）试样测定 在与测定标准溶液相同的实验条件下，将空白溶液和样品溶液分别导入原子化器，测定吸光度值，与标准系列比较定量。

3. 分析结果的表述 试样中铁的含量按式（6-24）计算：

$$X = \frac{(P - P_0) \times V}{m} \tag{6-24}$$

式中，X 为试样中铁的含量，单位为 mg/kg 或 mg/L；P 为测定样液中铁的质量浓度，单位为 mg/L；P_0 为空白液中铁的质量浓度，单位为 mg/L；V 为试样消化液的定容容积，单位为 mL；m 为试样称样量或移取容积，单位为 g 或 mL。

当铁含量≥10.0mg/kg（或 mg/L）时，计算结果保留 3 位有效数字；当铁含量＜10.0 mg/kg（或 mg/L）时，计算结果保留 2 位有效数字。

（六）铜含量测定

GB 5009.13—2017。本标准包括石墨炉原子吸收光谱法、电感耦合等离子体质谱法和电感耦合等离子体发射光谱法。现简介石墨炉原子吸收光谱法。

1. 试样处理

（1）湿法消解　称取固体试样 0.2～3g（精确至 0.001g）或准确移取液体试样 0.50～5.00mL 于带刻度消化管中，加入 10mL 硝酸、0.5mL 高氯酸，在可调式电热炉上消解（参考条件：120℃/0.5～1h、升至 180℃/2～4h、升至 200～220℃）。若消化液呈棕褐色，再加少量硝酸，消解至冒白烟，消化液呈无色透明或略带黄色，取出消化管，冷却后用水定容至10mL，混匀备用。同时做试剂空白试验。也可采用锥形瓶，于可调式电热板上，按上述操作方法进行湿法消解。

（2）微波消解　称取固体试样 0.2～0.8g（精确至 0.001g）或准确移取液体试样0.50～3.00mL 于微波消解罐中，加入 5mL 硝酸，按照微波消解的操作步骤消解试样。冷却后取出消解罐，在电热板上于 140～160℃赶酸至 1mL 左右。消解罐放冷后，将消化液转移至 10mL 容量瓶中，用少量水洗涤消解罐 2～3 次，合并洗涤液于容量瓶中，用水定容至刻度，混匀备用。同时做试剂空白试验。

（3）压力罐消解　称取固体试样 0.2～1g（精确至 0.001g）或准确移取液体试样0.50～5.00mL 于消解内罐中，加入 5mL 硝酸。盖好内盖，旋紧不锈钢外套，放入恒温干燥箱，于 140～160℃下保持 4～5h。冷却后缓慢旋松外罐，取出消解内罐，放在可调式电热板上于 140～160℃赶酸至 1mL 左右。冷却后将消化液转移至 10mL 容量瓶中，用少量水洗涤内罐和内盖 2～3 次，合并洗涤液于容量瓶中并用水定容至刻度，混匀备用。同时做试剂空白试验。

（4）干法灰化　称取固体试样 0.5～5g（精确至 0.001g）或准确移取液体试样 0.50～10.0mL 于坩埚中，小火加热，炭化至无烟，转移至马弗炉中，于 550℃灰化 3～4h。冷却，取出。对于灰化不彻底的试样，加数滴硝酸，小火加热，小心蒸干，再转入 550℃马弗炉中，继续灰化 1～2h，至试样呈白灰状，冷却，取出，用适量硝酸溶液溶解并用水定容至10mL。同时做试剂空白试验。

2. 测定　仪器参考条件根据各自仪器性能调至最佳状态。

（1）标准曲线的制作　按质量浓度由低到高的顺序分别将 $10\mu L$ 铜标准系列溶液和 $5\mu L$ 磷酸二氢铵-硝酸钯溶液（可根据所使用的仪器确定最佳进样量）同时注入石墨炉中，原子化后测其吸光度值，以质量浓度为横坐标，以吸光度值为纵坐标，制作标准曲线。

（2）试样溶液的测定　在与测定标准溶液相同的实验条件下，将 $10\mu L$ 空白溶液或试样溶液与 $5\mu L$ 磷酸二氢铵-硝酸钯溶液（可根据所使用的仪器确定最佳进样量）同时注入石墨炉中，原子化后测其吸光度值，与标准系列比较定量。

3. 分析结果的表述　试样中铜的含量按式（6-25）计算：

$$X = \frac{(P - P_0) \times V}{m \times 10^3} \tag{6-25}$$

式中，X 为试样中铜的含量，单位为 mg/kg 或 mg/L；P 为试样溶液中铜的质量浓度，单位为 $\mu g/L$；P_0 为空白溶液中铜的质量浓度，单位为 $\mu g/L$；V 为试样消化液的定容容积，单位为 mL；m 为试样称样量或移取容积，单位为 g 或 mL；10^3 为换算系数。

当铜含量≥1.00mg/kg（或 mg/L）时，计算结果保留 3 位有效数字；当铜含量＜1.00 mg/kg（或 mg/L）时，计算结果保留 2 位有效数字。

（七）硒含量测定

GB 5009.93—2017。硒含量测定的方法包括氢化物原子荧光光谱法、荧光分光光度法和电感耦合等离子体质谱法。现简介荧光分光光度法。

1. 试样消解　准确称取 0.5～3g（精确至 0.001g）固体试样，或准确吸取液体试样 1.00～5.00mL，置于锥形瓶中，加 10mL 硝酸-高氯酸混合酸及几粒玻璃珠，盖上表面皿冷消化过夜。次日于电热板上加热，并及时补加硝酸。当溶液变为清亮无色并伴有白烟产生时，再继续加热至 2mL 左右，切不可蒸干，冷却后再加 5mL 盐酸溶液（6mol/L），继续加热至溶液变为清亮无色并伴有白烟出现，再继续加热至 2mL 左右，冷却。同时做试剂空白试验。

2. 测定

（1）仪器参考条件　根据各自仪器性能调至最佳状态。参考条件为：激发光波长 376nm，发射光波长 520nm。

（2）标准曲线的制作　将硒标准系列溶液按质量由低到高的顺序分别上机测定 4,5 -苯并苯硒脑的荧光强度。以质量为横坐标，以荧光强度为纵坐标，制作标准曲线。

（3）试样溶液的测定　将消化后的试样溶液以及空白溶液加盐酸溶液至 5mL 后，加入 20mL EDTA 混合液，用氨水溶液及盐酸溶液调至淡红橙色（pH1.5～2.0）。以下步骤在暗室操作：加 2,3 -二氨基萘试剂（DAN 试剂，1g/L）3mL，混匀后，置沸水浴中加热 5min，取出冷却后，加环己烷 3mL，振摇 4min，将全部溶液移入分液漏斗，待分层后弃去水层，小心将环己烷层由分液漏斗上口倾入带盖试管中，勿使环己烷中混入水滴，待测。

3. 分析结果的表述　试样中硒的含量按式（6-26）计算：

$$X = \frac{m_1}{F_1 - F_0} \times \frac{F_2 - F_0}{m} \qquad (6-26)$$

式中，X 为试样中硒含量，单位为 mg/kg 或 mg/L；m_1 为试样管中硒的质量，单位为 μg；F_1 为标准管荧光读数；F_0 为空白管荧光读数；F_2 为试样管荧光读数；m 为试样称样量或移取容积，单位为 g 或 mL。

当硒含量≥1.00mg/kg（或 mg/L）时，计算结果保留 3 位有效数字；当硒含量＜1.00 mg/kg（或 mg/L）时，计算结果保留 2 位有效数字。

（八）碘含量测定

GB 5009.267—2016。碘的测定包括氧化还原滴定法、砷铈催化分光光度法和气相色谱法。现简介砷铈催化分光光度法，其适用于粮食、蔬菜、豆类及其制品、乳及其制品、肉类、鱼类、蛋类等食品中碘含量的测定。

1. 试样处理　分别移取 0.5mL 碘标准系列工作液（含碘量分别为 0ng、25ng、50ng、100ng、150ng、200ng 和 250ng）和称取 0.3～1.0g（精确至 0.1mg）试样于瓷坩埚中，固体试样加 1～2mL 水（液体样、匀浆样和标准溶液不需加水），各加入 1mL 碳酸钾-氯化钠混合溶液，1mL 硫酸锌-氯酸钾混合溶液，充分搅拌均匀。将碘标准系列和试样置于 105℃电热恒温干燥箱中干燥 3h。在通风橱中将干燥后的试样在可调电炉上炭化约 30min，炭化时瓷坩埚加盖留缝，直到试样不再冒烟为止。碘标准系列不需炭化。将碘标准系列和炭化后的试样加盖置于马弗炉中，调节温度至 600℃灰化 4h，待炉温降至 200℃后取出。灰化好的试样应呈现均匀的白色或浅灰白色。

2. 标准曲线的制作及试样溶液的测定 向灰化后的坩埚中各加入 8mL 水，静置 1h，使烧结在坩埚上的灰分充分浸润，搅拌溶解盐类物质，再静置至少 1h 使灰分沉淀完全（静置时间不得超过 4h）。小心吸取上清液 2.0mL 于试管中（注意不要吸入沉淀物）。碘标准系列溶液按照从高浓度到低浓度的顺序排列，向各管加入 1.5mL 亚砷酸溶液，用涡旋混合器充分混匀，使气体放出，然后置于 30℃±0.2℃恒温水浴箱中温浴 15min。

使用秒表计时，每管间隔时间相同（一般为 30s 或 20s），依顺序向各管准确加入 0.5mL 硫酸铈铵溶液，立即用涡旋混合器混匀，放回水浴中。自第 1 管加入硫酸铈铵溶液后准确反应 30min 时，依顺序每管间隔相同时间（一般为 30s 或 20s），用 1cm 比色杯于 405nm 波长处，用水作参比，测定各管的吸光度值。以吸光度值的对数值为横坐标，以碘质量为纵坐标，绘制标准曲线。根据标准曲线计算试样中碘的质量。

3. 分析结果的表述 试样中碘的含量按式（6 - 27）计算：

$$X = \frac{m_1}{m_2} \tag{6 - 27}$$

式中，X 为试样中碘的含量，单位为 $\mu g/kg$；m_1 为从标准曲线中查得试样中碘的质量，单位为 ng；m_2 为试样质量，单位为 g。

结果保留至小数点后 1 位。

（九）锰含量测定

GB 5009.242—2017。本标准包括火焰原子吸收光谱法、电感耦合等离子体发射光谱法和电感耦合等离子体质谱法。现简介火焰原子吸收光谱法。

1. 试样消解

（1）微波消解 称取 0.2～0.5g（精确至 0.001g）试样于微波消解内罐中，含乙醇或二氧化碳的样品先在电热板上低温加热除去乙醇或二氧化碳，加入 5～10mL 硝酸，加盖放置 1h 或过夜，旋紧外罐，置于微波消解仪中进行消解。冷却后取出内罐，置于可调式控温电热板上，于 120～140℃赶酸至近干，用水定容至 25mL 或 50mL，混匀备用。同时做空白试验。

（2）压力罐消解 称取 0.3～1g（精确至 0.001g）试样于聚四氟乙烯压力消解内罐中，含乙醇或二氧化碳的样品先在电热板上低温加热除去乙醇或二氧化碳，加入 5mL 硝酸，加盖放置 1h 或过夜，旋紧外罐，置于恒温干燥箱中进行消解。冷却后取出内罐，置于可调式控温电热板上，于 120～140℃赶酸至近干，用水定容至 25mL 或 50mL，混匀备用。同时做空白试验。

（3）湿式消解 称取 0.5～5g（精确至 0.001g）试样于玻璃或聚四氟乙烯消解器皿中，含乙醇或二氧化碳的样品先在电热板上低温加热除去乙醇或二氧化碳，加入 10mL 混合酸，加盖放置 1h 或过夜，置于可调式控温电热板或电热炉上消解，若变棕黑色，冷却后再加混合酸，直至冒白烟，消化液呈无色透明或略带黄色，放冷，用水定容至 25mL 或 50mL，混匀备用。同时做空白试验。

（4）干式消解 称取 0.5～5g（精确至 0.001g）试样于坩埚中，在电炉上微火炭化至无烟，置于 525℃±25℃马弗炉中灰化 5～8h，冷却。若灰化不彻底有黑色炭粒，则冷却后滴加少许硝酸湿润，在电热板上干燥后移入马弗炉中继续灰化成白色灰烬，冷却至室温后取出，用硝酸溶液溶解，并用水定容至 25mL 或 50mL，混匀备用。同时做空白试验。

2. 仪器参考条件　优化仪器至最佳状态，主要参考条件：吸收波长 279.5nm，狭缝宽度 0.2nm，灯电流 9mA，燃气流量 1.0L/min。

3. 标准曲线的制作　将标准系列工作液分别注入原子吸收光谱仪中，测定吸光度值，以标准工作液的浓度为横坐标，以吸光度值为纵坐标，绘制标准曲线。

4. 试样溶液的测定　在测定标准曲线工作液相同的实验条件下，将空白和试样溶液注入原子吸收光谱仪中，测定锰的吸光度值，根据标准曲线得到待测液中锰的含量。

5. 分析结果的表述　试样中锰含量按式（6-28）计算：

$$X = \frac{(P - P_0) \times V \times f}{m} \tag{6-28}$$

式中，X 为样品中锰含量，单位为 mg/kg 或 mg/L；P 为试样溶液中锰的质量浓度，单位为 mg/L；P_0 为样品空白试液中锰的质量浓度，单位为 mg/L；V 为样液容积，单位为 mL；f 为样液稀释倍数；m 为试样质量或容积，单位为 g 或 mL。

计算结果保留 3 位有效数字。

（十）铬含量测定

GB 5009.123—2014。本标准包括食品中铬的石墨炉原子吸收光谱测定方法。现简介石墨炉原子吸收光谱法。

1. 样品消解

（1）微波消解　准确称取试样 0.2～0.6g（精确至 0.001g）于微波消解罐中，加入 5mL 硝酸，按照微波消解的操作步骤消解试样。冷却后取出消解罐，在电热板上于 140～160℃赶酸至 0.5～1.0mL。消解罐放冷后，将消化液转移至 10mL 容量瓶中，用少量水洗涤消解罐 2～3 次，合并洗涤液，用水定容至刻度。同时做试剂空白试验。

（2）湿法消解　准确称取试样 0.5～3g（精确至 0.001g）于消化管中，加入 10mL 硝酸、0.5mL 高氯酸，在可调式电热炉上消解（参考条件：120℃保持 0.5～1h；升温至 180℃/2～4h，升温至 200～220℃）。若消化液呈棕褐色，再加硝酸消解至冒白烟，消化液呈无色透明或略带黄色，取出消化管，冷却后用水定容至 10mL。同时做试剂空白试验。

（3）高压消解　准确称取试样 0.3～1g（精确至 0.001g）于消解内罐中，加入 5mL 硝酸。盖好内盖，旋紧不锈钢外套，放入恒温干燥箱中，于 140～160℃下保持 4～5h。在箱内自然冷却至室温，缓慢旋松外罐，取出消解内罐，放在可调式电热板上于 140～160℃赶酸至 0.5～1.0mL。冷却后将消化液转移至 10mL 容量瓶中，用少量水洗涤内罐和内盖 2～3 次，合并洗涤液于容量瓶中并用水定容至刻度。同时做试剂空白试验。

（4）干法灰化　准确称取试样 0.5～3g（精确至 0.001g）于坩埚中，小火加热，炭化至无烟，转移至马弗炉中，于 550℃恒温 3～4h。取出冷却，对于灰化不彻底的试样，加数滴硝酸，小火加热，小心蒸干，再转入 550℃高温炉中，继续灰化 1～2h，至试样呈白灰状，从高温炉取出冷却，用硝酸溶液溶解并用水定容至 10mL。同时做试剂空白试验。

2. 测定

（1）仪器测试条件　根据仪器性能调至最佳状态。

（2）标准曲线的制作　将标准系列溶液工作液按浓度由低到高的顺序分别取 10μL（可

根据使用仪器选择最佳进样量），注入石墨管中，原子化后测其吸光度值，以浓度为横坐标，以吸光度值为纵坐标，绘制标准曲线。

（3）试样测定　在与测定标准溶液相同的实验条件下，将空白溶液和样品溶液分别取 $10\mu L$（可根据使用仪器选择最佳进样量），注入石墨管中，原子化后测其吸光度值，与标准系列溶液比较定量。对有干扰的试样应注入 $5\mu L$（可根据使用仪器选择最佳进样量）的磷酸二氢铵溶液（20.0g/L）。

3. 分析结果的表述　试样中铬含量按式（6-29）计算：

$$X = \frac{(C - C_0) \times V}{m \times 10^3}$$
(6-29)

式中，X 为试样中铬的含量，单位为 mg/kg；C 为测定样液中铬的含量，单位为 ng/mL；C_0 为空白液中铬的含量，单位为 ng/mL；V 为样品消化液的定容总容积，单位为 mL；m 为样品称样量，单位为 g；10^3 为换算系数。

当分析结果≥1mg/kg 时，保留 3 位有效数字；当分析结果<1mg/kg 时，保留 2 位有效数字。

（十一）锌含量测定

GB5009.14—2017。本标准包括火焰原子吸收光谱法、电感耦合等离子体发射光谱法、电感耦合等离子体质谱法和二硫腙比色法。现简介二硫腙比色法。

1. 测定

（1）仪器参考条件　根据仪器性能调至最佳状态。测定波长 530nm。

（2）标准曲线的制作　准确吸取 0mL、1.00mL、2.00mL、3.00 mL、4.00mL 和 5.00mL 锌标准使用液（分别相当于 $0\mu g$、$1.00\mu g$、$2.00\mu g$、$3.00\mu g$、$4.00\mu g$ 和 $5.00\mu g$ 锌），分别置于 125mL 分液漏斗中，各加盐酸溶液（0.02mol/L）至 20mL。各加 10mL 乙酸-乙酸盐缓冲液、1mL 硫代硫酸钠溶液（250g/L），摇匀，再各加入 10mL 二硫腙使用液，剧烈振摇 2min。静置分层后，经脱脂棉将四氯化碳层滤入 1cm 比色杯中，以四氯化碳调节零点，于波长 530nm 处测吸光度，以质量为横坐标，以吸光度值为纵坐标，制作标准曲线。

（3）试样测定　准确吸取 5.00～10.0mL 试样消化液和相同容积的空白消化液，分别置于 125mL 分液漏斗中，加 5mL 水、0.5mL 盐酸羟胺溶液（200g/L），摇匀，再加 2 滴酚红指示液（1g/L），用氨水溶液调节至红色，再多加 2 滴。再加 5mL 二硫腙-四氯化碳溶液（0.1g/L），剧烈振摇 2min，静置分层。将四氯化碳层移入另一个分液漏斗中，水层再用少量二硫腙-四氯化碳溶液（0.1g/L）振摇提取，每次 2～3mL，直至二硫腙-四氯化碳溶液（0.1g/L）绿色不变为止。合并提取液，用 5mL 水洗涤，四氯化碳层用盐酸溶液（0.02mol/L）提取 2 次，每次 10mL，提取时剧烈振摇 2min，合并盐酸溶液（0.02mol/L）提取液，并用少量四氯化碳洗去残留的二硫腙。

将上述试样提取液和空白提取液移入 125mL 分液漏斗中，各加 10mL 乙酸-乙酸盐缓冲液、1mL 硫代硫酸钠溶液（250g/L），摇匀，再各加入 10mL 二硫腙使用液，剧烈振摇 2min。静置分层后，经脱脂棉将四氯化碳层滤入 1cm 比色杯中，以四氯化碳调节零点，于波长 530nm 处测定吸光度，与标准曲线比较定量。

2. 分析结果的表述　试样中锌的含量按式（6-30）计算：

$$X = \frac{(m_1 - m_0) \times V_1}{m_2 \times V_2}$$
(6-30)

式中，X 为试样中锌的含量，单位为 mg/L；m_1 为测定用试样溶液中锌的质量，单位为 μg；m_0 为空白溶液中锌的质量，单位为 μg；m_2 为试样称样量或移取容积，单位为 g 或 mL；V_1 为试样消化液的定容容积，单位为 mL；V_2 为测定用试样消化液的容积，单位为 mL。

计算结果保留 3 位有效数字。

（十二）铅含量测定

GB 5009.12—2017。本标准包括石墨炉原子吸收光谱法、电感耦合等离子体质谱法、火焰原子吸收光谱法和二硫腙比色法。现简介石墨炉原子吸收光谱法。

1. 试样处理

（1）湿法消解　称取固体试样 0.2～3g（精确至 0.001g）或准确移取液体试样 0.50～5.00mL 于带刻度消化管中，加入 10mL 硝酸和 0.5mL 高氯酸，在可调式电热炉上消解（参考条件：120℃/0.5～1h、升至 180℃/2～4h、升至 200～220℃）。若消化液呈棕褐色，再加少量硝酸，消解至冒白烟，消化液呈无色透明或略带黄色，取出消化管，冷却后用水定容至 10mL，混匀备用。同时做试剂空白试验。也可采用锥形瓶，于可调式电热板上，按上述操作方法进行湿法消解。

（2）微波消解　称取固体试样 0.2～0.8g（精确至 0.001g）或准确移取液体试样 0.50～3.00mL 于微波消解罐中，加入 5mL 硝酸，按照微波消解的操作步骤消解试样。冷却后取出消解罐，在电热板上于 140～160℃赶酸至 1mL 左右。消解罐放冷后，将消化液转移至 10mL 容量瓶中，用少量水洗涤消解罐 2～3 次，合并洗涤液于容量瓶中并用水定容至刻度，混匀备用。同时做试剂空白试验。

（3）压力罐消解　称取固体试样 0.2～1g（精确至 0.001g）或准确移取液体试样 0.50～5.00mL 于消解内罐中，加入 5mL 硝酸。盖好内盖，旋紧不锈钢外套，放入恒温干燥箱中，于 140～160℃下保持 4～5h。冷却后缓慢旋松外罐，取出消解内罐，放在可调式电热板上于 140～160℃赶酸至 1mL 左右。冷却后将消化液转移至 10mL 容量瓶中，用少量水洗涤内罐和内盖 2～3 次，合并洗涤液于容量瓶中并用水定容至刻度，混匀备用。同时做试剂空白试验。

2. 测定

（1）仪器参考条件　根据仪器性能调至最佳状态。

（2）标准曲线的制作　按质量浓度由低到高的顺序分别将 $10\mu L$ 铅标准系列溶液和 $5\mu L$ 磷酸二氢铵-硝酸钯溶液（可根据所使用的仪器确定最佳进样量）同时注入石墨炉中，原子化后测其吸光度值，以质量浓度为横坐标，以吸光度值为纵坐标，制作标准曲线。

（3）试样溶液的测定　在与测定标准溶液相同的实验条件下，将 $10\mu L$ 空白溶液或试样溶液与 $5\mu L$ 磷酸二氢铵-硝酸钯溶液（可根据所使用的仪器确定最佳进样量）同时注入石墨炉中，原子化后测其吸光度值，与标准系列比较定量。

3. 分析结果的表述　试样中铅的含量按式（6-31）计算：

$$X = \frac{(P - P_0) \times V}{m \times 10^3} \qquad (6-31)$$

式中，X 为试样中铅的含量，单位为 mg/kg 或 mg/L；P 为试样溶液中铅的质量浓度，单位为 $\mu g/L$；P_0 为空白溶液中铅的质量浓度，单位为 $\mu g/L$；V 为试样消化液的定容容积，单位为 mL；m 为试样称样量或移取容积，单位为 g 或 mL；10^3 为换算系数。

当铅含量≥1.00mg/kg（或 mg/L）时，计算结果保留 3 位有效数字；当铅含量＜1.00

mg/kg（或 mg/L）时，计算结果保留 2 位有效数字。

（十三）镍含量测定

GB 5009.138—2017。本标准规定了镍含量测定的石墨炉原子吸收光谱法。现简介石墨炉原子吸收光谱法。

1. 试样消解

（1）湿法消解　称取固体试样 0.2～3g（精确至 0.001g）或准确移取液体试样 0.50～5.00mL 于带刻度消化管中，加入 10mL 硝酸、0.5mL 高氯酸，在可调式电热炉上消解（参考条件：120℃/0.5～1h、升至 180℃/2～4h、升至 200～220℃）。若消化液呈棕褐色，再加少量硝酸，消解至冒白烟，消化液呈无色透明或略带黄色，取出消化管，冷却后用水定容至 10mL，混匀备用。同时做试剂空白试验。也可采用锥形瓶，于可调式电热板上，按上述操作方法进行湿法消解。

（2）微波消解　称取固体试样 0.2～0.8g（精确至 0.001g）或准确移取液体试样 0.50～3.00mL 于微波消解罐中，加入 5mL 硝酸，按照微波消解的操作步骤消解试样。冷却后取出消解罐，在电热板上于 140～160℃ 赶酸至 1mL 左右。消解罐放冷后，将消化液转移至 10mL 容量瓶中，用少量水洗涤消解罐 2～3 次，合并洗涤液于容量瓶中并用水定容至刻度，混匀备用。同时做试剂空白试验。

（3）压力罐消解　称取固体试样 0.2～1g（精确至 0.001g）或准确移取液体试样 0.50～5.00mL 于消解内罐中，加入 5mL 硝酸。盖好内盖，旋紧不锈钢外套，放入恒温干燥箱，于 140～160℃ 下保持 4～5h。冷却后缓慢旋松外罐，取出消解内罐，放在可调式电热板上于 140～160℃ 赶酸至 1mL 左右。冷却后将消化液转移至 10mL 容量瓶中，用少量水洗涤内罐和内盖 2～3 次，合并洗涤液于容量瓶中并用水定容至刻度，混匀备用。同时做试剂空白试验。

（4）干法灰化　称取固体试样 0.5～5g（精确至 0.001g）或准确移取液体试样 0.50～10.0mL 于坩埚中，小火加热，炭化至无烟，转移至马弗炉中，于 550℃ 灰化 3～4h。冷却，对于灰化不彻底的试样，加数滴硝酸，小火加热，小心蒸干，再转入 550℃ 马弗炉中，继续灰化 1～2h，至试样呈白灰状，冷却，取出，用适量硝酸溶液溶解并用水定容至 10mL。同时做试剂空白试验。

2. 测定

（1）仪器参考条件　根据仪器性能调至最佳状态。

（2）标准曲线的制作　按质量浓度由低到高的顺序分别将 $10\mu L$ 镍标准系列溶液和 $5\mu L$ 磷酸二氢铵-硝酸钯溶液（可根据所使用的仪器确定最佳进样量）同时注入石墨炉中，原子化后测其吸光度值，以质量浓度为横坐标，以吸光度值为纵坐标，制作标准曲线。

（3）试样溶液的测定　在与测定标准溶液相同的实验条件下，将 $10\mu L$ 空白溶液或试样溶液与 $5\mu L$ 磷酸二氢铵-硝酸钯溶液（可根据所使用的仪器确定最佳进样量）同时注入石墨炉中，原子化后测其吸光度值，与标准系列比较定量。

3. 分析结果的表述　试样中镍的含量按式（6-32）计算：

$$X = \frac{(P - P_0) \times V}{m \times 10^3} \tag{6-32}$$

式中，X 为试样中镍的含量，单位为 mg/kg 或 mg/L；P 为试样溶液中镍的质量浓度，单位为 $\mu g/L$；P_0 为空白溶液中镍的质量浓度，单位为 $\mu g/L$；V 为试样消化液的定容容积，单位为 mL；m 为试样称样量或移取容积，单位为 g 或 mL；10^3 为换算系数。

当镍含量≥1.00mg/kg（或 mg/L）时，计算结果保留 3 位有效数字；当镍含量＜1.00mg/kg（或 mg/L）时，计算结果保留 2 位有效数字。

（十四）锡含量测定

GB 5009.16—2014。本标准规定了食品中锡的氢化物原子荧光光谱法和苯芴酮比色法的测定方法。现简介氢化物原子荧光光谱法。

1. 试样消化　称取试样 1.0～5.0g 于锥形瓶中，加入 20.0mL 硝酸-高氯酸混合溶液，加入 1.0mL 硫酸，3 粒玻璃珠，放置过夜。次日置电热板上加热消化，如酸液过少，可适当补加硝酸，继续消化至冒白烟，待液体容积近 1mL 时取下冷却。用水将消化试样转入 50mL 容量瓶中，加水定容至刻度，摇匀备用。同时做空白试验（如试样液中锡含量超出标准曲线范围，则用水进行稀释，并补加硫酸，使最终定容后的硫酸浓度与标准系列溶液相同）。

取定容后的试样 10.0mL 于 25mL 比色管中，加入 3.0mL 硫酸溶液，加入 2.0mL 硫脲（150g/L）＋抗坏血酸（150g/L）混合溶液，再用水定容至 25mL，摇匀。

2. 标准系列溶液的配制

（1）标准曲线　分别吸取锡标准使用液 0.0mL、0.50mL、2.0mL、3.0mL、4.0mL、5.0mL 于 25mL 比色管中，分别加入硫酸溶液 5.0mL、4.50mL、3.0mL、2.0mL、1.0mL、0.0mL，加入 2.0mL 硫脲（150g/L）＋抗坏血酸（150g/L）混合溶液，再用水定容至 25mL。该标准系列溶液浓度为 0ng/mL、20ng/mL、80ng/mL、120ng/mL、160ng/mL、200ng/mL。

（2）仪器测定　设定好仪器测量最佳条件，根据所用仪器的型号和工作站设置相应的参数，点火及对仪器进行预热，预热 30min 后进行标准曲线及试样溶液的测定。

3. 分析结果的表述　试样中锡含量按式（6-33）计算：

$$X = \frac{(C_1 - C_0) \times V_1 \times V_3}{m \times V_2 \times 10^3} \qquad (6-33)$$

式中，X 为试样中锡含量，单位为 mg/kg；C_1 为试样消化液测定浓度，单位为 ng/mL；C_0 为试样空白消化液浓度，单位为 ng/mL；V_1 为试样消化液定容容积，单位为 mL；V_3 为测定用溶液定容容积，单位为 mL；m 为试样质量，单位为 g；V_2 为测定用所取试样消化液的容积，单位为 mL；10^3 为换算系数。

当计算结果＜10mg/kg 时，保留小数点后 2 位有效数字；当计算结果＞10mg/kg 时，保留 2 位有效数字。

（十五）镉含量测定

GB 5009.15—2014。本标准包括各类食品中镉的石墨炉原子吸收光谱测定方法。

1. 试样消解　可根据实验室条件选用以下任何一种方法消解，称量时应保证样品的均匀性。

（1）压力消解罐消解　称取干试样 0.3～0.5g（精确至 0.000 1g）、鲜（湿）试样 1～2g（精确至 0.001g）于聚四氟乙烯内罐，加硝酸 5mL 浸泡过夜。再加过氧化氢溶液（30%）2～3mL（总量不能超过罐容积的 1/3）。盖好内盖，旋紧不锈钢外套，放入恒温干燥箱中，120～160℃保持 4～6h，在箱内自然冷却至室温，打开后加热赶酸至近干，将消化液洗入 10mL 或 25mL 容量瓶中，用少量硝酸溶液（1%）洗涤内罐和内盖 3 次，洗液合并于容量瓶中并用硝酸溶液（1%）定容至刻度，混匀备用。同时做试剂空白试验。

（2）微波消解　称取干试样 0.3～0.5g（精确至 0.000 1g）、鲜（湿）试样 1～2g（精确至 0.001g）置于微波消解罐中，加 5mL 硝酸和 2mL 过氧化氢。微波消化程序可以根据仪器型号调至最佳条件。消解完毕，待消解罐冷却后打开，消化液呈无色或淡黄色，加热赶酸至近干，用少量硝酸溶液（1%）冲洗消解罐 3 次，将溶液转移至 10mL 或 25mL 容量瓶中，并用硝酸溶液（1%）定容至刻度，混匀备用。同时做试剂空白试验。

（3）湿式消解　称取干试样 0.3～0.5g（精确至 0.000 1g）、鲜（湿）试样 1～2g（精确至 0.001g）于锥形瓶中，放数粒玻璃珠，加 10mL 硝酸高氯酸混合溶液，加盖浸泡过夜，加入 1 个小漏斗在电热板上消化，若变棕黑色，再加硝酸溶液，直至冒白烟，消化液呈无色透明或略带微黄色，放冷后将消化液洗入 10mL 或 25mL 容量瓶中，用少量硝酸溶液（1%）洗涤锥形瓶 3 次，洗液合并于容量瓶中并用硝酸溶液（1%）定容至刻度，混匀备用。同时做试剂空白试验。

（4）干法灰化　称取干试样 0.3～0.5g（精确至 0.000 1g）、鲜（湿）试样 1～2g（精确至 0.000 1g）、液态试样 1～2g（精确到 0.001g）于瓷坩埚中，先小火在可调式电炉上炭化至无烟，移入马弗炉 500℃灰化 6～8h，冷却。若个别试样灰化不彻底，加 1mL 混合酸在可调式电炉上小火加热，将混合酸蒸干后，再转入马弗炉中 500℃继续灰化 1～2h，直至试样消化完全，呈灰白色或浅灰色。放冷，用硝酸溶液（1%）将灰分溶解，将试样消化液移入 10mL 或 25mL 容量瓶中，用少量硝酸溶液（1%）洗涤瓷坩埚 3 次，洗液合并于容量瓶中并用硝酸溶液（1%）定容至刻度，混匀备用。同时做试剂空白试验。

实验要在通风良好的通风橱内进行。对含油脂的样品，尽量避免用湿式消解法消化，最好采用干法消化，如果必须采用湿式消解法消化，样品的取样量最大不能超过 1g。

2. 仪器参考条件　根据所用仪器型号将仪器调至最佳状态。原子吸收分光光度计（附石墨炉及镉空心阴极灯）测定参考条件为：波长 228.8nm，狭缝宽度 0.2～1.0nm，灯电流 2～10mA，干燥温度 105℃，干燥时间 20s；灰化温度 400～700℃，灰化时间 20～40s；原子化温度 1 300～2 300℃，原子化时间 3～5s。

3. 标准曲线的制作　将标准曲线工作液按浓度由低到高的顺序各取 20μL 注入石墨炉中，测其吸光度值，以标准曲线工作液的浓度为横坐标，其相应的吸光度值为纵坐标，绘制标准曲线并求出吸光度值与浓度关系的一元线性回归方程。标准系列溶液应不少于 5 个点的不同浓度的镉标准溶液，相关系数不应小于 0.995。如果有自动进样装置，也可用装置自有的程序来配制标准系列。

4. 试样溶液的测定　在与测定标准曲线工作液相同的实验条件下，吸取样品消化液 20μL（可根据使用仪器选择最佳进样量），注入石墨炉中，测其吸光度值。代入标准系列的一元线性回归方程中求样品消化液中镉的含量，平行测定次数不少于 2 次。若测定结果超出标准曲线范围，用硝酸溶液（1%）稀释后再行测定。

5. 分析结果的表述　试样中镉含量按式（6-34）计算：

$$X = \frac{(C_1 - C_0) \times V}{m \times 10^3} \tag{6-34}$$

式中，X 为试样中镉含量，单位为 mg/kg 或 mg/L；C_1 为试样消化液中镉含量，单位为 ng/mL；C_0 为空白液中镉含量，单位为 ng/mL；V 为试样消化液定容总容积，单位为 mL；m 为试样质量或容积，单位为 g 或 mL；10^3 为换算系数。

以重复性条件下获得的 2 次独立测定结果的算术平均值表示，结果保留 2 位有效数字。

（十六）总砷及无机砷含量测定

GB 5009.11—2014。电感耦合等离子体质谱法、氢化物原子荧光光谱法、银盐法用于总砷的测定。现简介电感耦合等离子体质谱法。

1. 试样消解

（1）微波消解　蔬菜等含水量高的样品，称取 2.0～4.0g（精确至 0.001g）样品于消解罐中，加入 5mL 硝酸，放置 30min；粮食、肉类、鱼类等样品，称取 0.2～0.5g（精确至 0.001g）样品于消解罐中，加入 5mL 硝酸，放置 30min，盖好安全阀，将消解罐放入微波消解系统中，根据不同类型的样品，设置适宜的微波消解程序，按相关步骤进行消解，消解完全后赶酸，将消化液转移至 25mL 容量瓶或比色管中，用少量水洗涤内罐 3 次，合并洗涤液并定容至刻度，混匀。同时做试剂空白试验。

（2）高压密闭消解　称取固体试样 0.20～1.0g（精确至 0.001g）、湿样 1.0～5.0g（精确至 0.001g）或取液体试样 2.00～5.00mL 于消解内罐中，加入 5mL 硝酸浸泡过夜。盖好内盖，旋紧不锈钢外套，放入恒温干燥箱中，140～160℃保持 3～4h，自然冷却至室温，然后缓慢旋松不锈钢外套，将消解内罐取出，用少量水冲洗内盖，放在控温电热板上于 120℃赶去棕色气体。取出消解内罐，将消化液转移至 25mL 容量瓶或比色管中，用少量水洗涤内罐 3 次，合并洗涤液并定容至刻度，混匀。同时做试剂空白试验。

2. 仪器参考条件　RF 功率 1 550W，载气流速 1.14L/min，采样深度 7mm，雾化室温度 2℃，Ni 采样锥，Ni 截取锥。

3. 标准曲线的制作　吸取适量砷标准使用液（1.00mg/L），用硝酸溶液配制砷浓度分别为 0.00ng/mL、1.0ng/mL、5.0ng/mL、10ng/mL、50ng/mL 和 100ng/mL 的标准系列溶液。

当仪器真空度达到要求时，用调谐液调整仪器灵敏度、氧化物、双电荷、分辨率等各项指标，当仪器各项指标达到测定要求，编辑测定方法、选择相关消除干扰方法，引入内标，观测内标灵敏度、脉冲与模拟模式的线性拟合，符合要求后，将标准系列引入仪器。进行相关数据处理，绘制标准曲线，计算回归方程。

4. 试样溶液的测定　相同条件下，将试剂空白、样品溶液分别引入仪器进行测定。根据回归方程计算出样品中砷的含量。

5. 分析结果的表述　试样中砷含量按式（6-35）计算：

$$X = \frac{(C - C_0) \times V \times 10^3}{m \times 10^3 \times 10^3} \qquad (6-35)$$

式中，X 为试样中砷的含量，单位为 mg/kg 或 mg/L；C 为试样消化液中砷的测定含量，单位为 ng/mL；C_0 为试样空白消化液中砷的测定含量，单位为 ng/mL；V 为试样消化液总容积，单位为 mL；m 为试样质量，单位为 g 或 mL；10^3 为换算系数。

计算结果保留 2 位有效数字。

（十七）总汞含量测定

GB 5009.17—2014。原子荧光光谱分析法用于食品中总汞含量测定。

1. 试样消解

（1）压力罐消解　称取固体试样 0.2～1.0g（精确至 0.001g）、新鲜样品 0.5～2.0g

（精确至 0.001g）或吸取液体试样 1～5mL，置于消解内罐中，加入 5mL 硝酸浸泡过夜。盖好内盖，旋紧不锈钢外套，放入恒温干燥箱中，140～160℃保持 4～5h，在箱内自然冷却至室温，然后缓慢旋松不锈钢外套，将消解内罐取出，用少量水冲洗内盖，放在控温电热板上或超声水浴箱中，于 80℃或超声脱气 2～5min 赶去棕色气体。取出消解内罐，将消化液转移至 25mL 容量瓶中，用少量水分 3 次洗涤内罐，洗涤液合并于容量瓶中并定容至刻度，混匀备用。同时做试剂空白试验。

（2）微波消解　称取固体试样 0.2～0.5g（精确至 0.001g）、新鲜样品 0.2～0.8g 或液体试样 1～3mL 于消解罐中，加入 5～8mL 硝酸，加盖放置过夜，旋紧罐盖，按照微波消解仪的标准操作步骤进行消解。冷却后取出，缓慢打开罐盖排气，用少量水冲洗内盖，将消解罐放在控温电热板上或超声水浴箱中，于 80℃加热或超声脱气 2～5min 赶去棕色气体。取出消解内罐，将消化液转移至 25mL 容量瓶中，用少量水分 3 次洗涤内罐，洗涤液合并于容量瓶中并定容至刻度，混匀备用。同时做试剂空白试验。

（3）回流消解

①粮食　称取 1.0～4.0g（精确至 0.001g）试样，置于消化装置锥形瓶中，加玻璃珠数粒，加入 45mL 硝酸、10mL 硫酸，转动锥形瓶防止局部炭化。装上冷凝管后，小火加热，待开始发泡即停止加热，发泡停止后，加热回流 2h。如加热过程中溶液变棕色，再加 5mL 硝酸，继续回流 2h，消解到样品完全溶解，一般呈淡黄色或无色，放冷后从冷凝管上端小心加 20mL 水，继续加热回流 10min 放冷，用适量水冲洗冷凝管，冲洗液并入消化液中，将消化液经玻璃棉过滤于 100mL 容量瓶内，用少量水洗涤锥形瓶、滤器，洗涤液并入容量瓶内，加水至刻度，混匀。同时做试剂空白试验。

②植物油及动物油脂　称取 1.0～3.0g（精确至 0.001g）试样，置于消化装置锥形瓶中，加玻璃珠数粒，加入 7mL 硫酸，小心混匀至溶液颜色变为棕色，然后加入 40mL 硝酸。后续回流消解操作步骤同粮食的回流消解操作步骤。

③薯类、豆制品　称取 1.0～4.0g（精确至 0.001g）试样，置于消化装置锥形瓶中，加玻璃珠数粒及 30mL 硝酸、5mL 硫酸，转动锥形瓶防止局部炭化。后续回流消解操作步骤同粮食的回流消解操作步骤。

④肉、蛋类　称取 0.5～2.0g（精确至 0.001g）试样，置于消化装置锥形瓶中，加玻璃珠数粒及 30mL 硝酸、5mL 硫酸，转动锥形瓶防止局部炭化。后续回流消解操作步骤同粮食的回流消解操作步骤。

2. 测定

（1）标准曲线制作　分别吸取 50ng/mL 汞标准使用液 0.00mL、0.20mL、0.50mL、1.00mL、1.50mL、2.00mL、2.50mL 于 50mL 容量瓶中，用硝酸溶液稀释至刻度，混匀。各自相当于汞浓度为 0.00ng/mL、0.20ng/mL、0.50ng/mL、1.00ng/mL、1.50ng/mL、2.00ng/mL、2.50ng/mL。

（2）仪器参考条件　光电倍增管负高压：240V；汞空心阴极灯电流：30mA；原子化器温度：300℃；载气流速：500mL/min；屏蔽气流速：1 000mL/min。

（3）试样溶液的测定　设定好仪器最佳条件，连续用硝酸溶液进样，待读数稳定之后，转入标准系列测定，绘制标准曲线。转入试样溶液测定，先用硝酸溶液进样，使读数基本回零，再分别测定试样空白和试样消化液，在测定不同的试样前都应清洗进样器。

3. 分析结果的表述　　试样中汞含量按式（6-36）计算：

$$X = \frac{(C - C_0) \times V \times 10^3}{m \times 10^3 \times 10^3} \tag{6-36}$$

式中，X 为试样中汞含量，单位为 mg/kg 或 mg/L；C 为测定样液中汞含量，单位为 ng/mL；C_0 为空白液中汞含量，单位为 ng/mL；V 为试样消化液定容总容积，单位为 mL；m 为试样质量，单位为 g 或 mL；10^3 为换算系数。

计算结果保留 2 位有效数字。

（十八）多元素含量测定

GB 5009.268—2016。第一种方法是电感耦合等离子体质谱法（ICP-MS）用于食品中硼、钼、镉、锡、锑、钡、汞、铊、铅的测定。第二种方法是电感耦合等离子体发射光谱法（ICP-OES）用于食品中铝、硼、钡、钙、铜、铁、钾、镁、锰、钠、镍、磷、锶、钛、钒、锌的测定。

1. 电感耦合等离子体质谱法

（1）试样消解　　可根据试样中待测元素的含量水平和检测水平要求选择相应的消解方法及消解容器。

①微波消解　　称取固体样品 0.2～0.5g（精确至 0.001g，含水分较多的样品可适当增加取样量至 1g）或准确移取液体试样 1.00～3.00mL 于微波消解内罐中，含乙醇或二氧化碳的样品先在电热板上低温加热除去乙醇或二氧化碳，加入 5～10mL 硝酸，加盖放置 1h 或过夜，旋紧罐盖，按照微波消解仪标准操作步骤进行消解。冷却后取出，缓慢打开罐盖排气，用少量水冲洗内盖，将消解罐放在控温电热板上或超声水浴箱中，于 100℃加热 30min 或超声脱气 2～5min，用水定容至 25mL 或 50mL，混匀备用。同时做试剂空白试验。

②压力罐消解　　称取固体样品 0.2～1g（精确至 0.001g，含水分较多的样品可适当增加取样量至 2g）或准确移取液体试样 1.00～5.00mL 于消解内罐中，含乙醇或二氧化碳的样品先在电热板上低温加热除去乙醇或二氧化碳，加入 5mL 硝酸，放置 1h 或过夜，旋紧不锈钢外套，放入恒温干燥箱中消解，于 150～170℃消解 4h，冷却后，缓慢旋松不锈钢外套，将消解内罐取出，放在控温电热板上或超声水浴箱中，于 100℃加热 30min 或超声脱气 2～5min，用水定容至 25mL 或 50mL，混匀备用。同时做试剂空白试验。

（2）仪器参考条件　　在调谐仪器达到测定要求后，编辑测定方法，根据待测元素的性质选择相应的内标元素。

（3）标准曲线的制作　　将混合标准溶液注入电感耦合等离子体质谱仪中，测定待测元素和内标元素的信号响应值，以待测元素的浓度为横坐标，以待测元素与所选内标元素信号响应值的比值为纵坐标，绘制标准曲线。

（4）试样溶液的测定　　将空白溶液和试样溶液分别注入电感耦合等离子体质谱仪中，测定待测元素和内标元素的信号响应值，根据标准曲线得到消解液中待测元素的浓度。

（5）分析结果的表述

①低含量待测元素的计算　　试样中低含量待测元素的含量按式（6-37）计算：

$$X = \frac{(P - P_0) \times V \times f}{m \times 10^3} \tag{6-37}$$

式中，X 为试样中待测元素含量，单位为 mg/kg 或 mg/L；P 为试样溶液中被测元素质量浓度，单位为 $\mu g/L$；P_0 为试样空白液中被测元素质量浓度，单位为 $\mu g/L$；V 为试样消化液定容容积，单位为 mL；f 为试样稀释倍数；m 为试样称取质量或移取容积，单位为 g 或 mL；10^3 为换算系数。

计算结果保留 3 位有效数字。

②高含量待测元素的计算　试样中高含量待测元素的含量按式（6-38）计算：

$$X = \frac{(P - P_0) \times V \times f}{m} \tag{6-38}$$

式中，X 为试样中待测元素含量，单位为 mg/kg 或 mg/L；P 为试样溶液中被测元素质量浓度，单位为 mg/L；P_0 为试样空白液中被测元素质量浓度，单位为 mg/L；V 为试样消化液定容容积，单位为 mL；f 为试样稀释倍数；m 为试样称取质量或移取容积，单位为 g 或 mL。

计算结果保留 3 位有效数字。

2. 电感耦合等离子体发射光谱法

（1）试样消解　可根据试样中目标元素的含量水平和检测水平要求选择相应的消解方法及消解容器。

①微波消解　同电感耦合等离子体质谱法。

②压力罐消解　同电感耦合等离子体质谱法。

③湿式消解　准确称取固体样品 0.5~5g（精确至 0.001g）或准确移取液体试样 2.00~10.0mL 于玻璃或聚四氟乙烯消解器皿中，含乙醇或二氧化碳的样品先在电热板上低温加热除去乙醇或二氧化碳，加 10mL 硝酸-高氯酸混合酸，于电热板上或石墨消解装置上消解，消解过程中消解液若变棕黑色，可适当补加少量混合酸，直至冒白烟，消化液呈无色透明或略带黄色，冷却，用水定容至 25mL 或 50mL，混匀备用。同时做试剂空白试验。

④干式消解　准确称取固体样品 1~5g（精确至 0.01g）或准确移取液体试样 10.0~15.0mL 于坩埚中，置于 500~550℃马弗炉中灰化 5~8h，冷却。若灰化不彻底有黑色炭粒，则冷却后滴加少许硝酸湿润，在电热板上干燥后，移入马弗炉中继续灰化成白色灰烬，冷却取出，加入 10mL 硝酸溶液溶解，并用水定容至 25mL 或 50mL，混匀备用。同时做试剂空白试验。

（2）仪器参考条件　优化仪器操作条件，使待测元素的灵敏度等指标达到分析要求，编辑测定方法、选择各待测元素合适分析谱线。

（3）标准曲线的制作　将标准系列工作溶液注入电感耦合等离子体发射光谱仪中，测定待测元素分析谱线强度信号响应值，以待测元素的浓度为横坐标，其分析谱线强度信号响应值为纵坐标，绘制标准曲线。

（4）试样溶液的测定　将空白溶液和试样溶液分别注入电感耦合等离子体发射光谱仪中，测定待测元素分析谱线强度信号响应值，根据标准曲线得到消解液中待测元素的浓度。

（5）分析结果的表述　试样中待测元素的含量按式（6-39）计算：

$$X = \frac{(P - P_0) \times V \times f}{m} \tag{6-39}$$

式中，X 为试样中待测元素含量，单位为 mg/kg 或 mg/L；P 为试样溶液中被测元素质量浓度，单位为 mg/L；P_0 为试样空白液中被测元素质量浓度，单位为 mg/L；V 为试样消化液定容容积，单位为 mL；f 为试样稀释倍数；m 为试样称取质量或移取容积，单位为 g 或 mL。

计算结果保留 3 位有效数字。

附录

附录一　有关维生素和矿物质使用的法规

（一）饲料和饲料添加剂管理条例

第一章　总　　则

第一条　为了加强对饲料、饲料添加剂的管理，提高饲料、饲料添加剂的质量，保障动物产品质量安全，维护公众健康，制定本条例。

第二条　本条例所称饲料，是指经工业化加工、制作的供动物食用的产品，包括单一饲料、添加剂预混合饲料、浓缩饲料、配合饲料和精料补充料。

本条例所称饲料添加剂，是指在饲料加工、制作、使用过程中添加的少量或者微量物质，包括营养性饲料添加剂和一般饲料添加剂。

饲料原料目录和饲料添加剂品种目录由国务院农业行政主管部门制定并公布。

第三条　国务院农业行政主管部门负责全国饲料、饲料添加剂的监督管理工作。

县级以上地方人民政府负责饲料、饲料添加剂管理的部门（以下简称饲料管理部门），负责本行政区域饲料、饲料添加剂的监督管理工作。

第四条　县级以上地方人民政府统一领导本行政区域饲料、饲料添加剂的监督管理工作，建立健全监督管理机制，保障监督管理工作的开展。

第五条　饲料、饲料添加剂生产企业、经营者应当建立健全质量安全制度，对其生产、经营的饲料、饲料添加剂的质量安全负责。

第六条　任何组织或者个人有权举报在饲料、饲料添加剂生产、经营、使用过程中违反本条例的行为，有权对饲料、饲料添加剂监督管理工作提出意见和建议。

第二章　审定和登记

第七条　国家鼓励研制新饲料、新饲料添加剂。研制新饲料、新饲料添加剂，应当遵循科学、安全、有效、环保的原则，保证新饲料、新饲料添加剂的质量安全。

第八条　研制的新饲料、新饲料添加剂投入生产前，研制者或者生产企业应当向国务院农业行政主管部门提出审定申请，并提供该新饲料、新饲料添加剂的样品和下列资料：

（一）名称、主要成分、理化性质、研制方法、生产工艺、质量标准、检测方法、检验报告、稳定性试验报告、环境影响报告和污染防治措施；

（二）国务院农业行政主管部门指定的试验机构出具的该新饲料、新饲料添加剂的饲喂效果、残留消解动态以及毒理学安全性评价报告。申请新饲料添加剂审定的，还应当说明该新饲料添加剂的添加目的、使用方法，并提供该饲料添加剂残留可能对人体健康造成影响的分析评价报告。

第九条 国务院农业行政主管部门应当自受理申请之日起5个工作日内，将新饲料、新饲料添加剂的样品和申请资料交全国饲料评审委员会，对该新饲料、新饲料添加剂的安全性、有效性及其对环境的影响进行评审。

全国饲料评审委员会由养殖、饲料加工、动物营养、毒理、药理、代谢、卫生、化工合成、生物技术、质量标准、环境保护、食品安全风险评估等方面的专家组成。全国饲料评审委员会对新饲料、新饲料添加剂的评审采取评审会议的形式，评审会议应当有9名以上全国饲料评审委员会专家参加，根据需要也可以邀请1至2名全国饲料评审委员会专家以外的专家参加，参加评审的专家对评审事项具有表决权。评审会议应当形成评审意见和会议纪要，并由参加评审的专家审核签字；有不同意见的，应当注明。参加评审的专家应当依法公平、公正履行职责，对评审资料保密，存在回避事由的，应当主动回避。

全国饲料评审委员会应当自收到新饲料、新饲料添加剂的样品和申请资料之日起9个月内出具评审结果并提交国务院农业行政主管部门；但是，全国饲料评审委员会决定由申请人进行相关试验的，经国务院农业行政主管部门同意，评审时间可以延长3个月。

国务院农业行政主管部门应当自收到评审结果之日起10个工作日内做出是否核发新饲料、新饲料添加剂证书的决定；决定不予核发的，应当书面通知申请人并说明理由。

第十条 国务院农业行政主管部门核发新饲料、新饲料添加剂证书，应当同时按照职责权限公布该新饲料、新饲料添加剂的产品质量标准。

第十一条 新饲料、新饲料添加剂的监测期为5年。新饲料、新饲料添加剂处于监测期的，不受理其他就该新饲料、新饲料添加剂的生产申请和进口登记申请，但超过3年不投入生产的除外。

生产企业应当收集处于监测期的新饲料、新饲料添加剂的质量稳定性及其对动物产品质量安全的影响等信息，并向国务院农业行政主管部门报告；国务院农业行政主管部门应当对新饲料、新饲料添加剂的质量安全状况组织跟踪监测，证实其存在安全问题的，应当撤销新饲料、新饲料添加剂证书并予以公告。

第十二条 向中国出口中国境内尚未使用但出口国已经批准生产和使用的饲料、饲料添加剂的，由出口方驻中国境内的办事机构或者其委托的中国境内代理机构向国务院农业行政主管部门申请登记，并提供该饲料、饲料添加剂的样品和下列资料：

（一）商标、标签和推广应用情况；

（二）生产地批准生产、使用的证明和生产地以外其他国家、地区的登记资料；

（三）主要成分、理化性质、研制方法、生产工艺、质量标准、检测方法、检验报告、稳定性试验报告、环境影响报告和污染防治措施；

（四）国务院农业行政主管部门指定的试验机构出具的该饲料、饲料添加剂的饲喂效果、残留消解动态以及毒理学安全性评价报告。

申请饲料添加剂进口登记的，还应当说明该饲料添加剂的添加目的、使用方法，并提供该饲料添加剂残留可能对人体健康造成影响的分析评价报告。

国务院农业行政主管部门应当依照本条例第九条规定的新饲料、新饲料添加剂的评审程序组织评审，并决定是否核发饲料、饲料添加剂进口登记证。

首次向中国出口中国境内已经使用且出口国已经批准生产和使用的饲料、饲料添加剂的，应当依照本条第一款、第二款的规定申请登记。国务院农业行政主管部门应当自受理申请之日起 10 个工作日内对申请资料进行审查；审查合格的，将样品交由指定的机构进行复核检测；复核检测合格的，国务院农业行政主管部门应当在 10 个工作日内核发饲料、饲料添加剂进口登记证。

饲料、饲料添加剂进口登记证有效期为 5 年。进口登记证有效期满需要继续向中国出口饲料、饲料添加剂的，应当在有效期届满 6 个月前申请续展。

禁止进口未取得饲料、饲料添加剂进口登记证的饲料、饲料添加剂。

第十三条　国家对已经取得新饲料、新饲料添加剂证书或者饲料、饲料添加剂进口登记证的、含有新化合物的饲料、饲料添加剂的申请人提交的其自己所取得且未披露的试验数据和其他数据实施保护。

自核发证书之日起 6 年内，对其他申请人未经已取得新饲料、新饲料添加剂证书或者饲料、饲料添加剂进口登记证的申请人同意，使用前款规定的数据申请新饲料、新饲料添加剂审定或者饲料、饲料添加剂进口登记的，国务院农业行政主管部门不予审定或者登记；但是，其他申请人提交其自己所取得的数据的除外。

除下列情形外，国务院农业行政主管部门不得披露本条第一款规定的数据：

（一）公共利益需要；

（二）已采取措施确保该类信息不会被不正当地进行商业使用。

第三章　生产、经营和使用

第十四条　设立饲料、饲料添加剂生产企业，应当符合饲料工业发展规划和产业政策，并具备下列条件：

（一）有与生产饲料、饲料添加剂相适应的厂房、设备和仓储设施；

（二）有与生产饲料、饲料添加剂相适应的专职技术人员；

（三）有必要的产品质量检验机构、人员、设施和质量管理制度；

（四）有符合国家规定的安全、卫生要求的生产环境；

（五）有符合国家环境保护要求的污染防治措施；

（六）国务院农业行政主管部门制定的饲料、饲料添加剂质量安全管理规范规定的其他条件。

第十五条　申请从事饲料、饲料添加剂生产的企业，申请人应当向省、自治区、直辖市人民政府饲料管理部门提出申请。省、自治区、直辖市人民政府饲料管理部门应当自受理申请之日起 10 个工作日内进行书面审查；审查合格的，组织进行现场审核，并根据审核结果在 10 个工作日内做出是否核发生产许可证的决定。

生产许可证有效期为 5 年。生产许可证有效期满需要继续生产饲料、饲料添加剂的，应当在有效期届满 6 个月前申请续展。

第十六条　饲料添加剂、添加剂预混合饲料生产企业取得生产许可证后，由省、自治区、直辖市人民政府饲料管理部门按照国务院农业行政主管部门的规定，核发相应的产品批准文号。

第十七条　饲料、饲料添加剂生产企业应当按照国务院农业行政主管部门的规定和有关标准，对采购的饲料原料、单一饲料、饲料添加剂、药物饲料添加剂、添加剂预混合饲料和用于饲料添加剂生产的原料进行查验或者检验。

饲料生产企业使用限制使用的饲料原料、单一饲料、饲料添加剂、药物饲料添加剂、添加剂预混合饲料生产饲料的，应当遵守国务院农业行政主管部门的限制性规定。禁止使用国务院农业行政主管部门公布的饲料原料目录、饲料添加剂品种目录和药物饲料添加剂品种目录以外的任何物质生产饲料。

饲料、饲料添加剂生产企业应当如实记录采购的饲料原料、单一饲料、饲料添加剂、药物饲料添加剂、添加剂预混合饲料和用于饲料添加剂生产的原料的名称、产地、数量、保质期、许可证明文件编号、质量检验信息、生产企业名称或者供货者名称及其联系方式、进货日期等。记录保存期限不得少于 2 年。

第十八条 饲料、饲料添加剂生产企业，应当按照产品质量标准以及国务院农业行政主管部门制定的饲料、饲料添加剂质量安全管理规范和饲料添加剂安全使用规范组织生产，对生产过程实施有效控制并实行生产记录和产品留样观察制度。

第十九条 饲料、饲料添加剂生产企业应当对生产的饲料、饲料添加剂进行产品质量检验；检验合格的，应当附具产品质量检验合格证。未经产品质量检验、检验不合格或者未附具产品质量检验合格证的，不得出厂销售。

饲料、饲料添加剂生产企业应当如实记录出厂销售的饲料、饲料添加剂的名称、数量、生产日期、生产批次、质量检验信息、购货者名称及其联系方式、销售日期等。记录保存期限不得少于 2 年。

第二十条 出厂销售的饲料、饲料添加剂应当包装，包装应当符合国家有关安全、卫生的规定。

饲料生产企业直接销售给养殖者的饲料可以使用罐装车运输。罐装车应当符合国家有关安全、卫生的规定，并随罐装车附具符合本条例第二十一条规定的标签。

易燃或者其他特殊的饲料、饲料添加剂的包装应当有警示标志或者说明，并注明储运注意事项。

第二十一条 饲料、饲料添加剂的包装上应当附具标签。标签应当以中文或者适用符号标明产品名称、原料组成、产品成分分析保证值、净重或者净含量、贮存条件、使用说明、注意事项、生产日期、保质期、生产企业名称以及地址、许可证明文件编号和产品质量标准等。加入药物饲料添加剂的，还应当标明"加入药物饲料添加剂"字样，并标明其通用名称、含量和休药期。乳和乳制品以外的动物源性饲料，还应当标明"本产品不得饲喂反刍动物"字样。

第二十二条 饲料、饲料添加剂经营者应当符合下列条件：

（一）有与经营饲料、饲料添加剂相适应的经营场所和仓储设施；

（二）有具备饲料、饲料添加剂使用、贮存等知识的技术人员；

（三）有必要的产品质量管理和安全管理制度。

第二十三条 饲料、饲料添加剂经营者进货时应当查验产品标签、产品质量检验合格证和相应的许可证明文件。

饲料、饲料添加剂经营者不得对饲料、饲料添加剂进行拆包、分装，不得对饲料、饲料添加剂进行再加工或者添加任何物质。

禁止经营用国务院农业行政主管部门公布的饲料原料目录、饲料添加剂品种目录和药物饲料添加剂品种目录以外的任何物质生产的饲料。

饲料、饲料添加剂经营者应当建立产品购销台账，如实记录购销产品的名称、许可证明文件编号、规格、数量、保质期、生产企业名称或者供货者名称及其联系方式、购销时间等。购销台账保存期限不得少于 2 年。

第二十四条　向中国出口的饲料、饲料添加剂应当包装，包装应当符合中国有关安全、卫生的规定，并附具符合本条例第二十一条规定的标签。

向中国出口的饲料、饲料添加剂应当符合中国有关检验检疫的要求，由出入境检验检疫机构依法实施检验检疫，并对其包装和标签进行核查。包装和标签不符合要求的，不得入境。

境外企业不得直接在中国销售饲料、饲料添加剂。境外企业在中国销售饲料、饲料添加剂的，应当依法在中国境内设立销售机构或者委托符合条件的中国境内代理机构销售。

第二十五条　养殖者应当按照产品使用说明和注意事项使用饲料。在饲料或者动物饮用水中添加饲料添加剂的，应当符合饲料添加剂使用说明和注意事项的要求，遵守国务院农业行政主管部门制定的饲料添加剂安全使用规范。

养殖者使用自行配制的饲料的，应当遵守国务院农业行政主管部门制定的自行配制饲料使用规范，并不得对外提供自行配制的饲料。

使用限制使用的物质养殖动物的，应当遵守国务院农业行政主管部门的限制性规定。禁止在饲料、动物饮用水中添加国务院农业行政主管部门公布禁用的物质以及对人体具有直接或者潜在危害的其他物质，或者直接使用上述物质养殖动物。禁止在反刍动物饲料中添加乳和乳制品以外的动物源性成分。

第二十六条　国务院农业行政主管部门和县级以上地方人民政府饲料管理部门应当加强饲料、饲料添加剂质量安全知识的宣传，提高养殖者的质量安全意识，指导养殖者安全、合理使用饲料、饲料添加剂。

第二十七条　饲料、饲料添加剂在使用过程中被证实对养殖动物、人体健康或者环境有害的，由国务院农业行政主管部门决定禁用并予以公布。

第二十八条　饲料、饲料添加剂生产企业发现其生产的饲料、饲料添加剂对养殖动物、人体健康有害或者存在其他安全隐患的，应当立即停止生产，通知经营者、使用者，向饲料管理部门报告，主动召回产品，并记录召回和通知情况。召回的产品应当在饲料管理部门监督下予以无害化处理或者销毁。

饲料、饲料添加剂经营者发现其销售的饲料、饲料添加剂具有前款规定情形的，应当立即停止销售，通知生产企业、供货者和使用者，向饲料管理部门报告，并记录通知情况。

养殖者发现其使用的饲料、饲料添加剂具有本条第一款规定情形的，应当立即停止使用，通知供货者，并向饲料管理部门报告。

第二十九条　禁止生产、经营、使用未取得新饲料、新饲料添加剂证书的新饲料、新饲料添加剂以及禁用的饲料、饲料添加剂。

禁止经营、使用无产品标签、无生产许可证、无产品质量标准、无产品质量检验合格证的饲料、饲料添加剂。禁止经营、使用无产品批准文号的饲料添加剂、添加剂预混合饲料。禁止经营、使用未取得饲料、饲料添加剂进口登记证的进口饲料、进口饲料添加剂。

第三十条　禁止对饲料、饲料添加剂作具有预防或者治疗动物疾病作用的说明或者宣传。但是，饲料中添加药物饲料添加剂的，可以对所添加的药物饲料添加剂的作用加以说明。

第三十一条 国务院农业行政主管部门和省、自治区、直辖市人民政府饲料管理部门应当按照职责权限对全国或者本行政区域饲料、饲料添加剂的质量安全状况进行监测，并根据监测情况发布饲料、饲料添加剂质量安全预警信息。

第三十二条 国务院农业行政主管部门和县级以上地方人民政府饲料管理部门，应当根据需要定期或者不定期组织实施饲料、饲料添加剂监督抽查；饲料、饲料添加剂监督抽查检测工作由国务院农业行政主管部门或者省、自治区、直辖市人民政府饲料管理部门指定的具有相应技术条件的机构承担。饲料、饲料添加剂监督抽查不得收费。

国务院农业行政主管部门和省、自治区、直辖市人民政府饲料管理部门应当按照职责权限公布监督抽查结果，并可以公布具有不良记录的饲料、饲料添加剂生产企业、经营者名单。

第三十三条 县级以上地方人民政府饲料管理部门应当建立饲料、饲料添加剂监督管理档案，记录日常监督检查、违法行为查处等情况。

第三十四条 国务院农业行政主管部门和县级以上地方人民政府饲料管理部门在监督检查中可以采取下列措施：

（一）对饲料、饲料添加剂生产、经营、使用场所实施现场检查；

（二）查阅、复制有关合同、票据、账簿和其他相关资料；

（三）查封、扣押有证据证明用于违法生产饲料的饲料原料、单一饲料、饲料添加剂、药物饲料添加剂、添加剂预混合饲料，用于违法生产饲料添加剂的原料，用于违法生产饲料、饲料添加剂的工具、设施，违法生产、经营、使用的饲料、饲料添加剂；

（四）查封违法生产、经营饲料、饲料添加剂的场所。

第四章　法律责任

第三十五条 国务院农业行政主管部门、县级以上地方人民政府饲料管理部门或者其他依照本条例规定行使监督管理权的部门及其工作人员，不履行本条例规定的职责或者滥用职权、玩忽职守、徇私舞弊的，对直接负责的主管人员和其他直接责任人员，依法给予处分；直接负责的主管人员和其他直接责任人员构成犯罪的，依法追究刑事责任。

第三十六条 提供虚假的资料、样品或者采取其他欺骗方式取得许可证明文件的，由发证机关撤销相关许可证明文件，处 5 万元以上 10 万元以下罚款，申请人 3 年内不得就同一事项申请行政许可。以欺骗方式取得许可证明文件给他人造成损失的，依法承担赔偿责任。

第三十七条 假冒、伪造或者买卖许可证明文件的，由国务院农业行政主管部门或者县级以上地方人民政府饲料管理部门按照职责权限收缴或者吊销、撤销相关许可证明文件；构成犯罪的，依法追究刑事责任。

第三十八条 未取得生产许可证生产饲料、饲料添加剂的，由县级以上地方人民政府饲料管理部门责令停止生产，没收违法所得、违法生产的产品和用于违法生产饲料的饲料原料、单一饲料、饲料添加剂、药物饲料添加剂、添加剂预混合饲料以及用于违法生产饲料添加剂的原料，违法生产的产品货值金额不足 1 万元的，并处 1 万元以上 5 万元以下罚款，货值金额 1 万元以上的，并处货值金额 5 倍以上 10 倍以下罚款；情节严重的，没收其生产设备，生产企业的主要负责人和直接负责的主管人员 10 年内不得从事饲料、饲料添加剂生产、经营活动。

已经取得生产许可证，但不再具备本条例第十四条规定的条件而继续生产饲料、饲料添加剂的，由县级以上地方人民政府饲料管理部门责令停止生产、限期改正，并处 1 万元以上 5 万元以下罚款；逾期不改正的，由发证机关吊销生产许可证。

已经取得生产许可证，但未取得产品批准文号而生产饲料添加剂、添加剂预混合饲料的，由县级以上地方人民政府饲料管理部门责令停止生产，没收违法所得、违法生产的产品和用于违法生产饲料的饲料原料、单一饲料、饲料添加剂、药物饲料添加剂以及用于违法生产饲料添加剂的原料，限期补办产品批准文号，并处违法生产的产品货值金额 1 倍以上 3 倍以下罚款；情节严重的，由发证机关吊销生产许可证。

第三十九条　饲料、饲料添加剂生产企业有下列行为之一的，由县级以上地方人民政府饲料管理部门责令改正，没收违法所得、违法生产的产品和用于违法生产饲料的饲料原料、单一饲料、饲料添加剂、药物饲料添加剂、添加剂预混合饲料以及用于违法生产饲料添加剂的原料，违法生产的产品货值金额不足 1 万元的，并处 1 万元以上 5 万元以下罚款，货值金额 1 万元以上的，并处货值金额 5 倍以上 10 倍以下罚款；情节严重的，由发证机关吊销、撤销相关许可证明文件，生产企业的主要负责人和直接负责的主管人员 10 年内不得从事饲料、饲料添加剂生产、经营活动；构成犯罪的，依法追究刑事责任：

（一）使用限制使用的饲料原料、单一饲料、饲料添加剂、药物饲料添加剂、添加剂预混合饲料生产饲料，不遵守国务院农业行政主管部门的限制性规定的；

（二）使用国务院农业行政主管部门公布的饲料原料目录、饲料添加剂品种目录和药物饲料添加剂品种目录以外的物质生产饲料的；

（三）生产未取得新饲料、新饲料添加剂证书的新饲料、新饲料添加剂或者禁用的饲料、饲料添加剂的。

第四十条　饲料、饲料添加剂生产企业有下列行为之一的，由县级以上地方人民政府饲料管理部门责令改正，处 1 万元以上 2 万元以下罚款；拒不改正的，没收违法所得、违法生产的产品和用于违法生产饲料的饲料原料、单一饲料、饲料添加剂、药物饲料添加剂、添加剂预混合饲料以及用于违法生产饲料添加剂的原料，并处 5 万元以上 10 万元以下罚款；情节严重的，责令停止生产，可以由发证机关吊销、撤销相关许可证明文件：

（一）不按照国务院农业行政主管部门的规定和有关标准对采购的饲料原料、单一饲料、饲料添加剂、药物饲料添加剂、添加剂预混合饲料和用于饲料添加剂生产的原料进行查验或者检验的；

（二）饲料、饲料添加剂生产过程中不遵守国务院农业行政主管部门制定的饲料、饲料添加剂质量安全管理规范和饲料添加剂安全使用规范的；

（三）生产的饲料、饲料添加剂未经产品质量检验的。

第四十一条　饲料、饲料添加剂生产企业不依照本条例规定实行采购、生产、销售记录制度或者产品留样观察制度的，由县级以上地方人民政府饲料管理部门责令改正，处 1 万元以上 2 万元以下罚款；拒不改正的，没收违法所得、违法生产的产品和用于违法生产饲料的饲料原料、单一饲料、饲料添加剂、药物饲料添加剂、添加剂预混合饲料以及用于违法生产饲料添加剂的原料，处 2 万元以上 5 万元以下罚款，并可以由发证机关吊销、撤销相关许可证明文件。

饲料、饲料添加剂生产企业销售的饲料、饲料添加剂未附具产品质量检验合格证或者包装、标签不符合规定的，由县级以上地方人民政府饲料管理部门责令改正；情节严重的，没收违法所得和违法销售的产品，可以处违法销售的产品货值金额30％以下罚款。

第四十二条 不符合本条例第二十二条规定的条件经营饲料、饲料添加剂的，由县级人民政府饲料管理部门责令限期改正；逾期不改正的，没收违法所得和违法经营的产品，违法经营的产品货值金额不足1万元的，并处2 000元以上2万元以下罚款，货值金额1万元以上的，并处货值金额2倍以上5倍以下罚款；情节严重的，责令停止经营，并通知工商行政管理部门，由工商行政管理部门吊销营业执照。

第四十三条 饲料、饲料添加剂经营者有下列行为之一的，由县级人民政府饲料管理部门责令改正，没收违法所得和违法经营的产品，违法经营的产品货值金额不足1万元的，并处2 000元以上2万元以下罚款，货值金额1万元以上的，并处货值金额2倍以上5倍以下罚款；情节严重的，责令停止经营，并通知工商行政管理部门，由工商行政管理部门吊销营业执照；构成犯罪的，依法追究刑事责任：

（一）对饲料、饲料添加剂进行再加工或者添加物质的；

（二）经营无产品标签、无生产许可证、无产品质量检验合格证的饲料、饲料添加剂的；

（三）经营无产品批准文号的饲料添加剂、添加剂预混合饲料的；

（四）经营用国务院农业行政主管部门公布的饲料原料目录、饲料添加剂品种目录和药物饲料添加剂品种目录以外的物质生产的饲料的；

（五）经营未取得新饲料、新饲料添加剂证书的新饲料、新饲料添加剂或者未取得饲料、饲料添加剂进口登记证的进口饲料、进口饲料添加剂以及禁用的饲料、饲料添加剂的。

第四十四条 饲料、饲料添加剂经营者有下列行为之一的，由县级人民政府饲料管理部门责令改正，没收违法所得和违法经营的产品，并处2 000元以上1万元以下罚款：

（一）对饲料、饲料添加剂进行拆包、分装的；

（二）不依照本条例规定实行产品购销台账制度的；

（三）经营的饲料、饲料添加剂失效、霉变或者超过保质期的。

第四十五条 对本条例第二十八条规定的饲料、饲料添加剂，生产企业不主动召回的，由县级以上地方人民政府饲料管理部门责令召回，并监督生产企业对召回的产品予以无害化处理或者销毁；情节严重的，没收违法所得，并处应召回的产品货值金额1倍以上3倍以下罚款，可以由发证机关吊销、撤销相关许可证明文件；生产企业对召回的产品不予以无害化处理或者销毁的，由县级人民政府饲料管理部门代为销毁，所需费用由生产企业承担。

对本条例第二十八条规定的饲料、饲料添加剂，经营者不停止销售的，由县级以上地方人民政府饲料管理部门责令停止销售；拒不停止销售的，没收违法所得，处1 000元以上5万元以下罚款；情节严重的，责令停止经营，并通知工商行政管理部门，由工商行政管理部门吊销营业执照。

第四十六条 饲料、饲料添加剂生产企业、经营者有下列行为之一的，由县级以上地方人民政府饲料管理部门责令停止生产、经营，没收违法所得和违法生产、经营的产品，违法生产、经营的产品货值金额不足1万元的，并处2 000元以上2万元以下罚款，货值金额1万元以上的，并处货值金额2倍以上5倍以下罚款；构成犯罪的，依法追究刑事责任：

（一）在生产、经营过程中，以非饲料、非饲料添加剂冒充饲料、饲料添加剂或者以此种饲料、饲料添加剂冒充他种饲料、饲料添加剂的；

（二）生产、经营无产品质量标准或者不符合产品质量标准的饲料、饲料添加剂的；

（三）生产、经营的饲料、饲料添加剂与标签标示的内容不一致的。

饲料、饲料添加剂生产企业有前款规定的行为，情节严重的，由发证机关吊销、撤销相关许可证明文件；饲料、饲料添加剂经营者有前款规定的行为，情节严重的，通知工商行政管理部门，由工商行政管理部门吊销营业执照。

第四十七条　养殖者有下列行为之一的，由县级人民政府饲料管理部门没收违法使用的产品和非法添加物质，对单位处 1 万元以上 5 万元以下罚款，对个人处 5 000 元以下罚款；构成犯罪的，依法追究刑事责任：

（一）使用未取得新饲料、新饲料添加剂证书的新饲料、新饲料添加剂或者未取得饲料、饲料添加剂进口登记证的进口饲料、进口饲料添加剂的；

（二）使用无产品标签、无生产许可证、无产品质量标准、无产品质量检验合格证的饲料、饲料添加剂的；

（三）使用无产品批准文号的饲料添加剂、添加剂预混合饲料的；

（四）在饲料或者动物饮用水中添加饲料添加剂，不遵守国务院农业行政主管部门制定的饲料添加剂安全使用规范的；

（五）使用自行配制的饲料，不遵守国务院农业行政主管部门制定的自行配制饲料使用规范的；

（六）使用限制使用的物质养殖动物，不遵守国务院农业行政主管部门的限制性规定的；

（七）在反刍动物饲料中添加乳和乳制品以外的动物源性成分的。

在饲料或者动物饮用水中添加国务院农业行政主管部门公布禁用的物质以及对人体具有直接或者潜在危害的其他物质，或者直接使用上述物质养殖动物的，由县级以上地方人民政府饲料管理部门责令其对饲喂了违禁物质的动物进行无害化处理，处 3 万元以上 10 万元以下罚款；构成犯罪的，依法追究刑事责任。

第四十八条　养殖者对外提供自行配制的饲料的，由县级人民政府饲料管理部门责令改正，处 2 000 元以上 2 万元以下罚款。

第五章　附　　则

第四十九条　本条例下列用语的含义：

（一）饲料原料，是指来源于动物、植物、微生物或者矿物质，用于加工制作饲料但不属于饲料添加剂的饲用物质。

（二）单一饲料，是指来源于一种动物、植物、微生物或者矿物质，用于饲料产品生产的饲料。

（三）添加剂预混合饲料，是指由 2 种（类）或者 2 种（类）以上营养性饲料添加剂为主，与载体或者稀释剂按照一定比例配制的饲料，包括复合预混合饲料、微量元素预混合饲料、维生素预混合饲料。

（四）浓缩饲料，是指主要由蛋白质、矿物质和饲料添加剂按照一定比例配制的饲料。

（五）配合饲料，是指根据养殖动物营养需要，将多种饲料原料和饲料添加剂按照一定比例配制的饲料。

（六）精料补充料，是指为补充草食动物的营养，将多种饲料原料和饲料添加剂按照一定比例配制的饲料。

（七）营养性饲料添加剂，是指为补充饲料营养成分而掺入饲料中的少量或者微量物质，包括饲料级氨基酸、维生素、矿物质微量元素、酶制剂、非蛋白氮等。

（八）一般饲料添加剂，是指为保证或者改善饲料品质、提高饲料利用率而掺入饲料中的少量或者微量物质。

（九）药物饲料添加剂，是指为预防、治疗动物疾病而掺入载体或者稀释剂的兽药的预混合物质。

（十）许可证明文件，是指新饲料、新饲料添加剂证书，饲料、饲料添加剂进口登记证，饲料、饲料添加剂生产许可证，饲料添加剂、添加剂预混合饲料产品批准文号。

第五十条 药物饲料添加剂的管理，依照《兽药管理条例》的规定执行。

第五十一条 本条例自 2012 年 5 月 1 日起施行。

（二）饲料添加剂品种目录（摘自原农业部公告第 2045 号）

类别	通用名称	适用范围
维生素及维生素类	维生素 A、维生素 A 乙酸酯、维生素 A 棕榈酸酯、β-胡萝卜素、盐酸硫胺（维生素 B_1）、硝酸硫胺（维生素 B_1）、核黄素（维生素 B_2）、盐酸吡哆醇（维生素 B_6）、氰钴胺（维生素 B_{12}）、L-抗坏血酸（维生素 C）、L-抗坏血酸钙、L-抗坏血酸钠、L-抗坏血酸-2-磷酸酯、L-抗坏血酸-6-棕榈酸酯、维生素 D_2、维生素 D_3、天然维生素 E、dl-α-生育酚、dl-α-生育酚乙酸酯、亚硫酸氢钠甲萘醌（维生素 K_3）、二甲基嘧啶醇亚硫酸甲萘醌、亚硫酸氢烟酰胺甲萘醌、烟酸、烟酰胺、D-泛醇、D-泛酸钙、DL-泛酸钙、叶酸、D-生物素、氯化胆碱、肌醇、L-肉碱、L-肉碱盐酸盐、甜菜碱、甜菜碱盐酸盐	养殖动物
	25-羟基胆钙化醇（25-羟基维生素 D_3）	猪、家禽
矿物质元素及其络（螯）合物	氯化钠、硫酸钠、磷酸二氢钠、磷酸氢二钠、磷酸二氢钾、磷酸氢二钾、轻质碳酸钙、氯化钙、磷酸氢钙、磷酸二氢钙、磷酸三钙、乳酸钙、葡萄糖酸钙、硫酸镁、氧化镁、氯化镁、柠檬酸亚铁、富马酸亚铁、乳酸亚铁、硫酸亚铁、氯化亚铁、氯化铁、碳酸亚铁、氯化铜、硫酸铜、碱式氯化铜、氧化锌、氯化锌、碳酸锌、硫酸锌、乙酸锌、碱式氯化锌、氯化锰、氧化锰、硫酸锰、碳酸锰、磷酸氢锰、碘化钾、碘化钠、碘酸钾、碘酸钙、氯化钴、乙酸钴、硫酸钴、亚硒酸钠、钼酸钠、蛋氨酸铜络（螯）合物、蛋氨酸铁络（螯）合物、蛋氨酸锰络（螯）合物、蛋氨酸锌络（螯）合物、赖氨酸铜络（螯）合物、赖氨酸锌络（螯）合物、甘氨酸铜络（螯）合物、甘氨酸铁络（螯）合物、酵母铜、酵母铁、酵母锰、酵母硒、氨基酸铜络合物（氨基酸来源于水解植物蛋白）、氨基酸铁络合物（氨基酸来源于水解植物蛋白）、氨基酸锰络合物（氨基酸来源于水解植物蛋白）、氨基酸锌络合物（氨基酸来源于水解植物蛋白）	养殖动物

类别	通用名称	适用范围
矿物质元素及其络（螯）合物	蛋白铜、蛋白铁、蛋白锌、蛋白锰	养殖动物（反刍动物除外）
	羟基蛋氨酸类似物络（螯）合锌、羟基蛋氨酸类似物络（螯）合锰、羟基蛋氨酸类似物络（螯）合铜	奶牛、肉牛、家禽和猪
	烟酸铬、酵母铬、蛋氨酸铬、吡啶甲酸铬	猪
	丙酸铬、甘氨酸锌	猪
	丙酸锌	猪、牛和家禽
	硫酸钾、三氧化二铁、氧化铜	反刍动物
	碳酸钴	反刍动物、猫、犬
	乳酸锌（α-羟基丙酸锌）	生长育肥猪、家禽
非蛋白氮	硫酸铵、磷酸二氢铵、磷酸脲	反刍动物
抗氧化剂	维生素 E、L-抗坏血酸-6-棕榈酸酯	养殖动物
防腐剂、防霉剂和酸度调节剂	丙酸钙、柠檬酸钠、柠檬酸钙、碳酸氢钠、氯化钾、碳酸钠	养殖动物
	乙酸钙	畜禽
	氯化铵	反刍动物
着色剂	β-胡萝卜素、辣椒红、β-阿朴-8'-胡萝卜素醛、β-阿朴-8'-胡萝卜素酸乙酯、β，β-胡萝卜素-4，4-二酮（斑蝥黄）	家禽
抗结块剂	硅酸钙、二氧化硅	养殖动物

（三）饲料添加剂安全使用规范（原农业部公告第 2625 号）

为切实加强饲料添加剂管理，保障饲料和饲料添加剂产品质量安全，促进饲料工业和养殖业持续健康发展，根据《饲料和饲料添加剂管理条例》有关规定，我部对《饲料添加剂安全使用规范》进行了修订。现将有关事项公告如下。

一、各省、自治区、直辖市人民政府饲料管理部门实施饲料添加剂（混合型饲料添加剂除外）生产许可应遵守本《饲料添加剂安全使用规范》规定，不得核发含量规格低于本《饲料添加剂安全使用规范》或者生产工艺与本《饲料添加剂安全使用规范》不一致的饲料添加剂生产许可证明文件。

二、饲料企业和养殖者使用饲料添加剂产品时，应严格遵守"在配合饲料或全混合日粮中的最高限量"规定，不得超量使用饲料添加剂；在实现满足动物营养需要、改善饲料品质等预期目标的前提下，应采取积极措施减少饲料添加剂的用量。

三、饲料企业和养殖者使用《饲料添加剂品种目录》中铁、铜、锌、锰、碘、钴、硒、铬等微量元素饲料添加剂时，含同种元素的饲料添加剂使用总量应遵守本《饲料添加剂安全使用规范》中相应元素"在配合饲料或全混合日粮中的最高限量"规定。

四、仔猪（≤25kg）配合饲料中锌元素的最高限量为 110mg/kg，但在仔猪断奶后前 2 周特定阶段，允许在此基础上使用氧化锌或碱式氯化锌至 1 600mg/kg（以锌元素计）。饲料企业生产仔猪断奶后前两周特定阶段配合饲料产品时，如在含锌 110mg/kg 基础上使用氧化锌或碱式氯化锌，应在标签显著位置标明"本品仅限仔猪断奶后前 2 周使用"，未标明但实际含量超过 110mg/kg 或者已标明但实际含量超过 1 600mg/kg 的，按照超量使用饲料添加剂处理。

五、饲料企业和养殖者使用非蛋白氮类饲料添加剂，除应遵守本《饲料添加剂安全使用规范》对单一品种的最高限量规定外，全混合日粮中所有非蛋白氮总量折算成粗蛋白当量不得超过日粮粗蛋白总量的 30%。

六、如无特殊说明，本《饲料添加剂安全使用规范》"在配合饲料或全混合日粮中的推荐添加量""在配合饲料或全混合日粮中的最高限量"均以干物质含量 88% 为基础计算，最高限量均包含饲料原料本底值。

七、如无特殊说明，添加剂预混合饲料、浓缩饲料、精料补充料产品中的"推荐添加量""最高限量"按其在配合饲料或全混合日粮中的使用比例折算。

八、本公告自 2018 年 7 月 1 日起施行。2009 年 6 月 18 日发布的《饲料添加剂安全使用规范》（农业部公告第 1224 号）同时废止。

附录二　畜禽维生素和矿物质需要量

附表 1　奶牛矿物质和维生素需要量

	泌乳奶牛						小母牛（月龄）			
	干奶期	临产期	产犊期	泌乳早期	泌乳中期	泌乳晚期	6	12	18	24
钙（%）	0.44	0.48	0.79	0.60	0.61	0.62	0.41	0.41	0.37	0.40
磷（%）	0.22	0.26	0.42	0.38	0.35	0.32	0.28	0.23	0.18	0.23
镁（%）	0.11	0.40	0.29	0.21	0.19	0.18	0.11	0.11	0.08	0.40
氯（%）	0.13	0.20	0.20	0.29	0.26	0.24	0.11	0.12	0.10	0.20
钠（%）	0.10	0.14	0.34	0.22	0.23	0.22	0.08	0.08	0.07	0.14
钾（%）	0.51	0.62	1.24	1.07	1.04	1.00	0.47	0.48	0.46	0.55
硫（%）	0.20	0.20	0.20	0.20	0.20	0.20	0.20	0.20	0.20	0.20
维生素 A（IU）	80 300	83 270	75 000	75 000	75 000	75 000	24 000	24 000	36 000	36 000
维生素 D（IU）	21 900	22 700	21 000	21 000	21 000	21 000	6 000	9 000	13 500	20 000
维生素 E（IU）	1 168	1 200	545	545	545	545	240	240	360	1 200

注：1. 微量元素添加量：钴 0.11mg/kg，铜 10～18mg/kg，碘 0.3～0.4mg/kg，铁 13～130mg/kg，锰 14～24mg/kg，硒 0.3mg/kg，锌 22～70mg/kg。

2. 附表 1 至附表 13、附表 15 至附表 19 摘编自王小龙主编《畜禽营养代谢病和中毒病》，2009，中国农业出版社。

附表 2　肉牛矿物质需要量及最大耐受量

矿物质	营养需要量			
	生长期和育肥期	妊娠期	泌乳早期	最大耐受量
铬（mg/kg）				1 000
钴（mg/kg）	0.10	0.10	0.10	10
铜（mg/kg）	10	10	10	100
碘（mg/kg）	0.50	0.50	0.50	50
铁（mg/kg）	50	50	50	1 000
镁（%）	0.10	0.12	0.20	0.40
锰（mg/kg）	20	40	40	1 000
钼（mg/kg）				5
镍（mg/kg）				50
钾（%）	0.60	0.60	0.70	3
硒（mg/kg）	0.10	0.10	0.10	2
钠（%）	0.06～0.08	0.06～0.08	0.10	
硫（%）	0.15	0.15	0.15	0.40
锌（mg/kg）	30	30	30	500

附表3　肉牛生长期和育肥期钙、磷和维生素A需要量

	体重（kg）	200	250	350	350	400	450
维持需要量	钙（g/d）	6	8	9	11	12	14
	磷（g/d）	5	6	7	8	10	11
生长需要量	平均日增重（kg）			钙需要量（g/d）			
	0.5	14	13	12	11	10	9
	1.0	27	25	23	21	19	17
	1.5	39	36	33	30	27	25
	2.0	52	47	43	39	35	32
	2.5	64	59	53	48	43	38
	平均日增重（kg）			磷需要量（g/d）			
	0.5	6	5	5	4	4	4
	1.0	11	10	9	8	8	7
	1.5	16	15	13	12	11	10
	2.0	21	19	18	16	14	13
	2.5	26	24	22	19	17	15

注：以平均体重533kg的母牛为参照，育肥牛和小母牛饲料干物质中维生素A的需要量为2 200IU/kg。

附表4　肉用公牛生长期钙、磷和维生素A需要量

	体重（kg）	300	400	500	600	700	800
维持需要量	钙（g/d）	9	12	15	19	22	25
	磷（g/d）	7	10	12	14	17	19
生长需要量	平均日增重（kg）			钙需要量（g/d）			
	0.5	12	10	9	7	6	4
	1.0	23	19	16	12	9	6
	1.5	33	27	22	17	12	7
	2.0	43	35	28	21	14	8
	2.5	53	43	34	25	16	8
	平均日增重（kg）			磷需要量（g/d）			
	0.5	5	4	3	3	2	2
	1.0	9	8	6	5	4	2
	1.5	13	11	9	7	5	3
	2.0	18	14	11	8	6	3
	2.5	22	17	14	10	6	3

注：饲料干物质中维生素A的需要量为2 200IU/kg。

附表 5　后备妊娠肉用母牛钙、磷和维生素 A 需要量

受孕月龄	钙需要量（g/d）				磷需要量（g/d）			
	维持量	生长期	妊娠期	小计	维持量	生长期	妊娠期	小计
1	10	9	0	19	8	4	0	12
2	11	9	0	20	8	4	0	12
3	11	9	0	20	8	3	0	11
4	11	8	0	19	9	3	0	12
5	12	8	0	20	9	3	0	12
6	12	8	0	20	9	3	0	12
7	12	8	12	32	10	3	7	20
8	13	8	12	33	10	3	7	20
9	13	8	12	33	10	3	7	20

注：以怀孕 15 月龄、平均体重 533kg 的母牛为参照，饲料干物质中维生素 A 的需要量为 2 200IU/kg。

附表 6　肉用母牛钙、磷需要量

产犊后月龄	钙需要量（g/d）				磷需要量（g/d）			
	维持量	泌乳期	妊娠期	小计	维持量	泌乳期	妊娠期	小计
1	16	16	0	32	13	9	0	22
2	16	20	0	36	13	11	0	24
3	16	18	0	34	13	10	0	23
4	16	14	0	30	13	8	0	21
5	16	11	0	27	13	6	0	19
6	16	8	0	24	13	4	0	17
7	16	0	0	16	13	0	0	13
8	16	0	0	16	13	0	0	13
9	16	0	0	16	13	0	0	13
10	16	0	12	28	13	0	5	18
11	16	0	12	28	13	0	5	18
12	16	0	12	28	13	0	5	18

附表 7　山羊钙、磷和维生素 A 日需要量

体重（kg）	钙（g）	磷（g）	维生素 A（1 000IU）
低活动量下的维持需要量（包括怀孕早期）			
10	1	0.7	0.5
30	2	1.4	1.2
50	4	2.8	1.8
70	5	3.5	2.3
90	6	4.2	2.8

（续）

体重（kg）	钙（g）	磷（g）	维生素 A（1 000IU）
中活动量下的维持需要量（包括怀孕早期）			
10	1	0.7	0.6
30	3	2.1	1.5
50	4	2.8	2.1
70	6	4.2	2.8
90	7	4.9	3.3
高活动量下的维持需要量（包括怀孕早期）			
10	2	1.4	0.8
30	3	2.1	1.7
50	5	3.5	2.5
70	6	4.2	3.2
90	8	5.6	3.9

注：山羊怀孕后期需补充量：钙 2g，磷 1.4g，维生素 A 1 100IU；日增重 50g 时需补充量：钙 1g，磷 0.7g，维生素 A 300IU；日增重 150g 时需补充量：钙 2g，磷 1.4g，维生素 A 800IU。

附表 8　绵羊钙、磷和维生素日需要量

体重（kg）	钙（g）	磷（g）	维生素 A（IU）	维生素 E（IU）
母羊维持量				
50	2.0	1.8	2 350	15
60	2.3	2.1	2 820	16
70	2.5	2.4	3 290	18
80	2.7	2.8	3 760	20
90	2.9	3.1	4 230	21
干乳期至妊娠前 15 周的需要量				
50	2.9	2.1	2 350	18
60	3.2	2.5	2 820	20
70	3.5	2.9	3 290	21
80	3.8	3.3	3 760	22
90	4.1	3.6	4 230	24
妊娠后 4 周（130%～150%产羔率）或哺乳单羔时泌乳期后 4～6 周				
50	5.9	4.8	4 250	24
60	6.0	5.2	5 100	26
70	6.2	5.6	5 950	27
80	6.3	6.1	6 800	28
90	6.4	6.5	7 650	30

（续）

体重（kg）	钙（g）	磷（g）	维生素 A（IU）	维生素 E（IU）
妊娠后 4 周（180%～225%产羔率）				
50	6.2	3.4	4 250	26
60	6.9	4.0	5 100	27
70	7.6	4.5	5 950	28
80	8.3	5.1	6 800	30
90	8.9	5.7	7 650	32
哺乳单羔时泌乳期前 8 周或哺乳双羔时泌乳期后 4～6 周				
50	8.9	6.1	4 250	32
60	9.1	6.6	5 100	34
70	9.3	7.0	5 950	38
80	9.5	7.4	6 800	39
90	9.6	7.8	7 650	40
哺乳双羔时泌乳期前 6～8 周				
50	10.5	7.3	5 000	36
60	10.7	7.7	6 000	39
70	11.0	8.1	7 000	42
80	11.2	8.6	8 000	45
90	11.4	9.0	90 00	48
后备母羊				
30	6.4	2.6	1 410	18
40	5.9	2.6	1 880	21
50	4.8	2.4	2 350	22
60	4.5	2.5	2 820	22
70	4.6	2.8	3 290	22
后备公羊				
40	7.8	3.7	1 880	24
60	8.4	4.2	2 820	26
80	8.5	4.6	3 760	28
100	8.2	4.8	4 700	30
育肥羔羊 4～7 周龄				
30	6.6	3.2	1 410	20
40	6.6	3.3	1 880	24
50	5.6	3.0	2 350	24
提前断奶羔羊				
10	4.0	1.9	470	10
20	5.4	2.5	940	20
30	6.7	3.2	1 410	20
40	7.7	3.9	1 880	22
50	7.0	3.8	2 350	22

附表9 成年马钙、磷和维生素A日需要量

体重 （kg）	维持量				妊娠最后90d			
	每日饲料量 （kg）	钙 （g）	磷 （g）	维生素A （IU）	每日饲料量 （kg）	钙 （g）	磷 （g）	维生素A （IU）
200	3.5	8	6	6 000	3.5	16	12	12 000
400	7.0	16	11	12 000	7.0	30	22	24 000
500	8.7	20	14	15 000	8.7	36	27	30 000
600	10.5	24	17	18 000	10.5	43	32	36 000

体重 （kg）	泌乳前3个月				泌乳后3个月至断奶			
	每日饲料量 （kg）	钙 （g）	磷 （g）	维生素A （IU）	每日饲料量 （kg）	钙 （g）	磷 （g）	维生素A （IU）
200	5.0	27	18	12 000	4.5	18	11	12 000
400	10.0	45	29	24 000	9.0	29	18	24 000
500	12.5	56	36	30 000	11.25	36	22	30 000
600	15.0	67	43	36 000	13.50	43	27	36 000

附表10 自由采食条件下生长猪矿物质和维生素需要量（以90%干物质计）

		体重（kg）					
		3～5	5～10	10～20	20～50	50～80	80～120
矿物质元素	钙（%）	0.90	0.80	0.70	0.60	0.50	0.45
	总磷（%）	0.70	0.65	0.60	0.50	0.45	0.40
	可利用磷（%）	0.55	0.40	0.32	0.23	0.19	0.15
	钠（%）	0.25	0.20	0.15	0.10	0.10	0.10
	氯（%）	0.25	0.20	0.15	0.08	0.08	0.08
	镁（%）	0.04	0.04	0.04	0.04	0.04	0.04
	钾（%）	0.30	0.28	0.26	0.23	0.19	0.17
	铜（mg）	6.00	6.00	5.00	4.00	3.50	3.00
	碘（mg）	0.14	0.14	0.14	0.14	0.14	0.14
	铁（mg）	100	100	80	60	50	40
	锰（mg）	4.00	4.00	3.00	2.00	2.00	2.00
	硒（mg）	0.30	0.30	0.25	0.15	0.15	0.15
	锌（mg）	100	100	80	60	50	50
维生素	维生素A（IU）	2 200	2 200	1 750	1 300	1 300	1 300
	维生素D$_3$（IU）	220	220	200	150	150	150
	维生素E（IU）	16	16	11	11	11	11
	维生素K（mg）	0.50	0.50	0.50	0.50	0.50	0.50

（续）

		体重（kg）					
		3～5	5～10	10～20	20～50	50～80	80～120
维生素	生物素（mg）	0.08	0.05	0.05	0.05	0.05	0.05
	胆碱（g）	0.60	0.50	0.40	0.30	0.30	0.30
	叶酸（mg）	0.30	0.30	0.30	0.30	0.30	0.30
	可利用尼克酸（mg）	20.00	15.00	12.50	10.00	7.00	7.00
	泛酸（mg）	12.00	10.00	9.00	8.00	7.00	7.00
	核黄素（mg）	4.00	3.50	3.00	2.50	2.00	2.00
	硫胺素（mg）	1.50	1.00	1.00	1.00	1.00	1.00
	维生素 B_6（mg）	2.00	1.50	1.50	1.00	1.00	1.00
	维生素 B_{12}（μg）	0.10	0.10	0.10	0.10	0.10	0.10

附表 11　妊娠期和泌乳期母猪矿物质和维生素需要量（以 90％干物质计）

		妊娠期	泌乳期
矿物质元素	钙（％）	0.75	0.75
	总磷（％）	0.60	0.60
	可利用磷（％）	0.35	0.35
	钠（％）	0.15	0.20
	氯（％）	0.12	0.16
	镁（％）	0.04	0.04
	钾（％）	0.20	0.20
	铜（mg）	5.00	5.00
	碘（mg）	0.14	0.14
	铁（mg）	80	80
	锰（mg）	20	20
	硒（mg）	0.15	0.15
	锌（mg）	50	50
维生素	维生素 A（IU）	4 000	2 000
	维生素 D_3（IU）	200	200
	维生素 E（IU）	44	44
	维生素 K（mg）	0.50	0.50
	生物素（mg）	0.20	0.20
	胆碱（g）	1.25	1.00
	叶酸（mg）	1.30	1.30
	可利用尼克酸（mg）	10	10
	泛酸（mg）	12	12
	核黄素（mg）	3.75	3.75
	硫胺素（mg）	1.00	1.00
	维生素 B_6（mg）	1.00	1.00
	维生素 B_{12}（μg）	15	15

附表 12　犬矿物质和维生素需要量

		成长期与繁殖期（最小需要量）	成年维持需要量	
			最小需要量	最大需要量
矿物质元素	钙（%）	1.0	0.6	2.5
	磷（%）	0.8	0.5	1.6
	钙磷比	1∶1	1∶1	2∶1
	钾（%）	0.6	0.6	
	钠（%）	0.3	0.06	
	氯（%）	0.45	0.09	
	镁（%）	0.04	0.04	0.3
	铁（mg/kg）	80	80	3 000
	铜（mg/kg）	7.3	7.3	250
	锰（mg/kg）	5.0	5.0	
	锌（mg/kg）	120	120	1 000
	碘（mg/kg）	1.5	1.5	50
	硒（mg/kg）	0.11	0.11	2
维生素	维生素 A（IU/kg）	5 000	5 000	250 000
	维生素 D（IU/kg）	500	500	5 000
	维生素 E（IU/kg）	50	50	1 000
	硫胺素（mg/kg）	1.0	1.0	
	核黄素（mg/kg）	2.2	2.2	
	泛酸（mg/kg）	10	10	
	尼克酸（mg/kg）	11.4	11.4	
	维生素 B_6（mg/kg）	1.0	1.0	
	叶酸（mg/kg）	0.18	0.18	
	维生素 B_{12}（mg/kg）	0.022	0.022	
	胆碱（mg/kg）	1 200	1 200	

附表 13　猫矿物质和维生素需要量

		成长期与繁殖期（最小需要量）	成年维持需要量	
			最小需要量	最大需要量
矿物质元素	钙（%）	1.0	0.6	
	磷（%）	0.8	0.5	
	钾（%）	0.6	0.6	
	钠（%）	0.2	0.2	
	氯（%）	0.3	0.3	

		成长期与繁殖期 （最小需要量）	成年维持需要量	
			最小需要量	最大需要量
矿物质元素	镁（%）	0.08	0.04	
	铁（mg/kg）	80	80	
	铜（mg/kg）	5	5	
	碘（mg/kg）	0.35	0.35	
	锌（mg/kg）	75	75	2 000
	锰（mg/kg）	7.5	7.5	
	硒（mg/kg）	0.1	0.1	
维生素	维生素 A（IU/kg）	9 000	5 000	750 000
	维生素 D（IU/kg）	750	500	10 000
	维生素 E（IU/kg）	30	30	
	维生素 K（mg/kg）	0.1	0.1	
	硫胺素（mg/kg）	5.0	5.0	
	核黄素（mg/kg）	4.0	4.0	
	维生素 B_6（mg/kg）	4.0	4.0	
	尼克酸（mg/kg）	60	60	
	泛酸（mg/kg）	5.0	5.0	
	叶酸（mg/kg）	0.8	0.8	
	生物素（mg/kg）	0.07	0.07	
	维生素 B_{12}（mg/kg）	0.02	0.02	
	胆碱（mg/kg）	2 400	2 400	

附表 14　雏鸡日粮中维生素需要量

维生素（每千克干饲料）	中雏	种雏
维生素 A（IU）	7	8
维生素 D_3（IU）	2	2
维生素 B_2（mg）	7.5	7.5
维生素 K（mg）	2	2
维生素 E（IU）	11	11
氯化胆碱（mg）	1 550	1 450
叶酸（mg）	0.33	0
维生素 B_{12}（mg）	11	33
烟酸（mg）	70	80
泛酸（mg）	16	16
生物素（μg）	45	0

附表 15　蛋鸡日粮矿物质和维生素需要量

		18～31 周龄		32～45 周龄		46～60 周龄		61～70 周龄	
常量元素	钙（%）	4.2	4.0	4.4	4.2	4.5	4.3	4.6	4.4
	可利用磷（%）	0.50	0.48	0.43	0.40	0.38	0.36	0.33	0.31
	钠（%）	0.18	0.17	0.17	0.16	0.16	0.15	0.16	0.15
维生素	维生素 A（IU）	8 000	8 000	8 000	8 000	8 000	8 000	8 000	8 000
	维生素 D_3（IU）	3 500	3 500	3 500	3 500	3 500	3 500	3 500	3 500
	维生素 E（IU）	50	50	50	50	50	50	50	50
	维生素 K（mg）	3	3	3	3	3	3	3	3
	硫胺素（mg）	2	2	2	2	2	2	2	2
	核黄素（mg）	5	5	5	5	5	5	5	5
	维生素 B_6（mg）	3	3	3	3	3	3	3	3
	泛酸（mg）	10	10	10	10	10	10	10	10
	叶酸（mg）	1	1	1	1	1	1	1	1
	生物素（μg）	100	100	100	100	100	100	100	100
	尼克酸（mg）	40	40	40	40	40	40	40	40
	胆碱（mg）	400	400	400	400	400	400	400	400
	维生素 B_{12}（μg）	10	10	10	10	10	10	10	10
微量元素	锰（mg）	60	60	60	60	60	60	60	60
	铁（mg）	30	30	30	30	30	30	30	30
	铜（mg）	5	5	5	5	5	5	5	5
	锌（mg）	50	50	50	50	50	50	50	50
	碘（mg）	1	1	1	1	1	1	1	1
	硒（mg）	0.3	0.3	0.3	0.3	0.3	0.3	0.3	0.3

附表 16　低营养水平肉鸡日粮中矿物质和维生素需要量

		雏鸡（0～18d）	生长期（19～30d）	育肥期（31～41d）	出栏（42d 以上）
常量元素	钙（%）	0.95	0.9	0.85	0.8
	可利用磷（%）	0.45	0.41	0.36	0.34
	钠（%）	0.22	0.21	0.19	0.18
维生素	维生素 A（IU）	8 000	5 600	4 800	3 200
	维生素 D_3（IU）	3 500	2 450	2 100	1 400
	维生素 E（IU）	50	35	30	20
	维生素 K（mg）	3	21	1.8	1.2
	硫胺素（mg）	4	2.8	2.4	1.6
	核黄素（mg）	5	3.5	3	2

（续）

		雏鸡 （0～18d）	生长期 （19～30d）	育肥期 （31～41d）	出栏 （42d 以上）
维生素	维生素 B_6（mg）	4	2.8	2.4	1.6
	泛酸（mg）	14	9.8	8.4	5.6
	叶酸（mg）	1	0.7	0.6	0.4
	生物素（μg）	100	70	60	40
	尼克酸（mg）	40	28	24	16
	胆碱（mg）	400	280	240	160
	维生素 B_{12}（μg）	12	8.4	7.2	4.8
微量元素	锰（mg）	70	49	42	28
	铁（mg）	20	14	12	8
	铜（mg）	8	5.6	4.8	3.2
	锌（mg）	70	49	42	28
	碘（mg）	0.5	0.35	0.3	0.2
	硒（mg）	0.3	0.21	0.18	0.12

附表 17　高营养水平肉鸡日粮中矿物质和维生素需要量

		雏鸡 （0～18d）	生长期 （19～30d）	育肥期 （31～41d）	出栏 （42d 以上）
常量元素	钙（%）	0.95	0.92	0.89	0.85
	可利用磷（%）	0.45	0.41	0.38	0.36
	钠（%）	0.22	0.21	0.2	0.2
维生素	维生素 A（IU）	8 000	6 400	5 600	4 000
	维生素 D_3（IU）	3 500	2 800	2 450	1 750
	维生素 E（IU）	50	40	35	25
	维生素 K（mg）	3	2.4	2.1	1.5
	硫胺素（mg）	4	3.2	2.8	2
	核黄素（mg）	5	4	3.5	2.5
	维生素 B_6（mg）	4	3.2	2.8	2
	泛酸（mg）	14	11.2	9.8	7
	叶酸（mg）	1	0.8	0.7	0.5
	生物素（μg）	100	80	70	50
	尼克酸（mg）	40	32	28	20
	胆碱（mg）	400	320	280	200
	维生素 B_{12}（μg）	12	9.6	8.4	6
微量元素	锰（mg）	70	56		35
	铁（mg）	20	16		10
	铜（mg）	8	6.4		4
	锌（mg）	70	56		35
	碘（mg）	0.5	0.4		0.25
	硒（mg）	0.3	0.24		0.15

附表 18　商品鸭与种鸭日粮中矿物质和维生素需要量

		育雏期 （0～3周龄）	生长期/育肥期 （4～7周龄）	持续饲喂 （8周龄～　）	种用 （成年）
常量元素	钙（%）	0.85	0.75	0.75	3
	可利用磷（%）	0.40	0.38	0.35	0.38
	钠（%）	0.17	0.17	0.16	0.16
维生素	维生素 A（IU）	6 000	5 400	4 800	6 000
	维生素 D_3（IU）	2 500	2 250	2 000	2 500
	维生素 E（IU）	40	36	32	40
	维生素 K（mg）	2	1.8	1.6	2
	硫胺素（mg）	1	0.9	0.8	1
	核黄素（mg）	6	5.4	4.8	6
	维生素 B_6（mg）	3	2.7	2.4	3
	泛酸（mg）	5	4.5	4	5
	叶酸（mg）	1	0.9	0.8	1
	生物素（μg）	100	90	80	100
	尼克酸（mg）	40	36	32	40
	胆碱（mg）	200	180	160	200
	维生素 B_{12}（μg）	10	9	8	10
微量元素	锰（mg）	50	50	50	50
	铁（mg）	40	40	40	40
	铜（mg）	8	8	8	8
	锌（mg）	60	60	60	60
	碘（mg）	0.4	0.4	0.4	0.4
	硒（mg）	0.3	0.3	0.3	0.3

附表 19　商品鹅与种鹅日粮中矿物质和维生素需要量

		育雏期 （0～3周龄）	生长期/育肥期 （4周龄到出栏）	持续饲喂 （7周龄～　）	种用 （成年）
常量元素	钙（%）	0.85	0.75	0.75	2.8
	可利用磷（%）	0.40	0.38	0.35	0.38
	钠（%）	0.17	0.17	0.16	0.16
维生素	维生素 A（IU）	7 000	5 600	4 900	7 000
	维生素 D_3（IU）	2 500	2 000	1 750	2 500
	维生素 E（IU）	40	32	28	40
	维生素 K（mg）	2	1.6	1.4	2
	硫胺素（mg）	1	0.8	0.7	1

（续）

		育雏期 （0～3 周龄）	生长期/育肥期 （4 周龄到出栏）	持续饲喂 （7 周龄～ ）	种用 （成年）
维生素	核黄素（mg）	6	4.8	4.2	6
	维生素 B_6（mg）	3	2.4	2.1	3
	泛酸（mg）	5	4	3.5	5
	叶酸（mg）	1	0.8	0.7	1
	生物素（μg）	100	80	70	100
	尼克酸（mg）	40	32	28	40
	胆碱（mg）	200	160	140	200
	维生素 B_{12}（μg）	10	8	7	10
微量元素	锰（mg）	50	50	50	50
	铁（mg）	40	40	40	40
	铜（mg）	8	8	8	8
	锌（mg）	60	60	60	60
	碘（mg）	0.4	0.4	0.4	0.4
	硒（mg）	0.3	0.3	0.3	0.3

参 考 文 献

陈杖榴，2009. 兽医药理学［M］. 4 版. 北京：中国农业出版社.

林曦，2009. 家畜病理学［M］. 北京：中国农业出版社.

王庆波，宋华宾，2010. 宠物医师临床药物手册［M］. 北京：金盾出版社.

王小龙，2004. 兽医内科学［M］. 北京：中国农业大学出版社.

王小龙，2009. 畜禽营养代谢病和中毒病［M］. 北京：中国农业出版社.

王宗元，1995. 动物矿物质营养代谢与疾病［M］. 上海：上海科学技术出版社.

杨桂芹，1999. 经济动物养殖技术［M］. 北京：中国农业出版社.

杨文正，1996. 动物矿物质营养［M］. 北京：中国农业出版社.

张辉，吴艳玲，2010. 经济动物营养学［M］. 长春：吉林大学出版社.

张子仪，2000. 中国饲料学［M］. 北京：中国农业出版社.